Saad Al-Jasabi
Ali Saad

Ser saudável com antioxidantes

Saad Al-Jasabi
Ali Saad

Ser saudável com antioxidantes

ScienciaScripts

Cover image: www.ingimage.com

This book is a translation from the original published under ISBN 978-3-330-35234-6.

Publisher:
Sciencia Scripts
is a trademark of
Dodo Books Indian Ocean Ltd. and OmniScriptum S.R.L publishing group

120 High Road, East Finchley, London, N2 9ED, United Kingdom
Str. Armeneasca 28/1, office 1, Chisinau MD-2012, Republic of Moldova, Europe
Printed at: see last page
ISBN: 978-620-7-67306-3

DEDICADO A:

OS MEUS ADORÁVEIS FILHOS E AMEER

Conteúdo:

Prefácio

As reacções bioquímicas que ocorrem nas células e organelos do nosso corpo são a força motriz que sustenta a vida. As leis da natureza ditam que se passe da infância à idade adulta e, finalmente, se entre numa condição de fragilidade que conduz à morte. Devido ao baixo número de nascimentos e ao aumento da esperança de vida, num futuro próximo, a população mundial será composta por um número considerável de idosos. Esta fase da vida é caracterizada por muitas doenças cancerígenas, cardiovasculares, cerebrais e do sistema imunitário que se traduzirão em custos sociais elevados. Por conseguinte, é importante controlar a proliferação destas doenças crónicas, a fim de reduzir os custos sociais. A investigação epidemiológica revelou uma menor incidência de muitas doenças crónicas em áreas e populações que consomem regularmente legumes, frutos, vinho tinto e chá. No caso dos legumes e das frutas, a conclusão óbvia seria que estes alimentos são fontes de vitaminas com propriedades antioxidantes, como as vitaminas A e C. No entanto, uma análise detalhada dos alimentos e bebidas protectores mostra que todos eles contêm antioxidantes específicos. Um dos principais componentes dos legumes é a quercetina, um polifenol. Os tomates são ricos em licopeno, um antioxidante interessante porque é bastante estável ao armazenamento e à cozedura e, por isso, está presente nos tomates cozinhados que são consumidos frequentemente na região mediterrânica e que são responsáveis, em parte, pelo menor risco de doenças cardíacas e de cancro nessa zona. A investigação dos últimos 20 anos indicou que um terço do peso do chá verde ou preto seco é representado por polifenóis que apresentam uma excelente proteção antioxidante. Além disso, alguns alimentos, como o alho e a cebola, contêm antioxidantes que fornecem elementos nutricionais adicionais em áreas onde esses alimentos são consumidos frequentemente, como na Europa Oriental, na região mediterrânica e em partes do mundo ocidental. O vinho tinto contém um composto trifenólico, o resveratrol, sob a forma de um conjugado que liberta o composto ativo no trato intestinal. O chá verde é rico em galato de epigalocatequina com um poderoso potencial antioxidante. Durante a oxidação, por vezes impropriamente designada por fermentação, do chá verde, são produzidos polifenóis a outros característicos do chá preto, a teavina e as tearubiginas, por ação da enzima polifenol oxidase presente na folha de chá. Investigações detalhadas mostram que os polifenóis do chá verde e do chá preto têm efeitos benéficos bastante semelhantes na inibição das reacções de oxidação in vivo. Os polifenóis do chá também induzem as enzimas de fase I e II. Causas das doenças cardíacas. Antes de a investigação médica detalhada fornecer respostas racionais, a perceção pública era de que o stress era a principal causa das doenças cardíacas. Descobriu-se, no entanto, que as doenças cardíacas ocorriam em muito maior escala no mundo ocidental do que em partes da Ásia ou de África. Assim, verificou-se que as populações de alto risco eram consumidoras de carnes e de alguns produtos lácteos, fontes de níveis elevados de gorduras saturadas. O leite também contém lactose com potencial aterogénico. Por sua vez, estes costumes nutricionais deram origem a níveis elevados de colesterol sérico e, em particular, a níveis mais elevados de colesterol LDL, que pode sofrer oxidação em produtos reactivos, que atacam a mucosa vascular, bem como os componentes celulares do coração. Os componentes vasculares modificados, por sua vez, não só contêm o resíduo volumoso de colesterol, mas também atraem outros elementos, como os macrófagos no sangue circulante, que é o eventual elemento causador da formação de ateromas.

Os antioxidantes dos alimentos podem, em grande parte, prevenir a ocorrência da sequência de passos que conduzem à formação de ateroma e, por conseguinte, diminuir o risco de doença cardíaca. Isto parece ser verdade para a maioria dos antioxidantes oferecidos pela nutrição, quer sejam de natureza polifenólica, como nos vegetais. Os radicais livres, os antioxidantes e os co-factores são as três principais áreas que supostamente podem contribuir para o atraso do processo de envelhecimento. A compreensão desses eventos no corpo humano pode ajudar a prevenir ou reduzir a incidência dessas e de outras doenças, contribuindo assim para uma melhor qualidade de vida.

A principal atenção foi dada à atividade antioxidante (e pró-oxidante) dos polifenóis resultante das suas interacções com o ferro, tanto *in vitro* como *in vivo*. Além disso, é apresentada uma panorâmica do stress oxidativo e da reação de Fenton, bem como uma discussão da química da ligação do ferro por catecolato, galato e ligandos de semiquinona, juntamente com as suas constantes de estabilidade, espectros UV-vis, estequiometrias em solução em função do pH, taxas de oxidação do ferro por 02 após a ligação do polifenol e as estruturas cristalinas publicadas para complexos ferro-polifenóis. São discutidos os mecanismos de eliminação de radicais dos polifenóis não relacionados com a ligação ao ferro, as suas interacções com o cobre e a atividade pró-oxidante dos complexos ferro-polifenóis.

As reacções bioquímicas normais do nosso corpo, o aumento da exposição ao ambiente e os níveis mais elevados de xenobióticos da dieta resultam na geração de espécies reactivas de oxigénio (R0S) e de espécies reactivas de azoto (RNS). As R0S e RNS criam stress oxidativo em diferentes condições fisiopatológicas. As evidências químicas registadas sugerem que os antioxidantes dietéticos ajudam na prevenção de doenças. Os compostos antioxidantes reagem em reacções de um eletrão com radicais livres in vivo/in vitro e previnem danos oxidativos. Por conseguinte, é muito importante compreender o mecanismo de reação dos antioxidantes com os radicais livres. Este livro elabora o mecanismo de ação dos compostos antioxidantes naturais e ensaios para a avaliação das suas actividades antioxidantes. Os mecanismos de reação do antioxidante são brevemente discutidos. Aplicações práticas: a compreensão dos mecanismos de reação pode ajudar na avaliação da atividade antioxidante de vários compostos antioxidantes, bem como no desenvolvimento de novos antioxidantes. SAAD & Ali

CAPÍTULO 1

O que é um antioxidante

Os antioxidantes ou polifenóis, uma grande classe de substâncias químicas que se encontram nas plantas, têm atraído muita atenção nas últimas décadas devido às suas propriedades e à esperança de que possam ter efeitos benéficos para a saúde, quando tomados como alimento ou como complemento. Os compostos fenólicos constituem um dos grupos de substâncias químicas mais extensos do reino vegetal. Estima-se que mais de 8000 compostos tenham sido isolados e descritos. Os polifenóis são fitoquímicos poli-hidroxilados, que possuem estruturas comuns.

Podem ser subdivididos em três subclasses principais, os flavonóides, os ácidos fenólicos e os estilbenoides.

A maioria dos compostos isolados pertence, de longe, à subclasse dos flavonóides.

Os flavonóides são caracterizados por conterem dois ou mais anéis aromáticos, cada um com um ou mais grupos hidroxilo fenólicos, e ligados por uma ponte de carbono. Um anel aromático (anel A) está ligado ao segundo anel aromático (anel B) por uma ponte de carbono que consiste em três átomos de carbono. Quando a cadeia de três átomos de carbono é ligada a um grupo hidroxilo de A, a estrutura formada torna-se cíclica (anel C), como um anel de 6 membros. A maioria dos flavonóides tem este tipo de estrutura fenilbenzopirânica: foram subdivididos em subclasses, com base na posição do anel B em relação ao anel C, bem como nos grupos funcionais (cetonas, hidroxilos) e na presença ou não de uma ligação dupla no anel C. Estas subclasses são designadas por flavonas, isoflavonas e isoflavanas, flavanonas, flavanóis, antocianidinas, chalconas e dihidrochalconas. Os flavanóis subdividem-se em monómeros (catequinas) e polímeros (proantocianidinas, teaflavinas e tearubiginas).

Os ácidos fenólicos dividem-se geralmente em dois grupos principais. São derivados dos ácidos benzóicos, que contêm sete átomos de carbono, ou dos ácidos cinâmicos, que contêm nove átomos de carbono. Todos estes compostos são hidroxilados. Os principais compostos isolados representativos são o ácido gálico, o ácido clorogénico, o ácido cafeico, o ácido ferúlico, o ácido p-cumárico e o ácido gentísico.

A subclasse mais pequena de estilbenoides inclui os estilbenos poli-hidroxilados, sendo o principal representante o resveratrol. Todos estes polifenóis se encontram nas plantas, esterificados com glucose e outros hidratos de carbono (glicosídeos) ou como agliconas livres. Este facto contribui para a sua complexidade e para o enorme número de substâncias individuais que foram isoladas e identificadas. Os polifenóis alimentares foram isolados de frutos (bagas, maçãs, citrinos, cerejas); legumes (cebola, aipo, lúpulo de cerveja, soja); ervas, raízes, especiarias (gingko, curcuma); chá verde e preto; vinho tinto.

Sabe-se que o consumo de alimentos ricos em flavonóides, especialmente frutas e legumes, se traduz em benefícios para a saúde humana: estudos epidemiológicos encontraram associações entre uma menor incidência de doenças cardíacas, cancro, doenças gastrointestinais e neurológicas, doenças hepáticas, aterosclerose, obesidade e alergias.

Os polifenóis são potentes antioxidantes; são capazes de eliminar os radicais livres.

Pensou-se inicialmente que os benefícios para a saúde associados ao consumo de polifenóis alimentares se deviam a mecanismos antioxidantes. No entanto, existem provas contraditórias sobre o grau de contribuição da capacidade antioxidante total no plasma humano para o aumento da proteção antioxidante dos lípidos e das proteínas. Uma vez que esses produtos naturais têm geralmente uma biodisponibilidade limitada e atingem, na melhor das hipóteses, concentrações micromolares baixas no plasma, pode concluir-se que é pouco provável que os polifenóis contribuam significativamente para a capacidade antioxidante do plasma humano. Outros factores limitantes são a baixa solubilidade das agliconas (frequentemente menos de 20mg/ml de água), a baixa absorção e um metabolismo rápido. Muitos dos efeitos positivos foram demonstrados *in vitro* e a investigação foi efectuada em populações animais, pelo que os benefícios nos seres humanos permanecem incertos.

CAPÍTULO 2

Química e Bioquímica de Antioxidante

Os antioxidantes, enquanto polifenóis, têm recebido uma enorme atenção por parte de nutricionistas, cientistas alimentares e consumidores devido ao seu papel na saúde humana. A investigação levada a cabo nos últimos anos apoia fortemente o papel dos polifenóis na prevenção de doenças degenerativas, particularmente cancros, doenças cardiovasculares e doenças neurodegenerativas. Os polifenóis são fortes antioxidantes que complementam e acrescentam as funções das vitaminas e enzimas antioxidantes como defesa contra o stress oxidativo causado pelo excesso de espécies reactivas de oxigénio (ROS). Embora a maior parte das provas da atividade antioxidante dos polifenóis se baseie em estudos *in vitro*, há cada vez mais indícios de que podem atuar de formas que ultrapassam as funções antioxidantes *in vivo*. A modulação das vias de sinalização celular pelos polifenóis pode ajudar significativamente a explicar os mecanismos de ação das dietas ricas em polifenóis. Entretanto, do ponto de vista químico, os polifenóis são um grupo de compostos naturais com características estruturais fenólicas. É um termo coletivo para vários subgrupos de compostos fenólicos, no entanto, o uso do termo -polifenóis.

Os estudos também demonstraram que os diferentes subgrupos de polifenóis podem diferir significativamente em termos de estabilidade, biodisponibilidade e funções fisiológicas relacionadas com a saúde humana. Esta revisão pretende clarificar alguma confusão relacionada com a classificação dos polifenóis, identificar problemas e examinar métodos na caraterização dos polifenóis. As discussões sobre outros aspectos da química e bioquímica dos polifenóis, *ou seja*, a biossíntese nas plantas e os possíveis papéis biológicos e implicações para a saúde humana, podem ajudar a estabelecer novas direcções para a investigação futura.

Classificação dos polifenóis

Os polifenóis constituem um dos grupos de produtos naturais mais numerosos e amplamente distribuídos no reino vegetal. Atualmente, são conhecidas mais de 8000 estruturas fenólicas e, entre elas, foram identificados mais de 4000 flavonóides. Embora os polifenóis sejam quimicamente caracterizados como compostos com características estruturais fenólicas, este grupo de produtos naturais é altamente diversificado e contém vários subgrupos de compostos fenólicos. As frutas, os legumes, os cereais integrais e outros tipos de alimentos e bebidas, como o chá, o chocolate e o vinho, são fontes ricas de polifenóis. A diversidade e a ampla distribuição dos polifenóis nas plantas levaram a diferentes formas de categorizar estes compostos naturais. Os polifenóis têm sido classificados de acordo com a sua fonte de origem, função biológica e estrutura química. Além disso, a maioria dos polifenóis nas plantas existe como glicosídeos com diferentes unidades de açúcar e açúcares acilados em diferentes posições dos esqueletos de polifenóis. Para simplificar as discussões, a classificação dos polifenóis nesta revisão será efectuada de acordo com as estruturas químicas das agliconas.

Ácidos fenólicos

Os ácidos fenólicos são compostos polifenólicos não flavonóides que podem ser divididos em dois tipos principais, os derivados do ácido benzoico e do ácido cinâmico, com base nas espinhas dorsais C1-C6 e C3-C6. Enquanto os frutos e os produtos hortícolas contêm muitos ácidos fenólicos livres, nos cereais e nas sementes - sobretudo no farelo ou na casca - os ácidos fenólicos encontram-se frequentemente na forma ligada. Estes ácidos fenólicos só podem ser libertados ou hidrolisados por hidrólise ácida ou alcalina, ou por enzimas

Flavonóides

Os flavonóides têm a estrutura geral C6-C3-C6, em que as duas unidades C6 (anel A e anel B) são de natureza fenólica. Devido ao padrão de hidroxilação e às variações no anel cromano (anel C), os flavonóides podem ainda ser divididos em diferentes subgrupos, como as antocianinas, os flavan-3-óis, as flavonas, as flavanonas e os flavonóis. Enquanto a grande maioria dos flavonóides tem o seu anel B ligado à posição C2 do anel C, alguns flavonóides, como as isoflavonas e os neoflavonóides, cujo anel B está ligado à posição C3 e C4 do anel C, respetivamente, também se encontram nas plantas. As chalconas, embora não possuam o anel C heterocíclico, continuam a ser classificadas como membros da família dos flavonóides. Estas estruturas básicas dos flavonóides são agliconas; no entanto, nas plantas, a maioria destes compostos existe como glicosídeos. As actividades biológicas destes compostos, incluindo a atividade antioxidante, dependem tanto da diferença estrutural como dos padrões de glicosilação.

Isoflavonas, neoflavonóides e chaicones

As isoflavonas têm o seu anel B ligado à posição C3 do anel C. Encontram-se sobretudo na família das leguminosas. Uma vez que os feijões, particularmente a soja, são uma parte importante da dieta em muitas culturas, o papel das isoflavonas tem, portanto, um grande impacto na saúde humana. A genisteína e a daidzeína são as duas principais isoflavonas presentes na soja, juntamente com a gliceteína, a biochanina A e a formononetina. Também se encontram nos trevos vermelhos. Todas estas agliconas de isoflavona encontram-se sobretudo sob a forma de 7- *O* -glucósidos e 6"-*O -malonil-7-O-glucósidos*. Os neoflavonóides não são frequentemente encontrados em plantas alimentares, mas a dalbergina é a neoflavona mais comum e relativamente amplamente distribuída no reino vegetal. As chalconas de anel aberto encontram-se em frutos como as maçãs e o lúpulo ou as cervejas.

Flavonas, flavonóis, flavanonas e flavanonóis

Estes subgrupos de flavonóides são os mais comuns, e quase omnipresentes, em todo o reino vegetal. As flavonas e os seus derivados 3-hidroxi flavonóis, incluindo os seus glicosídeos, metóxidos e outros produtos acilados nos três anéis, constituem o maior subgrupo de todos os polifenóis. As agliconas de flavonol mais comuns, a quercetina e o kaempferol, têm, por si só, pelo menos 279 e 347 combinações glicosídicas diferentes, respetivamente. O número de flavanonas e dos seus derivados 3-hidroxi (flavanonóis, também designados por di-hidroflavonóis) identificados nos últimos 15 anos aumentou significativamente. Algumas flavanonas têm padrões de substituição únicos, por exemplo, flavanonas preniladas, furanoflavanonas, piranoflavanonas, flavanonas benziladas, dando origem a um grande número de derivados substituídos deste subgrupo. Um flavanonol bem conhecido é a taxifolina dos citrinos.

Flavanóis e proantocianidinas

Os flavanóis ou flavan-3-óis são frequentemente designados por catequinas. Ao contrário da maioria dos flavonóides, não existe uma ligação dupla entre C2 e C3, nem um carbonilo C4 no anel C dos flavanóis. Este facto e a hidroxilação em C3 permitem que os flavanóis tenham dois centros quirais na molécula (em C2 e C3), o que resulta em quatro diastereoisómeros possíveis. A catequina é o isómero com configuração *trans* e a epicatequina é o isómero com configuração *cis*. Cada uma destas duas configurações tem dois esteroisómeros, *ou seja*, (+)-catequina, (-)-catequina, (+)-epicatequina e (-)-epicatequina. (+)-Catequina e (-)-epicatequina são os dois isómeros que se encontram frequentemente nas plantas alimentares. Os flavanóis encontram-se em muitos frutos, nomeadamente na casca das uvas, da maçã e dos mirtilos. Os flavanóis monoméricos (catequina e epicatequina) e os seus derivados (por exemplo, galocatequinas) são os principais flavonóides das folhas de chá e do cacau (chocolate). A catequina e a epicatequina podem formar polímeros, que são frequentemente designados por proantocianidinas, uma vez que a clivagem das cadeias poliméricas catalisada por ácido produz antocianidinas.

As proantocianidinas são tradicionalmente consideradas como taninos condensados. Os flavanóis e os oligómeros (contendo 2-7 unidades monoméricas) são conhecidos como fortes antioxidantes, que têm sido associados a vários potenciais benefícios para a saúde. Dependendo das ligações interflavânicas, as proantocianidinas oligoméricas podem ser uma estrutura do tipo A em que os monómeros estão ligados através de ligações C2-O-C7 ou *C2-O-C5*, ou do tipo B em que C4-C6 ou C4-C8 são comuns. A procianidina C1 é um trímero. Além disso, os flavanóis do chá podem formar dímeros únicos como a teaflavina quando fermentados.

Antocianidinas

As antocianidinas são os principais componentes dos pigmentos vermelho, azul e púrpura da maioria das pétalas de flores, frutos e legumes e de certas variedades especiais de cereais, por exemplo, o arroz preto. As antocianidinas nas plantas existem principalmente em formas glicosídicas que são normalmente designadas por antocianinas. A cianidina, a delfinidina e a pelargonidina são as antocianidinas mais encontradas, juntamente com mais de duas dúzias de outras antocianidinas monoméricas (um total de 31 antocianidinas). De facto, 90% das antocianinas têm por base a cianidina, a delfinidina e a pelargonidina e os seus derivados metilados. No total, são conhecidas mais de 500 antocianinas, dependendo da hidroxilação, dos padrões de metoxilação no anel B e da glicosilação com diferentes unidades de açúcar. A cor das antocianinas é dependente do pH, *ou seja*, vermelha em condições ácidas e azul em condições básicas. No entanto, outros factores, como o grau de hidroxilação ou o padrão de metilação dos anéis aromáticos e o padrão de glicosilação, *ou seja,* açúcar *vs.* açúcar acilado, também podem afetar a cor dos compostos de antocianina. As antocianinas são quimicamente estáveis em soluções ácidas.

Amidas polifenólicas

Alguns polifenóis podem ter substituintes funcionais que contêm N. Dois desses grupos de amidas polifenólicas são importantes por serem os principais componentes de alimentos comuns: os capsaicinóides da pimenta e as avenantramidas da aveia. Os capsaicinóides, como a capsaicina, são responsáveis pelo picante da pimenta, mas também se verificou que têm fortes propriedades antioxidantes e anti-inflamatórias e modulam o sistema de defesa oxidativa nas células. Também foram relatadas actividades antioxidantes, incluindo a inibição da oxidação do LDL pelas avenantramidas.

Outros polifenóis

Para além dos ácidos fenólicos, flavonóides e amidas fenólicas, existem vários polifenóis não flavonóides presentes nos alimentos que são considerados importantes para a saúde humana. Entre estes, o resveratrol é exclusivo das uvas e do vinho tinto; o ácido elágico e os seus derivados encontram-se nos frutos de baga, por exemplo, morangos e framboesas, e nas peles de diferentes frutos secos. Os lignanos existem nas formas ligadas no linho, no sésamo e em muitos grãos; as estruturas mostradas abaixo são produtos de hidrólise. A curcumina é um forte antioxidante da curcuma. O ácido rosmarínico é um dímero do ácido cafeico e o ácido elágico é um dímero do ácido gálico. Embora tanto o ácido gálico como o ácido elágico se encontrem nas formas livres, os seus ésteres de glucose, um grupo conhecido como taninos hidrolisáveis, também existem em diferentes plantas. Estes compostos podem possuir propriedades anti-nutritivas.

Biossíntese de polifenóis

A biossíntese dos polifenóis foi exaustivamente debatida por muitos especialistas na matéria e, para mais pormenores, remetemos os leitores para revisões e livros recentes. Tal como todos os compostos fenólicos, os ácidos fenólicos, como o ácido gálico e o ácido cinâmico, são considerados metabolitos da via do chiquimato. A biossíntese de polifenóis complexos, como os flavonóides, está ligada ao metabolismo primário através de intermediários derivados dos plastídeos e das mitocôndrias, cada um dos quais requer a exportação para o citoplasma, onde são incorporados em partes separadas da molécula. Considera-se que o anel aromático B e o anel cromano têm origem no aminoácido fenilalanina, ele próprio um produto da via do chiquimato, enquanto o anel A tem origem em três unidades de malonil-CoA. Estas três unidades de malonil-CoA são adicionadas através de reacções de condensação de descarboxilação sequenciais, o que dá início à biossíntese dos flavonóides.

A fenilalanina amoníaco liase (PAL) é uma enzima-chave da via dos fenilpropanóides que catalisa a conversão da fenilalanina em cinamato, que conduz depois às estruturas C6-C3. O intermediário final 4-cumaroyl-CoA e três moléculas de malonil-CoA são então condensados para produzir a primeira estrutura flavonoide naringenina chalcona pela enzima chalcona sintase (CHS). A chalcona é isomerizada pela chalcona flavanona isomerase (CHI) numa flavanona. Este intermediário de flavanona é fundamental porque é essencialmente a partir dele que todas as classes de flavonóides - incluindo os seus subgrupos - se ramificam. É também a partir da calcona que as isoflavonas e os coumestrols se ramificam através de diferentes enzimas, incluindo a CHI e a isoflavona sintase (IFS). Por exemplo, as flavanonas intermédias (2S)-flavanonas são catalisadas pela flavanona 3-hidroxilase (F3H) para di-hidroflavonóis, que são depois reduzidos pela di-hidroflavonol redutase (DFR) para flavan- 3,4-dióis (leucoantocianinas), que são convertidos em antocianidinas pela antocianidina sintase (ANS). A glucosilação dos flavonóides é catalisada pela glucosiltransferase. A compreensão das vias biossintéticas dos polifenóis pode ajudar o programa de criação de alimentos com maior teor de polifenóis e benefícios para a saúde.

Atividade Antioxidante

Os antioxidantes ou polifenóis são metabolitos secundários que as plantas produzem para se protegerem de outros organismos. Foi demonstrado que os polifenóis alimentares desempenham um papel importante na saúde humana. A ingestão elevada de frutas, legumes e cereais integrais, que são ricos em polifenóis, tem sido associada a uma redução do risco de muitas doenças crónicas, incluindo cancro, doenças cardiovasculares, inflamação crónica e muitas doenças degenerativas. Estudos recentes revelaram que muitas destas doenças estão relacionadas com o stress oxidativo causado por espécies reactivas de oxigénio e azoto. Os fitoquímicos, especialmente os polifenóis, são os que mais contribuem para as actividades antioxidantes totais dos frutos, em vez da vitamina C. Os polifenóis são considerados fortes antioxidantes que podem neutralizar os radicais livres doando um eletrão ou um átomo de hidrogénio. O sistema altamente conjugado e certos padrões de hidroxilação, como o grupo 3-hidroxi nos flavonóis, são considerados importantes nas actividades antioxidantes. Os polifenóis suprimem a produção de radicais livres, reduzindo assim a taxa de oxidação através da inibição da formação ou da desativação das espécies activas e dos precursores dos radicais livres. Mais frequentemente, actuam como sequestradores directos de radicais das reacções em cadeia da peroxidação lipídica (quebra-cadeias). Os agentes de quebra de cadeia doam um eletrão ao radical livre, neutralizando os radicais e tornando-se eles próprios radicais estáveis (menos reactivos), interrompendo assim as reacções em cadeia.

Para além da eliminação de radicais, os polifenóis são também conhecidos como quelantes de metais. A quelação de metais de transição, como o Fe2+, pode reduzir diretamente a taxa da reação de Fenton, impedindo assim a oxidação causada por radicais hidroxilo altamente reactivos. Os polifenóis não actuam isoladamente. Verificou-se que os polifenóis podem efetivamente funcionar como co-antioxidantes e estão envolvidos na regeneração de vitaminas essenciais.

Foram desenvolvidos vários sistemas de modelos antioxidantes *in vitro* para avaliar as actividades antioxidantes totais. Embora estes métodos sejam limitados em termos de semelhança com os mecanismos das acções antioxidantes num sistema biológico, coletivamente, podem retratar bem a forma como os polifenóis funcionam como antioxidantes, lançando assim luz sobre o papel real dos polifenóis na saúde humana. Os prós e os contras dos modelos químicos *in vitro* foram discutidos em pormenor e ultrapassam o âmbito da presente análise. Também é necessário ter cuidado quando as actividades antioxidantes são avaliadas através de modelos *in vitro*. Do ponto de vista químico, as moléculas de polifenóis, depois de terem doado um eletrão ou um átomo de hidrogénio, tornam-se elas próprias radicais livres e, em caso de concentração suficiente, podem potencialmente causar actividades pró-oxidantes. No entanto, a questão de saber se essa atividade pró-oxidante ocorrerá ou não *in vivo* e causará danos ao ser humano é uma questão que requer mais investigação.

Para além da habitual atividade antioxidante

Para além do modo possível de ação antioxidante acima referido, outros mecanismos, como a inibição da xantina oxidase e a elevação dos antioxidantes endógenos, são também considerados importantes [50]. Os polifenóis podem induzir enzimas antioxidantes, como a glutationa peroxidase, a catalase e a superóxido dismutase, que decompõem os hidroperóxidos, o peróxido de hidrogénio e os aniões superóxido, respetivamente, e inibem a expressão de enzimas como a xantina oxidase. Embora as actividades antioxidantes directas e indirectas dos polifenóis possam desempenhar um papel importante na redução do stress oxidativo através dos mecanismos acima mencionados, o papel real destes compostos a nível celular pode ser mais complicado. Há um ponto de vista emergente de que os fitoquímicos, em especial os polifenóis e os seus metabolitos *in vivo*, não actuam como antioxidantes convencionais doadores de hidrogénio ou de electrões, mas podem exercer acções moduladoras nas células através de acções nas vias de sinalização da proteína quinase e da quinase lipídica. Embora os polifenóis, como os flavonóides, possam ser absorvidos através do trato gastrointestinal, as concentrações no plasma são baixas, normalmente inferiores a 1 mmol/L, em parte devido ao rápido metabolismo nos tecidos humanos. Esta é uma concentração demasiado baixa para que a maioria dos polifenóis exiba quaisquer actividades antioxidantes significativas e directas, pelo que alguns investigadores chegaram mesmo a considerar improvável que os polifenóis actuem como antioxidantes *in vivo*. Assim, deve ser dada atenção a funções que vão além das actividades antioxidantes habituais. A nutrigenómica, em resultado destes pontos de vista, surgiu como uma nova área multidisciplinar de investigação, não só sobre os polifenóis, mas também sobre os fitoquímicos em geral. Os efeitos sobre os biomarcadores envolvidos nas vias acima referidas e noutras vias podem conduzir a alterações nas funções celulares e, por conseguinte, a potenciais benefícios para a saúde. Williams *et al.* [3] sugerem também que "uma compreensão clara dos mecanismos de ação dos flavonóides, quer como antioxidantes quer como moduladores da sinalização celular, e a influência do seu metabolismo nestas propriedades são fundamentais para a avaliação destas potentes biomoléculas como agentes anticancerígenos, cardioprotectores e inibidores da neurodegeneração. A investigação futura sobre os polifenóis vai, sem dúvida, na mesma direção.

O efeito dos antioxidantes nas vias de degradação das proteínas

As proteínas neuronais sofrem um turnover contínuo a taxas distintas, e este processo de degradação desempenha um papel importante na homeostase proteica, também chamada proteostase. Os componentes da rede da maquinaria da proteostase decidem sobre o destino das proteínas danificadas, assegurando o seu reenquadramento na conformação estável original ou eliminando-as da célula através da proteólise. Estes mecanismos rigorosos de controlo da qualidade das proteínas coordenam a taxa de síntese proteica através da degradação das proteínas danificadas, o que, por sua vez, é crucial para a manutenção dos processos celulares básicos, como a regulação do ciclo celular, a transcrição de genes e as vias metabólicas, uma vez que os principais reguladores destes processos são proteínas e enzimas limitadoras da taxa com uma semi-vida limitada.

Existem três grandes vias coordenadas de degradação das proteínas celulares:

(i) a via mediada por chaperonas, também designada por autofagia mediada por chaperonas;

(ii) a via de degradação ubiquitina-proteassoma; e

(iii) o sistema lisossoma-autofagia, também designado por macroautofagia. Em circunstâncias normais, as proteínas com conformações anómalas são rapidamente degradadas. No entanto, a insuficiente redobragem ou degradação de proteínas danificadas e propensas a agregação pode levar à sua acumulação celular.

Os neurónios são células bipolares pós-mitóticas e, por isso, pensa-se que são particularmente vulneráveis a agregados proteicos tóxicos. De facto, a acumulação neuronal de proteínas fortemente oxidadas e propensas a agregação desempenha um papel causal na patogénese das doenças neurodegenerativas associadas à idade, como a doença de Alzheimer e a doença de Parkinson. De facto, estas doenças são genericamente consideradas como proteinopatias ou doenças conformacionais das proteínas. O termo proteinopatia refere-se a patologias associadas a uma acumulação intra ou extracelular de proteínas mal dobradas ou agregadas. Pensa-se que esta é uma das principais características das doenças neurodegenerativas. Apesar do envolvimento de proteínas distintas na sua patologia, as doenças neurológicas como a doença de Alzheimer, a doença de Parkinson, a esclerose lateral amiotrófica, a demência frontotemporal, a doença do prião, a degenerescência macular relacionada com a idade e a doença de Huntington são as proteinopatias mais proeminentes do sistema nervoso central. Embora ainda não se saiba exatamente o que desencadeia estas proteinopatias, pensa-se que a proteostase alterada ou insuficiente desempenha aqui um papel importante. Isto deve-se muito provavelmente a uma função comprometida da proteostase neuronal em condições de stress basal e crónico. De facto, um declínio gradual da capacidade da proteostase celular resulta na acumulação de proteínas mal dobradas (ou oxidadas), levando assim à deposição de agregados com efeitos tóxicos e morte celular. A importância da função coordenada do proteassoma, da autofagia mediada por chaperonas e da macroautofagia na patogénese das proteopatias foi demonstrada em vários modelos animais pré-clínicos. De facto, a perturbação da ação coordenada desta rede leva à acumulação de agregados proteicos insolúveis, o que, em última análise, conduz à neurodegeneração. Por exemplo, a supressão específica dos neurónios dos genes-chave da autofagia ATG5 e ATG7 foi suficiente para induzir a acumulação de agregados proteicos, a degeneração axonal e a morte celular neuronal. A autofagia é um regulador fundamental das proteínas propensas à agregação intracelular, como demonstrado nas proteopatias mais proeminentes, como a huntingtina expandida com poliglutamina na doença de Huntington; a TDP43 mutante na esclerose lateral amiotrófica; as formas mutantes da doença de Parkinson; e as proteínas tau mutantes em vários tipos de demência, incluindo a doença de Alzheimer. Todos estes estudos sublinham a importância de uma rede eficiente de degradação das proteínas neuronais.

O tratamento farmacológico da rede de proteostase para manter a homeostase coordenada das proteínas intracelulares pode ser uma estratégia importante para impedir a neurodegenerescência relacionada com a idade. De facto, independentemente do mecanismo de desencadeamento das proteinopatias, o aumento da degradação destas proteínas mal dobradas e propensas à agregação pode abrandar a progressão das doenças consideradas proteinopatias.

Existem fortes indícios de que os compostos dietéticos naturais têm efeitos promotores da saúde. Os polifenóis flavonóides e não flavonóides, devido à sua abundância no reino vegetal, representam o maior grupo de fitoquímicos. De facto, existem mais de 8000 polifenóis naturais cuja química é muito diversa; no entanto, a sua principal propriedade estrutural comum é a presença de mais de um grupo fenol por molécula. Existem fortes indícios de que os alimentos ou bebidas ricos em polifenóis aumentam os níveis de antioxidantes no soro sanguíneo, contribuindo assim para prevenir os danos celulares induzidos pelo stress oxidativo. Os flavonóides, em contraste com os não flavonóides, representam o maior grupo de polifenóis. São substâncias naturais presentes em frutos e legumes, bem como em alimentos transformados, incluindo azeite, vinho tinto e chá; a ingestão diária total de polifenóis.

Biodisponibilidade dos antioxidantes

A biodisponibilidade pode ser definida de diferentes formas. A definição geralmente aceite de biodisponibilidade é a proporção do nutriente que é digerido, absorvido e metabolizado através das vias normais.

Por conseguinte, não só é importante saber a quantidade de um nutriente presente num determinado alimento ou suplemento alimentar, como também é ainda mais importante saber a sua biodisponibilidade. O metabolismo de vários polifenóis é atualmente bem conhecido. Geralmente, as agliconas podem ser absorvidas pelo intestino delgado; no entanto, a maioria dos polifenóis está presente nos alimentos sob a forma de ésteres, glicosídeos ou polímeros que não podem ser absorvidos na sua forma nativa.

Antes da absorção, estes compostos devem ser hidrolisados por enzimas intestinais ou pela microflora do cólon. Durante a absorção, os polifenóis sofrem extensas modificações; de facto, são conjugados nas células intestinais e, mais tarde, no fígado por metilação, sulfatação e/ou glucuronidação. Como consequência, as formas que chegam ao sangue e aos tecidos são diferentes das presentes nos alimentos e é muito difícil identificar todos os metabolitos e avaliar a sua atividade biológica.

O principal objetivo dos estudos de biodisponibilidade é determinar os polifenóis mais bem absorvidos, quais são os metabolitos activos e quais deles conduzem à formação dos metabolitos activos.

A estrutura química dos polifenóis, mais do que a concentração, determina a taxa e a extensão da absorção e a natureza dos metabolitos que circulam no plasma. Os polifenóis mais comuns na nossa alimentação não são necessariamente os que conduzem às concentrações mais elevadas de metabolitos activos nos tecidos-alvo; consequentemente, as propriedades biológicas dos polifenóis diferem muito de um polifenol para outro.

A prova, embora indireta, da sua absorção através da barreira intestinal é dada pelo aumento da capacidade antioxidante do plasma após o consumo de alimentos ricos em polifenóis. Foram obtidas provas mais directas da biodisponibilidade dos compostos fenólicos através da medição da sua concentração no plasma e na urina após a ingestão de compostos puros ou de alimentos com um teor conhecido dos compostos de interesse.

Estes estudos mostram que as quantidades de polifenóis encontrados intactos na urina variam de um composto fenólico para outro. Foram também observadas variações interindividuais, provavelmente devido à diferente composição da microflora do cólon, que pode afetar de forma diferente o seu metabolismo.

A identificação e a quantificação dos metabolitos representam um importante domínio de investigação; por exemplo, metabolitos activos específicos, como o equol, a enterolactona e o enterodiol, são produzidos pela microflora do cólon. O equol parece ter propriedades fitoestrogénicas ainda maiores do que as da isoflavona original; a enterolactona e o enterodiol, produzidos a partir de sementes de linho, têm efeitos agonistas ou antagonistas sobre os estrogénios. Além disso, é de salientar que existe uma grande variabilidade interindividual na produção destes metabolitos activos, em função da composição da flora intestinal.

O flavonol quercetina é um dos polifenóis mais extensivamente estudados. Serve como um bom exemplo porque o seu metabolismo nos seres humanos é bem compreendido; os conjugados de flavonol que foram identificados no plasma e na urina de pessoas alimentadas com alimentos contendo quercetina não são os encontrados nos alimentos. Por exemplo, as amostras de plasma de voluntários que receberam quercetina por via oral (como uma refeição de cebola, chá de trigo sarraceno ou suplementos de quercetina pura, quercetina-4· -glucósido, quercetina-3-glucósido ou quercetina-rutinosido) continham formas conjugadas de quercetina, mas não glucósidos de quercetina, rutinosido de quercetina ou aglicona de quercetina.

Absorção intestinal

Nos alimentos, todos os flavonóides, exceto os flavanóis, existem em formas glicosiladas. O destino dos glicosídeos no estômago ainda não é claro. A maioria dos glicosídeos provavelmente resiste à hidrólise ácida no estômago e, assim, chega intacta ao intestino, onde apenas as agliconas e alguns glucósidos podem ser absorvidos.

Estudos experimentais efectuados em ratos mostraram que a absorção a nível gástrico é possível para alguns flavonóides, como a quercetina, mas não para os seus glicosídeos.

Além disso, foi recentemente demonstrado que, em ratos e ratinhos, as antocianinas são absorvidas pelo estômago. No entanto, a maioria dos polifenóis está presente nos alimentos como ésteres, glicosídeos ou polímeros que não podem ser absorvidos na forma nativa. Por conseguinte, estas substâncias têm de ser hidrolisadas por enzimas intestinais, como as β-glucosidases e a lactase-florizina hidrolase, ou pela microflora do cólon, antes de poderem ser absorvidas.

A glicosilação influencia a absorção, mas geralmente não influencia a natureza dos metabolitos circulantes.

Os glicosídeos intactos de quercetina, daidzeína e genisteína não foram recuperados no plasma ou na urina após a sua ingestão como compostos puros ou a partir de alimentos complexos. As antocianinas representam uma exceção; de facto, os glicosídeos intactos são as formas circulantes mais representativas. A explicação para este facto pode residir na instabilidade das formas agliconas ou em mecanismos específicos de absorção ou metabolismo das antocianinas. No entanto, recentemente, alguns investigadores identificaram glucurónidos e sulfatos de antocianinas na urina humana. Sabe-se que a glicosilação do resveratrol o protege da degradação oxidativa, pelo que o resveratrol glicosilado é mais estável, mais solúvel e mais facilmente absorvido no trato gastrointestinal humano.

Por outro lado, a glucosilação da quercetina facilita a sua absorção; de facto, a eficiência da absorção dos glucósidos de quercetina é superior à da própria aglicona. Foi sugerido que os glucósidos poderiam ser transportados para os enterócitos pelo transportador de glucose dependente de sódio SGLT1, sendo depois hidrolisados por uma β-glucosidase citosólica. No entanto, o efeito da glucosilação na absorção é menos claro para as isoflavonas do que para a quercetina.

As proantocianidinas diferem da maioria dos outros polifenóis vegetais devido à sua natureza polimérica e ao seu elevado peso molecular.

Os polifenóis, as fontes dietéticas e a biodisponibilidade limitam a sua absorção através da barreira intestinal, e é pouco provável que os oligómeros maiores do que os trímeros sejam absorvidos no intestino delgado nas suas formas nativas.

Os ácidos hidroxicinâmicos, quando ingeridos na forma livre, são rapidamente absorvidos pelo intestino delgado e são conjugados (nomeadamente glucuronidados) como os flavonóides. No entanto, estes compostos são naturalmente esterificados nos produtos vegetais, o que prejudica a sua absorção, uma vez que a mucosa intestinal, o fígado e o plasma não possuem esterases capazes de hidrolisar o ácido clorogénico para libertar o ácido cafeico, e a hidrólise só pode ser efectuada pela microflora do cólon.

Os polifenóis que não são absorvidos no intestino delgado chegam ao cólon, onde a microflora hidrolisa os glicosídeos em agliconas e metaboliza extensivamente as agliconas em vários ácidos aromáticos.

As agliconas são divididas pela abertura do heterociclo em diferentes pontos, dependendo da sua estrutura química, e produzem assim diferentes ácidos que são posteriormente metabolizados em derivados do ácido benzoico.

A microflora intestinal afecta o metabolismo dos glucósidos de isoflavonas, uma vez que são hidrolisados em agliconas ou transformados em metabolitos activos, como o equol da daidzeína.

Mecanismos de conjugação e transporte plasmático

Uma vez absorvidos, os polifenóis são submetidos à conjugação: este processo, que inclui principalmente a *metilação, a sulfatação* e *a glucuronidação*, representa um processo de desintoxicação metabólica, comum a muitos xenobióticos, que facilita a sua eliminação biliar e urinária ao aumentar a sua hidrofilicidade.

A catecol-O-metil transferase catalisa a transferência de um grupo metilo da S-adenosil-L-metionina para polifenóis como a quercetina, a luteolina, o ácido cafeico, as catequinas e a cianidina. A metilação ocorre geralmente na posição C3'- do polifenol, mas pode ocorrer na oposição: de facto, foi detectada uma quantidade notável de P-metilpigalocatequina no plasma humano após a ingestão de chá. A atividade da *catecol-O* -metil transferase é mais elevada no fígado e nos rins, embora esteja presente em vários tecidos.

As sulfotransferases catalisam a transferência de uma porção de sulfato do 3'-fosfoadenosina-5'-fosulfato para um grupo hidroxilo em vários substratos, entre os quais os polifenóis. A sulfatação ocorre principalmente no fígado, mas a posição de sulfatação dos polifenóis ainda não foi claramente identificada.

As UDP-glucuronosiltransferases são enzimas ligadas à membrana, localizadas no retículo endoplasmático em muitos tecidos, que catalisam a transferência de um ácido glucurónico do ácido UDP-glucurónico para polifenóis, bem como para esteróides, ácidos biliares e muitos constituintes da dieta. A glucuronidação ocorre no intestino e no fígado, e a taxa mais elevada de conjugação é observada na posição C3.

A importância relativa destes três tipos de conjugação parece variar consoante a natureza do substrato e a dose ingerida. O equilíbrio entre a sulfatação e a glucuronidação dos polifenóis parece também ser afetado pela espécie e pelo sexo.

Os mecanismos de conjugação são altamente eficientes e as agliconas livres estão geralmente ausentes ou presentes em baixas concentrações no plasma após o consumo de doses nutricionais; uma exceção são as catequinas do chá verde, cujas agliconas podem constituir uma proporção significativa da quantidade total no plasma (até 77% para o galato de epigalocatequina).

É importante identificar os metabolitos circulantes, incluindo a natureza e as posições dos grupos conjugantes na estrutura do polifenol, porque as posições podem afetar as propriedades biológicas dos conjugados.

Os metabolitos dos polifenóis circulam no sangue ligados a proteínas, sendo a albumina a principal proteína responsável por essa ligação.

A afinidade dos polifenóis pela albumina varia consoante a sua estrutura química.

A ligação à albumina pode ter consequências para a taxa de depuração dos metabolitos e para a sua entrega às células e tecidos. É possível que a absorção celular dos metabolitos seja proporcional à sua concentração não ligada. Por último, ainda não é claro se os polifenóis têm de estar na forma livre para exercerem a sua atividade biológica ou se os polifenóis ligados à albumina podem exercer alguma atividade biológica, como foi recentemente demonstrado para a quercetina.

Concentrações plasmáticas

As concentrações de polifenóis atingidas após o seu consumo variam muito consoante a natureza do polifenol e a fonte alimentar. Além disso, a mesma tabela indica a fonte de polifenol, a quantidade de polifenol ingerida, a concentração máxima no plasma e a excreção urinária, quando disponível. As concentrações plasmáticas de flavonóides intactos raramente excedem 1μM e a manutenção de uma concentração elevada de polifenóis no plasma requer uma ingestão repetida ao longo do tempo; de facto, as concentrações máximas são mais frequentemente atingidas 1-2h após a ingestão, exceto no caso dos polifenóis que necessitam de ser degradados antes da absorção.

Absorção tecidular

Os polifenóis são capazes de penetrar nos tecidos, particularmente naqueles em que são metabolizados, como o intestino e o fígado. A determinação da biodisponibilidade dos metabolitos dos polifenóis nos tecidos pode ser muito mais importante do que o conhecimento das suas concentrações plasmáticas.

Dois estudos mediram os fitoestrogénios e os polifenóis do chá no tecido da próstata humana.

O primeiro estudo mostrou concentrações prostáticas de genisteína significativamente mais baixas em homens com hiperplasia benigna da próstata do que em homens com uma próstata normal, enquanto as concentrações plasmáticas de genisteína eram mais elevadas em homens com hiperplasia benigna da próstata.

O segundo, mostrou que os polifenóis do chá são biodisponíveis na próstata humana: no final do consumo diário de 1,42 L de chá verde ou chá preto durante 5 dias, em amostras de tecido da próstata a epigalocatequina, epicatequina, galato de epigalocatequina, galato de epicatequina atingiram concentrações que variaram de 21 a 107 pmol/g de tecido.

Excreção

Os polifenóis e os seus derivados são eliminados principalmente na urina e na bílis. Os metabolitos extensamente conjugados têm maior probabilidade de serem eliminados na bílis, enquanto os pequenos conjugados, como os monossulfatos, são preferencialmente excretados na urina.

A quantidade total de metabolitos excretados na urina está aproximadamente correlacionada com as concentrações plasmáticas máximas.

A percentagem de excreção urinária é bastante elevada para as flavanonas dos citrinos (4-30% da ingestão) e para as isoflavonas (16-66% para a daidzeína e 10-24% para a genisteína), enquanto que para os flavonóis representa 0,3-1,4% da dose ingerida de quercetina e dos seus glicosídeos. A recuperação urinária é de 0,5-6% para algumas catequinas do chá, 2-10% para a catequina do vinho tinto e até 30% para a epicatequina do cacau, enquanto varia entre 5,9% e 27% para os ácidos cafeico e ferúlico.

Efeito dos polifenóis na chaperona

Em condições fisiológicas normais, as proteínas sofrem diferentes alterações conformacionais durante a sua vida. Cada etapa é assistida por chaperonas e inclui o dobramento de novo, a montagem e a desmontagem, o transporte através das membranas e a orientação para a degradação. A expressão de muitas chaperonas é fortemente induzida em condições de stress oxidativo e de choque térmico.

A prevenção das doenças neurodegenerativas relacionadas com a idade através do reforço da rede de chaperones poderá ser uma estratégia promissora e poderá ser conseguida através da sua atuação nos seus três níveis - biogénese, manutenção conformacional e degradação - quer individualmente quer em combinação. Está provado que vários compostos de pequena massa molecular, denominados chaperones químicos, aumentam a estabilidade das proteínas *in vitro*. No entanto, estes compostos não naturais apresentam um elevado potencial tóxico, o que os torna inadequados para aplicação in vivo. Consequentemente, a utilização de compostos dietéticos que possam restaurar a rede de chaperones parece ser uma estratégia atractiva. Está bem estabelecido que os efeitos benéficos dos polifenóis podem ser exercidos através das suas propriedades antioxidantes. O grupo fenólico pode aceitar um eletrão, actuando assim como um antioxidante de quebra de cadeia. Além disso, os polifenóis podem induzir diretamente a resposta ao stress celular através do aumento dos níveis de chaperonas. De facto, o resveratrol, um polifenol proeminente, demonstrou induzir a resposta aguda ao choque térmico através da regulação positiva das chaperonas.

Autofagia

As proteínas podem sofrer diferentes alterações conformacionais ao longo da sua vida. Cada etapa é assistida por chaperonas e inclui o dobramento de novo, a montagem e a desmontagem, o transporte através das membranas e o direcionamento para a degradação. As chaperonas de expressão fortemente consideradas como proteínas de stress ou proteínas de choque térmico (HSPs). da rede de chaperonas foram designadas de acordo com o seu peso molecular: Hsp40s, Hsp60s, Hsp70s, Hsp90s, Hsp100s e as pequenas Hsps. A rede de chaperonas moleculares é classificada em diferentes grupos com base na homologia das sequências.

No entanto, estes compostos não naturais apresentam um elevado número de aplicações. Por conseguinte, a utilização de compostos dietéticos que possam restaurar a rede de chaperones parece ser uma estratégia atractiva. Os polifenóis podem, assim, atuar como um antioxidante de quebra de cadeias [os polifenóis podem aumentar os níveis de chaperones. De facto, o resveratrol, um polifenol proeminente, demonstrou induzir a resposta aguda ao choque térmico através da regulação positiva de chaperonas como a Hsp70.

A curcumina, abundante nas especiarias amarelas do caril, amplamente utilizadas pela população indiana e por outras populações do sul e do leste asiático, apresenta efeitos citoprotectores e induz a translocação nuclear de HSF1, apresentando ainda actividades anti-inflamatórias e antioxidantes.

Vários fenóis mononucleares, como o ácido gambogico, foram também identificados como activadores directos de HSP. Células neurogliais humanas isoladas tratadas com adaptogénios extraídos de raízes de Eleutherococcus senticosus, bagas de Schisandra chinensis e Rhodiola rosea também demonstraram um aumento da HSP70 mediado por um aumento da sua expressão.

Todos estes dados de investigação sugerem que os polifenóis poderiam aumentar os níveis de chaperonas celulares e prevenir a neurodegeneração.

O polifenol como antioxidante natural

A maioria destas substâncias são classificadas como antioxidantes naturais, o que revela a sua importância no stress oxidativo. Atualmente, são utilizados na indústria alimentar alguns antioxidantes fenólicos sintéticos, como o butil-hidroxianisol (BHA), o butil-hidroxitolueno (BHT), a terc-butil-hidroquinona (TBHQ), o 2-terc-butil-4-metilfenol (TBMP) e os ésteres do ácido gálico, por exemplo, o propilgalato (PG). Estes antioxidantes sintéticos são considerados nocivos para a saúde humana. Doses elevadas de TBHQ exercem efeitos negativos na saúde de animais de laboratório, tais como danos no ADN, que podem levar a tumores no estômago. Foi relatado que o BHA actua como iniciador e promotor de tumores em alguns tecidos animais. A preocupação atual com os efeitos adversos dos antioxidantes sintéticos deve ser considerada e alguns alimentos, bebidas e extractos de plantas medicinais podem representar uma fonte alternativa de antioxidantes naturais. Os extractos de plantas e os óleos essenciais podem ser utilizados como uma fonte acessível de antioxidantes naturais e um possível suplemento alimentar, ou explorados para aplicações farmacêuticas. Além disso, os fenólicos vegetais podem ser utilizados como aditivos contra a deterioração oxidativa na indústria alimentar transformada.

CAPÍTULO 3

O QUE SÃO OS FLAVONÓIDES

Os flavonóides consistem num grande grupo de compostos polifenólicos com uma estrutura de benzo-pirona e estão ubiquamente presentes nas plantas. São sintetizados pela via dos fenilpropanóides. Os relatórios disponíveis tendem a mostrar que os metabolitos secundários de natureza fenólica, incluindo os flavonóides, são responsáveis por uma variedade de actividades farmacológicas. Os flavonóides são substâncias fenólicas hidroxiladas e são conhecidos por serem sintetizados pelas plantas em resposta a infecções microbianas. As suas actividades dependem da estrutura. A natureza química dos flavonóides depende da sua classe estrutural, do grau de hidroxilação, de outras substituições e conjugações e do grau de polimerização. O interesse recente por estas substâncias foi estimulado pelos potenciais benefícios para a saúde decorrentes das actividades antioxidantes destes compostos polifenólicos. Os grupos hidroxilo funcionais dos flavonóides medeiam os seus efeitos antioxidantes através da eliminação de radicais livres e/ou da quelação de iões metálicos. A quelação de metais pode ser crucial na prevenção da geração de radicais que danificam biomoléculas alvo.

Como componente alimentar, pensa-se que os flavonóides têm propriedades promotoras da saúde devido à sua elevada capacidade antioxidante, tanto *em* sistemas in *vivo* como *in vitro*. Os flavonóides têm a capacidade de induzir sistemas enzimáticos protectores humanos.

Vários estudos têm sugerido efeitos protectores dos flavonóides contra muitas doenças infecciosas (bacterianas e virais) e degenerativas, como as doenças cardiovasculares, os cancros e outras doenças relacionadas com a idade. Os flavonóides também actuam como um sistema de defesa antioxidante secundário em tecidos vegetais expostos a diferentes stresses abióticos e bióticos. Os flavonóides estão localizados no núcleo das células mesofílicas e nos centros de geração de ROS. Também regulam factores de crescimento nas plantas, como a auxina. Os genes biossintéticos foram montados em várias bactérias e fungos para aumentar a produção de flavonóides. Foram também descritas as funções dos flavonóides nas plantas e a sua produção microbiana.

Química dos flavonóides

Os flavonóides são um grupo de compostos naturais com estruturas fenólicas variáveis e encontram-se nas plantas. Em 1930, foi isolada uma nova substância das laranjas. Na altura, pensava-se que era um membro de uma nova classe de vitaminas e foi designada como vitamina P. Mais tarde, tornou-se claro que esta substância era um flavonoide (rutina) e até agora foram identificadas mais de 4000 variedades de flavonóides.

Do ponto de vista químico, os flavonóides baseiam-se num esqueleto de quinze carbonos constituído por dois anéis de benzeno ligados por um anel de pirano heterocíclico. Podem ser divididos numa variedade de classes, tais como flavonas (por exemplo, flavona, apigenina e luteolina), flavonóis (por exemplo, quercetina, kaempferol, miricetina e fisetina), flavanonas (por exemplo, flavanona, hesperetina e naringenina) e outras.

As várias classes de flavonóides diferem no nível de oxidação e no padrão de substituição do terceiro anel, enquanto os compostos individuais dentro de uma classe diferem no padrão de substituição dos anéis A e B.

Os flavonóides apresentam-se sob a forma de agliconas, glicosídeos e derivados metilados. A estrutura básica dos flavonóides são as agliconas. O anel de seis membros condensado com o anel benzénico é uma "-pirona (flavonóis e flavanonas) ou o seu dihidroderivado (flavonóis e flavanonas). A posição do substituinte benzenóide divide a classe dos flavonóides em flavonóides (posição 2) e isoflavonóides (posição 3).

Os flavonóis diferem das flavanonas pelo grupo hidroxilo na posição 3 e por uma ligação dupla C2-C3. Os flavonóides são frequentemente hidroxilados nas posições 3, 5, 7, 2. Sabe-se que os éteres metílicos e os ésteres acetilados do grupo alcoólico ocorrem na natureza. Quando se formam glicosídeos, a ligação glicosídica está normalmente localizada nas posições 3 ou 7 e o hidrato de carbono pode ser L-ramnose, D-glucose, glucorhamnose, galactose ou arabinose.

Características espectrais dos flavonóides.

Estudos sobre flavonóides por espetroscopia revelaram que a maioria das flavonas e flavonóis apresentam duas bandas de absorção principais:

A banda I (320-385nm) representa a absorção do anel B,

A banda II (250-285 nm) corresponde à absorção do anel A.

Os grupos funcionais ligados ao esqueleto flavonoide podem causar uma mudança na absorção, como por exemplo de 367 nm no kaempferol (grupos 3,5,7,4a-hidroxilo) para 371 nm na quercetina (grupos 3,5,7,hidroxilo) e para 374 nm na miricetina (grupos

3,5,7,3-hidroxilo). A ausência de um grupo 3-hidroxilo nas flavonas distingue-as dos flavonóis. As flavanonas têm um anel C heterocíclico saturado, sem conjugação entre os anéis A e B, conforme determinado pelas suas características espectrais de UV. As flavanonas apresentam um máximo de absorção da banda II muito forte entre 270 e 295 nm, nomeadamente, 288 nm (naringenina) e 285 nm (taxifolina), e apenas um ombro para a banda I a 326 e 327 nm. A banda II aparece como um pico (270 nm) nos compostos com um anel B monossubstituído, mas como dois picos ou um pico (258 nm) com um ombro

(272 nm) quando está presente um anel B di-, tri- ou *o-substituído*. Como as antocianinas apresentam um pico caraterístico da banda I na região de 450-560 nm devido ao sistema hidroxil cinamoilo do anel B

e os picos da banda II na região 240-280 nm devido ao sistema benzoílo do anel A, a cor das antocianinas varia com o número e a posição dos grupos hidroxilo.

Alimentos ricos em flavonóides e plantas medicinais

Os flavonóides são o grupo mais comum e amplamente distribuído de compostos fenólicos vegetais, ocorrendo virtualmente em todas as partes das plantas, particularmente nas células vegetais fotossintetizantes.

São um dos principais componentes corantes das plantas com flores. Os flavonóides são parte integrante da dieta humana e animal.

Sendo fitoquímicos, os flavonóides não podem ser sintetizados por humanos e animais, pelo que os flavonóides encontrados nos animais são de origem vegetal e não biossintetizados in situ. Os flavonóis são os flavonóides mais abundantes nos alimentos. Os flavonóides presentes nos alimentos são geralmente responsáveis pela cor, sabor, prevenção da oxidação das gorduras e proteção das vitaminas e enzimas. Os flavonóides encontrados em maior quantidade na dieta humana incluem as isoflavonas da soja, os flavonóis e as flavonas. Embora a maioria das frutas e algumas leguminosas contenham catequinas, os níveis variam de 4,5 a 610mg/kg. A preparação e o processamento dos alimentos podem diminuir os níveis de flavonóides, dependendo dos métodos utilizados.

É difícil estimar com exatidão a ingestão média de flavonóides na alimentação, devido à grande variedade de flavonóides disponíveis e à sua extensa distribuição em várias plantas, bem como ao consumo diversificado nos seres humanos.

Recentemente, tem-se verificado um aumento do interesse pelo potencial terapêutico das plantas medicinais, que poderá dever-se aos seus compostos fenólicos, especificamente aos flavonóides. Os flavonóides têm sido consumidos pelos seres humanos desde o início da vida humana na Terra, ou seja, há cerca de 4 milhões de anos. Possuem propriedades biológicas alargadas que promovem a saúde humana e ajudam a reduzir o risco de doenças.

Pensa-se que a modificação oxidativa do colesterol LDL desempenha um papel fundamental durante a aterosclerose. A isoflavana glabridina, um importante composto polifenólico encontrado na *Glycyrrhiza glabra* (Fabaceae), inibe a oxidação do LDL através de um mecanismo que envolve a eliminação de radicais livres. Vários estudos epidemiológicos sugeriram que o consumo de chá verde ou de chá pode reduzir as concentrações de colesterol no sangue e a pressão arterial, proporcionando assim alguma proteção contra as doenças cardiovasculares. Sabe-se também que os flavonóides influenciam a qualidade e a estabilidade dos alimentos, actuando como aromatizantes, corantes e antioxidantes. Os flavonóides contidos nas bagas podem ter um efeito positivo contra a doença de Parkinson e podem ajudar a melhorar a memória em pessoas idosas. Foi observado um efeito anti-hipertensivo na fração total de flavonóides do *Astragalus complanatus* em ratos hipertensos.

A ingestão de flavonóides antioxidantes tem sido inversamente relacionada com o risco de incidência de demência. A solubilidade pode desempenhar um papel importante na eficácia terapêutica dos flavonóides. A baixa solubilidade das agliconas de flavonóides na água, associada ao seu curto tempo de permanência no intestino, bem como à sua menor absorção, não permite que os seres humanos sofram efeitos tóxicos agudos do consumo de flavonóides, com exceção de uma ocorrência rara de alergia. A fraca solubilidade dos flavonóides na água constitui frequentemente um problema para as suas aplicações medicinais. Assim, o desenvolvimento de flavonóides semi-sintéticos e hidrossolúveis, como por exemplo os hidroxietilrutosídeos e a inositol-2-fosfato-quercetina, tem sido implicado no tratamento da hipertensão e da micro-hemorragia.

Metabolismo dos flavonóides no ser humano

A absorção dos flavonóides dietéticos libertados dos alimentos pela mastigação depende das suas propriedades físico-químicas, como o tamanho molecular, a configuração, a lipofilicidade, a solubilidade e o pKa. O flavonoide pode ser absorvido a partir do intestino delgado ou tem de passar pelo cólon antes de ser absorvido.

Pode depender da estrutura do flavonoide, ou seja, se se trata de um glicosídeo ou de uma aglicona. A maioria dos flavonóides, com exceção da subclasse das catequinas, está presente nas plantas ligada aos açúcares como *b-glicosídeos*. Os aglicanos podem ser facilmente absorvidos pelo intestino delgado, enquanto os glicosídeos flavonóides têm de ser convertidos na forma de aglicanos.

Os glucósidos flavonóides hidrofílicos, como a quercetina, são transportados através do intestino delgado pelo cotransportador intestinal de glucose dependente de Na+ (SGLT1).

Um mecanismo alternativo sugere que os glucósidos de flavonóides são hidrolisados pela lactase-floridzina hidrolase (LPH), uma ^-glucosidase situada no exterior da membrana da borda em escova do intestino delgado. Em seguida, as agliconas libertadas podem ser absorvidas através do intestino delgado. A especificidade do substrato desta enzima LPH varia significativamente numa vasta gama de glicosídeos (glucósidos, galactósidos, arabinosídeos, xilosídeos e ramnosídeos) de flavonóides. Os glicosídeos que não são substratos para estas enzimas são transportados para o cólon, onde as bactérias têm capacidade para hidrolisar os glicosídeos de flavonóides, mas simultaneamente também degradam as agliconas de flavonóides libertadas. Uma vez que a capacidade de absorção do cólon é muito inferior à do intestino delgado, a absorção destes glicosídeos é apenas trivial

é de esperar.

Após a absorção, os flavonóides são conjugados no fígado por glucuronidação, sulfatação ou metilação ou metabolizados em compostos fenólicos mais pequenos. Devido a estas reacções de conjugação, não é possível encontrar agliconas de flavonóides livres no plasma ou na urina, exceto no caso das catequinas. Dependendo da fonte alimentar, a biodisponibilidade de certos flavonóides difere acentuadamente; por exemplo, a absorção da quercetina da cebola é quatro vezes maior do que a da maçã ou do chá. Os flavonóides segregados com a bílis no intestino e os que não podem ser absorvidos pelo intestino delgado são degradados no cólon pela microflora intestinal, que também decompõe a estrutura anelar dos flavonóides. Os flavonóides oligoméricos podem ser hidrolisados em dímeros e monómeros sob a influência de condições ácidas no estômago. As moléculas maiores chegam ao cólon, onde são degradadas pelas bactérias. A porção de açúcar dos glicosídeos flavonóides é um fator determinante importante

da sua biodisponibilidade. Foi demonstrado que a dimerização reduz a biodisponibilidade. Entre todas as subclasses de flavonóides, as isoflavonas apresentam a biodisponibilidade mais elevada. Após a ingestão de chá verde, o conteúdo de flavonóides é absorvido rapidamente, como demonstrado pelos seus níveis elevados no plasma e na urina. Entram na circulação sistémica pouco depois da ingestão e provocam um aumento significativo do estado antioxidante do plasma.

Actividades biológicas dos flavonóides

Atividade antioxidante.

A atividade antioxidante dos flavonóides depende da disposição dos grupos funcionais em torno da estrutura nuclear.

A configuração, a substituição e o número total de grupos hidroxilo influenciam substancialmente vários mecanismos da atividade antioxidante, tais como a eliminação de radicais e a proteção de metais.

capacidade de quelação de iões. A configuração hidroxilo do anel B é o fator determinante mais importante na eliminação dos ERO e RNS porque doa hidrogénio e um eletrão aos radicais hidroxilo, peroxilo e peroxinitrito, estabilizando-os e dando origem a um radical flavonoide relativamente estável. Os mecanismos de ação antioxidante podem incluir:

(1) supressão da formação de ERO, quer por inibição de enzimas, quer por quelação de oligoelementos envolvidos na geração de radicais livres;

(2) eliminação dos ERO; e

(3) a regulação positiva ou a proteção das defesas antioxidantes. A ação dos flavonóides envolve

a maioria dos mecanismos acima referidos. Alguns dos efeitos por eles mediados podem ser o resultado combinado da atividade de eliminação de radicais e da interação com enzimas

funções. Os flavonóides inibem as enzimas envolvidas na produção de ROS, ou seja, a monooxigenase microssomal, a glutationa S-transferase, a succinoxidase mitocondrial, a NADH oxidase, etc.

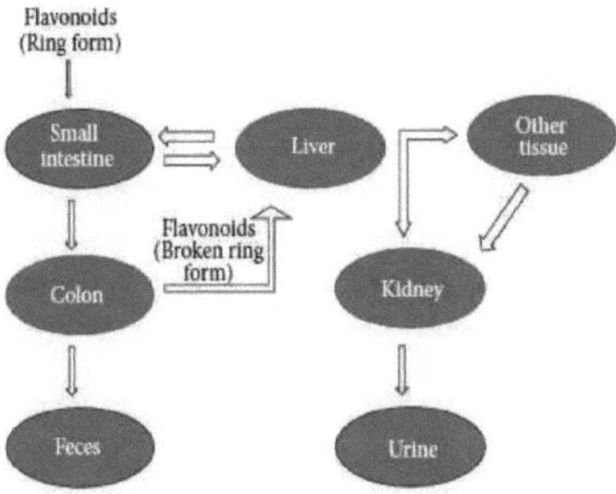

Compartimentos envolvidos no metabolismo dos flavonóides.

A peroxidação lipídica é uma consequência comum do stress oxidativo. Os flavonóides protegem os lípidos contra os danos oxidativos através de vários mecanismos. Os iões de metais livres aumentam a formação de ROS através da redução do peróxido de hidrogénio com a geração do radical hidroxilo altamente reativo. Devido aos seus potenciais redox mais baixos, os flavonóides (Fl-OH) são termodinamicamente capazes de reduzir radicais livres altamente oxidantes (potenciais redox na gama de 2,13-1,0 V), como os radicais superóxido, peroxil, alcoxil e hidroxil, através da doação de átomos de hidrogénio. Devido à sua capacidade de quelatar iões metálicos (ferro, cobre, etc.), os flavonóides também inibem a produção de radicais livres. A quercetina, em particular, é conhecida pelas suas propriedades quelantes e estabilizadoras do ferro. Os metais vestigiais ligam-se em posições específicas de diferentes anéis das estruturas dos flavonóides.

Uma estrutura de 3a,4a-catecol no anel B aumenta firmemente a inibição da peroxidação lipídica. Esta caraterística dos flavonóides torna-os mais eficazes na eliminação dos radicais peroxil, superóxido e peroxinitrito. A epicatequina e a rutina são fortes sequestradores de radicais e inibidores da peroxidação lipídica *in vitro*. Devido à oxidação no anel B dos flavonóides com grupo catecol, forma-se um radical ortossemiquinona bastante estável, que é um forte eliminador. As flavonas que não possuem o sistema catecol, quando oxidadas, levam à formação de radicais instáveis que apresentam um fraco potencial de eliminação. A literatura mostra que os flavonóides que possuem uma ligação 2-3 insaturada em conjugação com uma função 4-oxo são antioxidantes mais potentes do que os flavonóides que não possuem uma ou ambas as características. A conjugação entre os anéis A e B permite um efeito de ressonância do núcleo aromático que confere estabilidade ao radical flavonoide. A eliminação de radicais livres pelos flavonóides é potenciada pela presença de ambos os elementos, para além de outras características estruturais.

O heterociclo flavonoide contribui para a atividade antioxidante ao permitir a conjugação entre os anéis aromáticos e a presença de um 3-OH livre. A remoção de um 3-OH anula a coplanaridade e a conjugação, o que compromete a capacidade de eliminação. Propõe-se que os grupos OH do anel B formem ligações de hidrogénio com o 3-OH, alinhando o anel B com o heterociclo e o anel A. Devido a esta ligação de hidrogénio intramolecular, a influência de um 3-OH é reforçada pela presença de um 3a,4a-catecol, elucidando a potente atividade antioxidante dos flavan-3-óis e flavon-3-óis que possuem esta última caraterística. Geralmente, a O-metilação de grupos hidroxilo de flavonóides diminui a sua capacidade de eliminação de radicais.

A ocorrência, a posição, a estrutura e o número total de moléculas de açúcar nos flavonóides (glicosídeos de flavonóides) desempenham um papel importante na atividade antioxidante. As agliconas são antioxidantes mais potentes do que os seus glicosídeos correspondentes.

Há relatos de que as propriedades antioxidantes dos glicosídeos de flavonol do chá diminuíram à medida que o número de moléculas glicosídicas aumentou. Embora os glicosídeos sejam normalmente antioxidantes mais fracos do que as agliconas, a biodisponibilidade é por vezes aumentada por uma porção de glucose. Na dieta, as fracções glicosídicas dos flavonóides ocorrem mais frequentemente na posição 3 ou 7. O aumento do grau de polimerização aumenta a eficácia das procianidinas contra uma variedade de espécies radicais. Os dímeros e os trímeros de procianidina são mais eficazes do que os flavonóides monoméricos contra o anião superóxido. Os tetrâmeros apresentam maior atividade contra a oxidação mediada por peroxinitrito e superóxido do que os trímeros, enquanto os heptâmeros e hexâmeros demonstram propriedades de eliminação de superóxido significativamente maiores do que os trímeros e tetrâmeros.

Atividade hepatoprotectora.

Vários flavonóides, tais como a catequina, a apigenina, a quercetina, a naringenina, a rutina e o venoruton, foram referidos pelas suas actividades hapatoprotectoras.

A expressão da subunidade catalítica da glutamato-cisteína ligase (Gclc), a glutationa e os níveis de ROS estão diminuídos no fígado de ratos diabéticos. As antocianinas têm atraído cada vez mais atenção devido ao seu efeito preventivo contra várias doenças. Foi demonstrado que a antocianina cianidina-3-O-β-glucósido (C3G) aumenta a expressão hepática de Gclc através do aumento dos níveis de AMPc para ativar a proteína quinase A (PKA), que por sua vez regula a fosforilação da proteína de ligação ao elemento de resposta AMPc (CREB) para promover a ligação CREB-DNA e aumentar a transcrição de Gclc. Aumento da expressão de Gclc

resulta numa diminuição dos níveis de ROS hepáticos e da sinalização pró-apoptótica. Além disso, o tratamento com C3G reduz a peroxidação lipídica hepática, inibe a libertação de citocinas pró-inflamatórias e protege contra o desenvolvimento de esteatose hepática.

A silimarina é um flavonoide com três componentes estruturais: silibinina, silidianina e silicristina, extraído das sementes e do fruto do cardo mariano *Silybum marianum*

(Compositae). Foi relatado que a silimarina estimula a atividade enzimática da ARN polimerase 1 dependente de ADN e a subsequente biossíntese de ARN e proteína, resultando na biossíntese de ADN e na proliferação celular que conduz à regeneração do fígado apenas em fígados danificados. A silimarina aumenta a proliferação de hepatócitos em resposta à morte celular induzida pelo FBI (Fumonisina B1, uma micotoxina produzida por *Fusarium verticillioides*) sem modulação da proliferação celular em fígados normais. As propriedades farmacológicas da silimarina envolvem a regulação da permeabilidade e integridade da membrana celular, a inibição do leucotrieno, a eliminação de ROS, a supressão da atividade do NF-κB, a depressão das proteínas cinases e a produção de colagénio. A silimarina tem aplicações clínicas no tratamento da cirrose, lesão isquémica e hepatite tóxica induzida por várias toxinas, como a acetaminofena e o cogumelo tóxico.

Atividades hepatoprotetoras foram observadas em flavonóides isolados de *Laggera alata* contra lesão induzida por tetracloreto de carbono (CCl4-) em hepatócitos de ratos neonatais em cultura primária e em ratos com dano hepático. Os flavonóides em uma faixa de concentração de 1-100 μg/mL melhoraram a viabilidade celular e inibiram o vazamento celular de aspartato aminotransferase de hepatócitos (AST) e alanina aminotransferase (ALT) causada por CCl4. Do mesmo modo, numa experiência *in vivo*

Os flavonóides em doses orais de 50, 100 e 200mg/kg reduziram significativamente os níveis de AST, ALT, proteína total e albumina no soro e os níveis de hidroxiprolina e ácido siálico no fígado.

Os exames histopatológicos também revelaram a melhoria do fígado danificado com o tratamento com flavonóides.

Várias investigações clínicas demonstraram a eficácia e a segurança dos flavonóides no tratamento da disfunção hepatobiliar e de problemas digestivos, tais como sensação de plenitude, perda de apetite, náuseas e dores abdominais. Os flavonóides de *Equisetum arvense*, bem como a hirustrina e a avicularina isoladas de outras fontes, protegem as células HepG2 contra a hepatotoxicidade induzida por produtos químicos.

Atividade antibacteriana.

Sabe-se que os flavonóides são sintetizados pelas plantas em resposta a infecções microbianas; assim, não é de surpreender que se tenha verificado *in vitro que* são substâncias antimicrobianas eficazes contra uma vasta gama de microrganismos. Foi relatado que os extractos de plantas ricos em flavonóides de diferentes espécies possuem atividade antibacteriana. Vários flavonóides, incluindo a apigenina, a galangina, os glicósidos de flavona e flavonol, as isoflavonas, as flavanonas e as chalconas, demonstraram possuir uma potente atividade antibacteriana.

Os flavonóides antibacterianos podem ter múltiplos alvos celulares, em vez de um local de ação específico. Uma das suas acções moleculares consiste em formar complexos com proteínas através de forças inespecíficas, como a ligação de hidrogénio e os efeitos hidrofóbicos, bem como pela formação de ligações covalentes. Assim, o seu modo de ação antimicrobiana pode estar relacionado com a sua capacidade de inativar adesinas microbianas, enzimas, proteínas de transporte do envelope celular, etc. Os flavonóides lipofílicos podem também romper as membranas microbianas.

As catequinas, a forma mais reduzida da unidade C3 nos compostos flavonóides, têm sido amplamente investigadas devido à sua atividade antimicrobiana.

pela sua atividade antibacteriana *in vitro* contra *Vibrio cholerae*, *Streptococcus mutans*, *Shigella* e outras bactérias.

Foi demonstrado que as catequinas inactivam a toxina da cólera em *Vibrio cholera* e inibem glucosiltransferases bacterianas isoladas em *S. mutans,* provavelmente devido a actividades complexantes. Robinetina, miricetina e (-)-epigalocatequina são conhecidas por inibir a síntese de ADN em *Proteus vulgaris.* Sugeriu-se que o anel B dos flavonóides pode intercalar ou formar ligações de hidrogénio com o empilhamento de bases de ácido nucleico e levar ainda à inibição da síntese de ADN e ARN em bactérias. Outro estudo demonstrou a atividade inibidora da quercetina, apigenina e 3,6,7,3,4- penta-hidroxiflavona contra a DNA girase da *Escherichia coli.*

A naringenina e a sophoraflavanona G têm uma atividade antibacteriana intensa contra *Staphylococcus aureus* resistente à meticilina (MRSA) e estreptococos. Este efeito pode ser atribuído a uma alteração da fluidez da membrana nas regiões hidrofílicas e hidrofóbicas, o que sugere que estes flavonóides podem reduzir a fluidez das camadas externa e interna das membranas. A correlação entre a atividade antibacteriana e a interferência na membrana apoia a teoria de que os flavonóides podem demonstrar atividade antibacteriana através da redução da fluidez da membrana das células bacterianas.

A 5,7-dihidroxilação do anel A e a 2,4- ou 2,6-dihidroxilação do anel B na estrutura da flavanona são importantes para a atividade anti-MRSA. Um grupo hidroxilo na posição 5 das flavanonas e flavonas é importante para a sua atividade contra o MRSA. A substituição com C8 e

As cadeias C10 podem também aumentar a atividade antiestafilocócica dos flavonóides pertencentes à classe dos flavan-3-óis.

Foi demonstrado que as 5-hidroxiflavanonas e as 5-hidroxiisoflavanonas com um, dois ou três grupos hidroxilo adicionais nas posições 7, 2 e 4 inibiam o crescimento de *S. mutans* e *Streptococcus sobrinus*.

Após estudos adicionais, foi sugerido que o local de inibição destes flavonóides se situava entre a CoQ e o citocromo *c* na cadeia respiratória bacteriana de transporte de electrões.

Atividade anti-inflamatória.

A inflamação é um processo biológico normal em resposta a lesões nos tecidos, infeção por agentes patogénicos microbianos e irritação química. A inflamação é iniciada pela migração de células imunitárias dos vasos sanguíneos e pela libertação de mediadores no local da lesão. Este processo

é seguida do recrutamento de células inflamatórias, da libertação de ROS, RNS e citocinas pró-inflamatórias para eliminar agentes patogénicos estranhos e da reparação dos tecidos lesionados. Em geral, a inflamação normal é rápida e auto-limitada, mas a resolução aberrante e a inflamação prolongada causam várias doenças crónicas.

O sistema imunitário pode ser modificado pela alimentação, por agentes farmacológicos, por poluentes ambientais e por substâncias químicas alimentares que ocorrem naturalmente. Certos membros dos flavonóides afectam significativamente a função do sistema imunitário e das células inflamatórias. Vários flavonóides, como a hesperidina, a apigenina, a luteolina e a quercetina, têm efeitos anti-inflamatórios e analgésicos. Os flavonóides podem afetar especificamente a função de sistemas enzimáticos envolvidos de forma crítica na geração de processos inflamatórios, especialmente as proteínas quinases de tirosina e serina-treonina. A inibição das cinases deve-se à ligação competitiva dos flavonóides com o ATP nos locais catalíticos das enzimas. Estas enzimas estão envolvidas em processos de transdução de sinais e de ativação celular que envolvem células do sistema imunitário. Foi relatado que os flavonóides são capazes de inibir a expressão de isoformas de óxido nítrico sintase induzível, ciclo-oxigenase e lipooxigenase, que são responsáveis pela produção de uma grande quantidade de óxido nítrico, prostanóides, leucotrienos e outros mediadores do processo inflamatório, como citocinas, quimiocinas ou moléculas de adesão. Os flavonóides inibem igualmente as fosfodiesterases envolvidas na ativação celular. Grande parte do efeito anti-inflamatório dos flavonóides incide sobre a biossíntese de citocinas proteicas que medeiam a adesão dos leucócitos circulantes aos locais de lesão.

Certos flavonóides são potentes inibidores da produção de prostaglandinas, um grupo de potentes moléculas sinalizadoras pró-inflamatórias.

A inversão das alterações inflamatórias induzidas pela carragenina foi observada com o tratamento com silimarina. Verificou-se que a quercetina *inibe* a secreção de imunoglobulina estimulada por mitogénio dos isótipos IgG, IgM e IgA *in vitro*. Vários flavonóides inibem significativamente a adesão, a agregação e a secreção de plaquetas a uma concentração de 1-10mM. O efeito dos flavonóides nas plaquetas tem sido relacionado com a inibição do metabolismo do ácido araquidónico pelo monóxido de carbono. Alternativamente, certos flavonóides são inibidores potentes da fosfodiesterase do AMP cíclico, o que pode explicar em parte a sua capacidade de inibir a função plaquetária.

Atividade anticancerígena.

Os factores dietéticos desempenham um papel importante na prevenção do cancro. Os frutos e os legumes com flavonóides têm sido referidos como agentes quimiopreventivos do cancro. O consumo de cebolas e/ou maçãs, duas grandes fontes do flavonol quercetina, está inversamente associado à incidência de cancro da próstata, do pulmão, do estômago e da mama. Além disso, os consumidores moderados de vinho também parecem ter um risco menor de desenvolver cancro do pulmão, do endométrio, do esófago, do estômago e do cólon. Foi sugerido que se poderiam obter grandes benefícios para a saúde pública aumentando substancialmente o consumo destes alimentos. Foram propostos vários mecanismos para o efeito dos flavonóides nas fases de iniciação e promoção da carcinogenicidade, incluindo influências no desenvolvimento e nas actividades hormonais. Os principais mecanismos moleculares de ação dos flavonóides são os seguintes (1) regulação negativa da proteína p53 mutante, (2) paragem do ciclo celular, (3) inibição da tirosina quinase, (4) inibição das proteínas de choque térmico, (5) capacidade de ligação ao recetor de estrogénio, (6) inibição da expressão das proteínas Ras.

A inibição da expressão da p53 pode levar à paragem das células cancerosas na fase G2-M do ciclo celular. Verifica-se que os flavonóides reduzem a expressão da proteína p53 mutante para níveis quase indetectáveis em linhas celulares de cancro da mama humano. As tirosina quinases são uma família de proteínas localizadas na membrana celular ou perto dela, envolvidas na transdução de sinais de factores de crescimento para o núcleo. Pensa-se que a sua expressão está envolvida na oncogénese através da capacidade de anular o controlo regulador normal do crescimento. Pensa-se que os fármacos que inibem a atividade da tirosina quinase são possíveis agentes antitumorais sem os efeitos secundários citotóxicos observados na quimioterapia convencional. A quercetina foi o primeiro composto inibidor da tirosina quinase testado num ensaio humano de fase I. As proteínas de choque térmico formam um complexo com a p53 mutante, que permite às células tumorais contornar os mecanismos normais de paragem do ciclo celular. Proteínas de choque térmico

permitem também uma melhor sobrevivência das células cancerosas sob diferentes stresses corporais. Sabe-se que os flavonóides inibem a produção de proteínas de choque térmico em várias linhas celulares malignas, incluindo o cancro da mama, a leucemia e o cancro do cólon.

Recentemente, foi demonstrado que o flavanol epigalocatequina-3-galato inibia a atividade da sintase dos ácidos gordos (FAS) e a lipogénese nas células cancerosas da próstata, um efeito que está fortemente associado à paragem do crescimento e à morte celular. Em contraste com a maioria dos tecidos normais, a expressão da FAS está acentuadamente aumentada em vários cancros humanos. A expressão de FAS ocorre no início do desenvolvimento do tumor e é ainda mais acentuada em tumores mais avançados.

A quercetina é conhecida por produzir a paragem do ciclo celular em células linfóides em proliferação. Para além da sua atividade antineoplásica, a quercetina exerceu efeitos inibidores do crescimento em várias linhas de células tumorais malignas *in vitro*. Estas incluíam células de leucemia P-388, células de cancro gástrico (HGC-27, NUGC-2, NKN-7 e MKN-28), células de cancro do cólon (COLON320DM), células de cancro da mama humano, células escamosas e de gliossarcoma humano e células de cancro do ovário. Foi proposto que a inibição do crescimento das células tumorais pela quercetina pode dever-se à sua interação com os locais de ligação aos estrogénios nucleares do tipo II (EBS). Foi provado experimentalmente que o aumento da transdução de sinal nas células do cancro da mama humano é acentuadamente reduzido pela quercetina, que actua como agente antiproliferativo.

Foram comunicados os efeitos anticancerígenos da genisteína em modelos in *vitro* e *in vivo*. Num estudo para determinar os efeitos das isoflavonas genisteína, daidzeína e biochanina A na carcinogénese mamária, verificou-se que a genisteína suprimia o desenvolvimento de cancro mamário induzido quimicamente sem toxicidade reprodutiva ou endocrinológica. A administração neonatal de genisteína (um flavonoide) demonstrou um efeito protetor contra o desenvolvimento subsequente de cancro mamário induzido em ratos. Sabe-se que a hesperidina, um flavanona glicosídeo, inibe os cancros do cólon e da mama induzidos pelo azoximetanol em ratos. As propriedades anticancerígenas dos flavonóides contidos nos citrinos já foram analisadas anteriormente. Vários flavonóis, flavonas, flavanonas e a isoflavona biochanina A têm uma potente atividade antimutagénica. Verificou-se que uma função carbonilo em C-4 do núcleo da flavona

são essenciais para a sua atividade. O ácido flavona-8-acético também demonstrou ter efeitos antitumorais. Em estudos anteriores, o ácido elágico, a robinetina, a quercetina e a miricetina demonstraram inibir a tumorigenicidade do BP-7, 8-diol-9 e 10-epóxido-2 na pele do rato.

Foi demonstrado que um maior consumo de fitoestrogénios, incluindo isoflavonas e outros flavonóides, protege contra o risco de cancro da próstata. É bem sabido que, devido ao stress oxidativo, o cancro pode iniciar-se, pelo que os antioxidantes potentes têm potencial para combater a progressão da carcinogénese. O potencial dos antioxidantes como agentes anticancerígenos depende da sua competência como inactivadores e inibidores dos radicais de oxigénio.

Por conseguinte, as dietas ricas em sequestradores de radicais diminuiriam a ação promotora de cancro de alguns radicais.

Atividade antiviral.

Os compostos naturais são uma fonte importante para a descoberta e o desenvolvimento de novos medicamentos antivíricos, devido à sua disponibilidade e aos baixos efeitos secundários esperados. Os flavonóides naturais com atividade antiviral foram reconhecidos desde a década de 1940 e existem muitos relatórios sobre a atividade antiviral de vários flavonóides. A maior parte do trabalho relacionado com compostos antivirais gira em torno da inibição de várias enzimas associadas ao ciclo de vida dos vírus. Relação estrutura-função entre flavonóides e as suas enzimas foi observada atividade inibitória. Foi demonstrado que o flavan-3-o1 era mais eficaz do que as flavonas e as flavononas na inibição selectiva das infecções por VIH-1, VIH-2 e vírus da imunodeficiência semelhante. A baicalina, um flavonoide isolado da *Scutellaria baicalensis* (Lamieaceae), inibe a infeção e a replicação do VIH-1.

Sabe-se que os flavonóides, como a gardenina A desmetilada e a robinetina, inibem a proteinase do VIH-1. Também foi relatado que os flavonóides crisina, acacetina e

A apigenina previne a ativação do VIH-1 através de um novo mecanismo que envolve provavelmente a inibição da transcrição viral.

Foi demonstrado que várias combinações de flavonas e flavonóis apresentam sinergismo. O kaempferol e a luteolina apresentam um efeito sinérgico contra o vírus do herpes simplex (HSV).

Foi também registado um sinergismo entre os flavonóides e outros agentes antivíricos. A quercetina potencia os efeitos da 5-etil-2-dioxiuridina e do aciclovir contra a infeção por HSV e pseudorábica. Estudos demonstraram que os flavonóis são mais activos do que as flavonas contra o vírus herpes simplex tipo 1 e a ordem de atividade foi a galangina, o kaempferol e a quercetina.

Foi demonstrado que as propriedades antivírus da quercetina, hesperetina, naringina e daidzeína em diferentes fases do ciclo de infeção e replicação do DENV-2 (vírus da dengue tipo 2). Verificou-se que a quercetina era mais eficaz contra o DENV-2 em células Vero. Muitos flavonóides, nomeadamente a di-hidroquercetina, a di-hidrofisetina, a leucocianidina, o cloreto de pelargonidina e a catequina, mostram atividade contra vários tipos de vírus, incluindo o VHS, o vírus sincicial respiratório, o vírus da poliomielite e o vírus Sindbis. A inibição da polimerase viral e a ligação do ácido nucleico viral ou das proteínas do capsídeo viral foram propostas como mecanismos de ação antiviral

***Aumento da produção de flavonóides*.**

A combinação do promotor e dos genes alvo; a eliminação de genes relacionados; a sobreexpressão de malonil-CoA; e a construção de enzimas P450 artificiais são os principais procedimentos tecnológicos de biologia molecular utilizados na produção heteróloga de flavonóides.

Todos os genes da via dos fenilpropanóides são clonados no hospedeiro sob o controlo do promotor, que desempenha frequentemente um papel importante na expressão heteróloga de metabolitos secundários. Foram utilizados vários promotores para aumentar a produção de flavonóides de acordo com as necessidades de um hospedeiro específico, como os promotores T7, ermE e GAL1.

A concentração extremamente baixa de malonil-CoA na célula microbiana era um dos inconvenientes na produção microbiológica de flavonóides. Através da ação coordenada de

a sobreexpressão dos genes da acetil-CoA carboxilase de *Photorhabdus luminescens amplificou o* pool intracelular de malonil-CoA, levando a um aumento da produção de flavonóides.

A suplantação da UDP-glucose é também um fator-chave na biossíntese dos flavonóides. Esta situação foi comprovada numa experiência em que os investigadores anularam o gene udg que codifica a

Isto resultou na eliminação da via endógena de consumo de UDP-glicose, levando a um aumento da concentração intracelular de UDP-glicose e, como consequência, observou-se um aumento na produção de flavanonas e antocianinas. Um dos obstáculos à produção de flavonóides e dos seus compostos relacionados em microrganismos através da montagem de genes biossintéticos para formar uma via artificial é a dificuldade de expressão da cinamato-4-hidroxilase ativa e ligada à membrana. Esta enzima não é expressa eficientemente em bactérias devido à sua instabilidade e à falta da sua citocromo P450 redutase cognata no hospedeiro. Uma vantagem da produção de flavonóides em leveduras ou fungos é a sua capacidade de expressar enzimas citocromo P450 microssomais funcionalmente activas, que normalmente são difíceis de expressar numa forma ativa em células bacterianas. A combinação de células bacterianas e células eucarióticas num vaso permitiu aos investigadores gerar uma biblioteca mais vasta de produtos naturais e não naturais do que qualquer um dos sistemas anteriormente relatados. Foi demonstrada pela primeira vez a produção de *novo* da naringenina, um flavonoide intermediário chave, a partir da glucose, utilizando uma estirpe de *S. cerevisiae* modificada, o que conduziu a concentrações quatro vezes mais elevadas do que as registadas em estudos anteriores sobre a biossíntese de novo.

C CAPÍTULO 4
Antioxidante dietético

As plantas produzem uma gama diversificada de compostos orgânicos, a grande maioria dos quais não está diretamente envolvida no crescimento e desenvolvimento. Esses compostos, frequentemente designados por "metabolitos secundários", têm geralmente funções desconhecidas, mas pensa-se que beneficiam as plantas ao mediarem uma vasta gama de interacções entre as plantas e o seu ambiente. Muitos metabolitos secundários actuam como agentes de defesa contra agentes patogénicos e herbívoros e proporcionam vantagens reprodutivas como atractivos para polinizadores e dispersores de sementes. Há também provas crescentes de que os metabolitos secundários têm uma série de actividades fisiológicas relacionadas com a proteção do ser humano contra várias formas de stress ambiental externo e interno.

Os polifenóis são compostos naturais que se encontram em grande parte nos frutos, legumes, cereais e bebidas. Frutos como uvas, maçãs, pêras, cerejas e bagas contêm até 200-300 mg de polifenóis por 100 gramas de peso fresco. Os produtos fabricados a partir destes frutos também contêm polifenóis em quantidades significativas. Normalmente, um copo de vinho tinto ou uma chávena de chá ou de café contém cerca de 100 mg de polifenóis. Os cereais, as leguminosas secas e o chocolate também contribuem para a ingestão de polifenóis.

Os polifenóis são metabolitos secundários das plantas e estão geralmente envolvidos na defesa contra a radiação ultravioleta ou a agressão por agentes patogénicos, bem como outros factores ambientais. Nos alimentos, os polifenóis podem contribuir para o amargor, a adstringência, a cor, o sabor, o odor e a estabilidade oxidativa.

No final do século XX, estudos epidemiológicos e meta-análises associadas sugeriram fortemente que o consumo a longo prazo de dietas ricas em polifenóis vegetais oferecia alguma proteção contra o desenvolvimento de cancros, doenças cardiovasculares, diabetes, osteoporose e doenças neurodegenerativas.

Estudos epidemiológicos e meta-análises associadas sugerem fortemente que o consumo a longo prazo de dietas ricas em polifenóis vegetais oferece proteção contra o desenvolvimento de cancros, doenças cardiovasculares, diabetes, osteoporose e doenças neurodegenerativas.

Biologia e biodisponibilidade dos polifenóis nos alimentos

Os polifenóis e outros fenólicos alimentares são objeto de um interesse científico crescente devido aos seus possíveis efeitos benéficos para a saúde humana. Este livro centra-se na compreensão atual dos efeitos biológicos dos polifenóis alimentares e da sua importância (como antioxidantes) na saúde e na doença humana.

Foram identificados mais de 8000 compostos polifenólicos em várias espécies de plantas. Todos os compostos fenólicos vegetais provêm de um intermediário comum, a fenilalanina, ou de um precursor próximo, o ácido chiquímico. Ocorrem principalmente em formas conjugadas, com um ou mais resíduos de açúcar ligados a grupos hidroxilo, embora existam também ligações directas do açúcar (polissacárido ou monossacárido) a um carbono aromático. É também comum a associação com outros compostos, como ácidos carboxílicos e orgânicos, aminas, lípidos e a ligação com outros fenóis. Os polifenóis podem ser classificados em diferentes grupos em função do número de anéis de fenol que contêm e com base nos elementos estruturais que ligam estes anéis entre si.

A diversidade taxonómica das plantas reflecte-se na enorme diversidade química dos metabolitos secundários, com mais de 50 000 estruturas químicas conhecidas e muitas mais susceptíveis de serem identificadas no futuro. Estes compostos são geralmente classificados em três grandes grupos, com base na sua origem biossintética: terpenóides, alcalóides e fenólicos.

Há um grande número de provas crescentes de que os fenólicos funcionam como antioxidantes em determinadas condições fisiológicas e, por conseguinte, protegem o ser humano contra o stress oxidativo numa variedade de contextos ambientais.

Uma vez que os polifenóis proporcionam a maior eficácia na prevenção de doenças, é essencial conhecer a sua biodisponibilidade.

A biodisponibilidade pode ser definida de diferentes formas. A definição geralmente aceite de biodisponibilidade é a proporção do nutriente que é digerido, absorvido e metabolizado através das vias normais. Consequentemente, não é apenas importante saber a quantidade de um nutriente presente num determinado alimento ou suplemento alimentar, mas ainda mais importante é saber qual a biodisponibilidade desse nutriente. O metabolismo de vários polifenóis é atualmente bem conhecido. Geralmente, as agliconas podem ser absorvidas pelo intestino delgado; no entanto, a maioria dos polifenóis está presente nos alimentos sob a forma de ésteres, glicosídeos ou polímeros que não podem ser absorvidos na sua forma nativa.

Durante o processo de absorção, os polifenóis sofrem extensas modificações; de facto, são conjugados nas células intestinais e, posteriormente, no fígado por metilação, sulfatação e/ou glucuronidação. Como consequência, as formas que chegam ao sangue e aos tecidos são diferentes das presentes nos alimentos e é muito difícil identificar todos os metabolitos e avaliar a sua atividade biológica.

No entanto, a maioria dos polifenóis está presente nos alimentos sob a forma de ésteres, glicosídeos ou polímeros que não podem ser absorvidos na sua forma original. Por conseguinte, estas substâncias têm de ser hidrolisadas por enzimas intestinais, como as β-glucosidases e a lactaseflorizina hidrolase, ou pela microflora do cólon, antes de poderem ser absorvidas.

O principal objetivo dos estudos de biodisponibilidade é determinar quais são os polifenóis mais bem absorvidos, quais são os metabolitos activos e quais os polifenóis que levam à formação dos metabolitos activos.

A estrutura química dos polifenóis, bem como a concentração, determina a taxa e a extensão da absorção e a natureza dos metabolitos que circulam no plasma. Os polifenóis mais comuns na nossa alimentação não são necessariamente os que conduzem às concentrações mais elevadas de metabolitos activos nos tecidos-alvo; consequentemente, as propriedades biológicas dos polifenóis diferem muito de um polifenol para outro. A prova, embora indireta, da sua absorção através da barreira intestinal é dada pelo aumento da capacidade antioxidante do plasma após o consumo de alimentos ricos em polifenóis. Foram obtidas provas mais directas da biodisponibilidade dos compostos fenólicos através da medição da sua concentração no plasma e na urina após a ingestão de compostos puros ou de alimentos com um teor conhecido dos compostos de interesse, provavelmente devido à diferente composição da microflora do cólon, que pode afetar de forma diferente o seu metabolismo.

A identificação e a quantificação dos metabolitos representam um importante domínio de investigação; por exemplo, metabolitos activos específicos, como o equol, a enterolactona e o enterodiol, são produzidos pela microflora do cólon. O equol parece ter propriedades fitoestrogénicas ainda maiores do que as da isoflavona original; a enterolactona e o enterodiol, produzidos a partir de sementes de linho, têm efeitos agonistas ou antagonistas sobre os estrogénios. Além disso, é de salientar que existe uma grande variabilidade interindividual na produção destes metabolitos activos, em função da composição da flora intestinal.

O flavonol quercetina é um dos polifenóis mais extensivamente estudados. Serve como um bom exemplo porque o seu metabolismo nos seres humanos é bem compreendido; os conjugados de flavonol que foram identificados no plasma e na urina de pessoas alimentadas com alimentos que contêm quercetina não são os encontrados nos alimentos. Por exemplo, as amostras de plasma de voluntários que receberam quercetina por via oral (como uma refeição de cebola, chá de trigo sarraceno, ou quercetina pura, quercetina- 4' -glucósido, quercetina-3-glucósido, ou suplementos de quercetina-retinoide) continham formas conjugadas de quercetina, mas não glucósidos de quercetina, rutinosido de quercetina, ou aglicona de quercetina.

Absorção intestinal

Nos alimentos, todos os flavonóides, exceto os flavanóis, existem em formas glicosiladas. O destino dos glicosídeos no estômago ainda não é claro. A maioria dos glicosídeos resiste provavelmente à hidrólise ácida no estômago, chegando assim intactos ao intestino, onde apenas as agliconas e alguns glucósidos podem ser absorvidos. Estudos experimentais mostraram que a absorção a nível gástrico é possível para alguns flavonóides, como a quercetina, mas não para os seus glicosídeos. Além disso, foi recentemente demonstrado que, em ratos e ratinhos, as antocianinas são absorvidas a partir do estômago, mas estas substâncias têm de ser hidrolisadas por enzimas intestinais, como as β-glucosidases e a lactase-florizina hidrolase, ou pela microflora do cólon, antes de poderem ser absorvidas.

A glicosilação influencia a absorção, mas geralmente não influencia a natureza dos metabolitos circulantes. Os glicosídeos intactos de quercetina, daidzeína e genisteína não foram recuperados no plasma ou na urina após a sua ingestão como compostos puros ou a partir de alimentos complexos. As antocianinas representam uma exceção; de facto, os glicosídeos intactos são as formas circulantes mais representativas. A explicação para este facto pode residir na instabilidade das formas agliconas ou em mecanismos específicos de absorção ou metabolismo das antocianinas. No entanto, foi recentemente identificado que os glucuronídeos e sulfatos de antocianinas na urina humana. Sabe-se que a glicosilação do resveratrol o protege da degradação oxidativa, pelo que o resveratrol glicosilado é mais estável, mais solúvel e mais facilmente absorvido no trato gastrointestinal humano.

Por outro lado, a glucosilação da quercetina facilita a sua absorção; de facto, a eficácia da absorção dos glucósidos de quercetina é superior à da própria aglicona.

Foi sugerido que os glucósidos poderiam ser transportados para os enterócitos pelo transportador de glucose dependente de sódio SGLT, sendo depois hidrolisados por uma β-glucosidase citosólica.

No entanto, o efeito da glucosilação na absorção é menos claro para as isoflavonas do que para a quercetina. As proantocianidinas diferem da maioria das outras plantas

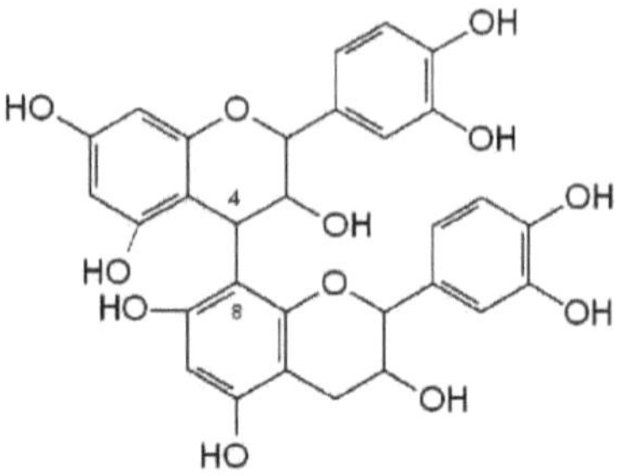

A estrutura do proantocianoıdın

polifenóis devido ao seu carácter polimérico e ao seu elevado peso molecular.

Os polifenóis, as fontes alimentares e a biodisponibilidade limitam a sua absorção através da barreira intestinal, sendo improvável que os oligómeros de areia maiores do que os aparadores sejam absorvidos no intestino delgado nas suas formas nativas.

Os ácidos hidroxicinâmicos, quando ingeridos na forma livre, são rapidamente absorvidos pelo intestino delgado e são conjugados (nomeadamente glucuronidados) como os flavonóides. No entanto, estes compostos são naturalmente esterificados nos produtos vegetais, o que prejudica a sua absorção, uma vez que a mucosa intestinal, o fígado e o plasma não possuem uma esterase capaz de hidrolisar o ácido clorogénico para libertar o ácido cafeico, e a hidrólise só pode ser efectuada pela microflora do cólon. Os polifenóis que não são absorvidos no intestino delgado chegam ao cólon, onde a microflora hidrolisa os glicosídeos em agliconas e metaboliza extensivamente as agliconas em vários ácidos aromáticos.

As agliconas são divididas pela abertura do heterociclo em diferentes pontos, dependendo da sua estrutura química, e assim produzem diferentes ácidos que são posteriormente metabolizados em derivados do ácido benzoico. A microflora intestinal afecta o metabolismo dos glucósidos de isoflavonas, uma vez que são hidrolisados em agliconas ou transformados em metabolitos activos, como o equol da daidzeína.

Mecanismos de conjugação e transporte plasmático

Uma vez absorvidos, os polifenóis são submetidos à conjugação: este processo, que inclui principalmente a *metilação, a sulfatação* e *a glucuronidação*, representa um processo de desintoxicação metabólica, comum a muitos xenobióticos, que facilita a sua eliminação biliar e urinária ao aumentar a sua hidrofilicidade.

Foi possível detetar o aumento de polifenóis ligados a lípidos no soro, o que resulta da bioatividade dos polifenóis. Verificou-se que os polifenóis têm afinidades com algumas proteínas depois de absorvidos. *In vivo*, a complexação de polifenol e β- glucan/proteína afetou a biodisponibilidade e as propriedades benéficas de ambos os componentes individuais. Por exemplo, a formação do complexo polifenol-proteína pode afetar a capacidade de digestão de várias enzimas digestivas presentes no corpo humano; da mesma forma, também pode reduzir ou aumentar a atividade antioxidante dos polifenóis.

Os polifenóis são decompostos no lúmen da digestão por alterações do pH. Os oligómeros eram menos estáveis do que os monómeros, tanto a pH ácido como alcalino. No suco gástrico simulado (pH 1,8), pode ocorrer a decomposição de oligómeros altamente polimerizados de procianidinas e observou-se um ligeiro aumento dos dímeros de procianidinas através da etapa gástrica.

A glicosilação influencia a absorção, mas geralmente não influencia a natureza dos metabolitos circulantes. Os glicosídeos intactos de uercetina, daidzeína e genisteína não foram recuperados no plasma ou na urina após a sua ingestão como compostos puros ou a partir de alimentos complexos. As antocianinas representam uma exceção; de facto, os glicosídeos intactos são as formas circulantes mais representativas. A explicação para este facto pode residir na instabilidade das formas agliconas ou em mecanismos específicos de absorção ou metabolismo das antocianinas. No entanto, foram recentemente identificados glucurónidos e sulfatos de antocianinas na urina humana. Sabe-se que a glicosilação do resveratrol o protege da degradação oxidativa, pelo que o resveratrol glicosilado é mais estável, mais solúvel e mais facilmente absorvido no trato gastrointestinal humano.

Por outro lado, a glucosilação da quercetina facilita a sua absorção; de facto, a eficiência da absorção dos glucósidos de quercetina é superior à da própria aglicona. Foi sugerido que os glucósidos poderiam ser transportados para os enterócitos pelo transportador de glucose dependente de sódio SGLT1, sendo depois hidrolisados por uma β-glucosidase citosólica. No entanto, o efeito da glucosilação na absorção é menos claro para as isoflavonas do que para a quercetina.

As proantocianidinas diferem da maioria dos outros polifenóis vegetais devido à sua natureza polimérica e ao seu elevado peso molecular. Esta caraterística particular deve limitar a sua absorção através da barreira intestinal, e é pouco provável que os oligómeros maiores do que os trimmers sejam absorvidos no intestino delgado nas suas formas nativas.

Os ácidos hidroxicinâmicos, quando ingeridos na forma livre, são rapidamente absorvidos pelo intestino delgado e são conjugados (nomeadamente glucuronidados) como os flavonóides. No entanto, estes compostos são naturalmente esterificados nos produtos vegetais, o que prejudica a sua absorção, uma vez que a mucosa intestinal, o fígado e o plasma não possuem esterases capazes de hidrolisar o ácido clorogénico para libertar o ácido cafeico, e a hidrólise só pode ser efectuada pela microflora do cólon.

Embora existam muitos frutos e vegetais com elevado teor de compostos fenólicos, e mesmo que o seu teor de polifenóis se mantenha após o processamento, devemos salientar a questão da absorção pelo organismo, uma vez que esta depende da biodisponibilidade. Alguns polifenóis, como a quercetina, a miricetina e o kaempferol, podem ser absorvidos pelo intestino. No entanto, muitas vezes isto representa apenas uma pequena fração. As formas glicosiladas e as misturas de polifenóis são geralmente absorvidas no intestino e algumas moléculas, como as isoflavonas e o ácido gálico, são mais bem absorvidas do que outras. A sua eficiência de absorção relativamente elevada é seguida pelas flavononas (catequinas e glicosídeos de quercetina) e depois pelas proantocianidinas, antocianinas e galato de catequina, mas com cinéticas diferentes. A maioria dos polifenóis é rapidamente excretada nas 24 horas seguintes à sua ingestão. Alguns estudos demonstraram que é possível detetar polifenóis na urina e no plasma após a ingestão de um alimento rico em polifenóis. Além disso, em doses mais elevadas, os flavonóides podem atuar como mutagénicos, pró-oxidantes que geram radicais livres e como inibidores de enzimas-chave envolvidas no metabolismo hormonal. Assim, em doses elevadas, os efeitos adversos dos flavonóides podem ultrapassar os seus efeitos benéficos, pelo que se deve ter cuidado ao ingeri-los em níveis superiores aos que seriam obtidos através de uma dieta vegetariana típica. Os resultados demonstraram os efeitos dos alimentos ricos em flavonóides no aumento da capacidade antioxidante total (TAC) plasmática nos seres humanos e é preciso ter cuidado, uma vez que muitos destes alimentos podem aumentar os níveis de ácido úrico plasmático e o urato é detectado por vários ensaios de TAC.

Os polifenóis que não são absorvidos no intestino delgado chegam ao cólon, onde a microflora hidrolisa os glicosídeos em agliconas e metaboliza extensivamente as agliconas em vários ácidos aromáticos. As agliconas são divididas pela abertura do heterociclo em diferentes pontos, dependendo da sua estrutura química, produzindo assim diferentes ácidos que são posteriormente metabolizados em derivados do ácido benzoico. A microflora intestinal afecta o metabolismo dos glucósidos de isoflavonas, uma vez que são hidrolisados em agliconas ou transformados em metabolitos activos, como o equol da daidzeína.

A catecol-O-metil transferase catalisa a transferência de um grupo metilo da S-adenosil-L-metionina para polifenóis como a quercetina, a luteolina, o ácido cafeico, as catequinas e a cianidina. A metilação ocorre geralmente na posição C3'do polifenol, mas pode ocorrer na posição C4': de facto, foi detectada uma quantidade notável de 4'-metilpigalocatequina no plasma humano após a ingestão de chá. A atividade da catecol- *O-metil* transferase é mais elevada no fígado e nos rins, embora esteja presente em vários tecidos.

As sulfotransferases catalisam a transferência de uma porção de sulfato do 3' -fosfoadenosina-5'-fosfosulfato para um grupo hidroxilo em vários substratos, entre os quais os polifenóis. A sulfatação ocorre principalmente no fígado, mas a posição de sulfatação dos polifenóis ainda não foi claramente identificada.

As UDP-glucuronosiltransferases são enzimas ligadas à membrana, localizadas no retículo endoplasmático de muitos tecidos, que catalisam a transferência de um ácido glucurónico do ácido UDP-glucurónico para polifenóis, bem como para esteróides, ácidos biliares e muitos constituintes da dieta. A glucuronidação ocorre no intestino e no fígado e a taxa mais elevada de conjugação é observada na posição C3. A importância relativa destes três tipos de conjugação parece variar em função da natureza do substrato e da dose ingerida. O equilíbrio entre a sulfatação e a glucuronidação dos polifenóis parece também ser afetado pela espécie e pelo sexo. Os mecanismos de conjugação são altamente eficientes e as agliconas livres estão geralmente ausentes ou presentes em baixas concentrações no plasma após o consumo de doses nutricionais; uma exceção são as catequinas do chá verde, cujas agliconas podem constituir uma proporção significativa da quantidade total no plasma (até 77% para o galato de epigalocatequina). É importante identificar os metabolitos circulantes, incluindo a natureza e as posições dos grupos conjugantes na estrutura do polifenol, uma vez que as posições podem afetar as propriedades biológicas dos conjugados.

Os metabolitos dos polifenóis circulam no sangue ligados a proteínas, sendo a albumina a principal proteína responsável por essa ligação.

A afinidade dos polifenóis pela albumina varia consoante a sua estrutura química.

A ligação à albumina pode ter consequências para a taxa de depuração dos metabolitos e para a sua entrega às células e tecidos. É possível que a absorção celular dos metabolitos seja proporcional à sua concentração não ligada. Por último, ainda não é claro se os polifenóis têm de estar na forma livre para exercerem a sua atividade biológica ou se os polifenóis ligados à albumina podem exercer alguma atividade biológica, como foi recentemente demonstrado para a quercetina.

Concentrações plasmáticas

As concentrações de polifenóis atingidas após o seu consumo variam muito em função da natureza do polifenol e da fonte alimentar.

As concentrações plasmáticas de flavonóides intactos raramente excedem 1µM e a manutenção de uma concentração elevada de polifenóis no plasma requer uma ingestão repetida ao longo do tempo; de facto, as concentrações máximas são mais frequentemente atingidas 1 a 2 horas após a ingestão, exceto no caso dos polifenóis que necessitam de ser degradados antes da absorção.

Absorção tecidular

Os polifenóis são capazes de penetrar nos tecidos, particularmente naqueles em que são metabolizados, como o intestino e o fígado. A determinação da biodisponibilidade dos metabolitos dos polifenóis nos tecidos pode ser muito mais importante do que o conhecimento das suas concentrações plasmáticas. No entanto, os dados são ainda muito escassos, não só nos seres humanos, mas também nos animais, uma vez que poucos estudos relataram dados sobre as concentrações de polifenóis nos tecidos humanos. Os fitoestrogénios e os polifenóis do chá foram medidos no tecido da próstata humana e mostraram que a concentração de genisteína é mais baixa nos homens com hiperplasia benigna da próstata do que naqueles com uma próstata normal, enquanto as concentrações plasmáticas de genisteína eram mais elevadas nos homens com hiperplasia benigna da próstata. Além disso, demonstrou que os polifenóis do chá estão biodisponíveis na próstata humana: no final do consumo diário de 1,42 L de chá verde ou de chá preto durante 5 dias.

Para determinar a biodisponibilidade sistémica da curcumina no tecido colorrectal, doze doentes com cancro colorrectal confirmado receberam curcumina oral a 0,45, 1,8 ou 3,6 g *por dia* durante 7 dias antes da cirurgia. As concentrações de curcumina no tecido colorretal normal e maligno de pacientes que consumiram 3,6 g por dia de curcumina foram 12,7 ± 5,7 e 7,7 ± 1,8 nmol/g de tecido, respetivamente. Outro estudo mostrou que as concentrações de equol em mulheres, que ingeriram isoflavonas, foram maiores no tecido mamário do que no soro, enquanto a genisteína e a daidzeína estavam mais concentradas no soro do que no tecido mamário.

Estes poucos estudos sublinham que as concentrações plasmáticas de polifenóis não estão diretamente correlacionadas com as concentrações nos tecidos-alvo. Além disso, a distribuição entre o sangue e os tecidos difere consoante os vários polifenóis.

Excreção

dOs polifenóis e os seus derivados são eliminados principalmente na urina e na bílis. Os metabolitos extensamente conjugados têm maior probabilidade de serem eliminados na bílis, enquanto os pequenos conjugados, como os monossulfatos, são preferencialmente excretados na urina. A quantidade total de metabolitos excretados na urina está aproximadamente correlacionada com as concentrações plasmáticas máximas. A percentagem de excreção urinária é bastante elevada para as flavanonas dos citrinos (4-30% da ingestão) e para as isoflavonas (16-66% para a daidzeína e 10-24% para a genisteína), enquanto que para os flavonóis representa 0,3-1,4% da dose ingerida de quercetina e dos seus glicosídeos. A recuperação urinária é de 0,5-6% para algumas catequinas do chá, 2-10% para a catequina do vinho tinto e até 30% para a epicatequina do cacau, enquanto varia entre 5,9% e 27% para os ácidos cafeico e ferúlico. Estas percentagens podem ser muito baixas para outros polifenóis, como as antocianinas (0,005-0,1% da ingestão). No entanto, a baixa biodisponibilidade das antocianinas pode ser apenas aparente, uma vez que estas existem em várias estruturas moleculares diferentes e existe um grande número de metabolitos potenciais que podem ser gerados. Além disso, alguns metabolitos podem ainda não ter sido identificados devido a dificuldades analíticas. Foi demonstrado que todos os metabolitos das antocianinas do morango eram muito instáveis e se degradavam extensivamente quando as amostras de urina eram congeladas.

CAPÍTULO 5

Antioxidantes e doenças humanas

Estudos epidemiológicos têm demonstrado repetidamente uma associação inversa entre o risco de doenças humanas crónicas e o consumo de antioxidantes ou de uma dieta rica em polifenóis. Os grupos fenólicos nos polifenóis podem aceitar um eletrão para formar radicais fenoxilo relativamente estáveis, interrompendo assim as reacções de oxidação em cadeia nos componentes celulares. Está bem estabelecido que os alimentos e bebidas ricos em polifenóis podem aumentar a capacidade antioxidante do plasma. Este aumento da capacidade antioxidante do plasma após o consumo de alimentos ricos em polifenóis pode ser explicado pela presença de polifenóis redutores e dos seus metabolitos no plasma, pelos seus efeitos nas concentrações de outros agentes redutores (efeitos poupadores dos polifenóis noutros antioxidantes endógenos) ou pelo seu efeito na absorção de componentes alimentares pró-oxidantes, como o ferro. O consumo de antioxidantes foi associado a níveis reduzidos de danos oxidativos no ADN linfocitário. Foram feitas observações semelhantes com alimentos e bebidas ricos em polifenóis, indicando os efeitos protectores dos polifenóis. Há cada vez mais provas de que, enquanto antioxidantes, os polifenóis podem proteger os constituintes celulares contra os danos oxidativos e, por conseguinte, limitar o risco de várias doenças degenerativas associadas ao stress oxidativo.

Efeito cardio-protetor

Vários estudos demonstraram que o consumo de polifenóis limita a incidência de doenças coronárias. A aterosclerose é uma doença inflamatória crónica que se desenvolve em regiões propensas a lesões das artérias de tamanho médio. As lesões ateroscleróticas podem estar presentes e ser clinicamente silenciosas durante décadas antes de se tornarem activas e produzirem condições patológicas como o enfarte agudo do miocárdio, a angina instável ou a morte súbita cardíaca. Os polifenóis são potentes inibidores da oxidação do LDL e este tipo de oxidação é considerado um mecanismo chave no desenvolvimento da aterosclerose.

Outros mecanismos pelos quais os polifenóis podem ser protectores contra as doenças cardiovasculares são os efeitos antioxidantes, antiplaquetários e anti-inflamatórios, bem como o aumento do HDL e a melhoria da função endotelial. Os polifenóis podem também contribuir para a estabilização da placa de ateroma.

A quercetina, o polifenol abundante na cebola, demonstrou estar inversamente associada à mortalidade por doença coronária, inibindo a expressão da metaloproteinase 1 (MMP1) e a rutura das placas ateroscleróticas. Foi demonstrado que as catequinas do chá inibem a invasão e a proliferação das células musculares lisas na parede arterial, um mecanismo que pode contribuir para abrandar a formação da lesão ateromatosa. Os polifenóis podem também exercer efeitos antitrombóticos através da inibição da agregação plaquetária. O consumo de vinho tinto ou de vinho sem álcool reduz o tempo de hemorragia e a agregação plaquetária. A trombose induzida pela estenose da artéria coronária é inibida pela administração de vinho tinto ou de sumo de uva. Os polifenóis podem melhorar a disfunção endotelial associada a diferentes factores de risco para a aterosclerose antes da formação da placa; foi também proposta a sua utilização como ferramenta de rognóstico para doenças coronárias. Foi observado que o consumo de chá preto cerca de 450 ml aumenta a dilatação das artérias 2 horas após a ingestão e o consumo de 240 ml de vinho tinto durante 30 dias contrariou a disfunção endotelial induzida por uma dieta rica em gordura. Verificou-se que a ingestão regular a longo prazo de chá preto reduz a pressão arterial num estudo transversal de 218 mulheres com mais de 70 anos de idade. A excreção de ácido 4-O-metilgálico (4OMGA, um biomarcador dos polifenóis do chá no organismo) foi monitorizada. Um maior consumo de chá e, por conseguinte, uma maior excreção de 4OMGA foram associados a uma pressão arterial (PA) mais baixa. Os polifenóis do chá podem ser os componentes responsáveis pela redução da PA. O efeito pode ser devido à atividade antioxidante, bem como à melhoria da função endotelial ou à atividade semelhante à dos estrogénios.

O resveratrol, o polifenol do vinho, previne a agregação plaquetária através da inibição preferencial da atividade da ciclo-oxigenase 1 (COX 1), que sintetiza o tromboxano A2, um indutor da agregação plaquetária e vasoconstritor. Para além disso, o resveratrol é capaz de relaxar as artérias isoladas e os anéis da aorta do rato. A capacidade de estimular os canais de Ca^{++} - K^{+} activados e de aumentar a sinalização do óxido nítrico no endotélio são outras vias pelas quais o resveratrol exerce atividade vasorelaxante. A relação direta entre as doenças cardiovasculares (DCV) e a oxidação das LDL está agora bem estabelecida. A oxidação das partículas de LDL está fortemente associada ao risco de doenças coronárias e de enfartes do miocárdio. Estudos demonstraram que o resveratrol inibe potencialmente a oxidação das partículas de LDL através da quelação do cobre ou da eliminação direta dos radicais livres. O resveratrol é o composto ativo do vinho tinto a que se atribui o "Paradoxo Francês", a baixa incidência de DCV apesar da ingestão de uma dieta rica em gordura e do tabagismo entre os franceses. A associação entre a ingestão de polifenóis ou o consumo de alimentos ricos em polifenóis e a incidência de doenças cardiovasculares foi também examinada em vários estudos epidemiológicos e verificou-se que o consumo de uma dieta rica em polifenóis foi associado a um menor risco de enfarte do miocárdio, tanto em estudos de caso-controlo como em estudos de coorte.

Efeito anti-cancerígeno

O efeito dos antioxidantes nas linhas celulares de cancro humano é, na maioria das vezes, protetor e induz uma redução do número de tumores ou do seu crescimento. Estes efeitos foram observados em vários locais, incluindo a boca, o estômago, o duodeno, o cólon, o fígado, o pulmão, a glândula mamária ou a pele. Foram testados muitos polifenóis, como a quercetina, as catequinas, as isoflavonas, os lignanos, as flavanonas, o ácido elágico, os polifenóis do vinho tinto, o resveratrol e a curcumina; todos eles mostraram efeitos protectores em alguns modelos, embora os seus mecanismos de ação tenham sido diferentes.

O desenvolvimento do cancro ou carcinogénese é um processo multiestágio e microevolutivo. As três principais fases da carcinogénese são a iniciação, a promoção e a progressão. A iniciação é uma aberração hereditária de uma célula. As células assim iniciadas podem sofrer uma transformação para malignidade se a promoção e a progressão se seguirem.

A promoção, por outro lado, é afetada por factores que não alteram as sequências de ADN e envolve a seleção e a expansão clonal de células iniciadas.

Foram identificados vários mecanismos de ação para o efeito quimiopreventivo dos polifenóis, que incluem a atividade estrogénica/antiestrogénica, a antiproliferação, a indução da paragem do ciclo celular ou da apoptose, a prevenção da oxidação, a indução de enzimas de desintoxicação, a regulação do sistema imunitário do hospedeiro, a atividade anti-inflamatória e alterações na sinalização celular. Os antioxidantes também influenciam o metabolismo dos pró-carcinogéneos, modulando a expressão das enzimas do citocromo P450 envolvidas na sua ativação em carcinogéneos. Podem também facilitar a sua excreção, aumentando a expressão de enzimas de conjugação de fase II. Esta indução das enzimas da fase II pode ter a sua origem na toxicidade dos polifenóis. Os polifenóis podem formar quinonas potencialmente tóxicas no organismo que são, elas próprias, substratos destas enzimas. A ingestão de polifenóis poderia então ativar estas enzimas para a sua própria desintoxicação e, assim, induzir um reforço geral das nossas defesas contra os xenobióticos tóxicos. Foi demonstrado que as catequinas do chá, sob a forma de cápsulas, quando administradas a homens com neoplasia intra-epitelial da próstata (PIN) de alto grau, demonstraram uma atividade preventiva do cancro, inibindo a conversão das lesões PIN de alto grau em cancro.

As teaflavinas e as tearubiginas, os polifenóis abundantes no chá preto, também demonstraram possuir fortes propriedades anticancerígenas. Verificou-se que os polifenóis do chá preto inibem a proliferação e aumentam a apoptose nas células do carcinoma da próstata Du 145.

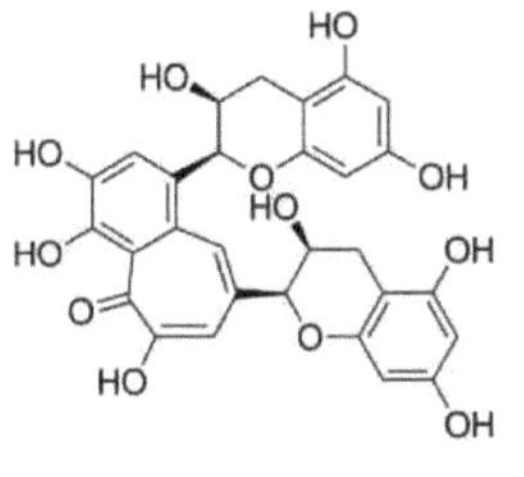

[1]

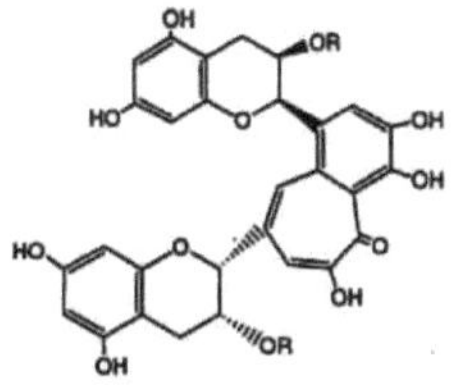

(a) (b)

Componentes fortemente anticancerígenos do chá preto, (a) Teaflavina, (b) Tearubigina

Verificou-se que um nível mais elevado de fator de crescimento semelhante à insulina-1 (IGF-1) está associado a um maior risco de desenvolvimento de cancro da próstata. A ligação do IGF-1 ao seu recetor é uma parte da via de transdução de sinal que causa a proliferação celular. Verificou-se que a adição de polifenóis do chá preto bloqueia a progressão induzida por IGF-1 das células na fase S do ciclo celular a uma dose de 40 mg/ml em células de carcinoma da próstata.

A quercetina também possui propriedades anticancerígenas contra a carcinogénese pulmonar induzida pelo benzo (a) pireno em ratos, um efeito atribuído à sua atividade de eliminação de radicais livres.

O resveratrol previne todas as fases de desenvolvimento do cancro e revelou-se eficaz na maioria dos tipos de cancro, incluindo o cancro do pulmão, da pele, da mama, da próstata, gástrico e colorrectal. Foi igualmente demonstrado que suprime a angiogénese e as metástases. Dados extensivos em culturas de células humanas indicam que o resveratrol pode modular múltiplas vias envolvidas no crescimento celular, na apoptose e na inflamação.

Os efeitos anti-carcinogénicos do resveratrol parecem estar intimamente associados à sua atividade antioxidante, tendo sido demonstrado que inibe

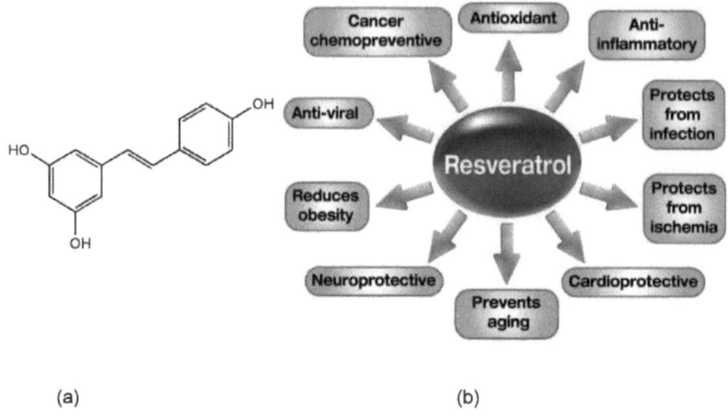

(a) (b)

Estrutura química do resveratrol (a) e sua importância para a saúde (b).

ciclo-oxigenase, hidroperoxidase, proteína quinase C, fosforilação de Bcl-2, Akt, quinase de adesão focal, NFκB, metaloprotease-9 da matriz e reguladores do ciclo celular. Estes e outros estudos *in vitro* e *in vivo* fornecem uma justificação para a utilização de polifenóis alimentares na quimioprevenção do cancro humano, numa abordagem combinatória com fármacos quimioterapêuticos ou factores citotóxicos para o tratamento eficaz de células tumorais refractárias aos fármacos.

Efeito anti-diabético

A deficiência no metabolismo da glucose conduz a um desequilíbrio fisiológico com o aparecimento de hiperglicemia e, subsequentemente, de diabetes mellitus. Existem duas categorias principais de diabetes: tipo 1 e tipo 2. Estudos demonstraram que vários parâmetros fisiológicos do corpo são alterados nos efeitos da diabetes, incluindo o desenvolvimento progressivo de complementos específicos, como a retinopatia, que afecta os olhos e conduz à cegueira; a nefropatia, em que as funções renais são alteradas ou perturbadas; e a neuropatia, que está associada ao risco de amputações, úlceras nos pés e características de perturbação autonómica, incluindo disfunções sexuais. Numerosos estudos referem os efeitos antidiabéticos dos polifenóis. As catequinas do chá foram investigadas pelo seu potencial antidiabético. Os polifenóis podem afetar a glicemia através de diferentes mecanismos, incluindo a inibição da absorção da glicose no intestino ou da sua absorção pelos tecidos periféricos. Os efeitos hipoglicémicos das antocianinas diacetiladas a uma dose de 10 mg/kg de dieta foram observados com maltose como fonte de glicose, mas não com sacarose ou glicose. Isso sugere que esses efeitos são devidos a uma inibição da α-glucosidase na mucosa intestinal. Também foi observada a inibição da α-amilase e da sacarase em ratos pela catequina numa dose de cerca de 50 mg/kg de dieta ou superior. A inibição das glicosidases intestinais e do transportador de glicose por polifenóis foi estudada. Polifenóis individuais, como (+) catequina, epicatequina, epigalocatequina, galato de epicatequina, isoflavonas de soja, ácido tânico, glicirrizina da raiz de alcaçuz, ácido clorogénico e saponinas também diminuem o transporte intestinal de glicose mediado por S-Glut-1.

Além disso, as saponinas atrasam a transferência de glucose do estômago para o intestino delgado. Foi igualmente referido que o resveratrol actua como agente antidiabético. Foram propostos muitos mecanismos para explicar a ação antidiabética deste estilbeno, sendo a modulação da SIRT1 um deles, que melhora a homeostase da glicose em todo o corpo e a sensibilidade à insulina em ratos diabéticos. Foi referido que, nas células LLC-PK1 em cultura, a citotoxicidade e o stress oxidativo induzidos pela glicose elevada foram inibidos pelos polifenóis de sementes de uva. O resveratrol inibe as alterações induzidas pela diabetes no rim (nefropatia diabética) e melhora significativamente a disfunção renal e o stress oxidativo em humanos diabéticos. O tratamento com resveratrol também diminuiu a secreção de insulina e atrasou o aparecimento da resistência à insulina. Pensa-se que um possível mecanismo esteja relacionado com a inibição dos canais K + ATP e K + V nas células beta.

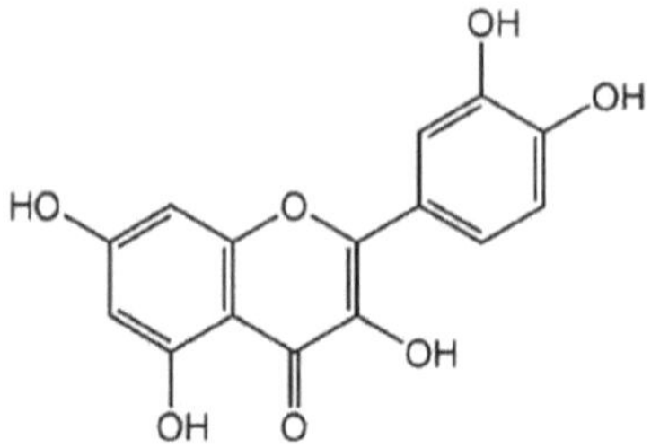

Estrutura química da quercetina

Sabe-se que os polifenóis da cebola, especialmente a quercetina, possuem uma forte atividade antidiabética. Um estudo recente mostra que a quercetina tem a capacidade de proteger as alterações em doentes diabéticos durante o stress oxidativo. A quercetina protegeu significativamente a peroxidação lipídica e o sistema antioxidante de inibição no doente diabético. O ácido ferúlico (AF) é outro polifenol muito abundante nos legumes e no farelo de milho. Várias linhas de evidência mostraram que o AF actua como um potente agente antidiabético, actuando a vários níveis. Foi demonstrado que o ácido férulico reduz a glucose no sangue, seguido de um aumento significativo da insulina plasmática e de uma correlação negativa entre a glucose no sangue e a insulina plasmática.

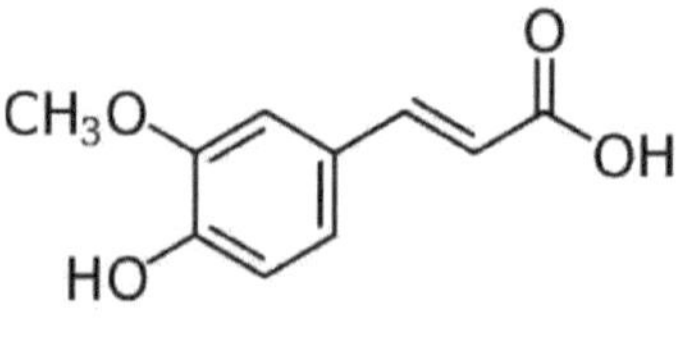

Ácido ferúlico, estrutura química

Efeito anti-envelhecimento

O envelhecimento é o processo de acumulação de diversas alterações prejudiciais nas células e tecidos com o avançar da idade, resultando num aumento dos riscos de doença e morte. Entre as muitas teorias propostas para explicar o mecanismo do envelhecimento, a teoria dos radicais livres e do stress oxidativo é uma das mais aceites. Uma certa quantidade de danos oxidativos ocorre mesmo em condições normais; no entanto, a taxa desses danos aumenta durante o processo de envelhecimento, à medida que a eficiência dos mecanismos antioxidantes e de reparação diminui. A capacidade antioxidante do plasma está relacionada com a ingestão de antioxidantes na dieta; verificou-se que a ingestão de uma dieta rica em antioxidantes é eficaz na redução dos efeitos deletérios do envelhecimento e do comportamento. Várias pesquisas sugerem que a combinação de compostos polifenólicos antioxidantes/anti-inflamatórios encontrados em frutas e vegetais pode mostrar eficácia como compostos anti-envelhecimento. O subconjunto dos flavonóides, conhecido como antocianinas, é particularmente abundante em frutos de cores vivas, como os frutos silvestres e as uvas de concórdia e as grainhas de uva.

As antocianinas são responsáveis pelas cores dos frutos e demonstraram ter potentes actividades antioxidantes/anti-inflamatórias, bem como inibir a peroxidação lipídica e a ciclo-oxigenase (C0X)-1 dos mediadores inflamatórios.

Os extractos de frutos e vegetais que possuem níveis elevados de polifenóis Iso apresentam uma elevada atividade antioxidante total, como os espinafres, os morangos e os mirtilos. Foi relatado que os suplementos alimentares (durante 8 semanas) com extractos de espinafres, morangos ou mirtilos numa dieta de controlo também foram eficazes na inversão dos défices relacionados com a idade na função cerebral e comportamental em ratos idosos.

Um estudo recente demonstra que as catequinas do chá têm uma forte atividade anti-envelhecimento e que o consumo de chá verde rico em catequinas pode atrasar o aparecimento do envelhecimento.

Os polifenóis são também benéficos na melhoria dos efeitos adversos do envelhecimento no sistema nervoso. A capacidade de estes compostos atravessarem a barreira hemato-encefálica (BHE), que controla rigorosamente o influxo no cérebro de metabolitos e nutrientes, bem como de fármacos, é de importância fundamental para a relevância dos polifenóis alimentares na proteção do cérebro envelhecido.

Verificou-se que o resveratrol prolonga de forma consistente a duração da vida; a sua ação está ligada a um evento denominado restrição calórica ou privação parcial de alimentos.

O resveratrol, polifenol da uva, é um agente anti-envelhecimento muito recente. Foi demonstrado que o alvo inicial do resveratrol é a classe das sirtuínas, as desacetilases dependentes do nicotinamida adenina dinucleótido (NAD). Foram identificadas sete sirtuínas nos mamíferos, das quais se acredita que a SIRT-1 medeia os efeitos benéficos para a saúde e a longevidade da restrição calórica e do resveratrol. O resveratrol aumentou a sensibilidade à insulina, diminuiu a expressão de IGF-1 e aumentou a atividade da proteína quinase activada por AMP (AMPK) e do coactivador 1a do recetor-c ativado por proliferador de peroxissoma (PGC-1a). Quando examinado o mecanismo, activou a caixa de forquilha O (FOXO), que regula a expressão de genes que contribuem tanto para a longevidade como para a resistência a vários stresses e a proteína 1 de ligação ao fator de crescimento semelhante à insulina (IGFBP-1).

Efeitos neuroprotectores

O stress oxidativo e os danos nas macromoléculas cerebrais são um processo importante nas doenças neurodegenerativas. A doença de Alzheimer é uma das doenças neurológicas mais comuns, afectando cerca de 67 milhões de pessoas em todo o mundo. Uma vez que os polifenóis são altamente antioxidantes por natureza, o seu consumo pode proporcionar proteção em doenças neurológicas. Observou-se que as pessoas que bebiam três a quatro copos de vinho por dia tinham uma incidência 80% menor de demência e de doença de Alzheimer do que as que bebiam menos ou não bebiam de todo.

O resveratrol, abundantemente presente no vinho, elimina o O_2^- e OH· in vitro, bem como os radicais livres de hidroperoxil lipídico, esta atividade antioxidante eficiente está provavelmente envolvida no efeito benéfico do consumo moderado de vinho tinto contra a demência nos idosos. O resveratrol inibe a sinalização do fator nuclear κB e, portanto, protege contra a toxicidade β-amiloide dependente da microglia em um modelo da doença de Alzheimer e essa atividade está relacionada à ativação do SIRT-1. Verificou-se que o consumo de sumos de frutas e vegetais contendo elevadas concentrações de polifenóis, pelo menos três vezes por semana, pode desempenhar um papel importante no retardamento do aparecimento da doença de Alzheimer. Os polifenóis de frutos e vegetais parecem ser agentes potenciais inestimáveis na neuroprotecção, devido à sua capacidade de influenciar e modular vários processos celulares, como a sinalização, a proliferação, a apoptose, o equilíbrio redox e a diferenciação.

Recentemente, foi relatado que a administração de polifenóis tem efeitos protectores contra a doença de Parkinson, uma doença neurológica caracterizada pela degeneração dos neurónios dopaminérgicos na *zona compacta da substância negra.*

Estudos nutricionais associaram o consumo de chá verde à redução do risco de desenvolver a doença de Parkinson. Em modelos animais, foi demonstrado que o galato de epigalocatequina (EGCG) exerce um papel protetor contra a neurotoxina MPTP (N-metil-4-fenil-1, 2, 3, 6-tetrahidropiridina), um indutor de uma doença semelhante à de Parkinson, quer inibindo competitivamente a absorção do fármaco, devido à semelhança molecular, quer eliminando a formação de radicais mediada pelo MPTP. A EGCG pode também proteger os neurónios através da ativação de várias vias de sinalização, envolvendo MAP kinases que são fundamentais para a sobrevivência celular. O papel terapêutico das catequinas na doença de Parkinson deve-se também à sua capacidade de quelatar o ferro. Esta propriedade contribui para a sua atividade antioxidante, impedindo que o metal de transição redox-ativo catalise a formação de radicais livres. Além disso, a função antioxidante está também relacionada com a indução da expressão de enzimas antioxidantes e desintoxicantes, nomeadamente no cérebro, que não está suficientemente dotado de um sistema de defesa antioxidante bem organizado.

O polifenol do farelo de milho, o ácido ferúlico, também é considerado benéfico na doença de Alzheimer. Este efeito deve-se às suas propriedades antioxidantes e anti-inflamatórias.

Outras doenças

Para além dos eventos patológicos acima descritos, os polifenóis apresentam vários outros efeitos benéficos para a saúde. Os polifenóis dietéticos exercem efeitos preventivos no tratamento da asma.

Na asma, as vias respiratórias reagem estreitando-se ou obstruindo-se quando ficam irritadas. Isto dificulta a entrada e saída de ar.

Este estreitamento ou obstrução pode causar um ou uma combinação de sintomas, tais como pieira, tosse, falta de ar e aperto no peito. A evidência epidemiológica de que os polifenóis podem proteger contra a doença pulmonar obstrutiva provém de estudos que relataram associações negativas do consumo de maçãs com a prevalência e incidência de asma, e uma associação positiva com a função pulmonar. O aumento do consumo da isoflavona da soja, a genisteína, foi associado a uma melhor função pulmonar em doentes asmáticos. A ingestão de polifenóis também é relatada como benéfica na osteoporose. A suplementação da dieta com genisteína, daidzeína ou seus glicosídeos durante várias semanas previne a perda da densidade mineral óssea e do volume trabecular causada pela ovariectomia.

Os polifenóis também protegem os danos cutâneos induzidos pela luz solar. Estudos realizados em animais fornecem provas de que os polifenóis presentes no chá, quando aplicados por via oral ou tópica, melhoram as reacções adversas da pele após a exposição aos raios UV, incluindo danos na pele, eritema e peroxidação lipídica. Os polifenóis do chá preto são relatados como sendo úteis na absorção de minerais no intestino, bem como como possuindo atividade antiviral. Verificou-se que as teaflavinas presentes no chá preto têm uma atividade anti VIH-1. Estes polifenóis inibiram a entrada de células VIH-1 nas células alvo. A entrada do VIH-1 na célula-alvo envolve a fusão da glicoproteína (GP) e do envelope do vírus com a membrana celular das células hospedeiras. As unidades de repetição Haptad presentes nos terminais N e C da GP41 (proteína da membrana) no invólucro viral fundem-se para formar o núcleo ativo de fusão da GP41, que é um feixe de seis hélices. Verificou-se que as teaflavinas bloqueiam a formação deste feixe de seis hélices necessário para a entrada do vírus no hospedeiro. Verificou-se que o digalato de teaflavina 3 3' e o galato de teaflavina 3' inibem o vírus corona da Síndrome Respiratória Aguda Grave (SARS). Esta atividade antiviral deveu-se à inibição da protease do tipo quimotripsina (3CL Pro), que está envolvida no processamento proteolítico durante a multiplicação viral.

Polifenóis, função das células β e resistência à insulina

A perturbação do metabolismo dos hidratos de carbono e o

desenvolvimento de resistência à insulina é a principal perturbação metabólica na diabetes mellitus não insulino-dependente que conduz à hiperglicemia.

A digestão e a absorção alteradas dos hidratos de carbono da dieta, a depleção do armazenamento de glicogénio, o aumento da gluconeogénese e a produção excessiva de glicose hepática, a disfunção das células β, a resistência à insulina do tecido periférico e o defeito nas vias de sinalização da insulina são as causas mais importantes da hiperglicemia. Embora a utilização de fármacos antidiabéticos orais, incluindo inibidores da α-glicosidase, biguanidas, meglitinidas, sulfonilureias, tiazolidindionas ou terapias com insulina sejam opções clínicas comuns no tratamento da diabetes tipo 2 e da hiperglicemia, os agentes naturais tradicionalmente utilizados têm sido considerados durante um longo período de tempo. Entre os componentes bioactivos naturais e os fitoquímicos conhecidos, os polifenóis são recentemente muito populares devido aos seus efeitos anti-hiperglicémicos, segurança e ausência de efeitos secundários. A eficácia potencial dos polifenóis no metabolismo dos hidratos de carbono e na homeostase da glicose foi bem investigada in vitro, em modelos animais e em alguns ensaios clínicos.

Na Fig.10. estão resumidos os efeitos benéficos dos polifenóis no controlo da glicemia na diabetes. Os efeitos hipoglicemiantes dos polifenóis são atribuídos principalmente à redução da absorção intestinal dos hidratos de carbono da dieta, à modulação das enzimas envolvidas no metabolismo da glicose, à melhoria da função das células β e da ação da insulina, à estimulação da secreção de insulina e às propriedades antioxidantes e anti-inflamatórias destes componentes.

Uma das propriedades mais conhecidas dos polifenóis, especialmente dos flavonóides, dos ácidos fenólicos e dos taninos, no metabolismo dos hidratos de carbono é a inibição da α-glucosidase e da α-amilase, as principais enzimas responsáveis pela digestão dos hidratos de carbono da dieta em glucose. Alguns polifenóis, incluindo as catequinas e epicatequinas do chá verde, os ácidos clorogénicos, os ácidos ferúlico, cafeico e tânico, a quercetina e a naringenina, podem interagir com a absorção de glicose do intestino através da inibição dos transportadores de glicose dependentes de Na+, SGLT1 e SGLT2. Algumas investigações mostraram que os compostos polifenólicos são também capazes de regular a glicemia pós-prandial e inibir o desenvolvimento da intolerância à glicose através de uma resposta facilitada à insulina e de uma secreção atenuada do polipeptídeo insulinotrópico dependente da glicose (GIP) e do polipeptídeo-1 semelhante ao glucagon (GLP-1).

Alguns polifenóis são capazes de regular as vias-chave do metabolismo dos hidratos de carbono e da homeostase hepática da glicose, incluindo a glicólise, a glicogénese e a gliconeogénese, normalmente comprometidas na diabetes. O ácido ferúlico, um derivado do ácido hidroxicinâmico, suprime eficazmente a glicose no sangue, elevando a atividade da glucocinase e a produção de glicogénio no fígado e aumentando os níveis de insulina no plasma em ratos diabéticos. A suplementação de ratos diabéticos com hesperidina e naringina, dois dos principais

Os bioflavonóides dos citrinos foram acompanhados de um aumento da atividade da glucocinase hepática e do teor de glicogénio, de uma atenuação da gluconeogénese hepática através da diminuição da atividade da glucose-6-fosfatase e da fosfoenolpiruvato carboxiquinase (PEPCK) e da subsequente melhoria do controlo glicémico. Foi demonstrado que os polifenóis do chá verde, principalmente as catequinas e as epicatequinas, atenuam a hiperglicemia e a produção hepática de glicose através da regulação negativa da expressão da glucocinase hepática e da regulação positiva da PEPCK; num estudo in vitro, o galato de epigalocatequina (EGCG), uma das catequinas mais abundantes do chá verde, pode ativar a proteína quinase activada por AMP como uma via necessária para a inibição da expressão das enzimas gluconeogénicas. Os polifenóis alimentares também influenciam a captação periférica de glicose, tanto em tecidos sensíveis à insulina como em tecidos não sensíveis à insulina; um estudo mostrou que os ácidos fenólicos estimulavam a captação de glicose com um desempenho comparável ao da metformina e da tiazolodinediona, os principais fármacos hipoglicemiantes orais comuns. Os resultados dos estudos in vitro mostraram que alguns compostos polifenólicos, como a quercetina, o resveratrol e a EGCG, melhoraram a captação de glicose dependente da insulina nas células musculares e nos adipócitos através da translocação do transportador de glicose, GLUT4, para a membrana plasmática, principalmente através da indução da via da proteína quinase activada por AMP (AMPK). A AMPK, um importante sensor do estado energético celular, tem um papel fundamental no controlo metabólico; a ativação desta via é considerada como um novo tratamento para a obesidade, a diabetes de tipo 2, a síndrome metabólica e um alvo principal para os medicamentos antidiabéticos, incluindo a metformina. É interessante notar que o efeito dos polifenóis na ativação da AMPK foi relatado 50-200 vezes mais do que a metformina. Alguns polifenóis também têm potencial para induzir a fosfatidilinositídeo 3-quinase (PI3k) como uma via de sinalização chave para a regulação positiva da captação de glucose.

As isoflavonas, particularmente a genisteína, têm efeitos surpreendentes na β-cel⅛ pancreática. Foi relatado que os efeitos antidiabéticos da genisteína não estão associados à estimulação da síntese de insulina, expressão do transportador de glicose-2 ou via glicolítica, a genisteína atua como um novo agonista da sinalização cíclica de AMP⁄proteína quinas A, um importante amplificador fisiológico da secreção de insulina induzida por glicose pelas células β pancreáticas. Além disso, Fu et al indicaram que a genisteína poderia induzir a expressão proteica da ciclina D1, um importante regulador do ciclo celular do crescimento das células β e, subsequentemente, melhorar a proliferação, sobrevivência e massa das células β das ilhotas.

O stress oxidativo induzido pela hiperglicemia nas células β pancreáticas desempenha um papel fundamental no desenvolvimento da diabetes. Alguns dos compostos polifenólicos protegem as células β dos danos induzidos pela hiperglicemia e pela oxidação; a administração oral de um extrato de castanha rico em fenólicos em ratos diabéticos induzidos por STZ teve efeitos favoráveis na glicose sérica e na viabilidade das células β através da atenuação do stress oxidativo, do reforço do sistema antioxidante natural e da inibição da peroxidação lipídica. Outro composto fenólico bem conhecido, o resveratrol (3, 4', 5-tri-hidroxiestilbeno) presente nas uvas, no vinho, no sumo de uva, nos amendoins e nas bagas, melhora a tolerância à glicose, atenua a perda de células β e reduz o stress oxidativo nas ilhotas pancreáticas. O resveratrol também alivia a sobrecarga de trabalho induzida pela estimulação crónica e impõe pressão sobre as células β, atrasando subsequentemente a degradação das ilhotas pancreáticas e a progressão da diabetes de tipo 2. Este efeito parece dever-se à diminuição dos efeitos estimulantes da hiperglicemia na secreção de insulina; alguns estudos experimentais e in vitro demonstraram que o resveratrol tem o potencial de reduzir a secreção de insulina através da indução de alterações metabólicas nas células β.

Alguns efeitos protetores dos polifenóis nas células β estão relacionados à capacidade de modular as principais vias de sinalização celular; o extrato de bayberry chinês rico em antocianinas mostrou efeitos protetores para as células β pancreáticas contra danos oxidativos através da regulação positiva da heme oxigenase-1, modulação da via de sinalização ERK1/2 e PI3K/Akt e inibição da apoptose das células β. Os resultados dos estudos anteriores reconhecem que os polifenóis vegetais afectam favoravelmente vários aspectos dos distúrbios metabólicos induzidos pela diabetes e modulam o metabolismo dos hidratos de carbono, a homeostase da glicose e a secreção de insulina.

A resistência progressiva à insulina é acompanhada principalmente por perfis de risco cardiovascular pró-aterogénicos e, consequentemente, a doença aterosclerótica das artérias coronárias e outras formas de doença cardiovascular são as principais causas de mortalidade em doentes diabéticos de tipo 2. A dislipidemia, as alterações indesejáveis nas células endoteliais vasculares e nas células musculares lisas, a peroxidação lipídica, especialmente as partículas de lipoproteínas de baixa densidade oxidadas, os danos oxidativos e o aumento dos mediadores inflamatórios, incluindo quimiocinas e citocinas, a hipercoagulação e a ativação plaquetária, têm sido considerados como as principais anomalias metabólicas na diabetes mellitus que conduzem à doença cardiovascular.

Há cada vez mais provas que sugerem que a ingestão de alimentos ricos em polifenóis e a suplementação com estes componentes bioactivos podem ter efeitos protectores contra a patogénese cardiovascular induzida pela diabetes; os mecanismos envolvidos nestas propriedades incluem principalmente a regulação do metabolismo lipídico, a atenuação dos danos oxidativos e a eliminação dos radicais livres, a melhoria da função endotelial e do tónus vascular, o aumento da produção de factores vasodilatadores, como o óxido nítrico, e a inibição da síntese de vasoconstritores, como a endotelina-1, nas células endoteliais. Um dos efeitos favoráveis mais importantes dos polifenóis no sistema cardiovascular na diabetes é provavelmente a regulação do metabolismo dos lípidos e das lipoproteínas e a melhoria da dislipidemia. Com base na investigação realizada nesta área, os compostos polifenólicos são capazes de reduzir a digestão e a absorção dos lípidos da dieta. As procianidinas oligoméricas, contidas nas maçãs, têm efeitos inibitórios na lipase pancreática e na absorção de triglicéridos. As procianidinas da maçã também induzem efeitos hipolipidémicos através da diminuição da síntese e secreção da apolipoproteína B, da inibição da estrificação do colesterol e da produção de lipoproteínas intestinais. Os efeitos hipolipidémicos das catequinas e das proantocianidinas estão relacionados com a inibição de enzimas-chave nas vias de biossíntese dos lípidos, reduzindo a absorção intestinal de lípidos. As catequinas interagem igualmente com as proteínas envolvidas na translocação do colesterol a partir da borda em escova dos enterócitos (proteínas ATP-binding cassette, glicoproteína P de resistência a múltiplos fármacos 1, receptores B tipo 1-scavenger, proteína Niemann Pick C-1 like 1), alteram a sua função e reduzem eficazmente a absorção do colesterol. A administração de ginjas como alimento medicinal rico em antocianinas foi acompanhada de uma diminuição da hiperlipidemia, da hiperinsulinemia, do fígado gordo e da esteatose hepática através do aumento do PPARα hepático e de alguns genes alvo, incluindo a acil-coenzima A oxidase.

A disfunção endotelial, a proliferação e a migração das células musculares lisas dos vasos são acontecimentos centrais na patogénese da aterosclerose induzida pela diabetes. Algumas propriedades protectoras cardiovasculares dos polifenóis são atribuídas a efeitos moduladores na estrutura e função vasculares. É interessante notar que alguns polifenóis inibem a expressão das principais proteínas proangiogénicas e protrombóticas

e factores pró-ateroscleróticos, como a proteína quimioatraente de monócitos-1, o fator de crescimento endotelial vascular (VEGF) e a metaloproteinase-2 da matriz

(MMP-2) nas células musculares lisas, por mecanismos sensíveis e insensíveis à redox. As proantocianidinas oligoméricas, presentes na maçã vermelha, na canela, no cacau e nas uvas, têm o potencial de proteger as células vasculares contra o stress oxidativo induzido pela diabetes através do aumento da atividade do superóxido, da inibição da dismutase da NADPH oxidase e da produção de radicais livres, bem como da diminuição da proliferação de células musculares lisas.

Os flanan-3-óis modulam a hiperatividade e a agregação plaquetária, regulam o fluxo sanguíneo coronário e reduzem as citocinas inflamatórias endoteliais e os radicais livres, aumentam a produção e a biodisponibilidade do óxido nítrico e, consequentemente, o desenvolvimento da aterosclerose. Em ensaios humanos, o consumo de chocolate preto com elevado teor de polifenóis foi acompanhado de uma melhoria da função endotelial em indivíduos com hipertensão de fase 1 e de uma atenuação da disfunção endotelial e do stress oxidativo induzidos por uma hiperglicemia transitória aguda em pacientes diabéticos de tipo 2. A administração de outros produtos ricos em polifenóis, como o extrato de grainha de uva, o sumo de arando, o sumo de uva e o sumo de romã, teve também um papel terapêutico na diminuição dos factores de risco cardiovascular em pacientes com diabetes de tipo 2 e síndrome metabólica.

As catequinas, a quercetina e as antocianinas têm potentes propriedades inibidoras das plaquetas e são consideradas como inibidores da sinalização das células plaquetárias e da formação de trombos. Como já foi referido, as antocianinas bioactivas, incluindo a delfinidina-3-rotinósido, a cianidina-3-glucósido, a cianidina-3-rutinosido, a malvidina-3-glucósido e os metabolitos intestinais, como o ácido dihidroferúlico e o ácido 3-(hidroxifenil) propiónico, previnem a hiperactivação e a agregação das plaquetas através da inibição dos péptidos que activam o recetor da trombina. Sem dúvida, uma das principais propriedades protectoras Sem dúvida, uma das principais propriedades protectoras dos polifenóis no desenvolvimento de disfunções cardiovasculares na condição diabética está relacionada com a capacidade destes componentes bioactivos para prevenir a oxidação das lipoproteínas e a produção de produtos finais de glicação avançada. Os compostos antioxidantes da dieta também protegem o tecido miocárdico de várias alterações indesejáveis e da cardiomiopatia diabética. O tratamento de modelos de ratos diabéticos com extractos de proantocianidinas de grainhas de uva reduziu eficazmente o recetor de produtos finais de glicação avançada (RAGE), o fator nuclear-kappaB (NF-kappaB) e o fator de crescimento transformador-β (TGF-); Foi demonstrado que um ensaio clínico cruzado randomizado mostrou que a administração oral (50 mg / d por 3 semanas) de hesperidina, um flavonoide cítrico, aumentou a dilatação mediada por fluxo e reduziu os biomarcadores inflamatórios circulantes (hs-CRP, proteína amiloide A sérica, selectina E solúvel), diminuiu a adesão de monócitos, expressão de moléculas de adesão celular vascular-1 e geralmente melhorou a função vascular em pacientes com síndrome metabólica. Outro estudo cruzado realizado em pacientes diabéticos tipo 2 na pós-menopausa, mostrou que a suplementação com isoflavonas do trevo vermelho (50 mg/dia) após 4 semanas melhorou a função endotelial e diminuiu a pressão arterial sistólica e diastólica. Em resumo, os resultados de diferentes estudos confirmam que os compostos polifenólicos atenuam vários factores de risco cardiovascular na diabetes; os polifenóis dietéticos modulam o metabolismo lipídico e a dislipidemia, melhoram a função vascular, diminuem os danos vasculares induzidos por oxidação e inflamação e regulam a pressão arterial.

Efeitos dos antioxidantes no metabolismo do tecido adiposo

A disfunção dos adipócitos está fortemente associada ao desenvolvimento da resistência à insulina, à inflamação subclínica, à deficiência das células β e à diabetes de tipo 2. Os compostos polifenólicos têm efeitos moduladores maravilhosos em muitos aspectos da transdução de sinais metabólicos, endócrinos e celulares do tecido adiposo (Fig.10). Alguns polifenóis, como as catequinas, aumentam a oxidação β nos adipócitos, regulam negativamente as enzimas e os genes envolvidos na lipogénese, incluindo a lipoproteína lipase, o complexo da sintase dos ácidos gordos, o recetor γ ativado pelo proliferador de peroxissoma (PPARγ), a proteína de ligação ao potenciador CCAAT-α, a proteína de ligação ao elemento regulador 1-c, a proteína de ligação aos ácidos gordos. Alguns polifenóis regulam as vias de lipólise através da indução da lipase sensível às hormonas, da lipase do tecido adiposo, do aumento da expressão genética da proteína desacopladora mitocondrial 2 (UCP-2) e da carnitina palmitoil transferase-1 (CPT-1) nos adipócitos.

As antocianinas, um grupo de compostos fenólicos considerados como moduladores do metabolismo do tecido adiposo, são componentes bioactivos que melhoram a disfunção dos adipócitos e a secreção de adipocitocinas na resistência à insulina, aumentam a oxidação β e diminuem a acumulação de gordura nos adipócitos. A cianidina e a cianidina-3-glucósido demonstraram vários efeitos terapêuticos na disfunção dos adipócitos através da diminuição do inibidor do ativador do plasminogénio-1 e da interleucina-6, da indução de proteínas de desacoplamento mitocondrial, da acetil CoA oxidase, da expressão dos genes da perlipina e da adiponectina. **Antioxidantes e radicais livres**

A eliminação dos radicais livres não é favorecida em condições fisiológicas normais, devido às suas baixas concentrações. Assim, a principal defesa contra estas espécies e, portanto, para a interrupção das reacções em cadeia dos radicais, depende da ação de substâncias conhecidas como antioxidantes. Estes compostos actuam reduzindo os radicais livres e as espécies reactivas, evitando assim as lesões e a deterioração oxidativa das estruturas celulares. Sob exposição constante a altas concentrações desses agentes nocivos, o sistema reparador (antioxidantes) não consegue superar a demanda, levando à ocorrência de um acúmulo de espécies reativas, dando origem ao chamado estresse oxidativo. O stress oxidativo é, portanto, um desequilíbrio entre a produção de espécies oxidantes e o sistema de proteção por antioxidantes, provocando danos celulares, diretamente relacionados com a patologia degenerativa crónica, como já foi referido.

Os radicais livres podem reagir facilmente com vários compostos, capturando os electrões necessários para melhorar a sua estabilidade. Geralmente, estas reacções são muito rápidas e a cinética é controlada pela taxa de difusão dos reagentes. Assim, os radicais livres em solução reagem com as moléculas mais próximas, capturando um dos seus electrões. Quando esta molécula alvo perde um eletrão, torna-se ela própria um radical livre, com a possibilidade de iniciar uma reação radicalar em cadeia, como a conhecida peroxidação lipídica, que resulta em danos e mesmo na rutura das membranas celulares. O mesmo fenómeno de oxidação pode também ocorrer nas proteínas e no ADN, resultando na degradação celular. Os radicais livres são produzidos naturalmente no organismo por diversas reacções metabólicas, como a respiração mitocondrial e as oxidações enzimáticas catalisadas por oxidases. Assim, para minimizar os efeitos nocivos resultantes da ação dos compostos radicais livres, estão activos sistemas enzimáticos de defesa antioxidante, envolvendo oxido-redutases, como a superóxido dismutase (SOD), peroxidases (POD), catalase (CAT) e glutationa peroxidase (GPx).

Além disso, os sistemas antioxidantes não enzimáticos, como o glutatião reduzido (GSH), o ácido ascórbico, o *a-tocoferol*, o *β-caroteno* e os polifenóis, estão disponíveis no interior dos organismos. Assim, uma procura crescente de alimentos caracterizados por um elevado teor de antioxidantes e uma elevada qualidade nutricional pode levar a um aumento desejado do consumo de frutas e legumes específicos. Assim, os "alimentos funcionais" foram introduzidos com o objetivo de aumentar a ingestão de compostos bioactivos com potenciais acções benéficas, incluindo alimentos ricos em polifenóis, para evitar ou reduzir a ação dos radicais livres *in vivo*. Mesmo o consumo de vinho tinto, caracterizado por elevados teores de polifenóis e substâncias bioactivas, como o resveratrol, foi epidemiologicamente relacionado com a baixa incidência de doença coronária (CHD), como afirma o paradoxo francês. De acordo com este pressuposto, uma população (em França) que consome uma dieta rica em ácidos gordos insaturados, apresenta uma menor incidência de doenças cardiovasculares, em comparação com populações com uma dieta semelhante, devido ao hábito de consumir vinho tinto, que contém polifenóis com a capacidade de inibir a agregação plaquetária e de proteger as lipoproteínas de baixa densidade (LDL) da oxidação.

Recorde-se que os franceses costumam alimentar-se de acordo com a dieta mediterrânica, rica em frutos e vinho tinto, que demonstrou proteger contra a ocorrência de eventos coronários.

O stress oxidativo é classicamente definido como uma série de eventos que resultam num desequilíbrio entre as reacções oxidantes e antioxidantes. Ambas as classes de substâncias (oxidantes e antioxidantes) são geradas num cenário de oxidação-redução, em que as oxidações envolvem perda de electrões e as reduções, ganho de electrões. Assim, muitos autores utilizam o termo "desequilíbrio redox" para se referirem ao stress oxidativo.

Stress oxidativo e compostos fenólicos nos alimentos

As espécies reactivas são normalmente identificadas como substâncias que levam à oxidação dos lípidos (lipoxidação), da glicose (glicação) e das proteínas (carbonilação). Os produtos de reação gerados na lipoperoxidação são representados pelo malondialdeído, glioxal, acroleína, 4-hidroxi-nonenal (HNE). Os gerados pela glicação são o metilglioxal e o glioxal. Estes compostos reagem com proteínas e aminoácidos dando origem a produtos finais aminoglicados (AGEs). Os AGEs estão envolvidos em eventos comuns, que podem desencadear obesidade e resistência à insulina, diabetes mellitus II e inflamação, podendo corresponder a importantes activadores da inflamação em vários tecidos. A ação destes produtos ocorre à medida que se ligam ao recetor RAGE (recetor of glycation end products), iniciando a cascata de eventos que envolvem a ação de cinases, que culminam na ativação do *Ikkβl* NFkB, um fator de transcrição nuclear relacionado com a inflamação. Os polifenóis podem bloquear essa cascata inflamatória, Na presença de aumento da ingestão alimentar, ocorrem oxidações. Por exemplo, o glucosem pode ser oxidado por espécies reactivas, transformando-se num produto tóxico carbonilo. Este, por sua vez, pode atacar o grupo amino dos aminoácidos, formando produtos finais de glicação (AGEs), que são muito reactivos e podem desencadear a libertação de citocinas, resultando em inflamação nos tecidos que expõem os receptores RAGE, como nos rins, coração e vasos sanguíneos. Os polifenóis podem bloquear a formação de produtos reactivos, diminuindo assim o processo inflamatório. Alguns estudos demonstraram que o recetor RAGE é expresso em alguns órgãos, como os rins, os vasos sanguíneos e o tecido adiposo. A formação do complexo AGEsIRAGE poderia desencadear processos inflamatórios que afectam estes tecidos. Assim, o complexo AGEsIRAGE representa a interface entre o stress oxidativo e o sistema inflamatório.

É importante que os antioxidantes estejam constantemente presentes no organismo, controlando os efeitos dos oxidantes. As terapias que utilizam antioxidantes têm sido estudadas para atenuar a produção excessiva de espécies reactivas de oxigénio (ROS) e de azoto (RNS). Vários estudos epidemiológicos têm demonstrado que dietas ricas em frutas e vegetais, que são fontes de carotenóides e polifenóis, estão correlacionadas com um risco reduzido de aparecimento de doenças crónicas. Assim, é provável que os nutrientes antioxidantes presentes nos alimentos possam prevenir os danos causados pelas ROS/RNS. Como mencionado, o estado redox depende do equilíbrio entre a produção de espécies reactivas de oxigénio/nitrogénio (ROS/RNS) pelo stress oxidativo e a sua remoção pelo sistema de defesa antioxidante. Os oxidantes e antioxidantes foram encontrados a nível tecidular, celular e molecular e são subdivididos de acordo com a sua solubilidade em água e lipídios e fontes endógenas e exógenas (dietéticas). Os fenóis de numerosas espécies vegetais têm sido ativamente estudados como potenciais tratamentos para várias doenças metabólicas e cardiovasculares. Por exemplo, o resveratrol do vinho tinto, a epigalocatequina-3-galato do chá verde, a curcumina da curcuma e a quercetina de diferentes fontes foram todos estudados como potenciais agentes terapêuticos. Além disso, foi observada uma atividade de eliminação de radicais livres dependente da dose de antioxidantes, levando a um aumento do tempo de vida das células. Assim, o potencial antioxidante dos polifenóis está principalmente relacionado com a capacidade destes compostos para eliminar os radicais livres produzidos pelo stress oxidativo. Vários estudos centrados no teor de polifenóis dos alimentos, efectuados em humanos, demonstraram os efeitos benéficos das grainhas de uva, das bagas de chokeberry, do café, da alfarroba e do cacau. Foram também realizados estudos que envolveram a suplementação de antioxidantes para prevenir acções oxidativas e inflamatórias em pacientes obesos. Foi examinado o efeito das peles de uva, que representam uma fonte rica em polifenóis, nos parâmetros sanguíneos relacionados com o stress oxidativo e a inflamação em ratos obesos. Os resultados mostraram que as cascas de uva melhoraram os indicadores fisiológicos relacionados com o stress oxidativo e a inflamação em animais obesos, em comparação com os controlos.

Outros antioxidantes também podem interferir no estado inflamatório da obesidade. Estudos recentes constataram que houve uma melhora significativa do estado fisiológico na obesidade, em relação à inflamação e ao estresse oxidativo, devido ao uso da curcumina, uma especiaria polifenólica utilizada na culinária oriental. A sua concentração pode variar de 1,5% a 7,1% nos rizomas de *curcuma* (*Curcuma longa*). A curcumina tem suscitado um interesse considerável nos últimos anos devido ao seu elevado potencial medicinal: é um potente agente imunomodulador, apresentando efeitos antioxidantes, anti-fibróticos, anti-virais e anti-infecciosos (158). Este composto anti-inflamatório é capaz de inibir o fator transcricional κB (NFkB), que pertence a um grupo de fatores transcricionais indutores da produção de citocinas, que é ativado na resposta ao stress.

O risco de desenvolver osteoporose é quatro vezes maior nas mulheres pós-menopáusicas do que nos homens devido à diminuição dos níveis de estrogénio após a menopausa e representa o maior risco de osteoporose em toda a população. Os factores de risco etiológicos associados à osteoporose incluem má nutrição, desequilíbrio de citocinas e hormonas e o processo de envelhecimento. Tem-se verificado que as espécies reactivas de oxigénio (ROS) desempenham um papel fundamental no processo de envelhecimento e contribuem grandemente para a osteoporose. O papel das ROS na patologia da osteoporose foi revisto anteriormente, incluindo as influências na geração e sobrevivência de osteoclastos, osteoblastos e osteócitos. Verificou-se que o excesso de ROS pode levar a danos no ADN, com a formação de 8-hidroxi-2-desoxiguanosina (8-OHdG), um biomarcador oxidativo que tem sido amplamente utilizado em seres humanos para indicar o estado de stress oxidativo.

Os polifenóis do chá verde, extraídos do chá verde, demonstraram os seus efeitos osteoprotectores diminuindo o stress oxidativo, aumentando a atividade das enzimas antioxidantes e diminuindo a expressão de mediadores pró-inflamatórios em modelos de roedores.

O cancro é geralmente considerado como um grupo heterogéneo de doenças, causado por uma série de alterações "genéticas" seleccionadas clonalmente em genes supressores de tumores e oncogenes essenciais. No entanto, as provas acumuladas nos últimos anos indicam que a heterogeneidade das células tumorais se deve, pelo menos em parte, à contribuição significativa de alterações "epigenéticas" nas células cancerosas. Entre os factores de risco relacionados com o desenvolvimento de alguns cancros, como o do esófago, encontram-se hábitos como o consumo de álcool e o tabagismo. Alguns estudos demonstraram que o consumo de vegetais e frutos verdes exerce um efeito protetor relativamente a esta patologia.

Entre os factores de risco, destaca-se uma dieta rica em gorduras animais e com baixo consumo de fruta, vegetais e cereais. Estes alimentos, especialmente as frutas e os legumes, têm sido sugeridos como tendo um efeito protetor contra o cancro da próstata, uma vez que contêm substâncias antioxidantes, como os polifenóis.

Os polifenóis presentes no chá verde, como a quercetina, a rutina, a miricetina, a crisina, a epigalocatequina-3-galato, a epicatequina, a catequina, o resveratrol e o xantohumol, foram também testados em células de cancro colorrectal.

Componentes antioxidantes da dieta e alvos epigenéticos

Durante mais de uma década, tem havido um interesse considerável na utilização de plantas naturais para a prevenção de doenças, incluindo o cancro. As bebidas, os frutos, os legumes e outros componentes da dieta humana contêm habitualmente polifenóis que, segundo muitas investigações, possuem propriedades quimiopreventivas e anticancerígenas. Diferentes nutrientes, especificamente os botânicos dietéticos, podem desempenhar um papel na regulação de doenças normais e patológicas.

processos. Uma melhor compreensão do papel regulador destes nutrientes em vários alvos moleculares pode ajudar na prevenção e tratamento de vários cancros. Embora vários agentes dietéticos ou nutrientes regulem diferentes alvos moleculares em vários cancros, resumimos aqui o papel de alguns agentes dietéticos bioactivos comuns e dos seus alvos epigenéticos em vários cancros. Os agentes que discutimos incluem polifenóis-catequinas do chá (chá verde), curcumina (curcuma), genisteína (soja), resveratrol (uvas), SFN (vegetais crucíferos) e outros componentes bioactivos, como a apigenina (salsa), a baicaleína (indiana

trombeta), cianidinas (uvas), isotiocianato (vegetais crucíferos), ácido rosmarínico (alecrim) e silimarina (cardo mariano). Uma breve discussão inclui os seus alvos epigenéticos nas células cancerígenas, tanto in vitro como in vivo, o que conduz aos seus múltiplos papéis na regulação da prevenção e da terapia do cancro.

Alvos moleculares

Fator nuclear-kappa B (NF-kB)

O NF-kB é uma família de dímeros proteicos estreitamente relacionados que se ligam a um motivo de sequência comum no ADN denominado sítio kB. A identificação do NF-kB como membro da família de vírus da reticuloendoteliose (REL) forneceu a primeira prova de que o NF-kB está ligado ao cancro. Em condições de repouso, os dímeros de NF-kB residem no citoplasma. O NF-kB é ativado por radicais livres, estímulos inflamatórios, citocinas, carcinogéneos, promotores de tumores, endotoxinas, radiação g, luz ultravioleta (UV) e raios X. Após a ativação, é translocado para o núcleo, onde induz a expressão de mais de 200 genes que demonstraram suprimir a apoptose e induzir a transformação celular, a proliferação, a invasão, as metástases, a quimio-resistência, a radiorresistência e a inflamação. Muitos dos genes alvo

que são activadas são fundamentais para o estabelecimento das fases iniciais e tardias dos cancros agressivos, incluindo a expressão da ciclina D1, das proteínas supressoras da apoptose, como a Bcl-2 e a Bcl- XL, e das proteínas necessárias para a metástase e a angiogénese, como as metaloproteases da matriz (MMP) e as proteínas endoteliais vasculares

fator de crescimento (VEGF).

Vários agentes dietéticos, como a curcumina, o resveratrol, a guggulsterona, o ácido ursólico, o ácido betulínico, a emodina, o gingerol, o flavopiridol, a zerumbona, a evodiamina, o indol-3-carbinol, o ácido elágico, o anetol, as catequinas do chá verde, a S-alilcisteína, o licopeno e a diosgenina são agentes quimiopreventivos naturais que se revelaram inibidores potentes do NF-kB. A forma como estes agentes suprimem a ativação do NF-kB está a tornar-se cada vez mais evidente. Estes inibidores podem bloquear qualquer uma ou mais etapas da via de sinalização do NF-kB, tais como os sinais que activam a cascata de sinalização do NF-kB, a translocação do NF-kB para o núcleo, a ligação dos dímeros ao ADN ou as interacções com a maquinaria de transcrição basal.

Vários estudos do nosso laboratório mostraram que as especiarias derivadas de plantas exercem os seus efeitos anticancerígenos através da supressão do NF-kB. A curcumina, bem como vários outros curcuminóides da família do gengibre, medeiam os seus efeitos terapêuticos regulando o fator de transcrição NF-kB e os produtos genéticos regulados pelo NF-kB COX-2, ciclina D1, moléculas de adesão, MMPs, óxido nítrico sintase induzível, Bcl-2, Bcl-XL e TNF. A curcumina suprime a ativação da IKK induzida pelo TNF, o que leva à inibição da fosforilação e degradação da IkBa dependentes do TNF e à translocação da subunidade p65. A curcumina bloqueia igualmente a ativação do NF-kB mediada pelo éster de forbol e pelo peróxido de hidrogénio. A guggulsterona suprime a ativação do NF-kB suprimindo a ativação da IKK ao interagir diretamente com a quinase. ***O resveratrol***

Verificou-se que o resveratrol suprimiu a fosforilação induzida pelo TNF e a translocação nuclear da subunidade de NF-kB e a transcrição do gene repórter dependente de NF-kB.

A supressão da ativação do NF-kB induzida pelo TNF pelo resveratrol não era específica do tipo de célula e foi observada em células mielóides (U-937), linfóides (Jurkat) e epiteliais (HeLa e H4). Esta molécula bloqueia igualmente a ativação do NF-kB induzida por vários agentes cancerígenos e promotores de tumores, como o PMA, o LPS, o H_2O_2, o ácido ocadaico e a ceramida.

Ácido cafeico

Foi demonstrado que o éster fenetílico do ácido cafeico (CAPE) suprime a ativação do NF-kB suprimindo a ligação do complexo p50-p65 diretamente ao ADN, ao passo que tanto a sanguinarina como a emodina actuam bloqueando a degradação do IkBa. O alcaloide sanguinarina pode impedir a fosforilação e a degradação de IkBa em resposta à estimulação por TNFa, éster de forbol, IL-1 ou ácido ocadaico. À semelhança da sanguinarina, a emodina inibe a degradação da IkBa dependente do TNF. Com base na sua capacidade de inibir outras cinases, a emodina pode atuar diretamente no complexo IKK para bloquear a fosforilação de IkBa. Yang et al. verificaram que o polifenol do chá verde, EGCG, suprime a ativação do NF-kB inibindo a atividade da IKK, tal como vários outros agentes dietéticos quimiopreventivos. Alguns actuam suprimindo a degradação de IkBa e a translocação de p65 ou a atividade de ligação NF-kB-DNA. Assim, um dos mecanismos prováveis pelos quais os agentes alimentares exercem as suas propriedades antitumorais é através da supressão da via de sinalização do NF-kB.

Proteína activadora-1 (AP-1)

A AP-1 foi originalmente identificada pela sua ligação a uma sequência de ADN no potenciador SV40. Este complexo é constituído por homo ou heterodímeros dos membros da família de proteínas JUN e FOS. Muitos estímulos, nomeadamente o soro, os factores de crescimento e as oncoproteínas, são potentes indutores da atividade da AP-1; esta é também induzida pelo TNF e pela interleucina 1 (IL-1), bem como por uma variedade de stresses ambientais, como a radiação UV. A ativação da AP-1 está ligada à regulação do crescimento, à transformação celular, à inflamação e à resposta imunitária inata. A AP-1 tem sido implicada na regulação de genes envolvidos na apoptose e na proliferação e pode promover a proliferação celular através da ativação do gene da ciclina D1 e da repressão de genes supressores de tumores.

Mais importante ainda, a AP-1 pode promover a transição das células tumorais de uma morfologia epitelial para uma morfologia mesenquimal, que é um dos primeiros passos na metástase tumoral. A expressão de genes como o MMP e o uPA promove especialmente a angiogénese e o crescimento invasivo das células cancerosas. Estas propriedades oncogénicas da AP-1 são ditadas principalmente pela composição do dímero das proteínas da família AP-1 e pelas suas modificações pós-transcricionais e translacionais.

Vários fitoquímicos, como as catequinas do chá verde, a quercetina, o resveratrol, a curcumina, a capsaicina, a oleandrina, o anetol e a beta-lapachona, demonstraram suprimir o processo de ativação da AP-1. O EGCG e as teaflavinas inibem a transformação das células epidérmicas do rato JB6 induzida pelo TPA e pelo fator de crescimento epidérmico. Esta descoberta está correlacionada com a inibição da ligação ao ADN e da atividade transcricional da AP-1. A inibição da AP-1 pelo EGCG foi associada à inibição da ativação da JNK, mas não da ativação da ERK. Curiosamente, noutro estudo em que a EGCG bloqueou a ativação de c-Fos induzida por UVB numa linha celular de queratinócitos humanos HaCaT, a inibição da ativação de p38 foi sugerida como o principal mecanismo subjacente aos efeitos da EGCG. O papel das vias MAPK na regulação da atividade AP-1 pelo EGCG foi investigado mais aprofundadamente. Foi demonstrado que o tratamento de células brônquicas humanas transformadas em Ha-ras com EGCG inibe a fosforilação de c-Jun e ERK1/2, bem como a fosforilação de ELK1 e MEK1/2. Em contraste com esses relatórios, o EGCG demonstrou aumentar acentuadamente as respostas associadas ao fator AP-1 por meio de um mecanismo de sinalização MAPK em queratinócitos humanos normais, sugerindo que o mecanismo de sinalização da ação do EGCG poderia ser marcadamente diferente em diferentes tipos de células. Foi postulado anteriormente que o flavonoide quercetina poderia inibir a transformação da linha celular epitelial do fígado de rato que superexpressa c-Fos, sugerindo que a regulação dos complexos c-Fos/AP-1 poderia estar envolvida no mecanismo antitransformador da quercetina. O pré-tratamento de macrófagos RAW 264.7 com quercetina bloqueou a transcrição de TNF induzida por LPS. Este efeito da quercetina foi mediado pela inibição da fosforilação e ativação da proteína quinase ativada por estresse JNK/, pela supressão da ligação ao DNA AP-1 e pela regulação negativa da transcrição de TNF.

Vários estudos demonstraram que o resveratrol inibe a atividade da AP-1.

Descobrimos que o resveratrol inibe a ativação da AP-1 dependente do TNF nas células U-937 e que o pré-tratamento com resveratrol atenua fortemente a

JNK activada por TNF e cinases MEK. Foi demonstrado que a curcumina suprime a ativação da AP-1 induzida por TPA nas células HL-60 e nas células Raji. O tratamento com curcumina também suprime a atividade constitutiva da AP-1 nas linhas celulares de cancro da próstata LNCaP, PC-3 e DU145. A inibição da atividade transcricional da AP-1 pela curcumina também se correlacionou com a inibição da invasão do carcinoma do pulmão de Lewis num modelo de implantação ortotópica. Mais recentemente, foi referido que a curcumina suprime a expressão do gene da ciclo-oxigenase-2 induzida por LPS através da inibição da ligação ao ADN da AP-1 em células microgliais BV2. Estes resultados sugerem que os agentes quimiopreventivos que visam especificamente a AP-1 ou as suas cinases activadoras poderão ser agentes promissores para o tratamento de vários tipos de cancro.

Ciclo celular

Sabe-se que várias proteínas regulam o tempo dos eventos do ciclo celular. A perda desta regulação é a caraterística principal do cancro. Os principais interruptores de controlo do ciclo celular são as ciclinas e as cinases dependentes de ciclinas. A ciclina D1, um componente

subunidade da quinase dependente de ciclina (Cdk)-4 e Cdk6, é um fator limitador da taxa de progressão das células através da fase do primeiro intervalo (G1) do ciclo celular. A desregulação dos pontos de controlo do ciclo celular e a sobreexpressão de factores do ciclo celular promotores do crescimento, como a ciclina D1 e as cinases dependentes da ciclina (CDK), estão associadas à tumorigénese. Vários agentes dietéticos, incluindo a curcumina, o resveratrol, a genisteína, os isotiocianatos dietéticos, a apigenina e a silibinina, demonstraram bloquear o ciclo celular desregulado nos cancros.

Foi demonstrado que a ciclina D1 está sobreexpressa em muitos cancros, incluindo o da mama, do esófago, da cabeça e pescoço e da próstata. Foi demonstrado que a curcumina inibe a progressão do ciclo celular através da regulação descendente da expressão da ciclina

D1 a nível transcricional e pós-transcricional. A expressão da ciclina D1 é regulada pelo NF-kB, e a supressão da atividade do NF-kB pela curcumina em células de mieloma múltiplo levou a uma regulação negativa da ciclina D1. A formação do complexo holoenzimático cyclinD1/Cdk4, resultando na supressão da proliferação e indução de apoptose. Em outro estudo, a curcumina induziu a parada do ciclo celular da fase G0 / G1 e / ouG2 / M, inibidores de Cdk regulados positivamente, como asp21 / Cip1 / waf1 e p27Kip1, e ciclina B1 e Cdc2 reguladas negativamente.

Foi relatado que a curcumina inibe reversivelmente a progressão do ciclo celular epitelial mamário normal, regulando negativamente a expressão da ciclina D1 e bloqueando sua associação com Cdk4 / Cdk6, bem como inibindo a fosforilação e inativação da proteína retinoblastoma.

Numerosos relatórios indicam que o resveratrol inibe a proliferação de células através da inibição da progressão do ciclo celular em diferentes fases do ciclo celular. A regulação negativa do complexo ciclina D1/Cdk4 pelo resveratrol em linhas celulares de cancro do cólon. No entanto, a parada G2 induzida por resveratrol através da inibição das quinases Cdk7 e Cdc2 em células de carcinoma de cólon HT-29. Da mesma forma, o componente do chá verde EGCG causa a parada do ciclo celular e promove a apoptose por meio de uma regulação positiva dependente da dose e do tempo de p21 / Cip1 / Waf1, p27Kip1 e p16 / INK4A e regulação negativa de proteínas como ciclina D1, ciclina E, Cdk2 e Cdk4.

A genisteína induziu a apoptose e a paragem G2 e inibiu a proliferação numa variedade de linhas celulares de cancro humano, independentemente do estado do p53. Seis isotiocianatos dietéticos (ITCs) de vegetais crucíferos, alil-ITC, benzil-ITC, fenetil-ITC, sulforafano, erucina e iberina, foram examinados quanto aos seus efeitos na progressão do ciclo celular em células HL60/ ADR (MRP-1-positivas) e HL60/VCR (Pgp-1-positivas) resistentes a múltiplos medicamentos. Todos os ITCs induziram a parada G2/M dependente do tempo e da dose, sendo o alil-ITC mais eficaz. O flavonoide dietético apigenina induz a parada da fase G2/M em duas linhas celulares de câncer mutantes de p53, HT-29 e MG63, em paralelo com um aumento acentuado na produção de p21/WAF1.

Os agentes dietéticos também actuam em sinergia com os fármacos quimioterapêuticos, reduzindo assim a toxicidade dos fármacos quimioterapêuticos. A silibinina sinergizou fortemente o efeito inibidor do crescimento da doxorrubicina nas células DU145 do carcinoma da próstata que

foi associada a uma forte paragem G2/M na progressão do ciclo celular. O mecanismo subjacente à paragem de G2/M mostrou um forte efeito inibitório da combinação na expressão das proteínas Cdc25c, Cdc2/p34 e ciclina B1 e na atividade da quinase Cdc2/p34.

Apoptose

A apoptose ajuda a estabelecer um equilíbrio natural entre a morte e a renovação celular nos animais maduros, destruindo as células em excesso, danificadas ou anómalas. No entanto, o equilíbrio entre a sobrevivência e a apoptose inclina-se frequentemente para a primeira nas células cancerosas. Vários relatórios publicados na última década mostraram que a ativação do NF-kB promove a sobrevivência e a proliferação celular e que a regulação negativa do NF-kB sensibiliza as células para a indução da apoptose. A expressão de vários genes regulados pelo NF-k. incluindo Bcl-2, Bcl-XL, cIAP, survivin, TRAF1 e TRAF2, tem sido relatada como funcionando principalmente através do bloqueio da via da apoptose. Vários fitoquímicos conhecidos por inibirem a ativação do NF-kB ou da AP-1 podem suprimir significativamente a proliferação celular e sensibilizar as células para a indução da apoptose.

Mais concretamente, sabe-se que os fitoquímicos como a curcumina, o resveratrol, a guggulsterona, o flavopiridol, o ácido betulínico, o ácido ursólico, o indol-3-carbinol, a zerumbona, a evodiamina e os polifenóis do chá verde também regulam negativamente a expressão

de proteínas supressoras da apoptose, como o Bcl-2 e o Bcl-XL, em várias linhas celulares cancerígenas.

A curcumina suprime a expressão constitutiva de Bcl-2 e Bcl-XL nas linhas celulares do linfoma de células do manto e do mieloma múltiplo. A curcumina também ativa a caspase-7 e a caspase-9 e induz a clivagem da polimerase da poliadenosina-50-difosfateribose (PARP) em ambas as linhas celulares. Numerosos estudos continuam a indicar que o resveratrol exerce os seus efeitos anticancerígenos causando a paragem do ciclo celular e induzindo a apoptose em muitos cancros humanos diferentes. Estes incluem células de adenocarcinoma do cólon (Caco-2), células de carcinoma do esófago, células de meduloblastoma, a linha celular de cancro da mama altamente invasiva e metastática MDA-MB-231, células de melanoma, células de carcinoma pancreático, células de adenocarcinoma do esófago (Seg-1 e Bic-1), células de carcinoma escamoso do esófago humano (HCE7), células de carcinoma do cólon humano (SW480), células de carcinoma da mama humano, numerosas linhas de células de leucemia humana e células de cancro do pulmão. A indução da apoptose pelo resveratrol tem sido repetidamente

A doença é acompanhada por um aumento da atividade das caspases, pela paragem do ciclo celular na fase G1 ou pela inibição da progressão do ciclo celular da fase S para a fase G2, pela diminuição dos níveis proteicos da ciclina D1 e da quinase dependente da ciclina (Cdk)-4, pela diminuição da Bcl-

2 e Bcl-XL, e aumento dos níveis de Bax e indução do inibidor de Cdk p21WAF1/CIP. O esteroide pregnadienediona, guggulsterona induziu apoptose em linhas celulares de leucemia mieloide aguda e células blásticas leucêmicas primárias em cultura. A guggulsterona induziu a externalização da fosfatidilserina e a perda do potencial da membrana mitocondrial nas células AML. O tratamento com EGCG das células HT-29 do carcinoma colorrectal humano resultou em sinais clássicos de apoptose, incluindo condensação nuclear, fragmentação do ADN, ativação da caspase, rutura do potencial da membrana mitocondrial e libertação do citocromo c, que parecem ser todos mediados pela via JNKs. Nas células LNCaP do carcinoma da próstata humano, o tratamento com EGCG induziu a apoptose e foi associado à estabilização da p53 e também a uma regulação negativa da atividade do NF-kB, resultando numa diminuição da expressão da proteína anti-apoptótica Bcl-2. Nas células de cancro do fígado (HepG2), o EGCG demonstrou induzir a apoptose e bloquear a progressão do ciclo celular em G1. Estes efeitos foram acompanhados por um aumento da expressão das proteínas p53 e p21/WAF1 e das proteínas pró-apoptóticas Fas e Bax.

As evidências sugerem que o gengibre e outros compostos relacionados podem atuar como agentes quimiopreventivos através da indução da apoptose. Dois compostos estruturalmente relacionados da família do gengibre, o 6-gingerol e o 6-paradol, bloqueiam a transformação celular induzida pelo EGF e ambos podem induzir a apoptose. Outro estudo recente mostrou que o 6-paradol e outros derivados estruturalmente relacionados inibem a proliferação de células de carcinoma escamoso oral e induzem a apoptose através de uma caspase-3-

mecanismo dependente. A exposição de células de leucemia de células T humanas Jurkat a vários constituintes do gengibre resultou em apoptose mediada pela via mitocondrial. A apoptose foi acompanhada por uma regulação negativa das células antiapoptóticas

Bcl-2 e um aumento da expressão da proteína pró-apoptótica Bax, apoiando ainda mais a ideia de que os compostos de gengibre são potenciais agentes anti-cancerígenos.

Akt A proteína quinase serina/treonina Akt/PKB é o homólogo celular do oncogene viral v-Akt e é activada por vários factores de crescimento e sobrevivência. Nos mamíferos, existem três isoformas conhecidas da quinase Akt, Akt1, Akt2 e Akt3. A Akt é activada pela ligação e fosforilação de fosfolípidos em Thr308 pela PDK1 ou em Ser473 pela PDK2. A Akt desempenha um papel fundamental na sinalização da sobrevivência das células dos mamíferos e foi demonstrado que está activada em vários tipos de cancro. A Akt activada promove a sobrevivência celular através da ativação da via de sinalização NF-kB e da inibição da apoptose através da inativação de vários factores pró-apoptóticos, incluindo Bad, factores de transcrição Forkhead e caspase-9. Esta quinase também tem sido considerada um alvo atrativo para a prevenção e tratamento do cancro. Sabe-se que vários fitoquímicos, incluindo a genisteína, o Indole-3-carbinol, a diosgenina, os curcuminóides, o EGCG e as framboesas pretas, suprimem a ativação da Akt. Li e Sarkar descobriram que a genisteína inibia as vias da Akt e do NF-kB nas linhas celulares do cancro da próstata. O pré-tratamento com genisteína também anulou a ativação da Akt pelo EGF, inibindo assim a via do NF-kB. A regulação negativa das vias de sinalização NF-kB e Akt pela genisteína pode ser um dos mecanismos moleculares pelos quais a genisteína inibe o crescimento das células cancerígenas e induz a apoptose. Foi referido que o pré-tratamento com indol-3-carbinol também anulou a ativação da Akt induzida pelo EGF. Além disso, foi demonstrado que a diosgenina, uma saponina esteroide presente no feno-grego, suprime a ativação da Akt induzida pelo TNF. Descobrimos que os curcuminóides regulam negativamente a expressão da proliferação celular e dos produtos genéticos antiapoptóticos e metastáticos através da supressão da quinase IkBa e da ativação da Akt. Vários relatórios de outros investigadores sugerem também que a curcumina tem alvos moleculares nas vias de sinalização da Akt, e a inibição da atividade da Akt pode facilitar a inibição da proliferação e a indução da apoptose nas células cancerígenas.

Quimiocinas e metástases

As quimiocinas são pequenas citocinas quimiotácticas que dirigem a migração de leucócitos, activam respostas inflamatórias e participam na regulação do crescimento tumoral. Assim, os agentes que modulam as quimiocinas podem tornar-se importantes para o desenvolvimento de novas terapias anti-cancro. A maioria das quimiocinas é expressa em resposta a um estímulo, mas algumas são expressas constitutivamente de forma específica para cada tecido. As quimiocinas exercem as suas propriedades indutoras de migração nos leucócitos através da ligação a receptores de quimiocinas. A interleucina 8 (IL-8/CXCL8) foi a primeira quimiocina descoberta para estimular a quimiotaxia, a proliferação e a migração de células endoteliais in vivo

angiogénese. Os agentes dietéticos curcumina, resveratrol, quercetina, polifenóis do chá verde, teaflavina, genisteína e capsaicina demonstraram ter como alvo as quimiocinas.

A curcumina é um potente agente anticancerígeno que inibe a produção de quimiocinas pró-inflamatórias, incluindo a IL-8, pelas células tumorais. A curcumina inibiu tanto a produção de IL-8 como a transdução de sinal através dos receptores de IL-8. Suprimiu

a produção constitutiva de IL-8 em linhas celulares de carcinoma pancreático humano e aumentou a expressão de dois receptores de IL-8, CXCR1 e CXCR2. A curcumina regula negativamente a expressão de MCP-1 e da Proteína-10 kDa induzida por interferão (IP-10) na linha de células estromais da medula óssea do rato, regulando negativamente os níveis de expressão de mRNA de MCP-1 e IP-10 por TNF, IL-1 e LPS. O efeito supressor da curcumina em ambos os mRNAs de quimiocina é reversível, com recuperação completa da supressão ocorrendo dentro de 24 h após a remoção da curcumina.

Foi demonstrado que a EGCG suprime a produção de quimiocinas e de PGE2 nas células epiteliais do cólon. O tratamento de células HT29 estimuladas por TNF com EGCG inibiu, de forma dependente da dose, a síntese de IL-8, MIP-3a e PGE2. EGCG

provoca uma supressão dependente da concentração do aumento transitório do nível de cálcio livre intracelular induzido pelo quimioatractor de neutrófilos induzido por citocinas (CINC)-1 tanto em neutrófilos de rato como em receptores de quimiocinas CXC 2 (CXCR2) de rato

transfectadas com células HEK 293. A EGCG inibe igualmente a produção de CINC-1 por fibroblastos de rato estimulados por IL-1beta (células NRK-49F) e por macrófagos de rato estimulados por lipopolissacáridos. O polifenol do chá preto, a teaflavina, inibe a expressão do gene da interleucina-8 mediada pelo TNF, muito provavelmente através da supressão da transcrição da interleucina-8 e, em parte, pela inibição das vias IKK e AP-1.

A genisteína, a principal isoflavona, inibe a agregação plaquetária induzida pelo colagénio, a produção de NO pelos macrófagos e a secreção de MCP-1, ICAM-1 e VCAM-1. Outro polifenol, a capsaicina, demonstrou inibir a expressão constitutiva, bem como a expressão de IL-8 induzida por IL-1b e TNF em células de melanoma através da supressão de NF- kB. Assim, \as quimiocinas promotoras de tumores são outro alvo muito importante dos agentes dietéticos.

Óxido nítrico sintase induzível (iNOS)

A óxido nítrico sintase é responsável pela libertação do radical livre gasoso óxido nítrico durante a formação de L citrulina a partir de L-arginina. A produção excessiva e prolongada de NO mediada pela iNOS tem sido associada à inflamação e à tumorigénese. Vários fitoquímicos e agentes dietéticos foram investigados quanto aos seus efeitos na NOS. Foram investigadas 48 espécies de plantas habitualmente consumidas no Japão relativamente às actividades inibidoras da produção de NO in vitro numa linha celular de macrófagos murinos, RAW 264.7, estimulados com LPS e IFNg. Dezassete dos 48 extractos inibiram fortemente a produção de NO. Os extractos de abacate, taro, nabo vermelho, sereves, komatsuna, manjericão, mitsuba e mostarda chinesa inibiram marcadamente a atividade da iNOS. Os derivados de flavonóides, incluindo apigenina, quercetina e morina, inibem a produção de NO em astrócitos C6 ativados por LPS/IFNg.

Vários polifenóis, incluindo 6-gingerol, EGCG, resveratrol, indole-3-carbinol e oroxilina A, inibem a expressão de NOS em linhas celulares RAW264.7 tratadas com LPS, muito provavelmente através da supressão de NF-kB. Alguns investigadores estudaram o efeito de vários polifenóis do chá e da cafeína na indução de NOS em macrófagos peritoneais activados por LPS. Verificou-se que o ácido gálico, a EGC e a EGCG, a principal catequina do chá, inibem o ARNm e a proteína da iNOS em macrófagos activados através da supressão da ligação do NF-kB ao promotor da iNOS, inibindo assim a indução da iNOS. As baixas concentrações de curcumina inibiram a produção de NO através da supressão do ARNm da iNOS e da indução de proteínas nos macrófagos. A NOS induzível está sobreexpressa em tumores do cólon de humanos e também em ratos tratados com um carcinogéneo do cólon. A curcumina inibiu a formação de focos de criptas aberrantes no cólon, sugerindo que o desenvolvimento de inibidores específicos da iNOS pode constituir uma estratégia quimiopreventiva selectiva e segura para o cancro do cólon.

Proteínas activadas por mitogénio (MAP) cinases

Para além das vias NF-kB e Akt, a via MAPK tem recebido cada vez mais prevenção e terapia. As cascatas MAPK incluem proteínas quinases reguladas por sinal extracelular (ERKs), c-Jun Nterminal quinases/proteínas quinases activadas por stress (JNKs/ SAPKs) e p38 quinases. Acredita-se que as ERKs sejam fortemente activadas e desempenhem um papel crítico na transmissão de sinais iniciados por promotores tumorais indutores de crescimento, incluindo o 12- O-tetradecanoil-forbol-13-acetato (TPA), o fator de crescimento epidérmico (EGF) e o fator de crescimento derivado de plaquetas (PDGF).

Por outro lado, os promotores de tumores relacionados com o stress, como a irradiação ultravioleta (UV) e o arsénico, activam potentemente as JNKs⁄SAPKs e as p38 kinases. A via MAPK consiste em uma cascata na qual um MAP3K ativa um MAP2K que ativa um MAPK (ERK, JNK e p38), resultando na ativação de NF-kB, crescimento celular e sobrevivência celular. Os fitoquímicos dietéticos curcumina, indol-3-carbinol, resveratrol e polifenóis do chá verde demonstraram modular as MAP quinases. A capacidade da curcumina para modular a via de sinalização MAPK pode contribuir para a inibição da inflamação pela curcumina. Foi relatado que a curcumina é capaz de atenuar a colite experimental através de uma redução na atividade da p38 MAPK. Chen e Tan descobriram que a curcumina inibe a ativação da JNK induzida por vários agonistas, incluindo PMA mais ionomicina, anisomicina, UV-C, radiação gama, TNF e ortovanadato de sódio. Embora a ativação de JNK e ERK por PMA e ionomicina tenha sido suprimida pela curcumina, a via de JNK foi mais sensível. O indole-3-carbinol dos vegetais crucíferos é um potente inibidor da via da MAP quinase. Os dados de microarray de um chip genético de elevada capacidade de processamento que continha 22 215 genes conhecidos revelaram que o 1-3-C e o DIM reduziram a expressão de MAP2K3, MAP2K4, MAP4K3 e MAPK3 em células de cancro da próstata PC3.

O resveratrol pode modular as três MAPKs, o que leva à modulação da expressão genética. O resveratrol parece ativar a MAPK em algumas células e inibi-la noutras. Esta variabilidade pode depender do tipo de célula e da dose de resveratrol utilizada. Ativação induzida por resveratrol e translocação nuclear de ERK1/2 em linhas celulares de carcinoma papilar e folicular da tiroide. Assim, o resveratrol parece agir através de uma via de transdução de sinal Ras- MAPK quinase-MAPK em linhas celulares de carcinoma da tiroide.

Metilação do ADN

A metilação do ADN é uma modificação covalente que resulta na adição de um grupo metilo ao anel da citosina. A hipermetilação conduz ao silenciamento de genes através da supressão da transcrição. A metilação do ADN é provocada por um grupo de enzimas conhecidas como DNA metiltransferases (DNMT).

Verificou-se que numerosos genes sofrem hipermetilação no cancro (para referências, ver. Os genes envolvidos na regulação do ciclo celular (p16INK4a, p15INK4a, Rb, p14ARF), os genes associados à reparação do ADN (BRCA1, MGMT), a apoptose, a resistência aos medicamentos, a desintoxicação, a angiogénese e as metástases são susceptíveis de hipermetilação. Foi demonstrado que os polifenóis e bioflavonóides do chá verde revertem os efeitos da hipermetilação do ADN.

A EGCG inibe a atividade da DNMT e reactiva a metilação silenciada

nas células cancerosas. O tratamento de células de cancro do esófago humano com 5-50 mM de EGCG durante 12-144 h provocou uma inversão dependente da concentração e do tempo da hipermetilação dos genes p16INK4a, recetor beta do ácido retinóico (RARb), O-metilguanina metiltransferase (MGMT) e homólogo 1 da mutL humana (hMLH1). A reativação de alguns genes silenciados por metilação pela EGCG foi também demonstrada em células HT-29 de cancro do cólon humano, cancro do esófago

KYSE 150 e células PC3 de cancro da próstata. Para além dos polifenóis do chá (catequina, epicatequina e EGCG), os bioflavonóides (quercetina, fisetina e miricetina) inibiram a metilação do ADN mediada pela DNMT de uma forma dependente da concentração. A hipometilação é outro defeito de metilação observado numa grande variedade de cancros, incluindo os cancros hepatocelulares, o cancro do colo do útero, os tumores da próstata e os tumores hematológicos malignos. Mittal et al. verificaram que a EGCG induziu uma inibição significativa do padrão de hipometilação do ADN induzido por UVB num modelo de fotocarcinogénese. Assim, os polifenóis do chá verde modulam tanto a hipometilação como a hipermetilação do ADN. Estas observações sugerem a utilização potencial da EGCG para a prevenção ou inversão do silenciamento de genes relacionados na prevenção da carcinogénese.

Angiogénese

A angiogénese tumoral é a proliferação de uma rede de vasos sanguíneos que penetra nos tumores cancerosos, fornecendo atenção como molécula alvo para os nutrientes e oxigénio do cancro e removendo os produtos residuais. A angiogénese tumoral começa, na realidade, com a libertação, pelas células tumorais cancerosas, de moléculas que enviam sinais para o tecido hospedeiro normal circundante. Esta sinalização ativa determinados genes no hospedeiro

que, por sua vez, produzem proteínas que estimulam o crescimento de novos vasos sanguíneos. É um dos melhores exemplos de como um tumor pode assumir o controlo destes processos e desregulá-los em seu próprio benefício. Mais de uma dúzia de proteínas diferentes (por exemplo, FGF, EGF, GC-SF, IL-8, PDEGF, TGFa, TNF, VEGF), bem como vários moléculas mais pequenas (por exemplo, adenosina, PGE), foram identificadas como factores angiogénicos libertados pelos tumores como sinais para a angiogénese. Entre estas moléculas, o VEGF e o bFGF parecem ser as mais importantes para sustentar o crescimento dos tumores. O VEGF e o bFGF são produzidos por muitos tipos de células cancerosas e também por certos tipos de células normais. A curcumina inibe igualmente a MMP-2, que está implicada na formação de malhas frouxas e de aspeto primitivo, formadas por cancros agressivos como o melanoma e os cancros da próstata. Esta plasticidade das células cancerosas que imitam as células endoteliais

A angiogénese das células cancerígenas é provocada principalmente pela capacidade das células cancerígenas de expressarem genes associados ao endotélio, como a VE-caderina, Src, FAK e PI-3 Quinases, todos eles bons alvos para estes agentes quimiopreventivos. Descobertas recentes mostraram que a curcumina também pode inibir outro membro da família das MMP, a aminopeptidase N (APN), que está implicada no interrutor angiogénico. Mais notavelmente, a curcumina e, em menor grau, a genisteína podem também interferir com a expressão de VEGF por outros processos que não a hipoxia, tais como a transformação de

libertação do fator de crescimento (TGF)-b, sobreexpressão de COX-2, libertação de peróxido de hidrogénio das células ósseas, sinalização constitutiva e aberrante de EGFR e Src e, mais importante ainda, sinalização aberrante de NF-kB em cancros estabelecidos.

CAPÍTULO 6

Os flavonóides e a saúde humana

Os flavonóides (*flavus*, a palavra latina para amarelo) ou bioflavonóides, metabolitos secundários polifenólicos de baixo peso molecular, estão presentes num grande número de espécies de plantas superiores, principalmente na casca dos frutos, nas sementes ou nas flores. Estes compostos naturais têm estruturas fenólicas variáveis e só se encontram nas plantas. Em 1930, foi isolada uma nova substância das laranjas, que se pensava pertencer a uma nova classe de vitaminas e que foi designada como vitamina P. Mais tarde, tornou-se claro que esta substância era um flavonoide (rutina) e, até à data, foram identificadas mais de 4000 variedades de flavonóides.

Os flavonóides consistem num grande grupo de compostos polifenólicos com uma estrutura de benzo-γ-pireno e estão ubiquamente presentes nas plantas, sendo sintetizados pela via dos fenilpropanóides.

Os flavonóides são substâncias fenólicas hidroxiladas e são conhecidos por serem sintetizados pelas plantas em resposta a infecções microbianas. A natureza química dos flavonóides depende da sua classe estrutural, do grau de hidroxilação, de outras substituições e conjugações e do grau de polimerização. Os pigmentos responsáveis pela cor da maioria das flores, frutos e sementes do reino vegetal são os flavonóides.

Os flavonóides são moléculas maioritariamente planares e a sua variação estrutural resulta, em parte, do padrão de substituição, como a hidroxilação, a metoxilação, a prenilação ou a glicosilação. Todos os flavonóides contêm quinze átomos de carbono no seu núcleo básico: dois anéis de seis membros ligados por uma unidade de três carbonos que pode ou não fazer parte de um terceiro anel. As flavonas, os flavonóis, as flavanonas, as isoflavonas, as antocianidinas e as chalconas são as classes mais comuns de flavonóides, que representam cerca de 80 % do total de flavonóides identificados até à data. As várias subclasses deste grupo de produtos naturais estão representadas em. As flavonas são diferentes dos flavonóis devido à ausência do grupo hidroxilo na posição 3. Os flavonóis mais comuns são a quercetina (3,5,7,3',4'-penta-hidroxiflavona), o kaempferol (3,5,7,4'-tetra-hidroxiflavona), a mircetina (3,5,7,3',4',5'-hexa-hidroxiflavona) e a isorhamnetina (3,5,7,4'-tetra-hidroxi-3-metoxiflavona). As flavonas mais abundantes em tri-hidroxiflavona).

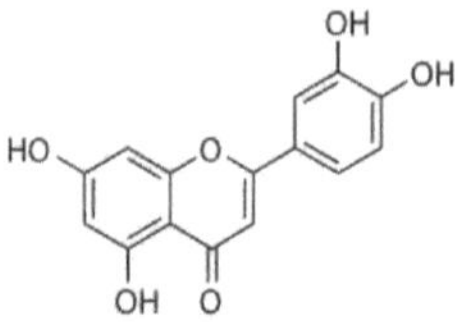

Luteolin 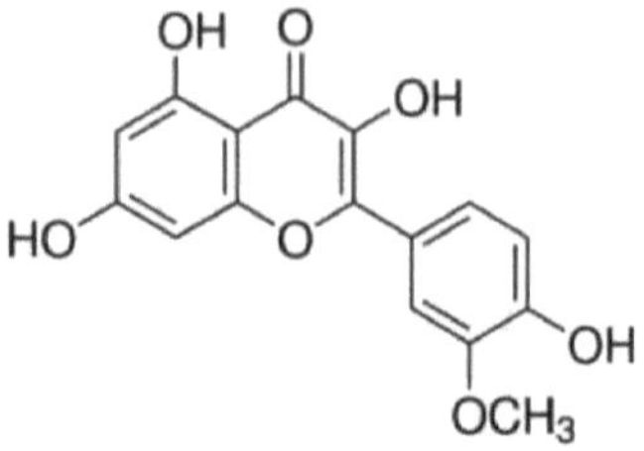 **Isorhamnetin**

Os glicosídeos flavonóides são moléculas em que partes de açúcar estão ligadas à porção flavonoide. Muitas plantas armazenam substâncias químicas importantes sob a forma dos seus glicosídeos. Conforme e onde necessário durante o metabolismo da planta, os glicosídeos são hidrolisados por enzimas específicas presentes na planta, tornando disponíveis os metabolitos aglicónicos. Os flavonóides ocorrem geralmente como glicosídeos nas plantas, embora ocasionalmente também se encontrem como agliconas.

Sabe-se que os flavonóides pertencem a uma subclasse de polifenóis que são abundantes na nossa alimentação, e que a investigação sobre o cancro e outras doenças degenerativas, como as doenças cardiovasculares, de Parkinson e de Alzheimer, está a demonstrar o seu papel na medicina preventiva. Existem mais de 6000 compostos que foram identificados como tipos distintos de flavonóides, dos quais cerca de 1700 são consumidos na alimentação humana. Todos os flavonóides partilham uma estrutura genérica, que consiste em dois anéis aromáticos (anéis A e B) ligados por 3 átomos de carbono, geralmente contidos num anel heterocíclico oxigenado (anel C). Com base nas suas diferenças no anel C, os flavonóides são ainda classificados como flavonóis, flavonas, catequinas-taninas, antocianidinas e isoflavonas. Um número adicional de açúcares diferentes, dos quais existem mais de 80 tipos, também contribui para a variedade química dos flavonóides. Os flavonóides encontram-se em quase todos os frutos e legumes, existindo na natureza como conjugados em formas gicosiladas ou esterificadas. Os conjugados podem ser convertidos em agliconas através da transformação dos alimentos e, no entanto, os flavonóides também existem na natureza como agliconas.

A ocorrência de flavonóides na dieta

Até à data, foram descritos mais de 6000 flavonóides diferentes e o número continua a aumentar. Os flavonóides são compostos polifenólicos constituídos por 15 carbonos, com 2 anéis aromáticos ligados por uma ponte de 3 carbonos. De acordo com as modificações do anel C central, podem ser divididos em diferentes classes estruturais, incluindo flavonóis, flavonas, flavan-3-óis, flavanonas, isoflavonas e antocianidinas. Em alguns casos, o anel heterocíclico de 6 membros C ocorre numa forma isomérica aberta ou é substituído por um anel de 5 membros, como no caso da chalcona. Outros grupos de flavonóides, que quantitativamente são componentes dietéticos relativamente menores, são as dihidroflavonas, os flavan-3,4-dióis, as cumarinas e as auronas **Flavonóis**

Os flavonóis são os flavonóides mais presentes nos alimentos vegetais. A sua cor varia do branco ao amarelo e a sua estrutura está estreitamente relacionada com a das flavonas. São representados principalmente pela quercetina, o kaempferol e a miricetina, sendo também bastante comum o derivado metilado isorhamnetina.

Dos vários flavonóis encontrados na alimentação, a quercetina é o mais omnipresente. Está presente em vários frutos e legumes, com concentrações especialmente elevadas, 200-1000 mg g-1 de peso fresco, nas cebolas. Num estudo recente realizado por vários investigadores, os níveis de flavonol foram determinados em 22 materiais vegetais, 5 frutos e 8 plantas medicinais.) As concentrações mais elevadas foram detectadas na planta medicinal, moringa, seguida do morango, peepal, espinafre e couve-flor. Os flavonóis que se acumulam nos tecidos das plantas estão quase sempre na forma de conjugados glicosilados. Os principais flavonóis nas cebolas são a quercetina-4u-Oglucósido e a quercetina-3, 4u-O-,diglucósido com quantidades menores de isorhamnetina-4u-O-glucósido.

Encontramos nas maçãs toda uma gama de outros conjugados de quercetina, tais como a quercetina-3-O-galactósido, a quercetina-3-O-rhamnosido, a quercetina-3-O-xilosido, a quercetina-3-O-rutinosido, a quercetina-3-O-arabinopiranosido e a quercetina-3-O-arabinofuranosido.

Por outro lado, a quercetina-3-O-rutinosídeo é o principal flavonol do tomate, dos espargos, dos pêssegos e das nectarinas. A quercetina-3-O-glicosídeo, a quercetina-3-galactosídeo e o arabinosídeo de aquercetina também foram detectados nas mangas.

Outros flavonóis na dieta incluem o kaempferol-3-O-rutinosídeo no kiwi e conjugados de miricetina nas bagas. As uvas de Vitis vinifera, os produtos derivados da uva e os vinhos contêm uma vasta gama de flavonóis, como a quercetina, a miricetina, o kaempferol, a isorhamnetina, a quercetina-3-Oglucósido, a quercetina-3-O-glucuronido, a quercetina-3-O-glucósido, a quercetina-3-Ogalactósido, o kaempferol-3-O-glucósido e o kaempferol-3-O-galactósido. As infusões de chá (Camellia sinensis) contêm também um espetro diversificado de flavonóis ligados a mono, di e tri-sacáridos.

Flavonas

As flavonas são estruturalmente muito semelhantes aos flavonóis e diferem apenas na ausência de hidroxilação na posição 3 do anel C. As flavonas estão principalmente representadas na dieta pela apigenina e pela luteolina. Ao contrário dos flavonóis, não estão amplamente distribuídas, tendo sido registadas concentrações significativas apenas no aipo (Apium graveolens), na salsa (Petroselinum crispum) e na alcachofra (Cynara scolymus). Consequentemente, a sua ingestão na dieta é muito baixa. Os conjugados de flavonas, como os glucósidos 7-O-(2v-O-apiosil) de apigenina, luteolina e crisoerol, encontram-se no aipo, enquanto a alcachofra contém luteolina-7-O-glucósido, luteolina-7-O-rutinosido e apigenina-7-O-rutinosido. Quantidades substanciais de luteolina-7-O-glucuronido, luteolina-7-O-glucósido e luteolina-7-O-rutinosido encontram-se na Red Oak Leaf e na Lollo Rosso, duas variedades de alface de folhas vermelhas. As flavonas polimetoxiladas, como a nobiletina, a scutellareína, a sinensetina e a tangeretina, encontram-se exclusivamente em espécies de citrinos, enquanto o diosmetina-7-O-glucuronídeo foi isolado dos frutos de uma erva chinesa, a Luffa cylindrical. O chá de arbusto vermelho ou rooibos, feito a partir de infusões de folhas jovens e rebentos do arbusto sul-africano Aspalathus linearis, contém vários compostos, incluindo glicosídeos de flavona C sob a forma de isoorientina (luteolina-6-C-glucósido) e orientina (luteolina-8-C-glucósido). A orientina e a isoorientina também estão presentes na erva-limão, juntamente com dois outros flavonas C-glicosídeos, o crisoeriol-6-C-glicosídeo e o 7-O-metil-luteolina-6-C-glicosídeo.

Observações recentes revelam que, quando as flavonas são metoxiladas, a estabilidade metabólica e o transporte da membrana no intestino/fígado aumentam drasticamente, melhorando assim a biodisponibilidade oral. Além disso, as metoxiflavonas também apresentam maiores propriedades quimiopreventivas do cancro quando comparadas com as flavonas não metiladas mais comuns.

Flavan-3-óis

Os flavan-3-óis representam o flavonoide mais comum consumido na dieta americana e, muito provavelmente, na dieta ocidental e são considerados ingredientes funcionais em várias bebidas, alimentos integrais e processados, remédios à base de plantas e suplementos. A sua presença nos alimentos afecta parâmetros de qualidade como a adstringência, o amargor, a acidez, a doçura, a viscosidade salivar, o aroma e a formação de cor. Os flavan-3-óis são estruturalmente a subclasse mais complexa de flavonóides, desde os monómeros simples catequina e o seu isómero epicatequina até às proantocianidinas oligoméricas e poliméricas, que também são conhecidas como taninos condensados.

O tipo mais abundante de proantocianidinas nas plantas são as procianidinas, que consistem exclusivamente em unidades de (epi) catequina. As proantocianidinas menos comuns que contêm subunidades de (epi) afzelequina e (epi) galocatequina são denominadas propelargonidinas e prodelfinidinas, respetivamente.

Os flavan-3-óis encontram-se em abundância em frutos como os alperces, as ginjas, as uvas e as amoras. As sementes de uvas contêm quantidades substanciais de catequina, epicatequina, oligómeros de procianidina e polímeros. As maçãs, por outro lado, são uma boa fonte de epicatequina e de dímeros de procianidina B1 e B2, enquanto os pêssegos e as nectarinas contêm catequina, epicatequina e proantocianidinas, incluindo a procianidina B1. A cevada, aparentemente, é o único cereal comum com um teor significativo de proantocianidina (0,6-1,3 g kg-1).

As proantocianidinas também foram detectadas nos frutos de casca rija. As avelãs e as nozes-pecã são particularmente ricas em proantocianidinas, contendo cerca de 5 g kg-1, enquanto as amêndoas e os pistácios contêm 1,8-2,4 mg kg-1, as nozes cerca de 0,67 g kg-1, os amendoins torrados 0,16 g kg-1 e os cajus 0,09 g kg-1. O chocolate preto derivado das sementes torradas de cacau é também uma fonte rica em procianidinas. Os flavan-3-óis monoméricos e os dímeros de proantocianidina B2, B5 e o trímero C1 encontram-se em grãos de cacau frescos. Os flavan-3-óis também foram detectados na hortelã, manjericão, alecrim, salva e endro.

Os flavan-3-óis podem sofrer esterificação com ácido gálico para formar galatos de catequina, e reacções de hidroxilação para formar galocatequinas.

Galocatequinas, como a epigalocatequina, o galato de epigalocatequina e

galato de epicatequina são abundantes nas infusões de chá verde. Durante a fermentação para produzir chá preto, estes compostos polimerizam, dando origem a teaflavinas e a tearubiginas de elevado peso molecular. Outras bebidas, como o vinho tinto e a cerveja, também são ricas em flavanos-3-óis. Os vinhos tintos contêm procianidinas e prodelfinidinas oligoméricas, provenientes principalmente das sementes de uvas vermelhas. Os flavan-3-óis, como a (+)-catequina e a epicatequina, e os dímeros prodelfinidina B3 e procianidina B3 foram detectados na cerveja.

Flavanonas e Chaiconas

As flavanonas são representadas principalmente pela naringenina, hesperetina e eriodictiol, enquanto que uma série de compostos menores, incluindo a sakuranetina e a isosakuranetina, também ocorrem.

Na maioria das flavanonas que ocorrem naturalmente, o anel C está ligado ao anel B na configuração C2.

A estrutura da flavanona é altamente reactiva, tendo sido relatada a ocorrência de reacções de hidroxilação, glicosilação e O-metilação. As flavanonas são

que se encontram exclusivamente nos citrinos nas suas formas glicosídicas. O sumo de toranja contém até 377 mg L-1 de naringina (naringenina-7-Oneohesperidosido) e o sumo de laranja, 1684 mg L-1 de narirutina (naringenina-7-O-rutinosido). A casca é de longe a parte mais rica dos citrinos em termos de teor de flavanonas. Foram registadas quantidades substanciais de eriodictiol-7-O-rutinosídeo no limão e na lima.

Os rutinosídeos de flavanona são insípidos, enquanto os conjugados de neohesperidosídeos, como a hesperetina-7-O-neohesperidosídeo da laranja amarga e a naringenina-7-O- neohesperidosídeo da casca da toranja, têm um sabor intensamente amargo. A naringenina encontra-se também no tomate e nos produtos à base de tomate. Os tomates frescos, especialmente a pele, também contêm naringenina chalcona, que é convertida em naringenina durante o fabrico do ketchup de tomate.

O hesperetina-7-O-rutinosídeo foi também detectado no kiwi, enquanto o hesperetina-7-O- neohesperidosídeo foi registado nas bananas.

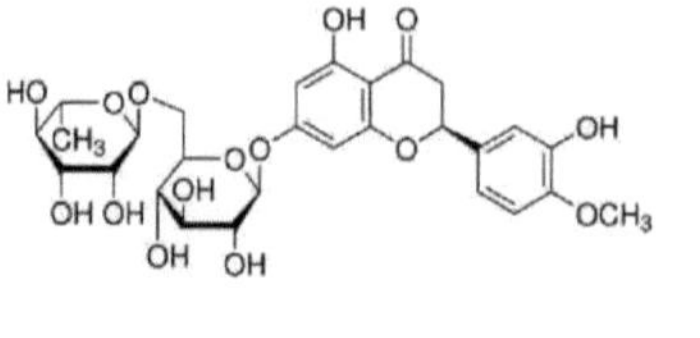

Hesperidin 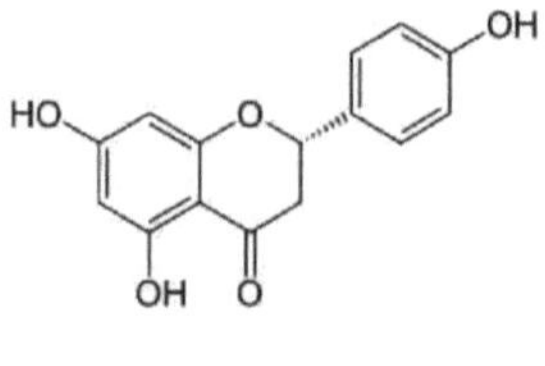 ***Naringin***

Como já foi referido, o chá de rooibos, que se afirma ter uma série de propriedades medicinais, contém os flavonas C-glicosídeos orientina e isoorientina. Também contém uma série de dihidrocalconas C-glicosídeos raros, sendo os principais componentes 2u, 3u, 4, 4u, 6u-penta-hidroxi-dihidrocalcona-3-C-glicosídeo (aspalatina) e 2u, 4, 4u, 6u-tetrahidroxi-dihidrochalcona-3-C-glicosídeo. Durante

A aspalatina de fermentação é oxidada aos flavanona C-glicosídeos eriodictyol--C- glucosídeo eriodictyol-8-C-glucosídeo.

Antocianidinas/Antocianinas

As antocianinas são pigmentos vegetais solúveis em água e são particularmente evidentes nos tecidos dos frutos e das flores, onde são responsáveis por uma gama diversificada de vermelhos,

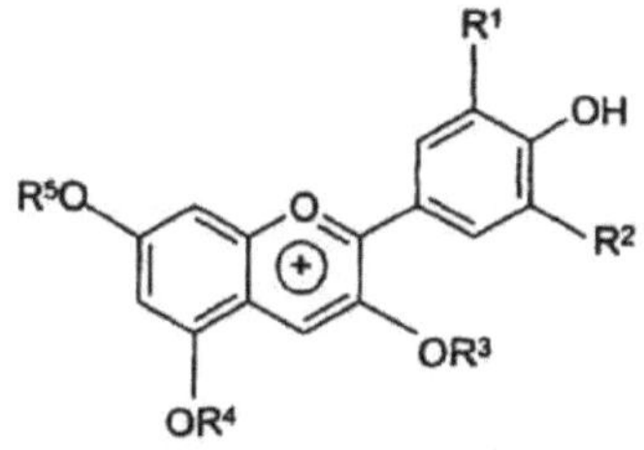

Anthocyanin

azul e púrpura. Ocorrem principalmente como glicosídeos de seus respectivos antocianidina-cromóforos agliconas, com a porção de açúcar tipicamente ligada na posição 3 no anel C ou na posição 5 no anel A. Estão envolvidos na proteção das plantas contra o excesso de luz, sombreando as células do mesófilo da folha, e também desempenham um papel importante na atração de insectos polinizadores.

Existem cerca de 17 antocianidinas na natureza, mas apenas a cianidina, a delfinidina, a petunidina, a peonidina, a pelargonidina e a malvidina estão ubiquamente distribuídas e têm importância alimentar. A variação das antocianinas deve-se a:

(i) o número e a posição dos grupos hidroxilo e metoxi no esqueleto básico da antocianidina;

(ii) a identidade, o número e as posições em que os açúcares estão ligados;

(iii) a extensão da acilação do açúcar e a identidade do agente aciclador.

agente acilante. Ao contrário de outros subgrupos de flavonóides com o mesmo esqueleto C6-C3-C6, as antocianinas têm uma carga positiva na sua estrutura a um pH ácido.

A antocianina mais comum nos frutos é a cianidina-3-glucósido. No entanto, os glicosídeos de malvidina são as antocianinas características das uvas vermelhas e dos seus produtos derivados. Outras antocianinas que ocorrem nas uvas incluem o glicosídeo de petunidina-3-O, o glicosídeo de malvidina-3-O-(6v-O-p-cumaroyl), o glicosídeo de malvidina-3-O-(6v-O-acetil), o glicosídeo de delfinidina-3-O e o glicosídeo de malvidina-3, 5-O-diglucosídeo. O sumo de uva roxa, proveniente de uvas Concord, que têm uma pele mais espessa e sementes maiores, é uma fonte rica de mais de 20 antocianinas. Os principais componentes são os 3-O-glucósidos e os 3, 5-O-diglucósidos de cianidina, peonidina, delfinidina e malvidina, o glucósido de delfinidina-3-O-(6v-O-acetil), o glucósido de delfinidina-3-O-(6v-Op-cumaroyl)-5-O-diglucósido e o glucósido de delfinidina-3-O-(6v-O-p-cumaroyl). As antocianinas ocorrem em abundância nas bagas, onde conferem aos frutos a sua paleta de cores distintas e vibrantes. O arando, a amora e o sabugueiro contêm derivados de apenas um tipo de antocianina (ou seja, a cianidina), enquanto o mirtilo e a groselha preta contêm uma grande variedade de antocianinas.

Antocianinas como a cianidina-3-O-rutinósido, a cianidina-3-O-glucósido e

peonidina-3-O-rutinosídeo foram também registados em cerejas doces e ginjas. As ameixas e os pêssegos são também uma fonte rica de cianidina-3-Oglucósido

e cianidina-3-O-rutinosídeo. As cebolas vermelhas contêm até 250 mg kg-1 de antocianinas, sendo os principais componentes o cianidina-3-O-(6v-malonil)glucósido e o cianidina-3-O-(6v-malonil)laminaribiosido. O glucósido de cianidina-3-O-(6v-malonil) é também um componente da folha vermelha, enquanto que os 3-O-glucósidos e 3,5-O-diglucósidos de cianidina e delfinidina foram também detectados no sumo de romã.

Isoflavonas

Ao contrário da maior parte dos outros flavonóides, as isoflavonas caracterizam-se por terem o elemento de ligação C3 em vez da posição C2. Têm uma distribuição muito limitada no reino vegetal, encontrando-se quantidades substanciais apenas em espécies leguminosas. As isoflavonas são conhecidas pela sua atividade estrogénica devido à sua capacidade de se ligarem ao recetor de estrogénio e têm recebido muita atenção devido ao seu papel putativo na prevenção do cancro da mama e da osteoporose.

A nível mundial, a soja é quase a única fonte alimentar de isoflavonas. As isoflavonas comuns, como a genisteína, a daidzeína e a gliciteína, também ocorrem, embora em níveis baixos, no feijão preto e nas ervilhas. Nas plantas, as isoflavonas ocorrem predominantemente como glucósidos (genistina, daidzina, glicitina), ou como acetil-b-glucósidos e malonil-bglucósidos, sendo, por conseguinte, compostos polares e solúveis em água. As isoflavonas também sofrem várias modificações, como a metilação, a hidroxilação ou a polimerização, e estas modificações conduzem a isoflavonóides simples, como as isoflavanonas, os isoflavanos e os isoflavanóis, bem como a estruturas mais complexas, incluindo os rotenóides, os pterocarpanos e os coumestanos.

Isoflavonas como o glucósido de diadzeína-7-O-(6v-O-malonil) e o glucósido de diadzeína-7-O-(6v-O-acetil) ocorrem em concentrações elevadas na soja.

A formononetina e a biochanina a, presentes sob a forma de 6v-O-malonil-7-O-glucósidos, 7-O-glucósidos e agliconas, são as isoflavonas mais abundantes no trevo vermelho, que é um dos ingredientes utilizados para extrair isoflavonas para suplementos alimentares antocianinas. Para além da soja, a Pueraria lobata (nome comum kudzu), uma videira perene originária do Japão e da China que também cresce no sudeste dos Estados Unidos, é outra fonte comercial de isoflavonas para suplementos alimentares. A puerarina (daidzeína-7-C-glucósido), a daidzina (daidzeína-7-O-glucósido) e a daidzeína são as principais isoflavonas do kudzu. Os fenólicos são definidos como compostos que possuem um ou mais anéis aromáticos aos quais está ligado pelo menos um grupo hidroxilo. Os compostos fenólicos podem ser classificados como flavonóides e compostos fenólicos não flavonóides. Os principais compostos fenólicos não flavonóides de importância alimentar são os C6-C1.

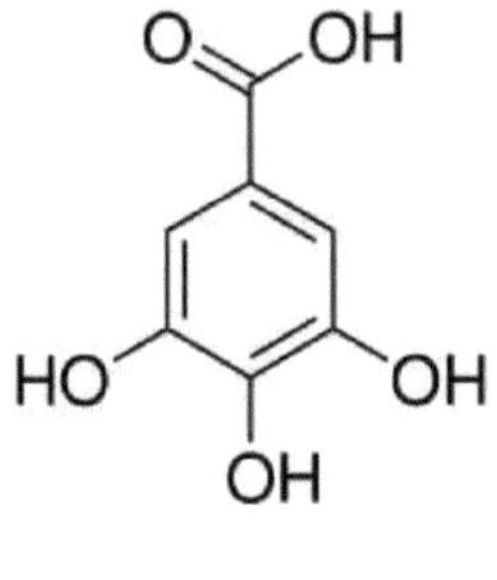

Phenolic acid

Ácidos fenólicos

Os ácidos fenólicos são também conhecidos como hidroxibenzoatos e são normalmente representados pelos ácidos gálico, p-hidroxibenzóico, protocatecuico, vanílico e siríngico. Os ácidos fenólicos estão geralmente presentes na forma ligada e são tipicamente componentes de estruturas complexas, como ligninas e taninos hidrolisáveis.

Podem também ser encontrados como derivados de açúcares e ácidos orgânicos em alimentos vegetais. O ácido gálico é a unidade de base dos galotaninos, ao passo que o ácido gálico e as fracções hexa-hidroxidifenoílicas são ambas subunidades dos elagitaninos, que são classificados como taninos hidrolisáveis.

Tem sido relatada a presença de ácido elágico em bagas, particularmente framboesas, morangos e amoras. No entanto, o ácido elágico livre está normalmente presente em níveis baixos nas bagas que contêm mais frequentemente elagitaninos, como a sanguiina H-6 e a lambertianina C, que libertam ácido elágico e gálico quando tratados com ácido.

A popularidade do sumo de romã está a aumentar e alguns, mas não todos, sumos/bebidas comerciais têm um elevado teor de elagitaninos e antioxidantes. O sumo de romã contém ácido galágico, um análogo do ácido elágico que contém quatro resíduos de ácido gálico, e punicalagina, o principal tanino monomérico hidrolisável, no qual o ácido galágico está ligado à glucose. As tâmaras, um dos mais antigos frutos cultivados, contêm ácido protocatecuico, ácido vanílico e ácido siríngico.

Também se encontram ácidos fenólicos livres e ligados nos cereais. Diferentes cereais, como o sorgo, o painço, a cevada, o trigo, o arroz, a aveia, contêm os ácidos protocatecuico, p-hidroxibenzóico, gentísico, salicílico, vanílico e siríngico. Os glicosídeos do ácido hidroxibenzóico são também característicos de algumas ervas e especiarias.

Após hidrólise, o ácido protocatecuico é o hidroxibenzoato dominante na casca da canela, acompanhado pelos ácidos salicílico e siríngico. O ácido benzoico-4-O-glucósido é o

ácido fenólico comum em muitas ervas, como o anis, o anis estrelado, o endro, o funcho, o cominho e a salsa.

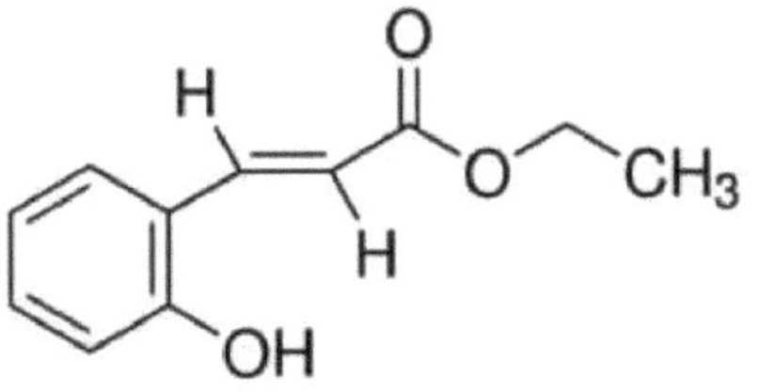

Hydroxycinammate

Hidroxicinamatos

Os hidroxicinamatos mais comuns, os ácidos p-cumárico, cafeico e ferúlico, acumulam-se frequentemente como os seus respectivos ésteres tartáricos, os ácidos coutárico, caftárico e fertárico. Os conjugados de ácido quínico do ácido cafeico, nomeadamente os ácidos 3-, 4- e 5-cafeoilquínico, que pertencem a uma família de conjugados de ácido hidroxicinato-quínico conhecidos como ácidos clorogénicos, encontram-se habitualmente em frutos e legumes. Frutos como as maçãs e as tâmaras são uma boa fonte de diversos compostos fenólicos. O ácido 5-O-cafeoilquínico, o ácido 4-O-p-cumaroilquínico e o ácido cafeico foram detectados nas maçãs, enquanto as tâmaras contêm ácido ferúlico.

As cenouras contêm uma série de ácidos clorogénicos, incluindo os ácidos 3-O e 5-O-cafeoilquínico, o ácido 3-O-p-cumarilquínico, o ácido 5-O-feruloilquínico e os ácidos 3, 5-O- dicafeoilquínico. Estes ácidos clorogénicos encontram-se em quase todas as variedades de cenouras, sendo o teor de ácido 5-O-cafeoilquínico 10 vezes mais elevado nas cenouras roxas.

A alface de folhas vermelhas contém os hidroxicinamatos ácido cafeoiltartárico, ácido dicafeoiltartárico, ácido 5-O-cafeoilquínico e ácido 3, 5-Odicafeoilquínico. O ácido 5-O-cafeoilquínico foi igualmente detectado no tomate.

Os grãos de café verde são uma das fontes alimentares mais ricas em ácidos clorogénicos. O ácido 5-O-cafeoilquínico é o ácido clorogénico dominante, representando 50% do total. Segue-se o ácido 3-O- e 4-O-cafeoilquínico, os três ácidos feruloilquínicos análogos e os ácidos 3, 4-O-, 3, 5-O- e 4, 5- O-dicafeoilquínico. Os níveis diminuem ca. 80% durante a torrefação dos grãos de café, mas ainda se encontram quantidades consideráveis com uma atividade antioxidante substancial na chávena de café típica.

Os curcuminóides, que são cinamoilmetanos, suscitam igualmente um interesse dietético

(diaril-heptenóides), característicos do gengibre, do cardamomo e da curcuma. A curcumina é um diferuloilmetano. Três curcuminóides, a curcumina, a desmetoxicurcumina e a bisdemetoxicurcumina, são os principais componentes do açafrão-da-terra, e todos eles conferem a pigmentação amarela que é uma caraterística da especiaria.

Estilbenos

Os membros da família dos estilbenos têm a estrutura C6-C2-C6 e são fitoallexinas produzidas pelas plantas em resposta a doenças, lesões e stress

A principal fonte dietética de estilbenos é o resveratrol (3, 5,4u-trihdroxistilbeno) do vinho tinto e dos amendoins, encontrando-se quantidades menores em bagas, couve roxa (Brassica oleraceae), espinafres e certas ervas. O resveratrol apresenta-se sob a forma de isómeros cis e trans, tendo sido recentemente detectados nos pistácios o trans-resveratrol e o trans-resveratrol-3-O-glucósido (trans-piceide).

A raiz lenhosa da erva daninha nociva Polygonum cuspidatum (knotweed japonesa ou bambu mexicano) demonstrou conter níveis muito elevados de trans-resveratrol e seus glucósidos, com concentrações que podem atingir 377 mg 100 g^{-1} de peso seco. Para além do resveratrol, os vinhos tintos brasileiros contêm trans-piceatannol (3,3u,4,5u-tetrahidroxiestilbeno) e trans-astringina, o seu 3-O-glucósido trans-resveratrol é transformado por Botrytis cinerea, um fungo patogénico da videira, em palidol e trans-dehidrodímero de resveratrol, tendo estes dois compostos sido detectados em culturas de células de uva, juntamente com os 11-O- e 11u-O-glucósidos do trans-dehidrodímero de resveratrol. As viniferinas são outra família de

foram detectados dímeros oxidados de resveratrol, e d-viniferina e pequenas quantidades do seu isómero d-viniferina em folhas de Vitis vinifera infectadas com Plasmopara viticola trans-Resveratrol que ganhou grande atenção a nível mundial devido a

da sua capacidade de inibir ou retardar uma grande variedade de doenças animais que incluem doenças cardiovasculares e cancro. Foi também referido que aumenta a resistência ao stress e aumenta a longevidade. Os efeitos protectores do consumo de vinho tinto são regularmente atribuídos ao resveratrol. No entanto, tal é altamente improvável, uma vez que os níveis de resveratrol nos vinhos tintos são baixos e, para que os seres humanos ingerissem a quantidade de resveratrol que proporciona efeitos protectores nos animais, teriam de beber mais de 100 L de vinho tinto por dia.

Via biossintética dos flavonóides

A via biossintética dos flavonóides e a sua regulação têm sido bem estudadas nas plantas e foram caracterizadas muitas enzimas necessárias para a produção de diferentes classes de flavonóides. Os flavonóides são sintetizados ao longo da via geral dos fenilpropanóides pela atividade de um complexo multienzimático citosólico conhecido como metabolismo dos flavonóides, vagamente associado à face citoplasmática do retículo endoplasmático (RE). Algumas destas enzimas pertencem à família dos citocromos-P450 e possuem a capacidade de se ligarem às membranas. Algumas das

As enzimas envolvidas na via biossintética estão vagamente associadas às membranas de diferentes organelos, como o vacúolo, os plastídeos e o núcleo. A via metabólica continua através de uma série de modificações enzimáticas para produzir **flavanonas → dihidroflavonóis → antocianinas**. Ao longo desta via, podem formar-se muitos produtos, incluindo os flavonóis, os flavan-3-óis, as proantocianidinas (taninos) e uma série de outros polifenólicos diversos. A biossíntese envolve a formação de uma chalchona a partir da L-fenilalanina, que é metabolizada em derivados do ácido cinâmico. Estes condensam-se depois com malonil-CoA numa chalcona. Nas plantas, o ácido cinâmico é hidroxilado por cinâmico-4-hidroxilases (C4H) em ácido *p-4-hidroxi-cinâmico*, ativado por 4- cumarato⁄cinamato coenzima A, acoplado a 3 unidades de malonil-CoA e convertido por chalcona sintase (CHS) num derivado de chalcona como o primeiro precursor comprometido para a biossíntese de flavonóides.

As chalconas são convertidas em flavonóides através de uma etapa de fecho do anel promovida pela chalcona isomerase, resultando no anel C heterocíclico. A chalcona, Naringenina, é um intermediário chave que conduz à biossíntese de algumas das isoflavonas, flavonas, flavonóis, flavanonas, flavonóis e também precursores de taninos condensados. Os metabolitos secundários correspondentes são formados através de hidroxilação, glicosilação, prenilação ou alquilação.

A maioria das enzimas sintetizadoras de flavonóides são recuperadas em fracções celulares solúveis; experiências de imunolocalização sugerem que estão fracamente ligadas ao retículo endoplasmático (RE), possivelmente num complexo multienzimático, enquanto os pigmentos propriamente ditos se acumulam no vacúolo (antocianinas e proantocianidinas) ou na parede celular. Apresentam propriedades benéficas para a saúde humana, uma vez que interagem com vários alvos celulares, tais como actividades anti-oxidantes, de eliminação de radicais livres, anti-inflamatórias, antivirais e, especialmente, propriedades anti-cancerígenas. Os flavonóides sofrem uma biotransformação e conjugação extensas que ocorrem durante a sua absorção a partir do trato gastrointestinal, no fígado e, finalmente, nas células. Os flavonóides da dieta são substratos para enzimas de fase I e de fase II no intestino delgado e no fígado. São desglicosilados e metabolizados em glucurónidos, sulfatos e derivados O-metilados. A absorção de flavonóides a partir do intestino ocorre por várias vias diferentes. As agliconas de flavonóides podem ser facilmente absorvidas pelas células intestinais porque a sua lipofilicidade facilita a sua passagem através da bicamada fosfolipídica da mucosa das células. Os monoglicosídeos flavonóides podem ser transportados pelo transportador de sódio e glucose na membrana da borda em escova das células intestinais. A maioria dos glicosídeos flavonóides que entram nos enterócitos são desglicosilados por β-glicosidases, nomeadamente a β-glicosidase citosólica de especificidade alargada. Os flavonóides parecem ser sujeitos a glucuronidação, sulfatação e metilação nas células epiteliais intestinais antes de entrarem em circulação. Estes conjugados de flavonóides são excretados na urina e também no líquido biliar, regressando assim ao lúmen intestinal. O metabolismo posterior ocorre no cólon, onde as enzimas da microflora intestinal induzem a decomposição dos flavonóides em ácidos fenólicos, que podem ser absorvidos e metabolizados no fígado.

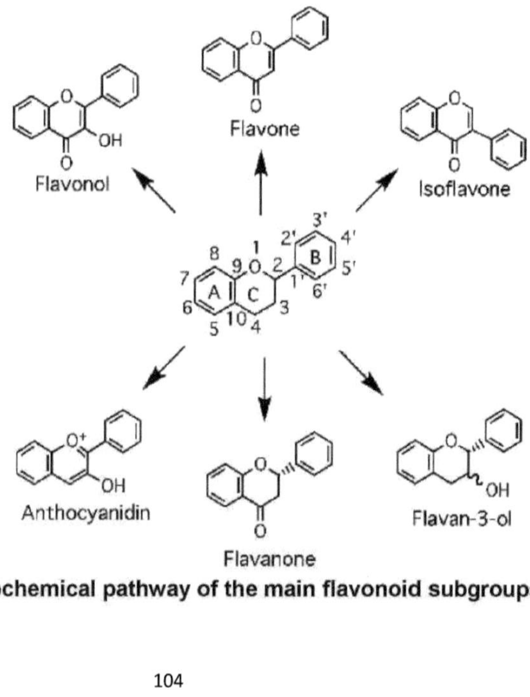

Biochemical pathway of the main flavonoid subgroups.

Via biossintética dos flavonóides

As flavonas ocorrem principalmente como 7-O-glicosídeos, mas também são conhecidos C-glicosídeos (onde o açúcar está diretamente ligado a um átomo de carbono aromático). Comparativamente, existem menos dados disponíveis para os glicósidos de flavona-C. Para além desta, a D-glicose mais comum, os outros resíduos de açúcar encontrados são a D-galactose, a L-ramnose, a L-arabinose, a D-xilose e a Dapiose, e também o ácido D-glucurónico. Em geral, os açúcares de configuração D ocorrem como β-glicosídeos, enquanto os de configuração L ocorrem como α-glicosídeos. Nas cebolas, os principais glicosídeos são a quercetina-4'-glucósido e a quercetina-3, 4'-diglucósido. O feijão verde contém principalmente quercetina-3-O-glucuronídeo (4-14 mg/kg).15 O processamento comercial não resultou na decomposição química dos conjugados. Os dois principais glicosídeos dos brócolos são a quercetina-3-O-soforosídeo (65 mg kg-1) e o kaempferol-3-O-soforosídeo (166 mg kg-1). O teor total de flavonóis e flavonas dos produtos hortícolas e frutos frescos e transformados.

Absorção

Antes de os flavonóides dietéticos poderem ser absorvidos pelo intestino, devem ser libertados dos alimentos vegetais através da mastigação, da ação dos sucos digestivos no trato gastrointestinal e, finalmente, dos microrganismos do cólon. Pode prever-se que esta libertação dos tecidos vegetais, a chamada matriz alimentar, depende do tipo de alimento vegetal, das suas condições de processamento e da presença de outros componentes alimentares. A absorção do flavonoide libertado do alimento dependerá das suas propriedades físico-químicas, como o tamanho e a configuração molecular, a lipofilicidade, a solubilidade e o pKa. Até à data, apenas existe informação fragmentária sobre o efeito

da matriz alimentar vegetal na absorção. Não foram comunicados estudos bem concebidos que abordassem esta questão.

Biodisponibilidade e metabolismo dos flavonóides

Entre os diferentes flavonóides, a biodisponibilidade varia consoante as suas estruturas químicas, os grupos de açúcar ligados e os seus pesos moleculares. Por exemplo, foram obtidas provas directas através da medição das suas concentrações no plasma sanguíneo e na urina, após a ingestão de alguns compostos puros ou de alimentos com teores conhecidos dos compostos de interesse. É relatado que as concentrações plasmáticas de flavonóides são baixas, geralmente inferiores a 1 μmol/L, mas atingem um certo nível máximo 1 a 2 h após a ingestão. Portanto, a manutenção de uma alta concentração no plasma requer a ingestão repetida dos polifenóis ao longo do tempo.

Estudos para investigar a extensão da absorção de polifenóis em humanos, após a ingestão de uma dose única de polifenóis fornecidos como composto puro, extrato de planta, alimento inteiro ou bebida, mostraram que as quantidades de polifenóis intactos na urina variam de um flavonoide para outro. Entre eles, foram também observadas variações interindividuais, provavelmente devido a diferenças nas composições da microflora do cólon que podem afetar os seus metabolismos de forma diferente. A absorção e o metabolismo dos polifenóis são encaminhados a partir do estômago, passando pelo trato gastrointestinal até ao fígado. Depois de atravessarem estas barreiras fisiológicas, os polifenóis circulam no plasma sanguíneo e são depois transportados para vários tecidos-alvo ou excretados na urina e/ou na bílis. Os flavonóides na forma aglicona podem ser absorvidos pelo intestino delgado, mas as suas formas mais abundantes como glicosídeos, ésteres ou polímeros nos alimentos são dificilmente absorvidas. No entanto, estes conjugados de agliconas podem ser hidrolisados por ácidos no estômago e pela microflora nos intestinos, a fim de se converterem nas formas que são prontamente biodisponíveis para o organismo. Só depois de serem hidrolisadas no trato gastrointestinal, as agliconas são absorvidas pelos enterócitos intestinais, onde sofrem diferentes reacções de conjugação, incluindo a glucuronidação pela UDP-glucuronil transferase (UGT) e a metilação pela *catecol-O-metil* transferase. Quando os flavonóides chegam ao fígado, a aglicona restante é glucuronidada ou sulfatada, enquanto os polifenólicos metilados podem ser desmetilados. Curiosamente, os flavonóides podem sofrer a reação de oxidação nas suas estruturas aromáticas planas para desempenharem o seu papel de antioxidantes, formando estruturas do tipo quinina que são desintoxicadas por conjugação com glutatiões reduzidos ou decompostas em compostos fenólicos mais pequenos. Finalmente, alguns dos metabolitos dos polifenóis entram na circulação sanguínea, onde a albumina plasmática representa a principal proteína responsável pela ligação e transporte dos polifenóis. A afinidade dos polifenóis com a albumina varia de acordo com as suas estruturas químicas, mas não é claro se a ligação à albumina afecta as suas actividades biológicas. As enzimas para o metabolismo dos flavonóides estão presentes no intestino delgado, no fígado e nos rins. Os grupos hidroxilo polares sofrem conjugação com ácido glucurónico, sulfato ou glicina. Além disso, a desglicosilação e a O-metilação são outros eventos importantes no metabolismo dos flavonóides. A conjugação pode alterar a atividade antioxidante e a interação proteica dos flavonóides, pelo que desempenha um papel importante nos efeitos dos flavonóides na saúde. O intestino delgado e os flavonóides que são absorvidos e segregados com a bílis chegam ao cólon. No cólon, os microrganismos degradam a molécula de flavonóides dividindo o anel heterocíclico que contém oxigénio e os produtos de degradação subsequentes são absorvidos, uma vez que se encontram na urina e no plasma. Os flavonóis são degradados em ácido fenilacético e ácidos fenilpropiónicos. As catequinas produzem valerolactonas (um anel de benzeno com uma cadeia lateral de cinco átomos de C) e ácidos fenilpropiónicos. As flavonas e as flavanonas são metabolizadas para formar ácidos fenilpropiónicos que são posteriormente submetidos a degradação bacteriana e a transformações enzimáticas nos tecidos corporais para formar ácido benzoico. A HPLC de fase inversa associada à deteção por arranjo de díodos (DAD) tem sido utilizada para a deteção de várias classes de compostos flavonóides formados a partir de extractos de uva e vinhos. Outras técnicas, como o acoplamento da HPLC com a espetroscopia de massa (MS) equipada com técnicas de ionização suaves, como a ionização por electrospray (ESI-MS) ou a ionização química à pressão atmosférica (APCI-MS) e a análise por cromatografia gasosa (GC), têm-se tornado cada vez mais populares. No entanto, a MS não permite distinguir isómeros como a glucose e a galactose nos glicosídeos flavonóides, ou unidades de (-) epicatequina e (+) catequina nas procianidinas. Os açúcares presentes nos glicosídeos podem ser identificados utilizando glicosídeos específicos ou analisando a porção de açúcar libertada após a clivagem da ligação glicosídica por catálise ácida. Isto foi conseguido por comparação com compostos de referência em TLC e, mais recentemente, por análise GC.

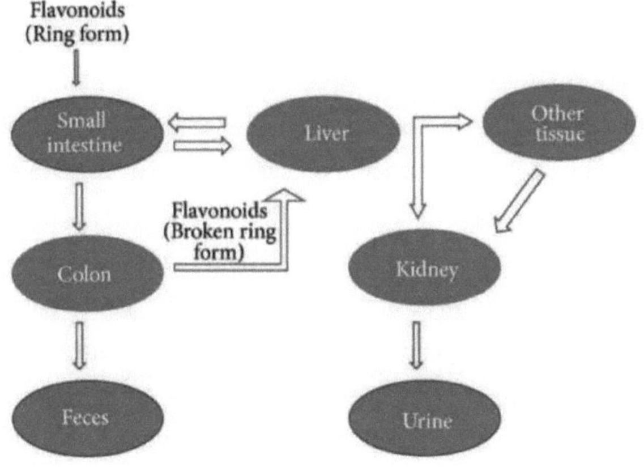

Compartimentos envolvidos no metabolismo dos flavonóides

Mecanismo de ação molecular

Estudos *in vitro* e *in vivo* mostraram que alguns flavonóides modulam o metabolismo e a disposição dos carcinogéneos e podem contribuir para a prevenção do cancro. Um mecanismo importante pelo qual os flavonóides podem exercer os seus efeitos é através da sua interação com enzimas metabolizadoras de fase I (citocromo P450), que activam metabolicamente um grande número de procarcinogéneos em intermediários reactivos que podem interagir com nucleófilos celulares e, em última análise, desencadear a carcinogénese. É provável que tenham um papel protetor contra a indução de danos celulares pela ativação de carcinogéneos. Outro mecanismo de ação é a indução de enzimas metabolizadoras de fase II, como a glutationa-S-transferase, a quinona redutase e a UDP-glucuronil transferase

Efeitos antioxidantes

A propriedade mais bem descrita de quase todos os grupos de flavonóides é a sua capacidade de atuar como antioxidantes. As flavonas e as catequinas parecem ser os flavonóides mais potentes para proteger o organismo contra as espécies reactivas de oxigénio. As células e os tecidos do organismo estão continuamente ameaçados pelos danos causados pelos radicais livres e pelas espécies reactivas de oxigénio, que são produzidos durante o metabolismo normal do oxigénio ou são induzidos por danos exógenos. Os mecanismos e a sequência de acontecimentos através dos quais os radicais livres interferem com as funções celulares não são totalmente compreendidos, mas um dos acontecimentos mais importantes parece ser a peroxidação lipídica, que resulta em danos nas membranas celulares. Este dano celular provoca uma mudança na carga líquida da célula, alterando a pressão osmótica, levando ao inchaço e, eventualmente, à morte celular. Os radicais livres podem atrair vários mediadores inflamatórios, contribuindo para uma resposta inflamatória geral e para danos nos tecidos. Para se protegerem das espécies reactivas de oxigénio, os organismos vivos desenvolveram vários mecanismos eficazes. Os mecanismos de defesa antioxidante do organismo incluem enzimas como a superóxido dismutase, a catalase e a glutationa peroxidase, mas também homólogos não enzimáticos como a glutationa, o ácido ascórbico e o α-tocoferol. O aumento da produção de espécies reactivas de oxigénio durante a lesão resulta no consumo e na depleção dos compostos de eliminação endógenos.

Os flavonóides podem ter um efeito aditivo em relação aos compostos endógenos de eliminação. Os flavonóides podem interferir com ≥3 sistemas diferentes de produção de radicais livres, que são descritos abaixo, mas também podem aumentar a função dos antioxidantes endógenos.

Eliminação direta de radicais

Os flavonóides podem prevenir as lesões causadas pelos radicais livres de várias formas. Uma das formas é a eliminação direta dos radicais livres. Os flavonóides são oxidados pelos radicais, dando origem a um radical mais estável e menos reativo. Por outras palavras, os flavonóides estabilizam as espécies reactivas de oxigénio ao reagirem com o composto reativo do radical. Devido à elevada reatividade do grupo hidroxilo dos flavonóides, os radicais tornam-se inactivos, de acordo com a seguinte equação:

Flavonoide (OH) + R·> flavonoide (O·) + RH

em que R· é um radical livre e O· é um radical livre de oxigénio.

Alguns flavonóides seleccionados podem eliminar diretamente os superóxidos, enquanto outros flavonóides podem eliminar o radical altamente reativo derivado do oxigénio chamado peroxinitrito. A epicatequina e a rutina são também potentes eliminadores de radicais. A capacidade de eliminação da rutina pode dever-se à sua atividade inibidora da enzima xantina

oxidase. Ao eliminarem os radicais, os flavonóides podem inibir a oxidação do LDL in vitro. Esta ação protege as partículas de LDL e, teoricamente, os flavonóides podem ter uma ação preventiva contra a aterosclerose.

Óxido nítrico

Vários flavonóides, incluindo a quercetina, resultam numa redução da lesão de isquemia-reperfusão ao interferirem com a atividade da óxido nítrico sintase induzível. O óxido nítrico é produzido por vários tipos diferentes de células, incluindo células endoteliais e macrófagos. Embora a libertação precoce de óxido nítrico através da atividade da óxido nítrico sintase constitutiva seja importante para manter a dilatação dos vasos sanguíneos, as concentrações muito mais elevadas de óxido nítrico produzidas pela óxido nítrico sintase induzível nos macrófagos podem resultar em danos oxidativos. Nestas circunstâncias, os macrófagos activados aumentam consideravelmente a sua produção simultânea de óxido nítrico e de aniões superóxido. O óxido nítrico reage com os radicais livres, produzindo assim o peroxinitrito, altamente prejudicial. A maior parte das lesões provocadas pelo óxido nítrico ocorre através da via do peroxinitrito, uma vez que o peroxinitrito pode oxidar diretamente as LDL, provocando danos irreversíveis na membrana celular. Quando os flavonóides são utilizados como antioxidantes, os radicais livres são eliminados e, por conseguinte, já não podem reagir com o óxido nítrico, resultando em menos danos.

Curiosamente, o óxido nítrico pode ser visto como um radical em si, e foi relatado que as moléculas de óxido nítrico são diretamente eliminadas pelos flavonóides. Por conseguinte, especula-se que a eliminação do óxido nítrico desempenha um papel nos efeitos terapêuticos dos flavonóides. A silibina é um flavonoide que tem sido relatado para inibir o óxido nítrico de forma dependente da dose.

Xantina oxidase

A via da xantina oxidase tem sido implicada como uma via importante na lesão oxidativa dos tecidos, especialmente após isquémia-reperfusão. Tanto a xantina desidrogenase como a xantina oxidase estão envolvidas no metabolismo da xantina em ácido úrico. A xantina desidrogenase é a forma da enzima presente em condições fisiológicas, mas a sua configuração é alterada para xantina oxidase durante condições isquémicas. A xantina oxidase é uma fonte de radicais livres de oxigénio. Na fase de reperfusão (ou seja, reoxigenação), a xantina oxidase reage com o oxigénio molecular, libertando assim radicais livres de superóxido. Pelo menos 2 flavonóides, a quercetina e a silibina, inibem a atividade da xantina oxidase, resultando assim numa diminuição da lesão oxidativa.

Imobilização de leucócitos

A imobilização e a adesão firme dos leucócitos à parede endotelial é outro mecanismo importante responsável pela formação de radicais livres derivados do oxigénio, mas também pela libertação de oxidantes citotóxicos e mediadores inflamatórios e pela ativação adicional do sistema do complemento. Em condições normais, os leucócitos movem-se livremente ao longo da parede endotelial. No entanto, durante a isquemia e a inflamação, vários mediadores derivados principalmente do endotélio e factores do complemento podem causar a adesão dos leucócitos à parede endotelial, imobilizando-os assim

e estimulando a desgranulação do neutrófilo. Como resultado, são libertados oxidantes e mediadores inflamatórios, resultando em lesões nos tecidos. Foi relatado que a administração oral de uma fração micronizada purificada de flavonóides diminui o número de leucócitos imobilizados durante a reperfusão. A diminuição do número de leucócitos imobilizados pelos flavonóides pode estar relacionada com a diminuição do complemento sérico total e é um mecanismo de proteção contra condições semelhantes à inflamação associadas, por exemplo, à lesão de reperfusão. Alguns flavonóides podem inibir a degranulação dos neutrófilos sem afetar a produção de superóxido. Demonstrou-se que o efeito inibidor de alguns flavonóides na desgranulação dos mastócitos se deve à modulação dos canais de Ca2+ dirigidos pelo recetor na membrana plasmática.

Interação com outros sistemas enzimáticos

Em comparação com a investigação sobre as capacidades antioxidantes dos flavonóides, tem havido relativamente pouca investigação sobre outros efeitos benéficos dos flavonóides. Os principais efeitos dos flavonóides (por exemplo, efeitos antialérgicos) podem ser o resultado da eliminação de radicais.

Outro mecanismo possível pelo qual os flavonóides actuam é através da interação com vários sistemas enzimáticos. Além disso, alguns efeitos podem ser o resultado de uma combinação de eliminação de radicais e de uma interação com funções enzimáticas.

Quando as espécies reactivas de oxigénio estão na presença de ferro, ocorre a peroxidação lipídica. Sabe-se que determinados flavonóides quelam o ferro, eliminando assim um fator causal do desenvolvimento dos radicais livres. A quercetina, em particular, é conhecida pelas suas propriedades quelantes e estabilizadoras do ferro. A inibição direta da peroxidação lipídica é outra medida de proteção.

Os flavonóides seleccionados podem reduzir a ativação do complemento, diminuindo assim a adesão das células inflamatórias ao endotélio e, em geral, resultando numa resposta inflamatória reduzida. Outra caraterística dos flavonóides é a redução da libertação de peroxidase. Esta redução inibe a produção de espécies reactivas de oxigénio pelos neutrófilos, interferindo na ativação da a-1-antitripsina. Foi descrita uma inativação progressiva das enzimas proteolíticas nos neutrófilos.

Outro efeito interessante dos flavonóides nos sistemas enzimáticos é a inibição do metabolismo do ácido araquidónico. Esta caraterística confere aos flavonóides propriedades anti-inflamatórias e antitrombogénicas. A libertação de ácido araquidónico é o ponto de partida para uma resposta inflamatória geral. Os neutrófilos que contêm lipoxigenase criam compostos quimiotácticos a partir do ácido araquidónico.

As concentrações de flavonóides individuais e dos seus conjugados biologicamente activos podem não ser suficientemente elevadas após a ingestão ocasional para explicar as baixas taxas de mortalidade por doenças cardiovasculares nos países mediterrânicos. No entanto, como as meias-vidas dos flavonóides conjugados são bastante longas (23-28 h), pode ocorrer acumulação com a ingestão regular, o que, por sua vez, pode resultar em concentrações de flavonóides suficientemente activas. **Prevenir a ativação metabólica dos carcinogéneos**

Um dos mecanismos mais importantes pelos quais os flavonóides podem exercer os seus efeitos é através da sua interação com enzimas metabolizadoras de fase I (citocromo P450) que activam metabolicamente um grande número de procarcinogéneos para reativar intermediários que podem interagir com nucleófilos celulares e, em última análise, desencadear a carcinogénese. Os flavonóides inibem as actividades de certas isozimas do P450, como o CYP1A1 e o CYP1A2. Assim, é provável que tenham um papel protetor contra a indução de danos celulares pela ativação de carcinogéneos. Outro mecanismo de ação é a indução de enzimas metabolizadoras de fase II (por exemplo, GST, quinona redutase e UDP-GT) através das quais os carcinogéneos são desintoxicados e eliminados do organismo. Isto ajuda a explicar os efeitos quimiopreventivos dos flavonóides contra a carcinogénese.

Antiproliferação

O mecanismo molecular da antiproliferação pode envolver a inibição do processo pró-oxidante que causa a promoção do tumor. Os oxidantes promotores do crescimento e os ERO são os principais catalisadores das fases de promoção e progressão do tumor. Os flavonóides são eficazes na inibição da xantina oxidase () COX ou LOX55 e inibem a proliferação de células tumorais. O mecanismo de inibição da biossíntese de poliaminas pode contribuir para as actividades antiproliferativas dos flavonóides. A ornitina descarboxilase é uma enzima limitadora da taxa de biossíntese de poliaminas e está correlacionada com a taxa de síntese de ADN e de proliferação celular em vários tecidos. Várias experiências mostram que os flavonóides podem inibir a ornitina descarboxilase induzida por promotores de tumores, provocando uma diminuição subsequente das poliaminas e a inibição da síntese de ADN e de proteínas. Além disso, os flavonóides são também eficazes na inibição das enzimas de transdução de sinal, da proteína tirosina quinase (PTK), da proteína quinase C (PKC) e das fosfoinositídeo 3-quinases (PIP3), que estão envolvidas na regulação da proliferação celular.

Paragem do ciclo celular

As perturbações na progressão do ciclo celular podem ser responsáveis pelos efeitos anticarcinogénicos dos flavonóides. Os sinais mitogénicos obrigam as células a entrar numa série de etapas reguladas que permitem atravessar o ciclo celular. A síntese do ADN (fase S) e a separação de duas células filhas (fase M) são as principais características da progressão do ciclo celular, sendo o período entre as fases S e M designado por fase G2. Esta fase é importante para que as células possam reparar os erros que ocorrem durante a duplicação do DNA, evitando a propagação desses erros para as células filhas. A fase G1 representa o período de compromisso com a progressão do ciclo celular que separa as fases M e S, uma vez que as células se preparam para a duplicação do ADN após sinais mitogénicos. As CDKs têm sido reconhecidas como reguladores-chave da progressão do ciclo celular. A alteração e a desregulação da atividade das CDK são características patogénicas da neoplasia. Vários cancros estão associados à hiperactivação das CDK em resultado da mutação dos genes CDK ou dos genes inibidores das CDK. Portanto, inibidores ou moduladores seriam de interesse para explorar como novos agentes terapêuticos no câncer.Pontos de verificação em ambos G1/S e G2/M do ciclo celular em linhas de células cancerosas cultivadas foram encontrados para ser perturbado por flavonóides como silymahn, genisteína, quercetina, daidzeína, luteolina, kaempferol, apigenina e epigalocatequina 3-galato. Estudos de diferentes laboratórios revelaram que o flavopiridol pode induzir a paragem do ciclo celular durante G1 ou G2/M pela inibição de todas as CDKs.

Indução de apoptose

As propriedades anticancerígenas significativas observadas nos flavonóides podem dever-se a uma apoptose franca. A apoptose é uma forma ativa de morte celular que desempenha um papel essencial no desenvolvimento e na sobrevivência, eliminando as células danificadas ou indesejadas. É fortemente regulada por um conjunto de genes que promovem a sobrevivência das células em apoptose e é mediada por uma rede altamente organizada de proteases que interagem e os seus inibidores em resposta a estímulos nocivos provenientes do interior ou do exterior da célula. A apoptose desempenha um papel fundamental na oncogénese. Os flavonóides demonstraram induzir a apoptose em algumas linhas celulares cancerosas, poupando as células normais. Vários mecanismos podem estar envolvidos, incluindo a inibição da atividade da topoisomerase I/II do DNA, diminuição das ROS, regulação da expressão da proteína de choque térmico, modulação das vias de sinalização, regulação negativa do fator de transcrição nuclear kappa B (NF-κB), ativação da endonuclease e supressão da proteína Mcl-1. tem havido um interesse crescente na pesquisa de flavonóides de fontes dietéticas, devido à crescente evidência dos benefícios versáteis dos flavonóides para a saúde por meio de estudos epidemiológicos. Quer este efeito seja através da prevenção da exposição a substâncias nocivas como o colesterol oxidado, mutagénicos de pirólise, ácidos gordos saturados (FA) salgados, ou através do aumento da disponibilidade de certos nutrientes úteis como isotiocianatos, FA mono e poli-insaturados, PPT, poliacetilenos, selénio, terpenos, etc. Foi relatado que os flavonóides têm múltiplos efeitos, incluindo funções antibacterianas, anticancerígenas, antivirais, anti-inflamatórias, vasodilatadoras e anti-isquémicas. Muitos flavonóides demonstraram ter atividade antioxidante, capacidade de eliminação de radicais livres, prevenção de doenças coronárias e atividade anticancerígena, enquanto alguns flavonóides apresentam potencial para funções anti-vírus da imunodeficiência humana. Os flavonóides e os isoflavonóides são relativamente abundantes na nossa dieta, parcialmente biodisponíveis e possivelmente envolvidos em mecanismos ainda incompletamente compreendidos relacionados com a prevenção de cancros, doenças cardiovasculares e neurodegeneração. Os flavonóides têm uma capacidade redutora notável (propriedades antioxidantes por doação de electrões ou de átomos de H) e a sua capacidade de interagir com proteínas torna-os agentes importantes em termos de proteção da saúde humana.

Os estudos bioquímicos dedicados aos possíveis efeitos dos flavonóides na saúde tentam avaliar o seu valor nutricional na prevenção de doenças degenerativas ou o seu valor terapêutico como potenciais medicamentos.

Propriedades benéficas dos flavonóides

Coletivamente, os flavonóides da dieta têm várias propriedades benéficas, incluindo propriedades antioxidantes, quelação de 4 metais e actividades estrogénicas, antivirais, antibacterianas, anti-inflamatórias e antimutagénicas, juntamente com um papel duplo oposto na ativação ou inibição de várias enzimas. Para a atividade antioxidante dos flavonóides, existem três requisitos básicos:

i) grupos hidroxilo livres nas posições 5 e 7 do anel A;

ii) a presença de grupos ortodihidroxilo (catecol) no anel B;

iii) a presença de uma ligação dupla 2, 3 no anel C. Foi referido que a quercetina, a aglicona de antocianina e a cianidina têm um potencial antioxidante 4 vezes superior ao do trolox, um análogo da vitamina E, e que as suas actividades antioxidantes dos flavonóides são sugeridas como responsáveis pelo seu papel na prevenção do cancro. A quercetina, a cianidina e a procianidina são identificadas como bons quelantes de metais, como o ferro, o zinco e o cobre. Como estes flavonóides podem inibir a agregação plaquetária e a adesão dos leucócitos através da quelação do ferro e da eliminação dos radicais relevantes, podem assim contribuir para a prevenção das doenças cardiovasculares. Além disso, foi relatado que a quercetina e o kaempferol aumentam a atividade da tioredoxina redutase nos queratinócitos humanos normais.

Epidemiologicamente, o aumento da ingestão de flavonóides ajuda a diminuir o risco de desenvolver doenças cardiovasculares, doenças relacionadas com a idade, como a doença de Alzheimer, e vários tipos de cancro. No entanto, os mecanismos responsáveis pelo seu efeito benéfico ainda estão a ser investigados intensivamente. Um dos mecanismos que tem sido proposto é que os flavonóides são protectores através das suas propriedades antioxidantes. Uma vez que a manutenção de níveis elevados de espécies reactivas de oxigénio está claramente associada a várias doenças neoplásicas, a propriedade antioxidante, juntamente com a capacidade dos flavonóides para induzir enzimas citoprotectoras e proteínas reguladoras, pode contribuir para os seus efeitos quimiopreventivos. Outro mecanismo possível é a anti-inflamação, porque os flavonóides extraídos de frutas e vegetais podem inibir a via de sinalização NF-κB que está envolvida em

a indução da inflamação; este processo contribui para o início e a progressão dos tumores neoplásicos. Além disso, os flavonóides induzem um número adicional de vias de sinalização da resposta celular para a regulação do ciclo celular, da proliferação e da apoptose, que são responsáveis pelos seus efeitos quimiopreventivos.

Atividade antiviral

Os compostos naturais são uma fonte importante para a descoberta e o desenvolvimento de novos medicamentos antivíricos, devido à sua disponibilidade e aos baixos efeitos secundários esperados. Os flavonóides de ocorrência natural com atividade antiviral foram reconhecidos desde a década de 1940 e existem muitos relatórios sobre a atividade antiviral de vários flavonóides. A procura de um medicamento eficaz contra o vírus da imunodeficiência humana (VIH) é a necessidade do momento. A maior parte do trabalho relacionado com compostos antivirais gira em torno da inibição de várias enzimas associadas ao ciclo de vida dos vírus. Foi observada a relação estrutura-função entre os flavonóides e a sua atividade inibidora de enzimas. Foi demonstrado que o flavan-3-o1 era mais eficaz do que as flavonas e as flavononas na inibição selectiva do VIH-1, VIH-2 e infecções por vírus da imunodeficiência semelhantes. A baicalina, um flavonoide isolado da Scutellaria baicalensis, inibe a infeção e a replicação do VIH-1. A baicaleína e outros flavonóides, como a robustaflavona e a hinokiflavona, também demonstraram inibir a transcriptase reversa do VIH-1.

Outro estudo revelou a inibição da entrada do VIH-1 nas células que exprimem CD4 e coreceptores de quimiocinas e o antagonismo da transcriptase reversa do VIH-1 pela flavona O-glicosídeo. Sabe-se também que as catequinas inibem as polimerases do ADN do VIH-1. Sabe-se que os flavonóides, como a gardenina A desmetilada e a robinetina, inibem a proteinase do VIH-1. Foi também referido que os flavonóides crisina, acacetina e apigenina impedem a ativação do VIH-1 através de um novo mecanismo que envolve provavelmente a inibição da transcrição viral.

Foi demonstrado que várias combinações de flavonas e flavonóis apresentam sinergismo. O kaempferol e a luteolina apresentam um efeito sinérgico contra o vírus do herpes simplex (HSV). Foi também registado um sinergismo entre os flavonóides e outros agentes antivirais. A quercetina potencia os efeitos da 5-etil-2-dioxiuridina e do aciclovir contra o VHS e a infeção por pseudorábio. Estudos demonstraram que os flavonóis são mais activos do que as flavonas contra o vírus herpes simplex tipo 1 e a ordem de atividade foi a galangina, o kaempferol e a quercetina.

As propriedades antivírus da quercetina, hesperetina, naringina e daidzeína foram estudadas em diferentes fases do ciclo de infeção e replicação do DENV-2 (vírus da dengue tipo 2). Verificou-se que a quercetina era mais eficaz contra o DENV-2 em células Vero. Muitos flavonóides, nomeadamente a di-hidroquercetina, a di-hidrofisetina, a leucocianidina, o cloreto de pelargonidina e a catequina, mostram atividade contra vários tipos de vírus, incluindo o HSV, o vírus sincicial respiratório, o vírus da poliomielite e o vírus Sindbis. A inibição da polimerase viral e a ligação do ácido nucleico viral ou das proteínas do capsídeo viral foram propostas como mecanismos de ação antiviral.

Atividade anti-inflamatória.

A inflamação é um processo biológico normal em resposta a lesões nos tecidos, infeção por agentes patogénicos microbianos e irritação química. A inflamação é iniciada pela migração de células imunitárias dos vasos sanguíneos e pela libertação de mediadores no local da lesão. A este processo segue-se o recrutamento de células inflamatórias, a libertação de ROS, RNS e citocinas pró-inflamatórias para eliminar agentes patogénicos estranhos e reparar os tecidos lesionados. Em geral, a inflamação normal é rápida e auto-limitada, mas a resolução aberrante e a inflamação prolongada causam várias doenças crónicas.

O sistema imunitário pode ser modificado pela alimentação, por agentes farmacológicos, por poluentes ambientais e por substâncias químicas alimentares que ocorrem naturalmente. Certos membros dos flavonóides afectam significativamente a função do sistema imunitário e das células inflamatórias. Vários flavonóides, como a hesperidina, a apigenina, a luteolina e a quercetina, têm efeitos anti-inflamatórios e analgésicos. Os flavonóides podem afetar especificamente a função de sistemas enzimáticos envolvidos de forma crítica na geração de processos inflamatórios, especialmente as proteínas quinases de tirosina e serina-treonina. A inibição das cinases deve-se à ligação competitiva dos flavonóides com o ATP nos locais catalíticos das enzimas. Estas enzimas estão envolvidas em processos de transdução de sinais e de ativação celular que envolvem células do sistema imunitário. Foi relatado que os flavonóides são capazes de inibir a expressão de isoformas de óxido nítrico sintase induzível, ciclo-oxigenase e lipooxigenase, que são responsáveis pela produção de uma grande quantidade de óxido nítrico, prostanóides, leucotrienos e outros mediadores do processo inflamatório, como citocinas, quimiocinas ou moléculas de adesão. Os flavonóides também inibem as fosfodiesterases envolvidas na ativação celular. Grande parte do efeito anti-inflamatório dos flavonóides incide na biossíntese de citocinas proteicas que medeiam a adesão dos leucócitos circulantes aos locais de lesão. Certos flavonóides são potentes inibidores da produção de prostaglandinas, um grupo de potentes moléculas sinalizadoras pró-inflamatórias.

A reversão das alterações inflamatórias induzidas pela carragenina foi observada com o tratamento com silimarina. Verificou-se que a quercetina inibe a secreção de imunoglobulina estimulada por mitogénio dos isótipos IgG, IgM e IgA in vitro. Vários flavonóides inibem significativamente a adesão, a agregação e a secreção de plaquetas a uma concentração de 1-10 mM. O efeito dos flavonóides nas plaquetas tem sido relacionado com a inibição do metabolismo do ácido araquidónico pelo monóxido de carbono. Alternativamente, alguns flavonóides são inibidores potentes da fosfodiesterase do AMP cíclico, o que pode explicar em parte a sua capacidade de inibir a função plaquetária.

Num estudo para determinar os efeitos das isoflavonas genisteína, daidzeína e biochanina na carcinogénese mamária, verificou-se que a genisteína suprimia o desenvolvimento de cancro mamário induzido quimicamente sem toxicidade reprodutiva ou endocrinológica. A administração neonatal de genisteína (um flavonoide) demonstrou um efeito protetor contra o desenvolvimento subsequente de cancro mamário induzido em ratos. Sabe-se que a hesperidina, um glicosídeo de flavanona, inibe os cancros do cólon e da mama induzidos pelo azoximetanol em ratos. As propriedades anticancerígenas dos flavonóides contidos nos citrinos já foram analisadas anteriormente. Vários flavonóis, flavonas, flavanonas e a isoflavona biochanina A têm uma potente atividade antimutagénica. Verificou-se que uma função carbonilo em C-4 do núcleo da flavona é essencial para a sua atividade. O ácido flavona-8-acético também demonstrou ter efeitos antitumorais. Em estudos anteriores, o ácido elágico, a robinetina, a quercetina e a miricetina demonstraram inibir a tumorigenicidade do BP-7, 8-diol-9 e 10-epóxido-2 na pele do rato.

Foi demonstrado que um maior consumo de fitoestrogénios, incluindo isoflavonas e outros flavonóides, protege contra o risco de cancro da próstata. É bem sabido que, devido ao stress oxidativo, o cancro pode iniciar-se, pelo que os antioxidantes potentes têm potencial para combater a progressão da carcinogénese. O potencial dos antioxidantes como agentes anticancerígenos depende da sua competência como inactivadores e inibidores dos radicais de oxigénio. Por conseguinte, as dietas ricas em sequestradores de radicais diminuiriam a ação promotora de cancro de alguns radicais.

Atividade antibacteriana

Sabe-se que os flavonóides são sintetizados pelas plantas em resposta a infecções microbianas; assim, não é de surpreender que se tenha verificado in vitro que são substâncias antimicrobianas eficazes contra uma vasta gama de microrganismos. Foi relatado que extractos de plantas ricos em flavonóides de diferentes espécies possuem atividade antibacteriana. Vários flavonóides, incluindo a apigenina, a galangina, os glicósidos de flavona e flavonol, as isoflavonas, as flavanonas e as chalconas, demonstraram possuir uma potente atividade antibacteriana.

Os flavonóides antibacterianos podem ter múltiplos alvos celulares, em vez de um local de ação específico. Uma das suas acções moleculares consiste em formar complexos com proteínas através de forças não específicas, como a ligação de hidrogénio e os efeitos hidrofóbicos, bem como pela formação de ligações covalentes. Assim, o seu modo de ação antimicrobiana pode estar relacionado com a sua capacidade de inativar adesinas microbianas, enzimas, proteínas de transporte do envelope celular, etc. Os flavonóides lipofílicos podem também romper as membranas microbianas.

As catequinas, a forma mais reduzida da unidade C3 nos compostos flavonóides, têm sido amplamente investigadas devido à sua atividade antimicrobiana. Estes compostos são referidos pela sua atividade antibacteriana in vitro contra Vibrio cholerae, Streptococcus mutans, Shigella e outras bactérias. Foi demonstrado que as catequinas inactivam a toxina da cólera em Vibrio cholera e inibem glucosiltransferases bacterianas isoladas em S. mutans, provavelmente devido a actividades complexantes. Robinetina, miricetina e (-)- epigalocatequina são conhecidas por inibir a síntese de ADN em Proteus vulgaris. Sugeriu-se que o anel B dos flavonóides pode intercalar ou formar ligações de hidrogénio com o empilhamento de bases de ácido nucleico e levar ainda à inibição da síntese de ADN e ARN em bactérias. Outro estudo demonstrou a atividade inibitória da quercetina, apigenina e 3, 6, 7, 3', 4'-penta-hidroxiflavona contra Escherichia coli.

A naringenina e a sophoraflavanona G têm uma atividade antibacteriana intensa contra Staphylococcus aureus resistente à meticilina (MRSA) e estreptococos. Este efeito pode ser atribuído a uma alteração da fluidez da membrana nas regiões hidrofílicas e hidrofóbicas, o que sugere que estes flavonóides podem reduzir a fluidez das camadas externa e interna das membranas. A correlação entre a atividade antibacteriana e a interferência na membrana apoia a teoria de que os flavonóides podem demonstrar atividade antibacteriana através da redução da fluidez da membrana das células bacterianas. A 5, 7-di-hidroxilação do anel A e a 2',4'-ou 2',6'-di-hidroxilação do anel B na estrutura da flavanona são importantes para a atividade anti-MRSA. Um grupo hidroxilo na posição 5 das flavanonas e flavonas é importante para a sua atividade contra o MRSA. A substituição por cadeias C8 e C10 também pode aumentar a atividade antiestafilocócica dos flavonóides pertencentes à classe dos flavan-3-ol. Foi demonstrado que as 5-hidroxiflavanonas e 5-hidroxiisoflavanonas com um, dois ou três grupos hidroxilo adicionais nas posições 7, 2' e 4' inibiram o crescimento de S. mutans e Streptococcus sobrinus.

A atividade antibacteriana de dois flavonóides, licochalconas A e C, isolados das raízes de Glycyrrhiza inflata contra S. aureus e Micrococcus luteus, e observou-se que a licochalcona A inibiu a incorporação de precursores radioactivos em macromoléculas (ADN, ARN e proteína). Esta atividade era semelhante ao modo de ação dos antibióticos que inibem a cadeia respiratória, uma vez que é necessária energia para a absorção ativa de vários metabolitos, bem como para a biossíntese de macromoléculas. Após estudos adicionais, sugeriu-se que o local de inibição destes flavonóides se situava entre a CoQ e o citocromo na cadeia respiratória bacteriana de transporte de electrões. Há muitos exemplos que apoiam a proeza dos fitoconstituintes derivados de plantas comestíveis e medicinais como potentes agentes antibacterianos.

Atividade Hepatoprotectora

Vários flavonóides, como a catequina, a apigenina, a quercetina, a naringenina, a rutina e o venoruton, são conhecidos pelas suas actividades hapatoprotectoras. A expressão da subunidade catalítica da glutamato-cisteína ligase (Gclc), a glutationa e os níveis de ROS estão diminuídos no fígado de ratos diabéticos. As antocianinas têm atraído cada vez mais atenção devido ao seu efeito preventivo contra várias doenças. Foi demonstrado que a antocianina cianidina-3-O-β-glucósido (C3G) aumenta a expressão hepática de Gclc através do aumento dos níveis de AMPc para ativar a proteína quinase A (PKA), que por sua vez regula a fosforilação da proteína de ligação ao elemento de resposta ao AMPc (CREB) para promover a ligação CREB-DNA e aumentar a transcrição de Gclc. O aumento da expressão de Gclc resulta numa diminuição dos níveis de ROS hepáticos e da sinalização pró-apoptótica. Além disso, o tratamento com C3G diminui a peroxidação lipídica hepática, inibe a libertação de citocinas pró-inflamatórias e protege contra o desenvolvimento de esteatose hepática.

A silimarina é um flavonoide com três componentes estruturais: silibinina, silidianina e silicristina, extraído das sementes e do fruto do cardo mariano Silybum marianum (Compositae). Foi relatado que a silimarina estimula a atividade enzimática da ARN polimerase 1 dependente do ADN e a subsequente biossíntese de ARN e proteínas, resultando na biossíntese do ADN e na proliferação celular que conduz à regeneração do fígado apenas em fígados danificados. A silimarina aumenta a proliferação dos hepatócitos em resposta à morte celular induzida pelo FBI (Fumonisina B1, uma micotoxina produzida por Fusarium verticillioides) sem modulação da proliferação celular em fígados normais. As propriedades farmacológicas da silimarina envolvem a regulação da permeabilidade e integridade da membrana celular, a inibição do leucotrieno, a eliminação de ROS, a supressão da atividade do NF-κB, a depressão das proteínas quinases e a produção de colagénio. A silimarina tem aplicações clínicas no tratamento de cirrose, lesão isquémica e hepatite tóxica induzida por várias toxinas, como acetaminofeno e cogumelo tóxico.

Atividades hepatoprotetoras foram observadas em flavonóides isolados de Laggera alata contra lesão induzida por tetracloreto de carbono (CCl_4) em hepatócitos de ratos neonatais em cultura primária e em ratos com dano hepático. Os flavonóides em uma faixa de concentração de 1-100 µg/mL melhoraram a viabilidade celular e inibiram o vazamento celular de aspartato aminotransferase de hepatócitos (AST) e alanina aminotransferase (ALT) causada por CCl4. Da mesma forma, em uma experiência in vivo, os flavonóides em doses orais de 50, 100 e 200mg/kg reduziram significativamente os níveis de AST, ALT, proteína total e albumina no soro e os níveis de hidroxiprolina e ácido siálico no fígado. Os exames histopatológicos também revelaram a melhora no fígado danificado com o tratamento do flavonoide.

Várias investigações clínicas demonstraram a eficácia e a segurança dos flavonóides no tratamento da disfunção hepatobiliar e de problemas digestivos, como a sensação de plenitude, a perda de apetite, as náuseas e a dor abdominal. Foi relatado que os flavonóides de Equisetum arvense, bem como a hirustrina e a avicularina isoladas de algumas outras fontes, proporcionam proteção contra a hepatotoxicidade induzida quimicamente em células HepG2.

Atividade antioxidante

Os flavonóides possuem muitas propriedades bioquímicas, mas a propriedade mais bem descrita de quase todos os grupos de flavonóides é a sua capacidade de atuar como antioxidantes. A atividade antioxidante dos flavonóides depende da disposição dos grupos funcionais em torno da estrutura nuclear. A configuração, a substituição e o número total de grupos hidroxilo influenciam substancialmente vários mecanismos da atividade antioxidante, como a eliminação de radicais e a capacidade de quelação de iões metálicos. A configuração do anel hidroxilo B é o fator determinante mais importante na eliminação de ROS e RNS, porque doa hidrogénio e um eletrão aos radicais hidroxilo, peroxilo e peroxinitrito, estabilizando-os e dando origem a um radical flavonoide relativamente estável.

Os mecanismos de ação antioxidante podem incluir:

(1) supressão da formação de ERO, quer por inibição de enzimas, quer por quelação de oligoelementos envolvidos na geração de radicais livres;

(2) Eliminação dos ERO;

(3) Reforço ou proteção das defesas antioxidantes. A ação dos flavonóides envolve a maioria dos mecanismos acima referidos. Alguns dos efeitos por eles mediados podem ser o resultado combinado da atividade de eliminação de radicais e da interação com as funções enzimáticas. Os flavonóides inibem as enzimas envolvidas na produção de ROS, ou seja, a monooxigenase microssomal, a glutationa S-transferase, a succinoxidase mitocondrial, a NADH oxidase, etc.

A peroxidação lipídica é uma consequência comum do stress oxidativo. Os flavonóides protegem os lípidos contra os danos oxidativos através de vários mecanismos. Os iões de metais livres aumentam a formação de ROS através da redução do peróxido de hidrogénio com a geração do radical hidroxilo altamente reativo. Devido aos seus potenciais redox mais baixos, os flavonóides (Fl-OH) são termodinamicamente capazes de reduzir radicais livres altamente oxidantes (potenciais redox na gama de 2,13-1,0 V), como os radicais superóxido, peroxil, alcoxil e hidroxil, através da doação de átomos de hidrogénio. Devido à sua capacidade de quelatar iões metálicos (ferro, cobre, etc.), os flavonóides também inibem a produção de radicais livres. A quercetina, em particular, é conhecida pelas suas propriedades quelantes e estabilizadoras do ferro. Os metais vestigiais ligam-se em posições específicas de diferentes anéis das estruturas dos flavonóides.

Uma estrutura de 3', 4'-catecol no anel B aumenta firmemente a inibição da peroxidação lipídica. Esta caraterística dos flavonóides torna-os mais eficazes na eliminação dos radicais peroxil, superóxido e peroxinitrito. A epicatequina e a rutina são fortes sequestradores de radicais e inibidores da peroxidação lipídica *in vitro*. Devido à oxidação do anel B dos flavonóides com grupo catecol, forma-se um radical ortossemiquinona bastante estável, que é um forte eliminador. As flavonas que não possuem sistema de catecol na oxidação levam à formação de radicais instáveis que exibem um fraco potencial de eliminação. A literatura mostra que os flavonóides que possuem uma ligação 2-3 insaturada em conjugação com uma função 4-oxo são antioxidantes mais potentes do que os flavonóides que não possuem uma ou ambas as características.

A conjugação entre os anéis A e B permite um efeito de ressonância do núcleo aromático que confere estabilidade ao radical flavonoide. A eliminação de radicais livres pelos flavonóides é potenciada pela presença de ambos os elementos, para além de outras características estruturais.

O heterociclo dos flavonóides contribui para a atividade antioxidante ao permitir a conjugação entre os anéis aromáticos e a presença de um 3-OH livre. A remoção de um 3-OH anula a coplanaridade e a conjugação, o que compromete a capacidade de eliminação (288). Propõe-se que os grupos OH do anel B formem ligações de hidrogénio com o 3-OH, alinhando o anel B com o heterociclo e o anel A. Devido a esta ligação de hidrogénio intramolecular, a influência de um 3-OH é reforçada pela presença de um 3', 4'-catecol, elucidando a potente atividade antioxidante dos flavan-3-óis e flavon-3-óis que possuem esta última caraterística. Geralmente, a O-metilação de grupos hidroxilo de flavonóides diminui a sua capacidade de eliminação de radicais.

A ocorrência, a posição, a estrutura e o número total de moléculas de açúcar nos flavonóides (glicosídeos de flavonóides) desempenham um papel importante na atividade antioxidante. As agliconas são antioxidantes mais potentes do que os seus glicosídeos correspondentes. Há relatos de que as propriedades antioxidantes dos glicosídeos de flavonol do chá diminuíram à medida que o número de moléculas glicosídicas aumentou. Embora os glicosídeos sejam geralmente antioxidantes mais fracos do que as agliconas, a biodisponibilidade é por vezes aumentada por uma porção de glucose. Na dieta, as fracções glicosídicas dos flavonóides ocorrem mais frequentemente na posição 3 ou 7. O aumento do grau de polimerização aumenta a eficácia das procianidinas contra uma variedade de espécies radicais. Os dímeros e os trímeros de procianidina são mais eficazes do que os flavonóides monoméricos contra o anião superóxido. Os tetrâmeros apresentam maior atividade contra a oxidação mediada por peroxinitrito e superóxido do que os trímeros, enquanto os heptâmeros e hexâmeros demonstram propriedades de eliminação de superóxido significativamente maiores do que os trímeros e tetrâmeros.

Os flavonóides como antioxidantes

O termo antioxidante é comummente utilizado na literatura científica, mas pode ser definido de várias formas, de acordo com os métodos utilizados para medir a atividade antioxidante.

Por conseguinte, propõe-se uma definição de antioxidante como "*qualquer substância que atrasa*, previne *ou elimina os danos oxidativos de uma molécula alvo*". O papel fisiológico destes compostos, tal como esta definição sugere, é que os antioxidantes desta fonte alimentar contribuem para a proteção contra as doenças coronárias, juntamente com os antioxidantes do azeite e a elevada ingestão de nutrientes antioxidantes da dieta mediterrânica rica em frutos e vegetais frescos.

Foi descrito que o extrato polifenólico de uva do vinho tinto estimula a inibição do recetor PECAM-1 (molécula de adesão celular endotelial plaquetária-1), inibindo assim a ativação plaquetária. A ingestão de flavonóis também previu uma redução da incidência do primeiro enfarte do miocárdio em homens idosos. As capacidades antioxidantes de muitos flavonóides são muito mais fortes do que as das vitaminas C e E. Por exemplo, a capacidade antioxidante de um eletrão

O potencial de redução do galato de epigalocatequina em condições normais é de 550 mV, um valor inferior ao do glutatião (920 mV) e comparável ao do α-tocoferol (480 mV).

Os flavonóides podem prevenir lesões causadas por radicais livres através dos seguintes mecanismos: (1) Eliminação direta de espécies reactivas de oxigénio (ROS), (2) Ativação de enzimas antioxidantes

(3) Atividade quelante de metais

(4) Redução dos radicais α-tocoferilo

(5) Inibição das oxidases

(6) Atenuação do stress oxidativo causado pelo óxido nítrico

(7) Aumento dos níveis de ácido úrico

(8) Aumento das propriedades antioxidantes dos antioxidantes de baixo peso molecular.

Eliminação direta dos ERO

A atividade antioxidante dos flavonóides in vitro depende da disposição dos grupos funcionais na sua estrutura central. Tanto a configuração como o número total de grupos hidroxilo influenciam substancialmente o mecanismo da atividade antioxidante. A configuração hidroxílica do anel B é o fator determinante mais significativo da eliminação dos ERO, enquanto a substituição dos anéis A e C tem pouco impacto nas constantes da taxa de eliminação do radical anião superóxido.

A atividade antioxidante in vitro pode ser aumentada pela polimerização de monómeros de flavonóides, por exemplo, as proantocianidinas (também conhecidas como taninos condensados), os polímeros das catequinas, são excelentes antioxidantes in vitro devido ao elevado número de grupos hidroxilo nas suas moléculas.

A capacidade antioxidante das proantocianidinas depende do comprimento da sua cadeia de oligómeros e do tipo de ERO com que reagem. A glicosilação dos flavonóides reduz a sua atividade antioxidante in vitro quando comparada com os agliconas correspondentes. A comparação dos valores TEAC da quercetina (4,42 mM) e da rutina (2,02 mM), quercetina-3-0-rutinosídeo, mostra que a glicosilação do grupo 3-OH tem um efeito fortemente supressor da atividade antioxidante. Foram observados resultados semelhantes para outros pares de flavonóides aglicona e glicosídeo (por exemplo, hesperetina-hesperidina, luteolina-luteolina 4'-gGlucósido; luteolina-luteolina 7-glucósido; baicaleína-baicalina; e quercetinquercitrina).

A glicosilação da quercetina também reduziu significativamente a sua capacidade de eliminação de superóxido, a atividade de eliminação de hipoclorito e o poder de reduzir Fe (III) a Fe (II) (determinado pelo ensaio FRAP). As principais características estruturais dos flavonóides necessárias para a eliminação eficaz de radicais podem ser resumidas da seguinte forma:

a) Uma estrutura orto-di-hidroxi (catecol) no anel B, para deslocalização de electrões.

b) A ligação dupla 2, 3 em conjugação com uma função 4-oxo no anel C proporciona a deslocalização de electrões do anel B.

c) Os grupos hidroxilo nas posições 3 e 5 estabelecem ligações de hidrogénio com o grupo oxo. De acordo com os critérios anteriormente enunciados, os flavonóis quercetina e miricetina deveriam ser os eliminadores de radicais mais eficazes na fase aquosa, o que foi confirmado experimentalmente.

Capacidade de ativar as enzimas antioxidantes

Outro mecanismo possível pelo qual os flavonóides actuam é através da interação com várias enzimas antioxidantes. Além disso, alguns efeitos podem ser o resultado de uma combinação da eliminação de radicais e da interação com funções enzimáticas.

Os flavonóides são capazes de induzir enzimas de desintoxicação de fase II (por exemplo, NAD (P) H-quinona oxidoredutase, glutationa Stransferase e UDP-glucuronosil transferase), que são as principais enzimas de defesa contra os tóxicos electrofílicos e o stress oxidativo. A regulação da expressão deste gene protetor pode

ser mediada por um elemento responsivo ao eletrófilo (EpRE), que é uma sequência reguladora de vários genes que codificam estas enzimas de fase II.

A capacidade dos flavonóides para ativar a resposta mediada pelo EpRE está correlacionada com as suas propriedades redox.

Observou a ativação do gene repórter da luciferase do pirilampo nas células do hepatoma do rato Hepa-1c1c7 após indução com flavonóides de estrutura diferente. Os indutores mais eficazes foram os flavonóides que continham um grupo hidroxilo na posição 3 do anel C (quercetina e miricetina), ao passo que os flavonóides sem apenas este grupo hidroxilo (luteolina e galangina) foram indutores de luciferase reduzidos.

Por conseguinte, os flavonóides com um maior potencial intrínseco para gerar stress oxidativo e ciclos redox são os indutores mais potentes da expressão genética mediada por EpRE. Pode concluir-se que a atividade pró-oxidante dos flavonóides pode contribuir para a sua atividade promotora da saúde através da indução de importantes enzimas desintoxicantes, apontando para um efeito benéfico de uma suposta reação química tóxica.

Foi investigado o efeito citoprotector da quercetina e da catequina contra a citotoxicidade do peróxido de hidrogénio em hepatócitos de rato BL-9 em cultura, que são células que expressam fortemente a glutationa peroxidase citosólica (GPx). Os autores descreveram que a atividade protetora dos flavonóides testados estava relacionada com a ativação da GPx. Martin et al [20] descreveram a ativação de proteínas de sinalização de sobrevivência (proteína quinase

B e quinases reguladas extracelularmente) e aumento das actividades da GPx e da glutationa redutase (GR) nos hepatócitos humanos causados pelos flavonóides do cacau.

Alguns investigadores demonstraram que a apoptose das células CH27 do carcinoma do pulmão humano induzida pela luteolina era acompanhada pela ativação de enzimas antioxidantes, como a superóxido dismutase (SOD) e a catalase (CAT), mas não pela produção de ROS e pela perturbação do potencial da membrana mitocondrial.

Por conseguinte, suspeita-se que os efeitos da luteolina na apoptose das células CH27 resultem da ação antioxidante e não da ação pró-oxidante deste composto. A administração da fração rica em flavonóides juntamente com uma dieta rica em gorduras provocou um aumento significativo das actividades da SOD, CAT e GPx nos eritrócitos dos ratos.

Foram também observados resultados semelhantes após a administração de naringina a voluntários hipercolesterolémicos.

No entanto, foram obtidas algumas observações contraditórias neste domínio, por exemplo, a atividade da glutationa S-transferase (GST) foi significativamente induzida pela apigenina, genisteína e tangeretina no coração do rato, mas não no cólon ou no fígado. Nos glóbulos vermelhos, a crisina, a quercetina e a genisteína diminuíram significativamente a atividade da

GR, CAT e GPx, enquanto a SOD só foi significativamente reduzida pela genisteína.

Atividade quelante de metais

Quelata o ferro e o cobre, eliminando assim um fator causal do desenvolvimento dos radicais livres, os conhecidos flavonóides específicos. A quercetina foi capaz de prevenir a lesão oxidativa induzida na membrana eritrocitária por vários agentes oxidantes (por exemplo, acroleína e fenilhidrazina), que provocam a libertação do ferro na sua forma livre e redox ativa. Foi demonstrado que a porção de catecol no anel B é importante para a formação de quelato de Cu2+, sendo assim o principal local de contribuição para a quelação do metal.

A quercetina, em particular, é bem conhecida pelas suas propriedades de quelação e estabilização do ferro. Foi demonstrado que a morina e a quercetina formam complexos com Cd (II) e exibem uma forte atividade antioxidante nos estudos in vitro. Os seus derivados sulfónicos solúveis em água exercem uma baixa toxicidade e, por conseguinte, podem ser potenciais antídotos na intoxicação por cádmio.

Redução dos radicais α-tocoferol

O α-tocoferol representa um importante antioxidante nas membranas celulares e nas lipoproteínas de baixa densidade (LDL) humanas, que protege as partículas de lipoproteínas contra danos oxidativos. Os flavonóides podem atuar como dadores de hidrogénio para o radical α-tocoferil, que é um potencial pró-oxidante. Além disso, ao interagir com o radical α-tocoferil, possuem um grande potencial para retardar a oxidação do LDL. Os flavonóides (kaempferol, morina, miricetina e quercetina) apresentaram uma atividade protetora variável contra a depleção de α-tocoferol no LDL, sendo o kaempferol e a morina menos eficazes do que a miricetina e a quercetina.

As catequinas podem ser ainda mais eficazes do que o ascorbato na regeneração do α-tocoferol em solução micelar. Do mesmo modo, a adição de extractos de catequina do chá verde (epigalocatequina, galato de epigalocatequina, epicatequina e galato de epicatequina) demonstrou uma regeneração gradual do α-tocoferol no LDL humano. Estas observações são apoiadas pelo baixo valor dos potenciais redox de alguns flavonóides. **Capacidade de inibição das oxidases**

Os flavonóides inibem as enzimas responsáveis pela produção de superóxidos, como a xantina oxidase e a proteína quinase C. A quercetina e a silibina inibem a atividade da xantina oxidase, resultando assim numa diminuição da lesão oxidativa. Foi demonstrado que os flavonóides inibem a ciclo-oxigenase, a lipoxigenase, a succinoxidase microssomal e a NADH oxidase.

A NADPH oxidase é um sistema associado à membrana que catalisa a produção de O2·- em neutrófilos activados. O mecanismo da sua ativação inclui a interação de um agonista com um recetor específico na membrana do neutrófilo, a ativação da fosfolipase C com a subsequente formação de segundos mensageiros, que activam a proteína quinase C. Esta enzima fosforila a subunidade p47phox da NADPH oxidase, um componente chave desta enzima, e assim causa a ativação do burst respiratório.

A inibição da proteína quinase C foi sugerida como um mecanismo de inibição da NADPH oxidase pela quercetina. Os potentes inibidores flavonóides da proteína quinase C (por exemplo, quercetina, fisetina e luteolina) possuem uma estrutura de flavona coplanar com substituintes hidroxilo livres nas posições 3', 4' e 7.

Atenuar o stress oxidativo causado pelo óxido nítrico

O óxido nítrico (NO) é importante para manter a dilatação dos vasos sanguíneos, mas as suas concentrações elevadas podem resultar em danos oxidativos. O NO é produzido pela oxidação da L-arginina catalisada pela NO sintase (NOS). A toxicidade do óxido nítrico é principalmente mediada pelo peroxinitrito, que se forma na reação do NO com o O2-.

Os flavonóides exerceram uma atividade inibidora da produção de NO em várias linhas celulares e culturas activadas por lipopolissacarídeos (macrófagos peritoneais de rato, células RAW 264.7 e J774.2). Este efeito foi provavelmente causado pelo efeito inibidor dos flavonóides na expressão da NOS induzível, mas não pela inibição da sua atividade. Foram elucidados vários requisitos estruturais dos flavonóides para esta atividade: a presença de 2, 3-ligação dupla com o grupo 4-oxo e o grupo 3, 5, 4'-trihidroxilo foram cruciais. A sua atividade foi mesmo reforçada pela metilação do grupo 3, 5 ou 4'-hidroxilo e reduzida pela porção glicosídica e pela disposição do anel B em catecol ou pirrogalol.

Assim, a apigenina, a diosmetina e a luteolina fazem parte das flavonas naturais com a atividade inibidora mais potente. Estes flavonóides podem, ao mesmo tempo, aumentar a atividade da NOS endotelial. Vários flavonóides, incluindo a quercetina, resultam numa redução da lesão de isquemia-reperfusão ao interferir com a atividade induzível da NOS. Os flavonóides também possuem a capacidade de eliminar diretamente as moléculas de NO.

A forma como os flavonóides inibem a indução de NOS e a produção de NO ainda não é claramente compreendida, mas são avançadas várias explicações. A primeira possibilidade pode ser derivada da propriedade antioxidante dos flavonóides, através da qual estes compostos eliminam as ROS. A segunda possibilidade é que os flavonóides podem atuar como inibidores da molécula de sinalização do lipopolissacarídeo. Os flavonóides são conhecidos por eliminarem diretamente o peroxinitrito. O fator determinante mais significativo da sua atividade contra o peroxinitrito é a disposição do 3', 4'-catecol, seguida de um grupo 3-hidroxilo não substituído. Foi descrita uma correlação positiva aparente entre o número de grupos hidroxilo, particularmente do anel B, e a atividade antirradicalar.

Aumento dos níveis de ácido úrico

Curiosamente, existem grandes discrepâncias entre a capacidade antioxidante total do plasma ou do soro e as concentrações plasmáticas de flavonóides. Foi descrito um aumento significativo do urato plasmático ou sérico após o consumo de morangos, espinafres ou vinho tinto. Foi descrito um aumento semelhante do urato plasmático ou sérico após o consumo de vinho do Porto, Bordéus francês, chá ou café. Assim, vários estudos indicam que o consumo de alimentos ricos em flavonóides pode aumentar o urato plasmático, embora o mecanismo subjacente permaneça pouco claro. Por outro lado, uma vez que o urato elevado pode ser um fator de risco para algumas doenças, o alegado "benefício antioxidante" pode não ser o que parece.

Modificação das propriedades pró-oxidantes de antioxidantes de baixo peso molecular

Vários autores descreveram a atividade pró-oxidativa do β-caroteno em determinadas condições (por exemplo, irradiação UVA) e sugeriram que a sua combinação com um antioxidante pode ter um efeito preventivo.

Quando cada flavonoide foi combinado com β-caroteno durante a pré-incubação, o dano ao DNA celular induzido por UVA foi significativamente suprimido e os efeitos foram na ordem de naringina ≥ rutina e quercetina. Os resultados deste estudo sugeriram que uma combinação de β-caroteno com naringina, rutina ou quercetina pode aumentar a segurança do β-caroteno.

Atividade imunomoduladora dos flavonóides

Todos os vertebrados possuem um sistema imunitário bem definido que protege o hospedeiro de agentes infecciosos presentes no ambiente (por exemplo, vírus, bactérias, fungos) e de outras agressões prejudiciais. Sabe-se que os fitoquímicos da dieta com propriedades antioxidantes, como os flavonóides, melhoram a resposta imunitária em todos os taxa de vertebrados. Os polifenóis dietéticos não só estimulam o sistema imunitário como também provocam a modulação de enzimas de desintoxicação, a eliminação de agentes oxidantes e a regulação da expressão genética nas células. O efeito da soja e dos citrinos nos diferentes constituintes da imunidade humoral e celular foi recentemente revisto. As provas sugerem que os sumos ricos em galato de epigalocatequina e glicosídeos cianídricos podem aumentar a secreção de IL-2, a proliferação de linfócitos e a atividade lítica das células NK. Uma mini-revisão de Chen e colaboradores indicou que a ingestão de folhas de batata-doce roxa enriquecidas com flavonóides poderia produzir um aumento significativo da capacidade de resposta à proliferação de células mononucleares do sangue periférico com secreções reforçadas de citocinas imunorreactivas IL-2 e IL-4. Além disso, observou-se também um aumento da atividade lítica das células NK e da secreção de IgA salivar. Os mecanismos subjacentes a este fenómeno não são totalmente compreendidos, mas é geralmente aceite a hipótese de que a ingestão de antioxidantes pode reduzir os efeitos nocivos dos radicais livres e das ROS na resposta imunitária, o que resulta num melhor desempenho do sistema imunitário.

Vários estudos em animais também sustentam que os polifenóis e os flavonóides são cocktails imunitários. Num estudo com ratos, observou-se que o sumo de bagas podia aumentar o peso esplénico e o número de macrófagos esplénicos, havendo um aumento correspondente nas células fagocíticas esplénicas com doses crescentes de sumo. No modelo de tumor do rato, os efeitos antitumorais das proantocianidinas da semente de uva foram observados através do mecanismo imunomodulador. O estudo sugeriu que as proantocianidinas podem aumentar a proliferação de linfócitos esplénicos, o rácio CD4+/CD8+, a citotoxicidade das células NK, as produções de IFN-γ e IL-2. A ameixa, um fruto rico em flavonóides (contém 118 a 237 mg/100g), tem sido documentada pelo seu efeito de reforço imunitário. No estudo de frangos desafiados com *Eimeria acervulina*, observou-se que o pó de ameixa reduziu o derramamento de oocistos fecais e aumentou os níveis de mRNAs para IL-15 e interferon-γ. Além disso, os frangos alimentados com dietas à base de ameixa apresentaram uma proliferação significativamente maior de células do baço. Um estudo recente demonstrou que os flavonóides dos citrinos e da soja podem melhorar significativamente a imunidade dos frangos desafiados por LPS. O estudo sugeriu a utilização de flavonóides vegetais como aditivo alimentar para melhorar os efeitos negativos da endotoxemia circulatória de baixa dose na produção animal. Outro estudo abordou os efeitos de reforço da IGY da quercetina suplementar em frangos de carne em crescimento que indicaram obviamente o potencial da quercetina para promover a imunidade das mucosas.

Papel dos flavonóides na quimioprevenção do cancro

Coletivamente, numerosos mecanismos têm sido implicados no desenvolvimento do cancro. A carcinogénese é um processo patológico poligénico-evoluído, complexo, multifatorial, multi-evento e multi-estágio, hierarquicamente desde a iniciação, promoção, progressão e angiogénese até à invasão e metástase. Ao bloquear a iniciação da carcinogénese e/ou suprimir as fases posteriores, os flavonóides podem reduzir o risco de carcinogénese e, assim, servir como agentes quimiopreventivos. No que diz respeito ao início da carcinogénese, esta começa sempre com aductos de ADN, mutação genética e outras alterações genéticas. Para evitar este início e as suas consequências nefastas, podem ser desenvolvidas evolutivamente várias estratégias intrínsecas directas e indirectas para o hospedeiro, a fim de evitar o ataque ao ADN por electrófilos, radicais livres, oxigénio reativo, espécies de azoto e enxofre, melhorar a reparação do ADN danificado, inibir a absorção de pró-carcinogéneos pelas células e reduzir a toxicidade dos carcinogéneos activados nas células, melhorando a sua biotransformação, conjugação e excreção. Por exemplo, foi relatado que a quercetina protege a célula e o ADN de serem danificados pelo peróxido de hidrogénio e pelo benzo[a]pireno (BaP).

A progressão do cancro pode também ser travada pela ativação da paragem do ciclo celular ou da apoptose. Vários flavonóides, quer individualmente quer em combinação, que suprimem a proliferação celular ou induzem a apoptose das células cancerígenas, incluem a quercetina, o galato de epigalocatequina (EGCG), o resveratrol, o kaempferol, a procianidina e os elagitaninos extraídos da romã. Além disso, o crescimento celular foi inibido pelo EGCG através da paragem do ciclo celular induzida na fase G0/G1. Além disso, outro flavonol encontrado no farelo de arroz, a tricina, demonstrou inibir o crescimento de células tumorais da mama através da paragem G2/M. Portanto, flavonóides distintos têm vários potenciais para exercer efeitos quimiopreventivos através de diferentes mecanismos. Além disso, a isoflavona genisteína também tem um efeito inibitório sobre o crescimento de células humanas de cancro do ovário (0cC1 e SK0V3) e células de cancro da próstata (LNCaP) através da regulação positiva de genes antioxidantes e de desintoxicação.

Expressão induzida de enzimas metabolizadoras de drogas por flavonóides

As enzimas metabolizadoras de drogas foram também designadas como enzimas de transformação de xenobióticos. Os xenobióticos incluem um vasto espetro de substâncias químicas: medicamentos manufacturados ou naturais (por exemplo, flavonóides e isoflavona genisteína), poluentes, alcalóides e produtos de pirólise presentes nos alimentos ou no ambiente. A maioria destes xenobióticos são tóxicos e, se acumulados no corpo, podem causar danos nas células e, eventualmente, matar um organismo. Para se defender dos xenobióticos a que o ser humano está constantemente exposto, bem como dos endobióticos presentes no corpo e até dos produtos tóxicos do metabolismo celular, o sistema do corpo humano desenvolveu evolutivamente um grande número de enzimas metabolizadoras de drogas com várias especificidades funcionais, que permitem biotransformar, desintoxicar e eliminar potenciais tóxicos exógenos e endógenos. Os seguintes exemplos de reacções e enzimas relevantes envolvidas na desintoxicação incluem: i) reação de oxidação catalisada por enzimas do citocromo P450 (CYP), álcool desidrogenase, aldeído desidrogenase e glutatião peroxidase;

ii)-redução catalisada por aldo-ceto redutases (AKR), desidrogenase de cadeia curta e/ou redutase, e NAD (P) H: quinona oxidoredutase 1 (NQ01);

iii)- hidrólise catalisada pela epóxido hidrolase; iv) reacções de conjugação catalisadas pela glutationa transferase (GST), sulfotransferase (SULT), UGT, metil transferase e N-acetil transferase (NAT). Em geral, as três primeiras reacções acima referidas (ou seja, oxidação, redução e hidrólise) podem introduzir um grupo funcional no substrato, como - 0H, -NH2, -SH ou -C00H, levando a um aumento modesto da hidrofilicidade dos produtos finais. Em contrapartida, a glucuronidação da glutationa, a sulfonação, a acetilação, a metilação e outras conjugações requerem cofactores, como o glutatião, outros aminoácidos ou açúcares, na reação com grupos funcionais cognatos nos substratos originais ou introduzidos através de outros tipos de reacções de desintoxicação. Em comparação com outras reacções, estas reacções de conjugação podem resultar num aumento significativo da hidrofilicidade dos substratos, promovendo assim a excreção de substâncias químicas e metabolitos estranhos das células hospedeiras e do organismo. Com base nestas reacções bioquímicas clássicas, o conceito de metabolismo de drogas de fase I e de fase II foi proposto no início da década de 1970. As enzimas da Fase I incluem as responsáveis pela hidrólise, oxidação e redução dos xenobióticos, enquanto as enzimas da Fase II catalisam a conjugação dos xenobióticos com açúcares, glutatião e outros aminoácidos. Dado que estas enzimas das fases I e II são provavelmente reguladas positivamente pelo pré-tratamento com flavonóides, esta classe de xenobióticos pode, por conseguinte, ter um efeito preventivo ou terapêutico benéfico no caso dos medicamentos. Por outro lado, a modificação dos xenobióticos pelas enzimas que os metabolizam pode também alterar os seus efeitos biológicos, diminuindo ou agravando a sua citotoxicidade. Em geral, as enzimas metabolizadoras de fármacos desempenham um papel vital na determinação da intensidade e duração da ação dos fármacos, da sua toxicidade química e da génese química dos tumores.

Hesperidina

Estrutura química da hesperidina

O Hesp, um dos flavonóides mais importantes, é uma molécula de baixo peso molecular (peso molecular 610,57 Da), com a fórmula bruta $C_{28}H_{34}O_{15}$, e pertence à classe dos flavonóides flavanona. Do ponto de vista químico, o Hesp é constituído por agliconas (as formas que não possuem grupos de açúcar), hesperitina e rutinosídeo de açúcar: hesperetina-7-rutinosídeo, ou nome IUPAC: (2*S*)-5-hidroxi-2-(3-hidroxi-4-metoxifenil)-7-

[(2 *S* ,3 *R* ,4 *S* ,5 *S* ,6 *R*)-3,4,5-tri-hidroxi-6-[[[(2 *R* ,3 *R* ,4 *R* ,5 *R* ,6 *S*)-3,4,5-tri-hidroxi-6-metiloxano-2-il]oximetil]oxano-2-il]oxi-2,3-di-hidrocromen-4-ona. O Hesp é representado.

Fontes de hesperidina

O Hesp é o flavonoide predominante nos citrinos, principalmente na laranja doce (nas laranjas jovens e imaturas representa até 14% do peso fresco do fruto) e no limão e, consequentemente, nos sumos feitos a partir destes citrinos. A casca e as partes membranosas destes frutos têm as concentrações mais elevadas de Hesp, pelo que os sumos espremidos à mão não contêm vestígios detectáveis de Hesp.

por outro lado, são ricos em Hesp, porque o processamento industrial dos frutos leva a que os sumos sejam contaminados com os constituintes da casca. De acordo com o Código de Práticas para a avaliação da qualidade e autenticidade dos sumos de frutos e de produtos hortícolas,

publicado pela AIJN - Associação Europeia de Sumos de Fruta, os requisitos especiais para a qualidade dos sumos à base de citrinos (laranjas, limões e toranjas) definem que o teor de Hesp é de 250-700 mg/L.

Farmacocinética da hesperidina

Embora os citrinos e os sumos sejam amplamente consumidos no mundo, pouca informação foi publicada sobre a biodisponibilidade da flavanona nos seres humanos. O próprio Hesp é absorvido do intestino intacto como um glicosídeo. A sua aglicona hesperitina aparece no plasma 3 h após a ingestão, atingindo um pico entre 5 e 7 h. As formas circulantes de hesperetina são glucurónidos (87%) e sulfoglucurónidos (13%). Para o Hesp, a excreção urinária é quase completa 24 h após a ingestão de sumo de laranja e não depende da dose.

Bioatividade da hesperidina

Embora a hesperidina não tenha elementos estruturais habituais que a sugiram como um bom capturador e quelante de radicais livres, a capacidade de quelação de iões metálicos foi confirmada por muitos investigadores. Vários outros investigadores examinaram a atividade antioxidante do Hesp e as propriedades de eliminação de radicais utilizando uma variedade de sistemas de ensaio e descobriram que o Hesp reduz os iões superóxido na transferência de electrões e na reação concertada de transferência de protões *in vitro*. Além disso, verificou-se que o Hesp é eficaz na proteção dos lipossomas contra a peroxidação induzida pela irradiação UV, provavelmente através da eliminação dos radicais livres de oxigénio gerados pela irradiação UV. Numerosos estudos confirmaram a potente bioatividade do Hesp, tais como efeitos no sistema vascular (reduz a permeabilidade capilar), efeitos anti-inflamatórios, efeito antioxidante, ação sobre as enzimas, atividade antimicrobiana (antibacteriana, antifúngica, antiviral), atividade anticarcinogénica, inibição da agregação celular, efeitos antialérgicos, atividade protetora dos raios UV, radioprotecção, etc. No texto seguinte, são dadas informações mais específicas sobre os efeitos da hesperidina no sistema cardiovascular. Além disso, a literatura que descreve a hesperidina como protetor promissor contra a radiação ionizante é reunida.

A hesperidina na prevenção das doenças cardiovasculares

Presumiu-se que a hesperidina poderia aumentar a resistência capilar graças à sua capacidade de inibir a atividade da hialuronidase. Além disso, foi confirmado que o Hesp inibe os processos inflamatórios na hiperpermeabilidade induzida pela isquémia, caraterística da estase venosa. Também foi relatada a atividade anti-hemorrágica capilar do Hesp. Assim, a suplementação com Hesp tem sido recomendada para uma vasta gama de distúrbios dos vasos sanguíneos, como a fragilidade e a permeabilidade.lInvestigações realizadas em ratos mostraram uma melhor atividade anti-hipercolesterolémica do Hesp, exibida como uma diminuição dos níveis de colesterol, LDL, lípidos totais e triglicéridos, e um aumento dos níveis de HDL. Os resultados de alguns estudos indicam a atividade bloqueadora dos canais de cálcio do Hesp. Alguns estudos demonstraram efeitos anti-hipertensivos e diuréticos do Hesp em ratos após a administração oral do fármaco na dose de 200 mg/kg de peso corporal, concluindo que este efeito hipotensor é causado pelo aumento da diurese.

Por outro lado, está bem estabelecido que várias flavanonas, incluindo o Hesp, exibem influência em enzimas como a proteína quinase, a lipooxigenase e a ciclooxigenase. A atividade anti-hipertensiva do Hesp pode dever-se a influências na fluidez do sangue *através de* enzimas. Além disso, vários flavonóides são inibidores da fosfodiesterase cíclica-AMP, pelo que esta atividade poderia estar ligada ao seu efeito diurético.

Referências que datam de 2000 até à atualidade confirmam os benefícios dos citrinos no sistema vascular. Assim, o consumo de citrinos tem sido associado a um menor risco de eventos coronários agudos e de acidentes vasculares cerebrais. A partir de dados clínicos, o consumo de sumo de citrinos reduz os danos oxidativos no ADN das células sanguíneas 56 e melhora as concentrações plasmáticas de marcadores de inflamação e de stress oxidativo. Além disso, o consumo de sumos de citrinos melhora a lipemia em homens com cirurgia de bypass coronário prévia. Além disso, em indivíduos hipertensos, o consumo de sumo de toranja rico em flavanonas exerce um efeito benéfico significativo na pressão sanguínea.

Embora tenha sido relatado que o consumo de alimentos ricos em sumo de Hesp exerce efeitos benéficos em alguns factores de risco intermédios para DCV, tais como o colesterol LDL, a pressão arterial e a função endotelial, apenas alguns ensaios clínicos lidaram com a administração oral de hesperidina quimicamente pura.

A hesperidina como radioprotector

Durante os últimos anos, foram realizadas algumas pesquisas para utilizar o Hesp como um protetor promissor contra a radiação ionizante (IR), uma vez que a IR, como parte do nosso ambiente e em tratamento médico, foi estabelecida como um forte carcinogéneo.

através de radicais livres e das consequentes ERO. A interação do IR com a água, um dos principais constituintes celulares, resulta na geração de espécies de radicais primários devido à radiólise da água. Estas espécies reagem com moléculas como o oxigénio, produzindo radicais secundários (H_2O_2 e O_2^-), que são altamente reactivos e podem difundir-se para alvos celulares vitais como o ADN, as proteínas, os lípidos e as membranas, conduzindo, em última análise, ao cancro e à morte celular. Uma vez que os radicais livres desempenham um papel importante na iniciação e progressão da toxicidade induzida pela IR, a utilização de antioxidantes, quer na dieta quer como agentes terapêuticos, pode oferecer proteção contra os danos induzidos pela radiação. Várias plantas medicinais avaliadas quanto à sua eficácia radioprotectora revelaram efeitos protectores contra os efeitos nocivos da IR.

O desenvolvimento de radioprotectores eficazes é de grande importância, tendo em conta a sua aplicação potencial durante a exposição planeada a radiações (radioterapia) e a exposição não planeada a radiações (acidentes nucleares, radiação natural de fundo proveniente da terra ou de outras fontes).

Inibição da libertação de histamina

Estudos demonstraram que os flavonóides atenuam a libertação de histamina durante as fases tardias das reacções alérgicas. A libertação de histamina durante esta fase da reação alérgica é fortemente regulada pelos leucotrienos gerados pelas reacções catalisadas pela lipoxigenase. A inibição deste processo ocorre com um certo número de flavonas hidroxiladas, agliconas, enquanto que uma inibição muito menor ocorre com flavonas metoxiladas. Nestes estudos, a inibição relativa da libertação de histamina basófila pelos flavonóides correlacionou-se com os requisitos de estrutura-atividade previamente observados para a lipoxigenase.

Inibição das fosfodiesterases

A supressão das fosfodiesterases reveste-se de uma importância terapêutica particular nos casos de inflamação crónica e alérgica. A inibição da fosfodiesterase é uma atividade importante associada a várias plantas medicinais, e os flavonóides presentes em muitos medicamentos tradicionais foram associados a esta atividade inibidora. Estudos demonstraram uma inibição potente da fosfodiesterase do AMPc por agliconas de flavona com cinco ou mais substituintes metoxi (incluindo muitas das polimetoxiflavonas dos citrinos), enquanto as flavonas *C-glicosiladas* eram inibidores fracos e os *flavona-O-glicosídeos* eram menos activos do que as agliconas.

Recentemente, quatro flavonóides do alcaçuz e as biflavonas do *Ginkgo biloba.*

Foi recentemente comunicada a inibição da atividade da fosfodiesterase em monócitos humanos activados por LPS por polimetoxiflavonas de citrinos. Estes compostos também inibiram a produção de citocinas, fator de necrose tumoral-a (TNF), proteína inflamatória de macrófagos-1 e interleucina-10 (IL-10) pelos monócitos activados. A produção das citocinas IL-1, IL-6 e IL-8 não foi afetada.

Os inibidores flavonóides mais activos da produção de TNF foram a 3,5,6,7,8,38,48-heptametoxiflavona (HMF), a 5-desmetilnobiletina, a sinensetina, a nobiletina e a 5-hidroxi-3,6,7,8,38,48-hexametoxiflavona. A inibição da produção de TNF-a ocorreu ao nível da transcrição e foi associada a uma elevação do AMPc intracelular, consistente com um mecanismo que envolve a fosfodiesterase. Várias flavonas hidroxiladas (por exemplo, apigenina, kaempherol, rhamnetina, quercetina e tamaraxetina) também inibiram moderadamente a produção de TNF (intervalo IC50 20-166 M), mas, ao contrário das flavonas poli-metoxi, a sua inibição foi associada à citotoxicidade. A inibição da produção de citocinas pelo HMF nos monócitos humanos activados foi muito semelhante à do conhecido inibidor da fosfodiesterase 3-isobutil-1-metilxantina. Isto sugeriu ainda que a inibição do TNF-a pelas poli-metoxi flavonas cítricas ocorreu, em parte, *através da* inibição da fosfodiesterase.

A regulação da produção de citocinas pela fosfodiesterase influencia a formação a jusante de uma família de moléculas de adesão pelas células endoteliais activadas. As moléculas de adesão são essenciais para a ligação de neutrófilos, monócitos e outros leucócitos circulantes ao local de lesão do endotélio. Provas recentes sugerem que a inibição da expressão de moléculas de adesão induzida por citocinas é uma via através da qual os flavonóides podem exercer efeitos anti-inflamatórios adicionais.

A apigenina e outras flavonas hidroxiladas demonstraram ser inibidores potentes da expressão das moléculas de adesão induzidas por citocinas pelas células endoteliais. A apigenina bloqueou a produção de prostaglandinas induzida pela IL-1 e a produção das citocinas IL-6 e IL-8 pelas células endoteliais estimuladas. A inibição da ação das citocinas e da expressão das moléculas de adesão constitui um mecanismo possível através do qual os flavonóides podem exercer efeitos cardioprotectores no homem.

A apigenina inibe a expressão de VCAM-1 e ICAM-1 induzida pelo TNF nas células endoteliais da aorta humana e, através destas acções inibidoras, pode desempenhar um papel na prevenção da aterosclerose.

Inibição de proteínas quinases

A ativação celular durante a inflamação envolve ainda uma variedade de cinases (por exemplo, proteína tirosina quinase, proteína quinase C e fosfatidilinositol quinase) responsáveis pela transdução de sinais *através da* fosforilação de proteínas e lípidos.

O papel da inibição da proteína quinase C pelos flavonóides na modulação da função dos linfócitos e na libertação de histamina pelos basófilos induzida por antigénios foi amplamente analisado. Numerosos estudos demonstraram que a inibição das proteínas cinases pelos flavonóides pode dever-se, em parte, à ligação competitiva dos flavonóides aos locais de ligação dos nucleótidos. Em alguns estudos, observou-se que a isoflavona, o orobol e os flavonóis (quercetina e fisetina) inibiam a fosfoinositol quinase de *Streptomyces* e que o orobol competia com o ATP no local ativo. Do mesmo modo, a fisetina e a luteolina inibem competitivamente a ligação do ATP à proteína quinase C. Observou-se também que a apigenina inibe competitivamente a ligação do ATP à proteína quinase C e reduz o nível de fosforilação das proteínas celulares estimulada pelo ATP. As acções inibidoras dos flavonóides parecem agora estender-se a uma série de outras cinases reguladoras, incluindo a fosfatidilinositol quinase e a atividade da tirosina quinase do recetor do fator de crescimento epidérmico (EGFR). A quercetina e a luteolina provocaram uma forte inibição da atividade da tirosina quinase do EGFR numa linha celular com expressão excessiva de EGFR. Recentemente, a inibição da atividade da tirosina quinase do EGFR foi postulada como parte integrante da inibição do crescimento das células tumorais do cólon induzida pela quercetina. Foi também demonstrado que o EGFR desempenha um papel importante no cancro da próstata humano, e o tratamento de células de carcinoma da próstata humana com silimarina demonstrou resultar numa inibição significativa da transformação mediada por factores de crescimento. A ativação do EGFR e a diminuição da fosforilação da tirosina de um alvo intermédio a jusante do EGFR. Foi também observado que o tratamento com silimarina inibiu significativamente a quinase dependente de ciclina-4 e induziu certos inibidores da quinase dependente de ciclina. Na resposta imunitária, a ligação de antigénios a receptores de linfócitos provoca a ativação precoce de proteínas tirosina-quinases seleccionadas e a subsequente fosforilação de múltiplos substratos proteicos. Além disso, a ativação dos linfócitos desencadeia a renovação do fosfatidil-inositol e a formação de moléculas de sinalização intracelular críticas da via dos fosfoinositídeos. A fosfatidilinositol-3 quinase, envolvida nesta via, é inibida pela isoflavona orobol, bem como pelas flavonas hidroxiladas.

CAPÍTULO 7

O chá verde é um potente antioxidante

A planta *Camellia sinensis* foi originalmente descoberta e cultivada no Sudeste Asiático há milhares de anos e, de acordo com a mitologia chinesa, o imperador Shen Nung descobriu o chá pela primeira vez em 2737 AC. Desde então, a popularidade do chá é atualmente cultivada em pelo menos 30 países em todo o mundo. Atualmente, são consumidos muitos tipos de preparações de chá, provenientes da mesma fonte vegetal, mas com diferentes métodos de transformação. Os três tipos de chá mais populares incluem o chá preto (78%, consumido principalmente no Ocidente e em alguns países asiáticos), o chá verde (20%, consumido principalmente na Ásia e em alguns países do Norte de África e do Médio Oriente) e o chá oolong (2% consumido em algumas partes da China e de Taiwan).

De todos os chás consumidos no mundo, o chá verde é bem estudado pelos seus benefícios para a saúde. Contribui para os efeitos preventivos de várias patologias, incluindo os cancros. Os principais componentes do chá são as catequinas, que contêm um esqueleto de benzopirano com um grupo fenilo substituído na posição 2 e uma função hidroxilo (ou éster) na posição 3. As variações da estrutura da catequina incluem a estereoquímica dos 2, 3-substituintes e o número de grupos hidroxilo no anel D da banda. Pertencentes à classe dos flavonóides flavan-3-ol, as catequinas mais abundantes encontradas nas folhas de chá incluem a epigalocatequina-3-galato EGCG, epigalocatequina, EGC, epicatequina-3-galato ECG, epicatequina EC, catequina-3-galato-CG, galocatequina-3-galato GCG.

Biodisponibilidade e metabolismo dos polifenóis do chá verde

Os compostos activos do chá verde são os polifenóis (GTP), também conhecidos como flavan-3- ols, que incluem o galato de epigalocatequina (EGCG), o galato de epicatequina (ECG), a epigalocatequina (EGC) e a epicatequina (EC). O polifenol mais abundante no chá verde é o EGCG e sabe-se que tem efeitos anticancerígenos através de muitos mecanismos diferentes. Em cultura de células e modelos animais de cancro do pulmão, do aparelho digestivo, da bexiga, do fígado, da próstata, da mama e da pele, os mecanismos anticancerígenos mais frequentemente observados da EGCG incluem a inibição da proliferação, a indução da apoptose e a paragem do ciclo celular em G0/G1

(307). O EGCG induz a apoptose por várias vias, incluindo a inibição da via de sobrevivência celular PI3K/AKT/p-BAD, levando à regulação negativa de Bcl-2 e à regulação positiva de Bax, bem como à ativação da via FASR/caspase-8.

O EGCG também afeta outros fatores implicados na proliferação e morte celular, como as vias MAPK (fósforo Erk1/2) e fatores de crescimento (IGF1, recetor IGF e IGFBP-3). Além disso, foi demonstrado que o EGCG afeta a regulação do ciclo celular através da inibição da atividade da enzima histona desacetilase (HDAC) de classe I, levando ao aumento da acessibilidade da região promotora e ao aumento da expressão de p21/waf1 e Bax. Em ensaios de ligação a proteínas, foi demonstrado que o EGCG se liga a várias proteínas (vimentina, recetor de IGF-1 e GRP 78 kDa) com alta especificidade em concentrações muito baixas. No entanto, em experiências de cultura de células, devido à ligação não específica de proteínas, foram necessárias concentrações mais elevadas de EGCG para inibir os mesmos alvos. O tratamento com EGCG ou extrato de GT (Fig. também demonstrou a inibição da angiogénese, invasão, VEGF, MMP2 e MMP9. Por último, foi demonstrado que a EGCG apresenta uma atividade anti-inflamatória através da inibição da COX-2 e do NFκB. A concentração de NFκB/p65 fosforilado em células HT-1080 foi inibida pelo tratamento com EGCG de maneira dependente da dose, enquanto NFκB/p65 permaneceu o mesmo.

Os GTP são absorvidos principalmente a partir do intestino delgado, o que é regulado por vários transportadores MRP de múltiplos fármacos e transportadores monocarboxilados. De acordo com a sua função, os transportadores estão localizados na membrana basal (MRP1) ou na membrana apical (MRP2). Os GTP são absorvidos pelas células epiteliais e metabolizados, levando a uma maior excreção ou a uma redução da atividade quimiopreventiva. Os GTP não galados, como o EGC e o EC, sofrem glucuronidação e sulfatação, enquanto os GTP galados, EGCG e ECG, estão principalmente presentes na forma livre. Todos os GTP com pelo menos um grupo catecol sofrem metilação pela *catecol-O-metil* transferase (COMT). A COMT catalisa a transferência de grupos metilo da SAM para um dos grupos hidroxilo do catecol, com a formação equimolar de *S-adenosil-L-homocisteína* (SAH). O EGCG e o ECG contêm duas estruturas anulares de catecol. O EGCG é facilmente metilado nas posições 4' e 4" para formar 4"- *O-MeEGCG* e 4', 4"*-di-O-metil-EGCG.*

A EGC e a EC são as principais catequinas que circulam no sangue, com aproximadamente 30% da EGC a ocorrer na forma metilada como 4'-*O-MeEGC.* Embora a EGCG não seja bem absorvida no intestino delgado devido à sua abundância em GT, pode ser encontrada no tecido humano de homens que consomem seis chávenas de GT diariamente. Na urina, as catequinas predominantes são o EGC, o 4'-

O-MeEGC e o EC, que se encontram na forma conjugada. No tecido da próstata humana e do rato, as principais catequinas presentes são o EGCG e o ECG. Aproximadamente 50% do EGCG ocorre na forma metilada como 4"-*O-MeEGCG* ou 4', 4"-*O-di-O-metil-* EGCG no tecido da próstata humana obtido na prostatectomia após o consumo de seis chávenas (48 oz) de GT diariamente durante 3-5 semanas. Um grau semelhante de metilação do EGCG foi encontrado após o consumo de GT em tecidos de ratos, incluindo pulmão, rim e tumores de próstata de xenoenxerto.

No entanto, existem fortes diferenças na atividade de metilação consoante o órgão. Por exemplo, a atividade da COMT é muito mais elevada nos tecidos do fígado e dos rins do que na próstata e nos pulmões. A metilação diminui significativamente a atividade biológica do EGCG. A inibição da proliferação e a estimulação da apoptose foram significativamente reduzidas nas células cancerígenas do carcinoma linfonodal da próstata (LNCaP) tratadas com 4"-*O-MeEGCG* em comparação com EGCG. Nas células de leucemia humana HL60, a inibição da atividade proteasomal foi significativamente reduzida utilizando EGCG metilado em comparação com a forma não metilada.

As análises cinéticas enzimáticas revelaram que o EGCG, para além de ser um substrato da COMT, também apresenta uma forte inibição da atividade da COMT. Os inibidores mais potentes entre as catequinas foram os que continham um anel D do tipo galoil (EGCG, 4"-*O* - metil-EGCG, 4', 4"- *di-O-metil-EGCG* e ECG), independentemente do seu estado de metilação (314). A formação de agregados proteicos, bem como os estudos de modelação molecular computacional, demonstraram uma ligação direta do EGCG à COMT.

Uma vez que os GTP são substratos para as reacções de metilação do catecol, foi sugerido que a metilação mediada pela COMT poderia diminuir a concentração intracelular de SAM e, ao mesmo tempo, aumentar a concentração de SAH, um inibidor de feedback de várias reacções de metilação dependentes da SAM. Por conseguinte, o consumo excessivo de polifenóis contendo catecóis pode afetar outros processos de metilação, como a metilação do ADN.

A atividade biológica do chá verde e de outros chás está diretamente relacionada com a sua biodisponibilidade, pelo que a biodisponibilidade do chá é um parâmetro fundamental.

A biodisponibilidade é normalmente estimada medindo a porção de um fármaco (em percentagem) que atinge o fluxo sanguíneo sistémico após a sua administração não sistémica.

Para utilizar os componentes do chá como terapia antioxidante eficaz, é necessário, em primeiro lugar, conhecer o teor de polifenóis antioxidantes nas diferentes variedades de chá e, em segundo lugar, a sua biodisponibilidade. É bem sabido que nem todos os polifenóis são absorvidos com a mesma eficiência. Os antioxidantes são extensivamente metabolizados por enzimas hepáticas.

É necessário conhecer os processos metabólicos dos polifenóis e a sua biodisponibilidade para avaliar a sua atividade biológica nos tecidos. O conhecimento da biodisponibilidade dos antioxidantes é também essencial para compreender o seu efeito na saúde humana.

As agliconas de flavonóides (sem resíduos de açúcar) podem ser absorvidas no intestino delgado. No entanto, a maioria dos flavonóides está presente nos alimentos sob a forma de glicosídeos, ésteres ou polímeros e, frequentemente, não podem ser absorvidos nestas formas. Antes de serem absorvidos, estes flavonóides devem ser hidrolisados por enzimas intestinais ou pela flora intestinal. Durante a absorção, os polifenóis são conjugados primeiro no intestino e depois no fígado. Estas reacções incluem principalmente a metilação, a sulfatação e a glucuronidação. Os polifenóis são capazes de penetrar nos tecidos.

Os polifenóis e os seus derivados são eliminados do organismo na urina e na bílis.

A biodisponibilidade dos componentes do chá, nomeadamente das catequinas, pode ser determinada por vários métodos:

a- pelo aumento da atividade (capacidade) antioxidante do plasma ou do soro humano após o consumo de chá ou dos seus componentes individuais;

b- por determinação direta das catequinas nos fluidos e tecidos biológicos, uma ou duas horas após o consumo de uma determinada quantidade de chá ou de catequinas individuais;

c- determinando o efeito do chá consumido e dos seus componentes na redução dos marcadores de stress oxidativo.

O consumo de chá reduz as concentrações de biomarcadores do stress oxidativo nos fluidos biológicos. Os biomarcadores de stress oxidativo mais conhecidos são: 8- hidroxideoxiguanosina (8-OHdG), derivados de tirosina, malondialdeído, F2- isoprostano e hidroperóxido de fosfatidilcolina (PCOOH) - marcador de lesão oxidativa das lipoproteínas plasmáticas.

O consumo de 900 ml de chá verde por dia, durante 7 dias, reduziu o 8- OHdG na urina humana em 40% e o malondialdeído em 80%, embora se tenham registado grandes variações individuais.

O consumo de chá verde reduziu em 60% as concentrações de PCOOH no plasma humano. O aumento do consumo de chá verde reduziu a concentração de F2-isoprostano em humanos e animais.

Em muitos estudos, foi observado um efeito anticarcinogénico do chá verde e das suas catequinas. Foram obtidos resultados particularmente fortes em animais.

A exposição prolongada à radiação UV promove a formação de dímero de ciclobutano pirimidina (CPD), que desempenha um papel importante na carcinogénese da pele. Se a pele for tratada com uma solução de EGCG (1-4 mg/cm2) 20 minutos antes da radiação UV, a formação de CPD é significativamente reduzida.

Os efeitos benéficos para a saúde das catequinas do chá estão fundamentalmente relacionados com a sua biodisponibilidade, absorção, distribuição em vários órgãos, metabolismo e excreção do organismo. A biodisponibilidade é estimada pela concentração de uma determinada catequina ou dos seus metabolitos num determinado órgão. É impossível determinar com exatidão estes parâmetros *in vivo* no ser humano devido à dificuldade de acesso aos

Por conseguinte, estes estudos são efectuados em animais. No entanto, a biodisponibilidade e o metabolismo das catequinas nos seres humanos e nos animais podem variar. A biodisponibilidade absoluta é frequentemente estimada pelo número de compostos activos no sangue. Como já foi indicado, a biodisponibilidade consiste em vários processos inter-relacionados: libertação, absorção. Os potenciais mecanismos de inibição da DNMT pelo EGCG e outros GTP foram amplamente investigados anteriormente. Análises cinéticas utilizando o CE como inibidor modelo mostraram que a metilação do ADN foi inibida competitivamente *in vitro,* principalmente através do aumento da formação de SAH. Em comparação, o forte efeito inibitório da EGCG na metilação mediada pela DNMT deveu-se em grande parte à sua inibição direta da atividade da enzima DNMT, independentemente da sua própria metilação.

Polifenóis no chá

O termo "polifenol" é um descritor inclusivo que se refere aos milhões de moléculas aromáticas naturais e sintéticas que são substituídas por múltiplos grupos hidroxilo. Os polifenóis constituem uma das características mais distintivas da planta do chá e foram objeto de uma investigação mais aprofundada do que qualquer outra classe de compostos do chá.

Os polifenóis são os principais responsáveis pela cor e adstringência e parcialmente responsáveis pelo sabor da bebida de chá. Os compostos

são antioxidantes conhecidos e estão a ser estudados como agentes que podem reduzir os factores de risco associados ao cancro e às doenças cardíacas.

Classificação química

Os polifenóis do chá podem ser subdivididos por várias estruturas químicas de espinha dorsal. Os polifenóis simples do chá são aqueles que são sintetizados durante as fases iniciais da biossíntese dos polifenóis, enquanto o grau de complexidade dos polifenóis aumenta à medida que se avança na via biossintética. Os flavonóides, um subgrupo de polifenóis e a classe dominante dos polifenóis do chá verde, são sintetizados em parte a partir dos polifenóis simples e representam compostos com 15 ou mais átomos de carbono [fase C] na estrutura básica. Os polifenóis do chá preto representam transformações químicas adicionais dos polifenóis do chá verde e, por conseguinte, constituem um terceiro nível de complexidade. Pensa-se geralmente que os polifenóis exclusivos do chá preto são polímeros dos polifenóis do chá verde e, por conseguinte, são compostos por moléculas com cerca de 30 átomos de carbono [fase C30] ou mais, uma vez que o polímero mais simples seria um dímero, como a procianidina.

Os flavonóides são o subgrupo mais amplo, incluindo os flavanóis, que têm um anel central (C) saturado e incluem as catequinas, os principais polifenóis do chá verde, e os flavonóis, que têm um anel central (C) insaturado e um grupo cetona.

A leitura de qualquer uma destas três classificações deve ser feita com muita atenção.

Estas classificações estão todas incluídas no termo mais amplo polifenol, que se refere a qualquer composto que contenha anéis aromáticos com múltiplos grupos OH fenólicos pendentes ou seus derivados.

Polifenol do chá verde

As catequinas representam o principal constituinte polifenólico do chá verde. São membros de uma classe mais geral de flavonóides, os flavan-3-0ls (também designados por flavanóis). Existem três subgrupos de flavanóis: afzelechina, catequina e galocatequina. Uma grande percentagem das catequinas presentes no chá existe sob a forma de ésteres do ácido gálico.

Polifenóis residuais do chá verde

Durante o processo de fermentação, os polifenóis do chá verde são rapidamente convertidos nos polifenóis do chá preto. No entanto, dependendo do grau de fermentação, alguns polifenóis do chá verde permanecem não convertidos. Isto é particularmente verdade no caso dos chás oolong e de alguns chás Darjeeling, que são conhecidos por se assemelharem ao chá verde tanto na constituição química como na adstringência.

a. Catequinas

As catequinas representam a maior parte dos polifenóis do chá verde e, consequentemente, pensa-se que são os blocos de construção dos polifenóis do chá preto.

b. Teaflavinas e produtos afins

Uma das principais características do chá preto em relação ao chá verde é a produção de um novo tipo de polifenol, as teaflavinas. A fermentação da folha de chá verde também resulta no desenvolvimento de componentes aromáticos característicos, num escurecimento da cor da folha e dos extractos e numa diminuição da adstringência com o aumento do tempo de fermentação.

c. Teaflavinas

O mais conhecido dos produtos de fermentação é a classe de compostos conhecidos como teaflavinas, compreendendo cerca de 3 a 5% wt/wt dos sólidos do extrato.

A teaflavina confere à bebida de chá um aspeto brilhante, vermelho-alaranjado, e há muito que está positivamente correlacionada com o valor de mercado do chá. O valor de mercado do chá também é influenciado por factores secundários, como o aroma, tal como se observa nos chás do Quénia, que normalmente contêm teores mais elevados de teaflavina e, por conseguinte, não constituem uma caraterística distintiva. Embora caracterizada por uma estrutura única de anel de benzotropolona resultante da dimerização de uma catequina e de uma galocatequina, existe uma série de compostos relacionados, incluindo as isoteaflavinas, as neoteaflavinas e os ácidos teaflavicos, que também possuem uma unidade de benzotropolona semelhante. O anel de benzotropolona fornece a cor vermelha e torna as teaflavinas facilmente distinguíveis de outros componentes. A análise das teaflavinas começou com a extração de extractos aquosos em isobutilmetilcetona ou acetato de etilo, seguida de medições espectrofotométricas.

Polifenóis do chá preto

Os polifenóis do chá preto são produzidos a partir das reacções enzimáticas controladas envolvidas na fermentação da folha verde durante a produção comercial e modelo de chá preto. A extensão e as condições em que a fermentação ocorre determinam o grau de transformação dos polifenóis do chá verde nos polifenóis exclusivos do chá preto. É razoável esperar que o chá preto contenha uma quantidade de polifenóis semelhante à do chá verde. No entanto, a natureza complexa destes polifenóis, alguns dos quais são de natureza "polimérica", tem resistido largamente à identificação química. Os constituintes polifenólicos não identificados são frequentemente designados porarubigens. Apesar da sua complexidade, alguns dos polifenóis únicos do chá preto foram identificados e caracterizados.

Polifenóis do chá Oolong

Tipicamente entendido como um intermediário entre os chás verde e preto, o chá oolong é caracterizado por um tempo de fermentação muito mais curto, em condições mais suaves, de modo a que ocorra uma oxidação parcial, em vez de uma fermentação total. Esta caraterização é também representativa de alguns chás Darjeeling, cuja atividade oxidase não é permitida para atingir a sua expressão total. Uma oxidação mais suave cria aparentemente o seu próprio conjunto único de compostos aromáticos e polifenólicos. Uma questão residual relativa ao mecanismo de formação da teaflavina é a oxidação concertada das catequinas. Compostos como os bisflavonóis, também conhecidos como teasinensinas A-E, representam produtos de condensação "sem saída" porque não podem prosseguir mecanicamente para as teaflavinas.

Parece mais razoável que a quinona reaja com um polifenol não oxidado a baixas concentrações de quinona, sendo depois oxidada em teaflavina. As teaflavinas podem ser formadas diretamente a partir das quinonas, desde que estejam presentes em quantidades suficientemente grandes, mas podem ser interrompidas numa fase intermédia.

Formação de cafeína

Pensava-se que a cafeína era sintetizada principalmente durante a fase de murcha das folhas de chá recém-colhidas, embora seja provavelmente sintetizada ao longo da vida da planta. A cafeína é muito provavelmente sintetizada a partir de nucleótidos de adenina, as formas de purina livre dominantes no chá. A adenosina é um produto importante do metabolismo do ARN no chá. A adenosina é convertida em adenina e, através da hipoxantina (ou inosina), em xantina (ou xanthosina), a partir da qual a xanthosina é o ramo inicial da biossíntese da cafeína. A guanosina também é convertida em xanthosina, mas desempenha um papel aparentemente menor na biossíntese da cafeína. A xantosina é metilada na posição 7 para obter 7-metil xantosina, que é hidrolisada em 7-metil xantina, que é subsequentemente metilada em teobromina e cafeína.

Formação de teanina

A teanina (n-etil glutamina) é formada pela ação da alanina sintetase [L-Glutamato: Etilamina ligase] sobre a etilamina derivada da alanina e do ácido glutâmico. Os produtos de degradação da teanina podem servir de precursores para a síntese do anel A da catequina, aparentemente a partir da utilização do grupo N-etil. Bioquímica dos flavonóides. É geralmente aceite que os efeitos quimiopreventivos do cancro do chá verde são mediados pelo seu polifenol abundante, o galato de epigalocatequina [(-)-EGCG]. Os principais constituintes são a cafeína, os taninos e os óleos essenciais. Os taninos são constituídos por uma variedade de compostos polifenólicos, sendo os mais importantes os flavonóides denominados catequinas. O chá é classificado, com base na extensão das reacções enzimáticas que ocorrem durante o fabrico, em chá verde (não fermentado), chá preto (fermentado) e chá paochong ou oolong (especialmente tratado e semi-fermentado). O chá verde contém maiores quantidades de derivados de catequina, como a (-)-epicatequina (EC), a (-)-epigalocatequina (EGC) e os seus galatos (ECG e EGCG).

Durante a produção de chá preto, algumas das catequinas são convertidas em teaflavinas (TF) e tearubiginas (TR) por oxidação enzimática e reacções de acoplamento. As catequinas e os seus derivados são conhecidos por contribuírem para o sabor do chá, enquanto o aroma do chá depende da presença de diferentes compostos voláteis. As teaflavinas (TF) são responsáveis pela vivacidade e pelo brilho e as arubiginas (TR) pela cor e pelo corpo ou força (sensação na boca). A cafeína é responsável pelo efeito estimulante do chá e a ação quimiopreventiva do cancro do chá deve-se principalmente ao seu teor de polifenóis. **Os polifenóis do chá e os seus alvos moleculares nas células cancerígenas**

Os polifenóis do chá possuem uma ampla atividade inibidora contra a carcinogénese e são eficazes quando administrados durante o seu início, promoção ou progressão. No entanto, os mecanismos moleculares dos polifenóis do chá responsáveis pelas suas acções inibidoras não são totalmente compreendidos. Alguns dos mecanismos moleculares propostos incluem a proteção do ADN contra danos e/ou metilação em células normais, a inibição da atividade do proteassoma tumoral, a inibição da expressão de genes oncogénicos, a indução da apoptose, a regulação do ciclo celular e a inibição da proliferação celular e de eventos relacionados com a promoção do tumor.

O chá verde e o (-)-EGCG protegem o ADN da metilação e dos danos

A epigenética é o estudo das alterações reversíveis e hereditárias da função dos genes que ocorrem sem uma alteração da sequência do ADN nuclear. Os mecanismos epigenéticos controlam o desenvolvimento eucariótico para além da informação armazenada no ADN, mas podem também contribuir para a carcinogénese, alterando a estrutura da cromatina, a acetilação das histonas, a atividade transcricional e a metilação do ADN. O silenciamento epigenético por hipermetilação de genes supressores de tumores ou relacionados com a reparação do ADN ocorre mais frequentemente durante as fases iniciais da carcinogénese. Além disso, a alteração epigenética pode resultar em alterações adicionais na construção dos genes. Foi referido que o silenciamento do gene O6-metilguanina-DNA metiltransferase (*MGMT)* resultou em células com a capacidade de adquirir um tipo específico de mutação genética no *p53* e, subsequentemente, uma incapacidade de reparar aductos de guanosina no ADN.

Foi relatado que a EGCG inibe a atividade da DNA metiltransferase (DNMT), resultando na desmetilação de CpG e na reativação de genes silenciados por metilação em células KYSE 510 de cancro do esófago humano, tais como *p16INK4a*, recetor de ácido retinóico β (RARβ), *MGMT* e homólogo de *mutação* humana 1 (*hMLH1*). O fator de transcrição homeobox 2 relacionado com o caudal (*Cdx2*), um gene supressor de tumores, é frequentemente inactivado por hipermetilação do promotor em células de carcinoma gástrico e de cancro colorrectal. O chá verde diminuiu a frequência de metilação *do Cdx2* de uma forma dependente da dose, apresentando 10/25 (40%), 7/18 (39%), 2/8 (25%) e 0/6 (0%) da frequência de metilação *do Cdx2* em grupos testados de pessoas que consumiram três ou menos, quatro a seis, sete a nove e dez chávenas ou mais por dia, respetivamente.

A radiação ultravioleta (RUV) pode induzir danos no ADN, o que constitui um dos mecanismos de formação de tumores. Verificou-se que a pré-incubação com (-)-EGCG diminuiu significativamente os danos no ADN induzidos pela RUV em fibroblastos da pele humana, fibroblastos do pulmão e linhas celulares de queratinócitos epidérmicos. Além disso, observou-se que as células do sangue periférico de indivíduos que consumiram chá verde apresentaram níveis mais baixos de danos no ADN em comparação com as dos controlos.

Num ensaio de intervenção com chá de fase II, controlado aleatoriamente, 143 fumadores pesados, com idades entre os 18 e os 79 anos, foram agrupados aleatoriamente para beber chá verde, chá preto ou água durante 4 meses. A avaliação do 8-OHdG urinário, um indicador de danos oxidativos no ADN, após ajustamento para medições de base e outros potenciais factores de confusão, revelou uma diminuição significativa do 8-OHdG urinário (31%) após 4 meses de consumo de chá verde descafeinado (P = 0,002), sugerindo que o consumo regular de chá verde pode proteger os fumadores dos danos oxidativos.

Polifenóis do chá e inibição da expressão do oncogene

Foi demonstrado que vários genes associados à carcinogénese são influenciados pelos polifenóis do chá. Verificou-se que os polifenóis do chá ou EGCG reduzem os níveis de expressão da ciclina D1 e bcl-2 e aumentam a expressão de p53 e p27, o que resulta na indução de apoptose em vários tumores, incluindo carcinoma hepatocelular, carcinogénese pulmonar e carcinoma nasofaríngeo.

Foi relatado que a expressão do gene *MMP-9*, que está envolvido no crescimento de células cancerosas e metástases, é inibida pelo EGCG em células de leucemia mieloide HL-60 diferenciadas por macrófagos. O tratamento com EGCG inibiu dramaticamente a secreção da proteína MMP-9 pelas células HL-60 da leucemia mieloide humana com um valor IC50 de 3,2 µM. O EGCG também diminuiu a expressão do gene *MMP-9* e inibiu os níveis de mRNA nas células HL-60.

A sobreexpressão do recetor HER-2/neu (HER-2) e do recetor do fator de crescimento epidérmico (EGFR) é frequentemente observada em doentes com carcinoma da mama e também em doentes com carcinoma de células escamosas da cabeça e pescoço (HNSCC).

Foi relatado que EGCG e GTPs inibiram a expressão do gene TNF-α nas células, mediada pela inibição da ativação de *NF-κ* B. A ribonucleoproteína nuclear heterogênea (hnRNP) A2/B1 demonstrou ser superexpressa em tumores de mama e pulmão e caracterizada como um marcador precoce de câncer de pulmão. O EGCG pode inibir potentemente a expressão do gene hnRNP A2/B1 com IC50 29 µM, o que resultou na inibição do crescimento de células cancerígenas do pulmão humano.

Foi relatado que o EGCG suprimiu o crescimento de células humanas de cancro do pulmão através da inibição da proteína activadora da Ras-GTPase, a proteína de ligação ao domínio SH3 1 (G3BP1), que é um membro das enzimas associadas às proteínas de ligação ao RNA nuclear heterogéneo e é um elemento da via de transdução do sinal oncogénico Ras.

Foi demonstrado que a regulação positiva do EGFR está associada a uma série de mecanismos relacionados com o desenvolvimento de tumores. A sobreexpressão da MMP-2 tem sido associada aos fenótipos invasivos e malignos de muitas linhas celulares cancerosas *in vitro* e *in vivo.* A EGCG pode regular negativamente a expressão do ARNm e os níveis proteicos do EGFR nas células do cancro da mama. O tratamento de células humanas de cancro da mama com EGCG também reduziu a atividade, a expressão proteica e o nível de expressão de ARNm da MMP-2.

Os polifenóis do chá inibem a atividade do proteasoma nas células cancerosas

O sistema ubiquitina/proteassoma é responsável pela degradação de proteínas reguladoras que estão envolvidas em processos celulares críticos, como o ciclo celular e a apoptose. O proteassoma eucariótico contém pelo menos três actividades catalíticas conhecidas: actividades do tipo quimotripsina, do tipo tripsina e do tipo caspase ou peptidil-glutamil peptido-hidrolisante (PGPH). A atividade proteasomal é necessária para a proliferação das células tumorais e para o desenvolvimento da resistência aos medicamentos. Por conseguinte, a inibição da via de degradação mediada pelo proteassoma tem sido considerada uma abordagem importante para a terapia e prevenção do cancro. A associação entre a inibição do proteassoma e a indução da apoptose foi observada em estudos do nosso e de outros grupos. De facto, os ensaios clínicos demonstraram que o inibidor do proteassoma

Foi relatado que o EGCG inibia potente e especificamente a atividade do proteassoma semelhante à quimotripsina *in vitro* (IC50 = 86-194 nM) e que o EGCG podia induzir a paragem do crescimento de células tumorais na fase G1 do ciclo celular. Além disso, foi referido que uma ligação éster no EGCG desempenhava um papel crítico na sua atividade inibidora do proteassoma. Além disso, as amidas sintéticas de EGCG e os análogos de EGCG com modificações no anel A, no anel C ou na ligação éster inibiram a atividade semelhante à da quimotripsina do proteassoma 20S purificado com potências alteradas, induziram a paragem do crescimento na fase G1 do ciclo celular em células de leucemia Jurkat T e suprimiram a formação de colónias de células de cancro da próstata humano LNCaP.

O EGCG é o polifenol mais potente do chá verde, mas é instável em condições neutras ou alcalinas (ou seja, pH fisiológico). Em um esforço para descobrir inibidores de proteassoma de polifenol mais estáveis, sintetizamos vários análogos de EGCG com grupos -OH eliminados dos anéis B e / ou D. Além disso, também sintetizámos os seus pró-fármacos putativos com grupos -OH protegidos por acetato que podem ser removidos pela esterase citosólica celular.

Outros alvos moleculares dos polifenóis do chá

Foi referido por muitos investigadores que as proteínas quinases activadas por mitogénio (MAPK), as vias mediadas pelo EGFR e a via de transdução de sinal mediada pelo fator de crescimento semelhante à insulina (IGF)-I.

O EGCG pode suprimir a expressão da sintase de ácido graxo induzida por heregulina-β1 em células de câncer de mama humano, inibindo a sinalização da cascata de fosfatidilinositol 3-quinase (PI3K)/Akt e MAP quinase. O EGCG também inibiu o eixo endotelial e diminuiu a ativação dependente de ETAR das MAPKs p42/p44 e p38 e da via fosfatidilinositol 3-quinase no carcinoma ovariano.

O efeito quimiopreventivo dos polifenóis do chá nos modelos animais TRAMP foi associado à diminuição do nível de IGF-I no tecido prostático dos ratinhos. Estes resultados foram apoiados por outro estudo, no qual os polifenóis do chá podiam inibir a fosforilação da Akt mediada pelo IGF-I. Os dados dos estudos pré-clínicos *in vitro* e *in vivo* indicaram que a via de transdução do sinal IGF-I é um dos alvos moleculares críticos dos polifenóis do chá.

Outros estudos revelaram que os polifenóis do chá podem ter como alvo a via das MAPKs. Verificou-se que o GTE possuía efeitos inibidores do crescimento das células tumorais da ascite de Ehrlich associados a uma ativação celular dependente do tiol das MAP kinases.

O mau prognóstico do carcinoma do pulmão de pequenas células (SCLC) deve-se sobretudo ao desenvolvimento de resistência aos medicamentos. Além disso, verificou-se que o EGCG poderia induzir apoptose em células SCLC sensíveis a medicamentos (H69) e resistentes a medicamentos (H69VP) com valores IC50 semelhantes (~ 70 µM). O tratamento de ambas as linhas celulares com EGCG na concentração dos valores IC_{50} durante 24 h também resultou numa redução de 50-60% da atividade da telomerase. Em conjunto, tal como observado com outros compostos naturais, os polifenóis do chá desempenham papéis inibitórios potentes em diferentes fases da carcinogénese e em relação a múltiplos alvos em vários tipos de tumores. Nesta revisão, enumerámos alguns dos principais alvos moleculares dos polifenóis do chá, que estão associados aos seus efeitos anticancerígenos e preventivos do cancro.

Doença de pele:

Através de investigações, muitos laboratórios demonstraram que o extrato de chá verde, tomado por via oral ou aplicado na pele, inibe a formação de tumores cutâneos induzidos por carcinogéneos químicos ou pela radiação ultravioleta (UVB). Os extractos possuem igualmente uma atividade anti-inflamatória que, à semelhança da atividade anticancerígena, se deve aos polifenóis neles presentes. O principal polifenol responsável pela prevenção da formação do cancro é a epigalocatequina-3-galato (EGCG). Quando aplicado na pele do rato, o EGCG previne o stress oxidativo induzido pelos raios UVB e a supressão do sistema imunitário. Os modelos de pele de ratinho ilustraram extensos efeitos benéficos dos extractos de chá verde e, embora apenas tenham sido realizados alguns estudos de pele humana, muitas empresas cosméticas e farmacêuticas estão a complementar os seus produtos de cuidados da pele com extractos de chá verde.

Doenças neurodegenerativas

Atividade antialzheimer: Embora não haja provas epidemiológicas em estudos humanos do benefício do chá verde para a doença de Alzheimer, vários estudos em modelos animais e de cultura de células sugerem que o EGCG do chá verde pode afetar vários alvos potenciais associados à progressão da doença de Alzheimer. O EGCG protege contra a neurotoxicidade induzida pela beta-amiloide em neurónios do hipocampo em cultura, um efeito atribuído às suas propriedades antioxidantes.

Atividade antiparkinsónica: Vários estudos têm demonstrado que o chá verde e o EGCG previnem significativamente estas patologias em modelos animais44. O EGCG, administrado por via oral em doses tão baixas como 25 mg/kg, preveniu a perda de neurónios dopaminérgicos na substantia nigra e preservou os níveis estriatais de dopamina. Estudos epidemiológicos sobre a prevalência da doença de Parkinson e o consumo de chá verde mostram que a incidência da doença é 5 a 10 vezes menor nas populações asiáticas.

Obesidade/Controlo de peso

Estudos recentes sobre as propriedades termogénicas do chá verde demonstraram uma interação sinérgica entre a cafeína e os polifenóis catequínicos que parece prolongar a estimulação simpática da termogénese. Um estudo humano sobre o extrato de chá verde contendo 90 mg de EGCG tomado três vezes por dia concluiu que os homens que tomaram o extrato queimaram mais 266 calorias por dia do que os do grupo placebo e que os efeitos termogénicos do extrato de chá verde podem desempenhar um papel no controlo da obesidade. Foi também demonstrado que os polifenóis do chá verde inibem marcadamente as lipases digestivas *in vitro*, resultando numa diminuição da lipólise dos triglicéridos, o que pode traduzir-se numa redução da digestão das gorduras nos seres humanos.

Disbiose intestinal e infeção

Um pequeno estudo realizado no Japão demonstrou que uma preparação especial de catequina de chá verde (30,5% EGCG) foi capaz de afetar positivamente a disbiose intestinal em doentes de lares de idosos, aumentando os níveis de Lactobacilos e Bifidobactérias e diminuindo os níveis de Enterobacteriaceae, Bacteroidaceae e eubactérias. Os níveis de metabolitos bacterianos patogénicos também diminuíram.

Um estudo *in vitro* também demonstrou que o chá verde possui atividade antimicrobiana contra uma variedade de bactérias patogénicas gram-positivas e gram-negativas que causam cistite, pielonefrite, diarreia, cáries dentárias, pneumonia e infecções cutâneas.

CAPÍTULO 8

Carotenóides, são antioxidantes coloridos

Os carotenóides são tetraterpenóides e são sintetizados nas plantas e noutros organismos fotossintéticos, bem como em algumas bactérias, leveduras e bolores não fotossintéticos. A maior parte dos carotenóides é composta por uma cadeia central de carbono com ligações simples e duplas alternadas e tem diferentes grupos terminais cíclicos ou acíclicos. As suas principais funções bioquímicas são determinadas pelo sistema alargado de ligações duplas conjugadas, que também é responsável pela sua cor.

Os carotenóides estão amplamente distribuídos na natureza e são sintetizados por todos os organismos fotossintéticos (cianobactérias, algas e plantas), bem como por microrganismos não fotossintéticos, como os fungos e algumas bactérias. Desde os primeiros relatórios independentes que elucidaram a estrutura do β-caroteno, foram descritos mais de 700 carotenóides naturais. Estima-se que a produção mundial anual de carotenóides pela natureza seja equivalente a cerca de 100 milhões de toneladas e que mais de 20 novas estruturas sejam descritas todos os anos.

Os carotenóides são compostos isoprenóides que consistem em oito unidades de isopreno (ip) ligadas num padrão cabeça-cauda em que a ordem das ligações duplas é invertida no centro da molécula. Os carotenóides compreendem um vasto grupo de pigmentos lipofílicos que fornecem uma série de cores, incluindo o amarelo, o laranja e o vermelho. Estes pigmentos são responsáveis pela coloração de muitas flores, como os malmequeres, os narcisos, a *Gentiana lutea* e *a Sandersonia aurantiaca*; frutos como o tomate, a papaia, a tangerina e a laranja; e raízes (cenouras). Os carotenóides encontram-se principalmente a nível intracelular nas membranas dos cloroplastos e dos cromoplastos das plantas. Tradicionalmente, são classificados estruturalmente em:

a. carotenóides, incluindo α-caroteno, β-caroteno

b. As xantofilas, como a β-criptoxantina, a luteína, a zeaxantina, a violaxantina, a neoxantina e a fucoxantina.

O comprimento do cromóforo determina o espetro de absorção de uma molécula de carotenoide e, por conseguinte, a sua cor para o olho.

A principal função dos carotenóides é a proteção das células e dos organelos contra os danos oxidativos, o que conseguem através da interação com as moléculas de oxigénio singlete e da eliminação dos radicais peróxidos, impedindo assim a acumulação de espécies nocivas de oxigénio. Estão também envolvidos na fotossíntese (participando no processo de colheita de luz e como fotoprotectores do aparelho fotossintético), no ciclo da xantofila (protegendo contra os danos causados pela luz) e como precursores do ácido abscísico. Além disso, os carotenóides têm uma função ecológica primordial porque actuam como atractivos para os polinizadores e agentes de dispersão de sementes. Além disso, a clivagem oxidativa dos carotenóides por uma família de dioxigenases de clivagem de carotenóides (CCDs; enzimas que clivam ligações duplas) leva à produção de apocarotenóides, compostos com uma variedade de actividades biológicas importantes, tais como fitohormonas (ABA e estrigolactonas, um grupo de lactonas terpénicas com atividade hormonal que promovem a germinação de plantas parasitas das raízes, estimulam as interacções simbióticas entre plantas e fungos micorrízicos arbusculares e inibem a ramificação axilar dos rebentos), as moléculas visuais e de sinalização retinal (cromóforo de vários pigmentos visuais em animais) e ácido retinóico (ligando receptores nucleares que é um sinal importante que controla uma vasta gama de processos transcricionais) e os voláteis aromáticos β-ionona (atrativo para polinizadores e sabor de frutos ou vegetais), β-ciclocitral, geranial, geranil acetona, teaspirona, α-damascenona e β-damascenona responsáveis pelo sabor e aroma/scente de várias flores e de uma diversidade de alimentos.

Os carotenóides têm uma função essencial na nutrição e saúde humanas; os seres humanos são incapazes de sintetizar *de novo* a vitamina A a partir de precursores isoprenóides endógenos, mas os carotenóides vegetais (β-caroteno, α-caroteno, γ-caroteno e β-criptoxantina) constituem a principal fonte alimentar de provitamina A (o que significa que podem ser convertidos em retinol). Para além do seu valor nutricional, os carotenóides, actuando como antioxidantes, têm sido implicados na redução do risco de cancro e de doenças cardiovasculares, o α- e o β-caroteno suprimem a tumorigénese na pele, pulmão, fígado e cólon.

O licopeno previne as doenças cardiovasculares e, eventualmente, o cancro da próstata. Do mesmo modo, foi referido que uma dieta rica em carotenóides está diretamente ligada a uma redução do risco de degenerescência macular relacionada com a idade. Do mesmo modo, a zeaxantina e a luteína (componentes essenciais do pigmento macular do olho) mostraram a associação mais forte entre a ingestão alimentar e a redução do risco de degenerescência macular. Os apo carotenóides revelaram também actividades multifuncionais interessantes e podem ser úteis na prevenção do cancro e de outras doenças degenerativas. Alguns frutos produzem e acumulam apo carotenóides como o apo-14'-zeaxantinal, apo-13-zeaxantinona, apo-12'-capsorubinal, apo-8'-capsorubinal, 9,9'-diapo-10,9'- *retro-caroteno-9*,9'- diona, apo-8'-zeaxantinal, apo-10'-zeaxantinal, apo-12'-zeaxantinal, apo-15-zeaxantinal, apo-11-zeaxantinal e apo-9-zeaxantinona.

A nível comercial, os carotenóides têm uma grande variedade de aplicações, tais como suplementos nutricionais, para fins farmacêuticos, em alimentos para animais, corantes alimentares, cosméticos e agentes nutracêuticos.

Biossíntese e regulação de carotenóides

A biossíntese de carotenóides requer uma fonte disponível de substratos isoprenóides derivados da via do 2-C-metil-D-eritritol 4-fosfato (MEP) localizada nos plastídeos. Os isoprenóides (ou terpenóides) são substâncias químicas orgânicas naturais que servem como precursores para produzir uma gama diversificada de compostos, como tocoferóis, clorofilas, filoquinona (PhQ), giberelinas, ácido abscísico, monoterpenos e plastoquinona (PQ). O gliceraldeído-3-fosfato e o piruvato (provenientes do ciclo de Calvin ou da glicólise) actuam como substratos iniciais que conduzem aos isómeros de isopreno de cinco carbonos, o difosfato de isopentenilo (IPP) e o difosfato de dimetilalilo (DMAPP), que são depois condensados para sintetizar o difosfato de geranilgeranilo (GGPP). As primeiras etapas da via MEP são catalisadas pela 1-desoxi-xilulose-5-fosfato sintase (DXS) e pela 1-desoxi-Dxilulose-5-fosfato redutorisomerase (DXR). A 1-hidroxi-2-metil-2-(E)-butenil 4-difosfato redutase

(HDR) catalisa então a produção de IPP (isopentenil difosfato) e DMAPP (dimetilalil difosfato). É provável que os factores abióticos e bióticos influenciem a produção de substratos isoprenóides para a carotenogénese. Mais importante ainda, a luz e as oscilações circadianas parecem regular a expressão da maioria dos genes MEP e de vários genes biossintéticos de carotenóides.

A condensação de duas moléculas de GGPP catalisada pela enzima fitoeno sintase (PSY) produz *15-cis-fitoeno*, o primeiro carotenoide incolor. A PSY é uma importante enzima reguladora limitadora da taxa na via, constituindo o primeiro passo comprometido e um estrangulamento na carotenogénese. Para além da luz intensa, a PSY pode responder transitoriamente a ABA, sal, seca, temperatura, fotoperíodo, sinais de desenvolvimento e regulação pós-transcricional. O fluxo da via dos carotenóides pode ser controlado por múltiplos PSYs, como é o caso do tomate, do arroz e do milho, enquanto que na *Arabidopsis* existe apenas um único alelo. É provável que os homólogos múltiplos do PSY sejam algo redundantes; no entanto, os alelos individuais do *PSY* são expressos de forma específica para cada tecido e apenas alguns alelos mostram uma resposta única à sinalização da expressão do gene *PSY* por ABA induzida por stress abiótico. O splicing alternativo, bem como a variação alélica, são mecanismos que permitem titular a atividade da enzima PSY e são susceptíveis de estar na base de um QTL importante que determina a cor da farinha nos trigos pão e duro. A expressão de *PSY* é altamente co-regulada com genes relacionados com a fotossíntese e genes da via de biossíntese de isoprenóides, assegurando um metabolismo fotossintético ótimo. Os factores ambientais, de desenvolvimento e metabólicos são os principais reguladores da expressão do gene *PSY* e serão considerados mais adiante neste livro.

A produção de *all-trans* -lycopene a partir de 15- *cis* phytoene envolve quatro enzimas, phytoene desaturase (PDS), z-carotene isomerase (z-ISO), z-carotene desaturase (ZDS) e carotenoid isomerase (CRTISO), bem como uma fotoisomerização mediada pela luz. Os níveis de transcrição do ARNm do *PDS* são ligeiramente regulados durante a fotomorfogénese através da via mediada por fitocromos, o que poderia implicar que o PDS desempenha um papel limitador da taxa na geração de 9, 15, 90-tri *cis* - z-caroteno (z-caroteno). A proteína oxidase alternativa dirigida ao plastídeo (PTOX) foi necessária para a atividade da fiteno dessaturase (PDS) e liga a dessaturação ao transporte de electrões do cloroplasto.

Começam a surgir papéis reguladores para ZDS e Z-ISO na catálise de z-caroteno em *tetra-cis-licopeno* (pro-licopeno), o substrato para CRTISO. A expressão do gene *ZISO* parece ser regulada por um período alargado de escuridão e a perda de função do *ZDS* afecta a acumulação de carotenóides, bem como as comunicações entre o plastídeo e o núcleo (referida como sinalização retrógrada), muito provavelmente devido a um desenvolvimento deficiente dos plastídeos.

A CRTISO catalisa as reacções *cis-trans* para isomerizar as quatro *ligações* cis introduzidas pelas dessaturases e surge como um nó regulador importante na via, os mutantes *crtiso* acumulam *poli-cis-isómeros* (por exemplo fitoeno, fitoflueno, z-caroteno e neurosporeno, além de prolicopeno) em vez do perfil típico de xantofila em tecidos não fotossintéticos, como flores (por exemplo, pétalas), o pericarpo interno de frutos verdes e plântulas etioladas. A função destes cis-carotenóides permanece em grande parte desconhecida e é fácil especular que poderiam desempenhar um papel como novas moléculas de sinalização. Mais recentemente, foi demonstrado que a CRTISO é essencial para estabelecer um equilíbrio entre os isómeros *cis* e *trans dos* carotenóides. Talvez a CRTISO tenha outras funções, tais como controlar a produção de precursores apocarotenóides necessários para a biossíntese de fito-hormonas (por exemplo, ABA ou estrigolactona) ou estabelecer um equilíbrio entre a isomerização *cis* e *trans* e, por conseguinte, controlar a acumulação de *cis-carotenóides*. Um estudo recente revelou que Os CRTISO pode funcionar para regular a expressão das proteínas nucleares do PSII (CP43 e CP47), afectando assim o estado redox do PQ para estabilizar as proteínas extrínsecas de evolução do oxigénio e a atividade de evolução do oxigénio fotossintético no arroz. Apesar do bloqueio da configuração *cis* - para uma configuração *totalmente* trans nos mutantes *crtiso*, a carotenogénese pode prosseguir nos cloroplastos através da fotoisomerização, mas verifica-se um atraso no esverdeamento das plântulas etioladas e uma redução substancial da luteína na *Arabidopsis*, bem como algum grau de clorose no tomate e no arroz. Talvez o CRTISO desempenhe um papel importante nos tecidos não verdes (por exemplo, os frutos e as raízes parecem estar protegidos da fotoisomerização) e nas sementes em germinação, à medida que crescem através do solo em direção à luz. O papel da luz na substituição da ausência de atividade da CRTISO nos tecidos verdes está a ser debatido e surge agora como uma área excitante de intensa investigação de carotenóides para desvendar os mecanismos químicos elusivos e a natureza reguladora associada à fotoisomerização.

A biossíntese de carotenóides bifurca-se após o licopeno para produzir sepsilon- e b-carotenóides através da atividade enzimática de duas licopeno ciclases, eLCY e bLCY. A regulação por eLCY é o primeiro passo comprometido que coordena o fluxo de carotenóides através do b-ebranch e modula a relação entre o carotenoide mais abundante, a luteína e os b-carotenóides, levando a alterações no conteúdo de luteína. Um sinergismo molecular entre as actividades eLCY e bLCY é um determinante global importante do fluxo através do ramo que leva à produção de luteína, b-caroteno e outros carotenóides do ciclo das xantofilas (XC). As investigações permitiram obter mutantes que perturbam a biossíntese da luteína, incluindo *lut1*, e-hydroxylase. CRTISO; e *lut5*, uma b-hidroxilase adicional, bem como o mutante regulador da cromatina SDG8, *ccr1*. As implicações para a regulação epigenética do fluxo de carotenóides através do b-ebranch são discutidas mais adiante. Os carotenóides xantofílicos são os principais metabolitos de sumidouros de carotenóides que se acumulam nos tecidos foliares das plantas, produzidos pela funcionalização oxidativa do a-caroteno (luteína) ou dos b-carotenos (zeaxantina, violaxantina e neoxantina).

A modulação da composição da xantofila pode afetar grandemente a captação de luz do conjunto do fotossistema, a fotoprotecção e o impacto da resposta da planta a condições de stress.

A zeaxantina pode ser epoxidada para produzir violaxantina pela zeaxantina epoxidase (ZEP). Sob stress de luz intensa, esta reação é invertida pela violaxantina de-epoxidase (VDE). A violaxantina é convertida em neoxantina pela neoxantina sintase (NXS). A neoxantina é o carotenoide final do ramo b-b da via biossintética clássica. Foram identificados muitos outros carotenóides xantofílicos em alguns tecidos vegetais, incluindo os cetocarotenóides altamente valorizados (por exemplo, astaxantina, capsantina, capsorubina e cantaxantina).

Distribuição e natureza dos carotenóides

Numerosos estudos referem que os carotenóides têm o potencial de prevenir cancros, diabetes, doenças inflamatórias e cardiovasculares (DCV). Alguns destes carotenóides são enumerados a seguir:

Carotenóides hidrocarbónicos

De acordo com a legislação da UE, os carotenóides vegetais podem ser derivados de plantas comestíveis, cenouras, óleos vegetais, erva, luzerna e urtiga. Uma boa fonte de carotenóides vegetais é o mesocarpo dos frutos da palmeira oleaginosa (*Elaeisguineensis*), que contém um óleo rico em carotenos. Após a separação dos carotenos do óleo de palma, que é utilizado para o fabrico de detergentes, os carotenos são suspensos em óleo vegetal numa concentração de 30%. Os carotenos predominantes são o α- e o β-caroteno, na proporção de 2:3. Outros carotenos, incluindo o fiteno, o fitoflueno, o α-caroteno, o β-caroteno e o licopeno, que são todos precursores na biossíntese do α- e do β-caroteno, estão presentes em quantidades menores. O β-caroteno sintético é predominantemente trans-β-caroteno. A presença de β-caroteno e cis-isómeros de α- e β-caroteno nos carotenos do fruto da palmeira significa que o β-caroteno sintético é mais laranja do que os carotenos do fruto da palmeira, que são mais amarelos. O caroteno de *B. trispora* também é principalmente trans-β-caroteno, com aproximadamente 3% de outros carotenóides. O caroteno de *D. salina* também é constituído principalmente por β-caroteno com 5-6% de outros carotenóides (α-caroteno, luteína, zeaxantina e β-criptoxantina). De acordo com a legislação, o teor de isómeros *trans* provenientes desta fonte deve situar-se entre 50-71%. Isto significa que a sua tonalidade de cor se situaria entre a dos carotenos de óleo de palma e a do β-caroteno sintético. Para além de serem utilizados como corantes, os carotenos são também utilizados para fins nutricionais, como agentes da provitamina A ou como suplementos dietéticos.

O β-caroteno é a principal fonte de vitamina A como carotenoide provitamina A. Existem duas vias metabólicas para a sua conversão em vitamina A, conhecidas como a via de clivagem central e a via de clivagem excêntrica. Para os carotenóides provitamina A, a clivagem central é a principal via que conduz à formação de vitamina A. O β-caroteno, o α-caroteno e a β-criptoxantina são clivados simetricamente na sua ligação dupla central pela β-caroteno 15, 15' - monooxigenase (CM01), anteriormente designada β-caroteno 15, 15' - dioxigenase. Foi também descrita uma via alternativa de clivagem excêntrica, confirmada pela identificação molecular de uma enzima de clivagem excêntrica, a β-caroteno 9', 10' -monooxigenase (CMO2), em ratos, humanos e peixes-zebra. A CM02 tem a capacidade de catalisar a clivagem assimétrica do β-caroteno para produzir β-apo-10'-carotenal e β-ionona.

Os apo-β-carotenais podem ser precursores da vitamina A *in vitro* e *in vivo*, através da enzima de clivagem CM01. Também podem ser oxidados nos seus correspondentes ácidos apo-β-carotenóicos, que passam por um processo semelhante à β-oxidação dos ácidos gordos, para produzir ácido retinóico. A coexistência destas duas vias de clivagem revela uma maior complexidade do metabolismo do β-caroteno nos organismos e levanta uma potencial ligação entre os efeitos do β-caroteno e/ou dos seus metabolitos e a anticarcinogénese. Existem polimorfismos de nucleótido único (SNP) não sinónimos comuns no gene CM01 humano que alteram o metabolismo do β-caroteno.

Licopeno

Sendo um precursor na biossíntese do β-caroteno, é de esperar que o licopeno seja encontrado em plantas que contêm β-caroteno, embora geralmente em concentrações muito baixas e por vezes indetectáveis. As fontes mais conhecidas de licopeno são o tomate, a melancia, a goiaba e a toranja rosa. O licopeno pode também ser produzido sinteticamente e por *B. trispora*. O licopeno é autorizado como corante alimentar na UE

e foi também aprovada para utilização como suplemento alimentar nos EUA em julho de 2005. A única fonte autorizada é o tomate (*Lycopersicon esculentum*, Lycopersicon, que significa pêssego de lobo). Para além do licopeno, a oleorresina de tomate contém também quantidades apreciáveis de β-caroteno, fitoeno e fitoflueno. Em solução, o licopeno apresenta-se cor de laranja e não vermelho vivo como no tomate. O licopeno é muito suscetível à degradação oxidativa, muito mais do que o β-caroteno. Os carotenóides absorvem a luz, transferem energia para a clorofila no processo de fotossíntese e protegem contra os danos foto-oxidativos. No homem, os carotenóides funcionam principalmente como fontes dietéticas de provitamina A. No entanto, o licopeno não possui a estrutura em anel da β-ionona necessária para formar vitamina A e não tem atividade provitamina A. Por conseguinte, o licopeno não tem qualquer função fisiológica conhecida no homem. No entanto, foram identificados alguns alvos moleculares potenciais do licopeno nas células. Estes incluem moléculas que estão envolvidas na atividade antioxidante, o elemento de resposta antioxidante (ARE), indução de apoptose, paragem do ciclo celular, factores de crescimento e vias de sinalização, e invasão e metástase.

Luteína e Zeaxantina

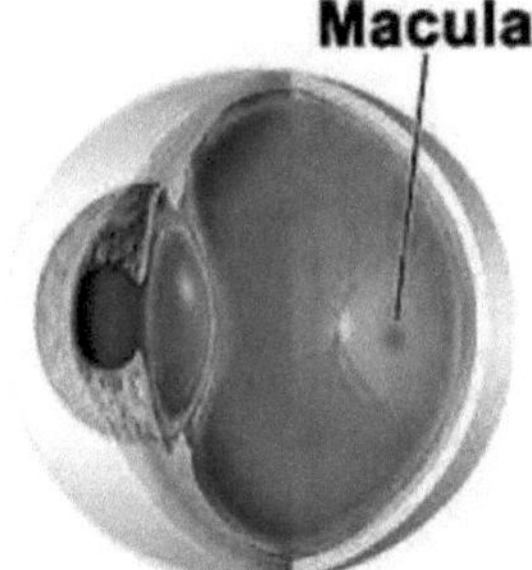

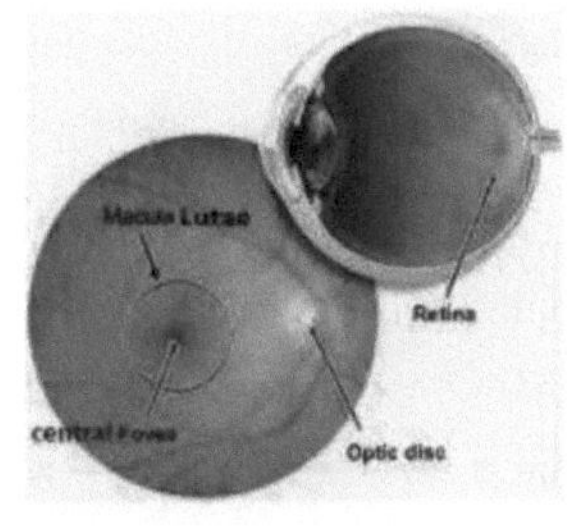

Macula yellow spot (from google image)

A luteína e a zeaxantina são os dois principais componentes dos pigmentos maculares da retina. A mácula lútea, a "mancha amarela" da retina, é responsável pela visão central e pela atividade visual. A luteína e a zeaxantina são os únicos carotenóides que se encontram tanto na mácula como no cristalino do olho humano, e têm funções duplas em ambos os tecidos, actuando como poderosos antioxidantes e filtrando a luz azul de alta energia. A luteína encontra-se em quantidades elevadas no soro humano. Na alimentação, encontra-se em concentrações mais elevadas nos vegetais de folha verde escura (espinafres, couves, couves-galegas e outros), no milho e nas gemas de ovo. A zeaxantina é o principal carotenoide encontrado no milho, nos pimentos cor de laranja, nas laranjas e nas tangerinas.

A luteína é também um carotenoide muito comum e uma das principais xantofilas presentes nos vegetais de folha verde. Sabe-se que a luteína e a zeaxantina se acumulam seletivamente na mácula da retina humana. Pensa-se que funcionam como antioxidantes e como filtros de luz azul para proteger os olhos das tensões oxidativas, como o fumo do cigarro e a luz solar, que podem levar a doenças relacionadas com a idade.

degenerescência macular (DMRI) e cataratas. O nome luteína deriva da palavra latina para amarelo (comparar com xantofila, vide supra). A fonte mais interessante é

Calêndula Azteca (*Tagetes erecta*), na qual a luteína se encontra principalmente esterificada com ácidos gordos saturados (ácido láurico, mirístico, palmítico e esteárico). A luteína produzida a partir da calêndula azteca contém também alguma zeaxantina (normalmente menos de 10%).

Contendo apenas 10 ligações duplas conjugadas, a luteína é mais verde-amarelada do que os carotenos do óleo de palma.

A zeaxantina, o principal pigmento do milho amarelo, *Zeaxanthin mays* L. (de onde deriva o seu nome) é o composto que consiste em 40 átomos de carbono. Também ocorre nas gemas de ovos e em alguns dos vegetais e frutos cor de laranja e amarelos, como a alfafa e as flores de calêndula. A zeaxantina não apresenta atividade de vitamina A. A zeaxantina e a sua parente próxima luteína desempenham um papel fundamental na prevenção da DMRI, a principal causa de cegueira. A zeaxantina é isomérica com a luteína; os dois carotenóis apenas diferem um do outro em termos da deslocação de uma única ligação dupla, pelo que na zeaxantina todas as ligações duplas são conjugadas. A zeaxantina é utilizada como aditivo alimentar e corante na indústria alimentar de aves, suínos e peixes.

O pigmento confere uma coloração amarela à pele das aves e à gema dos seus ovos, enquanto que nos porcos e nos peixes é utilizado para a pigmentação da pele.

β-Cripto×antina

A β-criptoxantina encontra-se no sangue humano juntamente com o α-caroteno, o β-caroteno, **o** licopeno, a luteína e a zeaxantina. Ao contrário de outros carotenóides abundantes, a β-criptoxantina não se encontra na maioria das frutas ou legumes, mas apenas em alguns específicos, nomeadamente a pimenta, o dióspiro e a tangerina Satsuma (*Citrus unshiu* Marc.). A tangerina Satsuma, também conhecida como laranja de mesa ou Satsuma nos países ocidentais, é um dos citrinos mais populares no Japão. É doce, saborosa e rica em vitamina C. É de salientar que a tangerina Satsuma é um dos frutos ricos em β-criptoxantina mais comuns no mundo. A parte comestível da tangerina Satsuma contém cerca de 1,8 mg/100 g de β-criptoxantina, enquanto o teor de β-criptoxantina é de 0,2 mg/100 g na laranja Valência e quase nada nas toranjas. Como a β-criptoxantina raramente se encontra na maioria das frutas ou legumes, a concentração sérica de β-criptoxantina na população japonesa é quase paralela ao seu consumo de tangerina Satsuma, e é mais elevada do que nas populações ocidentais. Embora as funções nutricionais e o metabolismo de carotenóides abundantes, por exemplo o β-caroteno e o licopeno, tenham sido bem estudados, os da β-criptoxantina não foram examinados em pormenor. Relatórios recentes sugerem fortemente uma correlação negativa significativa entre as concentrações séricas de β-criptoxantina e a morbilidade de doenças como as perturbações hepáticas, o cancro e a mutagénese, e a osteoporose pós-menopausa.

A ingestão de β-criptoxantina é benéfica para a saúde humana. Os efeitos anti-obesidade da β-criptoxantina foram recentemente comunicados.

Astaxantina

A astaxantina contém dois grupos ceto em cada estrutura anelar, em comparação com outros carotenóides, o que resulta em propriedades antioxidantes melhoradas. Este composto ocorre naturalmente numa grande variedade de organismos vivos, incluindo microalgas (*Haematococcus pluvialis*, *Chlorella zofingiensis* e *Chlorococcum* sp.), fungos (*Phaffia rhodozyma*, levedura vermelha), plantas complexas, marisco e algumas aves, como flamingos e codornizes; tem uma cor avermelhada e dá ao salmão, ao camarão e à lagosta a sua coloração caraterística. A microalga *Haematococcus pluvialis* tem a maior capacidade de acumular astaxantina, até 4-5% do peso seco das células. Foi atribuído à astaxantina o extraordinário potencial de proteção do organismo contra uma vasta gama de doenças. Tem também um potencial considerável e aplicações promissoras na prevenção e tratamento de várias doenças, como cancros, doenças inflamatórias crónicas, síndrome metabólica, diabetes, nefropatia diabética, doenças cardiovasculares, doenças gastrointestinais e hepáticas e doenças neurodegenerativas. A astaxantina não pode ser fabricada em animais nem convertida em vitamina A, pelo que deve ser consumida através da alimentação. A astaxantina e a cantaxantina têm atividade antioxidante, são eliminadoras de radicais livres, potentes supressoras de espécies reactivas de oxigénio

(ROS) e espécies de oxigénio de azoto, e antioxidantes de quebra de cadeias. São antioxidantes superiores e eliminadores de radicais livres em comparação com os carotenóides como o β-caroteno. A astaxantina é mesmo designada por superantioxidante.

Cantaxantina

A cantaxantina foi isolada pela primeira vez do cogumelo comestível *Cantharellus cinnabarinus.* Além disso, diz-se que a cantaxantina é produzida no final da fase de crescimento em várias algas verdes, e também em algas azuis-verdes, como carotenóides secundários em vez de, ou para além de, carotenóides primários. Foi também encontrada em bactérias, crustáceos e várias espécies de peixes, incluindo a carpa (*Cyprinus carpio*), a tainha dourada (*Mugil auratus*), o sargo-anular (*Diplodus annularis*) e o bodião-trombeteiro (*Crenilabrus tinca*). A cantaxantina não é encontrada no salmão selvagem do Atlântico, mas representa um carotenoide menor no salmão selvagem do Pacífico. Também foi registada na truta selvagem (*Salmo trutta*). A cantaxantina é amplamente utilizada como medicamento ou como corante alimentar e cosmético (bronzeamento da pele), mas pode ter alguns efeitos indesejáveis na saúde humana. Estes são causados principalmente pela formação de *cristais* nas membranas da *mácula lútea* da retina. Esta condição é denominada retinopatia da cantaxantina. Foi demonstrado que este tipo de disfunção do olho está fortemente ligado a danos nos vasos sanguíneos em torno dos locais de deposição de cristais.

A cantaxantina é um dos carotenóides sem atividade provitamina A, mas pode ter actividades anticancerígenas, imunitárias e antioxidantes. Os mecanismos através dos quais a cantaxantina pode exercer uma atividade antitumoral estão associados às suas propriedades antioxidantes através da captura de radicais ou de processos de quebra de cadeias, ou à sua melhoria da comunicação entre células através da regulação da proteína de junção, a conexina.

Fucoxantina

O carotenoide alénico fucoxantina é um dos carotenóides mais abundantes e contribui para a natureza com mais de 10% da produção total estimada de carotenóides na natureza, especialmente no ambiente marinho. A fucoxantina é um pigmento natural de cor castanha ou laranja que pertence à classe dos carotenóides não-provitamina A. A fucoxantina actua como um antioxidante em condições anóxicas. Os antioxidantes típicos são normalmente dadores de protões (ácido ascórbico, α-tocoferol e glutatião). A fucoxantina, por outro lado, doa um eletrão como parte da sua função de supressão dos radicais livres. Uma combinação destas propriedades distintas é muito raramente encontrada em compostos naturais. Durante o metabolismo normal, o corpo produz calor. A fucoxantina aumenta a quantidade de energia libertada como calor no tecido adiposo, um processo conhecido como termogénese. Num estudo publicado, foi relatado que a fucoxantina afecta múltiplas enzimas envolvidas no metabolismo da gordura, causando um aumento na produção de energia a partir da gordura.

A fucoxantina está presente nas *Chromophyta* (*Heterokontophyta* ou *Ochrophyta*), incluindo as algas castanhas (*Phaeophyceae*) e as diatomáceas (*Bacillariophyta*). Com base na sua estrutura molecular única, a fucoxantina tem propriedades biológicas notáveis semelhantes às da neoxantina, dinoxantina e peridinina, o que a torna diferente de outros carotenóides.

Digestão, absorção, metabolismo e biodisponibilidade dos carotenos

Mais de 600 carotenóides com estruturas diversas estão presentes na natureza e cerca de 40 deles são ingeridos na dieta humana. Apesar dos benefícios para a saúde dos carotenóides dietéticos, estes são menos biodisponíveis do que outros nutrientes lipofílicos, principalmente devido à sua extrema hidrofobicidade. Em geral, a biodisponibilidade dos ingredientes alimentares funcionais na dieta é um dos factores-chave que afectam a sua eficácia biológica real.

Digestão dos carotenóides

A ingestão de dietas com maior teor de ingredientes funcionais não significa necessariamente uma maior absorção intestinal e acumulação no corpo humano. Assim, vale a pena elucidar os vários factores que afectam a biodisponibilidade dos ingredientes alimentares funcionais. A biodisponibilidade dos carotenóides dietéticos depende de várias etapas: libertação da matriz alimentar, solubilização no trato digestivo, absorção no epitélio intestinal e metabolismo.

Numa fase inicial da digestão, os carotenóides devem ser libertados das matrizes alimentares. No entanto, os carotenóides presentes nos vegetais são geralmente difíceis de libertar devido à rigidez das paredes celulares. Neste sentido, os carotenóides presentes na fruta madura são mais facilmente libertados do que os presentes nos vegetais frescos. A destruição das matrizes alimentares por cozedura e transformação aumenta a libertação dos carotenóides e melhora substancialmente a sua biodisponibilidade nos vegetais. Nas etapas subsequentes, os carotenóides libertados devem ser eficazmente dispersos no trato digestivo e, finalmente, solubilizados em micelas mistas. A maioria dos carotenóides tem um esqueleto altamente hidrofóbico constituído por polienos conjugados e são sólidos mas não oleosos à temperatura corporal, o que significa que os carotenóides dificilmente se dispersam no meio aquoso da digestão. A eficácia da dispersão e da solubilização afecta significativamente a biodisponibilidade, uma vez que a solubilização é um pré-requisito para a absorção pelos epitélios intestinais.

Os carotenóides, sendo na sua maioria solúveis em gordura, seguem a mesma via de absorção intestinal que a gordura alimentar.

Os carotenóides são libertados das matrizes alimentares e solubilizados no intestino. Este processo é efectuado na presença de gordura e de ácidos biliares conjugados. Para a absorção de carotenóides, apenas 3 a 5 g de gordura numa refeição são suficientes. A absorção é afetada pelos mesmos factores que influenciam a absorção de gorduras. Assim, a ausência de bílis ou qualquer mau funcionamento generalizado do sistema de absorção dos lípidos, como as doenças do intestino delgado e do pâncreas, interferem com a absorção dos carotenóides. Os quilomícrons são responsáveis pelo transporte dos carotenóides da mucosa intestinal para a corrente sanguínea, através dos vasos linfáticos, para serem entregues aos tecidos. Os carotenóides são transportados no plasma exclusivamente por lipoproteínas.

Os carotenóides são solubilizados em micelas mistas, que são formadas através da hidrólise de lípidos emulsionados na digestão por enzimas lipolíticas no suco pancreático. As micelas mistas incluem ácidos biliares, colesterol, lisofosfatidilcolina, ácidos gordos e monoacilglicerol. Uma parte dos carotenóides dietéticos solubilizados nas micelas mistas é absorvida pelo epitélio intestinal, o que significa que a solubilização dos carotenóides nas micelas mistas é um processo importante para a biodisponibilidade. Por outras palavras, a bioacessibilidade, que é definida como a proporção de carotenóides solubilizados em relação ao total de carotenóides ingeridos, é crucial para a biodisponibilidade.

Sabe-se que as gorduras e os óleos aumentam a biodisponibilidade dos micronutrientes lipofílicos, tendo vários relatórios demonstrado que a ingestão de gorduras e óleos aumenta a biodisponibilidade dos carotenóides alimentares. Uma das razões para esta melhoria é o aumento da bioacessibilidade dos carotenóides através da sua dispersão no trato digestivo.

As folhas de espinafre branqueadas foram digeridas com vários lípidos, e as quantidades solubilizadas de β-caroteno, luteína e α-tocoferol foram determinadas por HPLC. A bioacessibilidade do β-caroteno foi aumentada pela adição de lípidos pela seguinte ordem: trioleoilglicerol <monooleoilglicerol < dioleoilglicerol e ácido oleico.

É de notar que os hidrolisados de triacilglicerol foram mais eficazes no aumento da bioacessibilidade do β-caroteno do que o triacilglicerol per se. Entre os ácidos gordos livres, os ácidos gordos insaturados de cadeia longa aumentaram a bioacessibilidade do β-caroteno nas folhas de espinafre de forma mais eficaz do que os ácidos gordos de cadeia média. Estes resultados indicam que as propriedades anfifílicas dos hidrolisados de triacilglicerol são responsáveis pela solubilização do β-caroteno. Isto também foi apoiado pelo facto de o triacilglicerol de cadeia média ter sido menos eficaz do que o triacilglicerol de cadeia longa, embora o primeiro tenha maior solubilidade de carotenóides do que o segundo.

A solubilidade dos carotenóides no triacilglicerol foi menos importante para a solubilização nas micelas mistas. Os ácidos gordos livres de cadeia longa formados a partir de triacilgliceróis aumentariam a solubilização de forma mais eficaz do que os ácidos gordos de cadeia média. Nas condições testadas, a solubilização do β-caroteno foi significativamente melhorada, mas não a da luteína e do α-tocoferol. Em geral, os carotenóides menos hidrofóbicos e outras vitaminas lipofílicas seriam mais facilmente solubilizados nas micelas mistas sem adição de lípidos, o que significa que a sua solubilização por lípidos seria menos notável.

Outros componentes alimentares também afectam a bioacessibilidade dos carotenóides da dieta. Pensa-se que as fibras alimentares diminuem a bioacessibilidade através da ligação dos ácidos biliares. Os fitoesteróis podem também inibir a solubilização dos carotenóides em micelas mistas.

Por conseguinte, muitos factores estão envolvidos na solubilização dos carotenóides da dieta. A transformação e a cozedura dos alimentos, bem como a combinação correcta dos materiais alimentares, devem ser elaboradas para aumentar a bioacessibilidade dos carotenóides. O desenvolvimento

de novas cultivares destinadas a aumentar a bioacessibilidade dos carotenóides é também desejável para garantir os benefícios para a saúde de certos frutos e produtos hortícolas ricos em carotenóides.

Absorção intestinal

Os carotenóides solubilizados nas micelas mistas são absorvidos pelas células epiteliais do jejuno e incorporados no quilomícron. Posteriormente, as partículas de quilomícrons contendo carotenóides são secretadas na linfa e circulam

no interior do organismo. Pensava-se que a transferência de carotenóides das micelas mistas para as células intestinais era mediada por uma simples difusão dependente do gradiente de concentração através da membrana celular. Quando os carotenóides solubilizados

nas micelas mistas compatíveis com as formadas no intestino, foram incubadas com células Caco-2 do intestino humano, verificou-se uma relação positiva entre a hidrofobicidade dos carotenóides e a quantidade de carotenoide absorvida pelo homogenato de espinafre digerido in vitro sem lípido (Não) ou com os seguintes lípidos: trioleoilglicerol (TG), dioleoilglicerol (DG), monooilglicerol (MG) e ácido oleico (FA). Foi avaliada a bioacessibilidade do β-caroteno (barra fechada), da luteína (barra hachurada) e do α-tocoferol (barra aberta). As barras representam médias e DP de dados de cada digestão em triplicado de uma única experiência, seleccionados de três experiências independentes com resultados semelhantes. Os valores de β-caroteno e luteína que não partilham uma letra comum diferem significativamente entre os lípidos pelo teste de Tukey-Kramer ($P<0,05$), enquanto os de α-tocoferol não são significativamente diferentes.

células. Esta relação apoiaria um mecanismo de difusão simples, porque as substâncias lipofílicas podem mover-se através da bicamada lipídica de uma membrana celular mais rapidamente do que as substâncias polares. Os constituintes das micelas mistas, nas quais os carotenóides são solubilizados, afectariam significativamente a absorção de carotenóides pelas células intestinais. Em particular, verificou-se que a presença de lisofosfatidilcolina nas micelas aumentava a absorção de carotenóides pelas células Caco-2, enquanto a fosfatidilcolina suprimia a absorção. A fosfolipase A2 pancreática hidrolisa uma das duas ligações éster gordas da fosfatidilcolina derivada da bílis e dos alimentos para produzir lisofosfatidilcolina menos lipofílica no trato intestinal. Por conseguinte, a lisofosfatidilcolina teria uma função fisiologicamente relevante na promoção da absorção intestinal de nutrientes lipofílicos. O efeito promotor da lisofosfatidilcolina foi correlacionado com o comprimento da cadeia da porção de ácido gordo, com as espécies de cadeia mais longa a mostrarem um maior efeito promotor. Ao contrário da fosfatidilcolina comum com um ácido gordo de cadeia longa, a fosfatidilcolina de cadeia média, que não está presente nos tecidos biológicos, apresentou um efeito promotor equivalente ao da lisofosfatidilcolina de cadeia longa. A fosfatidilcolina de cadeia média tem um equilíbrio hidrófilo-lipófilo equivalente ao da lisofosfatidilcolina de cadeia longa, mas a um nível superior ao da cadeia longa. Monocamadas de células Caco-2 diferenciadas (20-22 dias de idade) foram incubadas em meio DMEM contendo micelas compreendendo 1 μmol/L de β-caroteno, 2 mmol/L de taurocolato de sódio, 100 μmol/L de monooleína, 33.3 μmol/L de ácido oleico e várias quantidades de fosfatidilcolina (PC) ou lisofosfatidilcolina (LysoPC) por 2 h. Os dados representam a média ± SD de três poços.

Verificou-se também que os ácidos gordos e os monoacilgliceróis, que são constituintes das micelas mistas, afectam a absorção de carotenóides pelas células Caco-2.

Além disso, vários fosfolípidos com diferentes grupos de cabeça polar afectaram a absorção. Assim, as substâncias lipofílicas provenientes da alimentação seriam incorporadas

em micelas mistas e podem afetar a absorção de carotenóides da dieta. Para além dos constituintes das micelas mistas, verificou-se que as fibras solúveis diminuíam a absorção de carotenóides pelas células Caco-2, possivelmente por aumentarem a viscosidade do meio, suprimindo assim a difusão das micelas para as células. Por conseguinte, os componentes alimentares ingeridos juntamente com os carotenóides afectariam a sua absorção pelas células intestinais. A seleção de materiais e combinações alimentares adequados melhoraria a biodisponibilidade dos carotenóides da dieta, aumentando a sua absorção celular e a sua solubilização em micelas mistas. Para além do mecanismo de difusão simples para a absorção celular de carotenóides nos epitélios intestinais, descobriu-se recentemente que os receptores scavenger da classe B tipo 1 (SR-B1) e o determinante do cluster (CD36) medeiam a difusão facilitada, com base num estudo in vitro que utiliza células intestinais humanas. A absorção intestinal *in vivo* de β-caroteno foi menor em ratos SR-B1 knockout do que em ratos de tipo selvagem alimentados com uma dieta rica em gordura e colesterol. No entanto, mesmo nos ratinhos knockout, a absorção de β-caroteno não foi completamente abolida, o que significa que a absorção mediada por outros receptores ou a simples difusão não pode ser excluída, sendo provável que várias vias de absorção por diferentes mecanismos funcionem em conjunto com a absorção mediada por SR-B1. Sabe-se que existem diferenças interindividuais significativas na acumulação de carotenóides no plasma humano. Recentemente, foi sugerido que os níveis plasmáticos de vários carotenóides provitamina A estão associados aos genótipos dos genes que codificam SRB1 e CD36 em seres humanos. As variantes genéticas das proteínas que medeiam a difusão facilitada podem ser parcialmente responsáveis pelas diferenças interindividuais na biodisponibilidade dos carotenóides. São desejáveis programas dietéticos especiais para indivíduos com genótipos que indiquem uma resposta deficiente em termos de absorção intestinal de carotenóides alimentares Os humanos ingerem pelo menos 40 carotenóides de frutos e vegetais comuns. No entanto, os principais carotenóides encontrados nos tecidos humanos limitam-se aos seguintes: β-caroteno, α-caroteno, licopeno, β-criptoxantina, luteína e zeaxantina. Apesar do facto de as xantofilas altamente polares se encontrarem distribuídas em vegetais de folha verde, elas e os seus metabolitos nunca foram encontrados em tecidos de indivíduos humanos com hábitos alimentares normais. Com efeito, foi avaliado o teor de carotenóides no plasma de indivíduos saudáveis que ingeriram um prato de espinafres mexidos contendo neoxantina (3,0 mg) e violaxantina (6,5 mg) todos os dias ao almoço durante uma semana. Enquanto os níveis de luteína e β-caroteno no plasma aumentaram significativamente, os níveis de neoxantina, violaxantina e seus possíveis metabolitos permaneceram abaixo dos limites de quantificação. Pelo contrário, em estudos anteriores com animais, a neoxantina e os seus metabolitos acumularam-se no plasma dos ratos a um nível comparável ao do β-caroteno e da luteína, embora a resposta destes dois últimos carotenóides tenha sido menor nos ratos do que nos seres humanos. Estes resultados sugerem que os seres humanos acumulam carotenóides de forma selectiva, possivelmente por captação discriminativa e/ou reexcreção pelas células intestinais e pelo metabolismo no organismo, ao contrário dos ratos. Os seres humanos e outros primatas são também espécies únicas no facto de acumularem carotenóides a um nível elevado. A acumulação selectiva adquirida pelos seres humanos durante a evolução não pode ser nem fortuita nem sem sentido, mas deve ser relevante para o ser humano.

Metabolismo dos carotenóides

Para além da absorção intestinal, a distribuição e o metabolismo pós-absorção também afectam a biodisponibilidade dos carotenóides. O metabolismo dos carotenóides nos mamíferos não foi revelado, exceto no que se refere à conversão em vitamina A. Sabe-se que os carotenóides provitamina A, como o β-caroteno, o α-caroteno e a β-criptoxantina, são convertidos em vitamina A por uma enzima de clivagem central, nomeadamente o β-caroteno

15, 15' -oxigenase nos epitélios intestinais e noutros tecidos. Recentemente, descobriu-se que uma enzima de clivagem assimétrica está codificada no genoma dos mamíferos. Esta nova enzima de clivagem pode clivar a dupla ligação em C9 e C9' da luteína e do licopeno, bem como dos carotenóides da provitamina A, formando um par de produtos de clivagem com diferentes comprimentos de cadeia. Embora se pense que a clivagem assimétrica da provitamina A esteja envolvida noutra via para a síntese da vitamina A, os seus papéis fisiológicos continuam por esclarecer. Naturalmente, estas actividades enzimáticas de clivagem afectam os níveis de carotenóides nos tecidos. De facto, as vacas que tinham defeitos na enzima de clivagem assimétrica apresentavam níveis elevados de β-caroteno no plasma e no leite. Do mesmo modo, foi encontrada uma mutação missense no gene da enzima de clivagem central num indivíduo humano com hipercarotenemia. Assim, foi sugerido que os polimorfismos dos genes das enzimas de clivagem afectam significativamente os níveis de carotenóides nos tecidos de indivíduos individuais.

Metabolitos como a 3'-hidroxi-s,s-caroteno-3-ona e a s,scaroteno-3,3'-diona estavam presentes como carotenóides principais nos tecidos de ratos alimentados com luteína, sugerindo a desidrogenação do grupo hidroxilo e a migração de ligações duplas na luteína. Estes ceto-carotenóides derivados da luteína já foram registados em tecidos humanos, o que sugere uma atividade metabólica em humanos equivalente à dos ratos. Por conseguinte, estes resultados sugerem que os mamíferos têm atividade metabólica para oxidar os grupos hidroxilo das xantofilas e produzir cetocarotenóides. É possível que estes cetocarotenóides tenham uma atividade biológica única, devido à sua estrutura carbonilo α,β-insaturada, que é conhecida por ser altamente reactiva com moléculas nucleofílicas como o grupo tiol das proteínas. Os ceto-carotenóides são instáveis, particularmente em condições alcalinas. Se os ceto-carotenóides se decompuserem rapidamente no organismo, pode presumir-se que o metabolismo da formação de ceto-carotenóides elimina as xantofilas do organismo, uma vez que as reacções de clivagem diminuem o nível de carotenóides. Por conseguinte, as actividades metabólicas de clivagem do polieno e de oxidação do grupo hidroxilo dos carotenóides são factores importantes que afectam os seus níveis nos tecidos. As variantes genéticas nas actividades das enzimas responsáveis resultariam em diferenças interindividuais na biodisponibilidade dos carotenóides. Os vários factores que afectam a biodisponibilidade dos carotenóides da dieta foram estudados em termos de bioacessibilidade, absorção pelas células intestinais e metabolismo. São necessários mais estudos para melhorar a biodisponibilidade dos frutos e legumes. Embora a transformação e a cozedura aumentem significativamente a bioacessibilidade, é importante descobrir quais as cultivares com maior bioacessibilidade e desenvolvê-las através do melhoramento genético. A continuação dos progressos na investigação sobre a forma como a absorção intestinal e o metabolismo estão relacionados com a genética facilitaria a elaboração de programas dietéticos especificamente concebidos para indivíduos com variantes genéticas que dificultam a sua resposta aos carotenóides dietéticos.

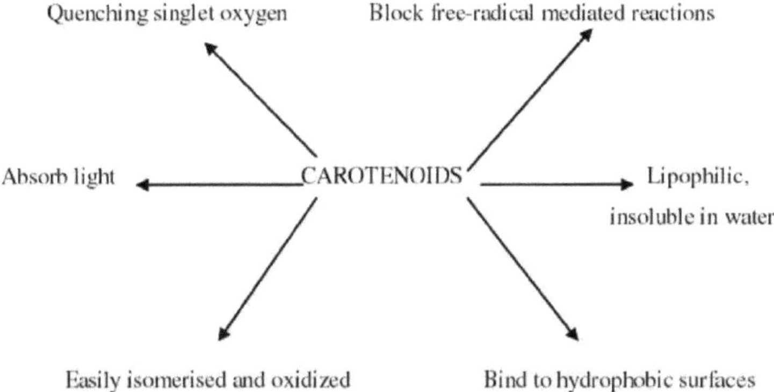

Carotenóides e seus caracteres químicos

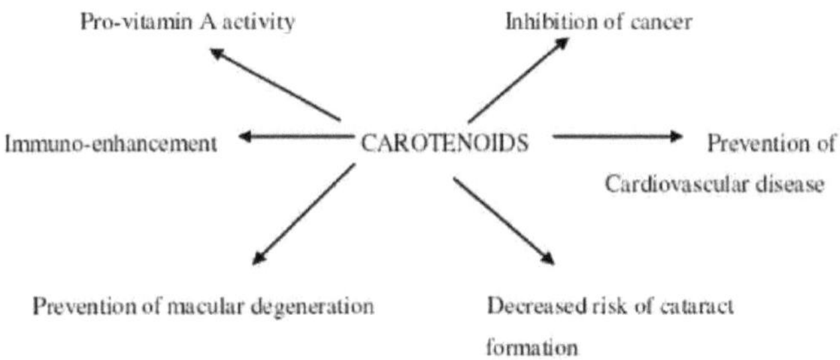

Propriedades carotenóides e antioxidantes

Os carotenóides e a saúde humana

Propriedades anti-ros

Existem provas científicas convincentes que sustentam a associação entre o regime alimentar e as doenças crónicas. Com base nessas provas, foram formuladas em todo o mundo orientações dietéticas para a prevenção de doenças crónicas como o cancro, as doenças cardiovasculares, a diabetes e a osteoporose. Uma das principais recomendações destas directrizes alimentares consiste em aumentar a

consumo de alimentos de origem vegetal, incluindo frutas e legumes, que são boas fontes de carotenóides e outros fitoquímicos biologicamente activos. As frutas e os legumes exercem os seus efeitos benéficos através de vários mecanismos que incluem o metabolismo, a modulação imunitária e a indução hormonal. No entanto, nos últimos

anos de stress oxidativo, induzido por espécies reactivas de oxigénio (ROS) que são geradas pela atividade metabólica normal, bem como por factores relacionados com o estilo de vida, como o tabagismo, o exercício físico e a alimentação, têm sido implicados na causa e na progressão de várias doenças crónicas. Os antioxidantes que podem atenuar os efeitos nocivos das ERO têm sido o foco de investigação recente. Os carotenóides, tendo em conta as suas propriedades antioxidantes, têm merecido um interesse considerável por parte dos investigadores e dos profissionais de saúde

e agências reguladoras. Esta análise centrar-se-á no papel dos carotenóides na saúde humana em geral e no licopeno em particular, que tem sido amplamente investigado nos últimos anos pelo seu papel na prevenção de doenças crónicas.

Prevenção de doenças crónicas

a- Cancro

As provas que apoiam o licopeno na prevenção de doenças crónicas provêm de estudos epidemiológicos, bem como de estudos de cultura de tecidos utilizando linhas celulares de cancro humano, estudos em animais e também ensaios clínicos em humanos.

De todos os cancros. O papel do licopeno na prevenção do cancro da próstata foi o mais estudado. Uma relação inversa entre o consumo de tomate e o risco de cancro da próstata foi demonstrada pela primeira vez numa publicação de 1995. O licopeno foi sugerido como sendo o composto benéfico

presente no tomate. Uma análise métrica de acompanhamento de diferentes estudos mostrou que a ingestão de licopeno, bem como os níveis séricos de licopeno, estavam inversamente relacionados com vários tipos de cancro, incluindo o da próstata, da mama, do colo do útero, do ovário, do fígado e de outros órgãos.

Desde então, vários outros estudos demonstraram que, com o aumento da ingestão de licopeno e dos níveis séricos de licopeno, o risco de cancro era significativamente reduzido. Para estudar o estado do stress oxidativo e dos antioxidantes em doentes com cancro da próstata, foi realizado um estudo. Os resultados mostraram diferenças significativas nos níveis de carotenóides no soro, nos biomarcadores de oxidação e nos níveis de antigénio específico da próstata (PSA) nestes indivíduos. Embora não houvesse diferenças nos níveis de caroteno, luteína, criptoxantina, vitamina E e A entre os doentes com cancro e os seus controlos, os níveis de licopeno eram significativamente mais baixos nos doentes com cancro. Como era de esperar, os níveis de PSA eram significativamente elevados nos doentes com cancro, que também apresentavam níveis mais elevados de oxidação dos lípidos e das proteínas, o que indica níveis mais elevados de stress oxidativo nos doentes com cancro. No mesmo estudo, os níveis séricos de PSA mostraram estar inversamente relacionados com o licopeno sérico. Outros carotenóides não mostraram uma relação inversa semelhante. Em estudos mais recentes, o licopeno demonstrou diminuir os níveis de PSA, bem como o crescimento do cancro da próstata em doentes recém-diagnosticados com cancro da próstata que receberam 15 mg de licopeno diariamente durante 3 semanas antes da prostactomia radical. Noutro estudo, quando o molho de tomate foi utilizado como fonte de licopeno, fornecendo 30 mg de licopeno/dia durante três semanas antes da prostatectomia em homens diagnosticados com cancro da próstata, os níveis de licopeno no soro e na próstata foram significativamente elevados. O dano oxidativo ao DNA foi reduzido e os níveis séricos de PSA diminuíram significativamente em 20% com o tratamento com licopeno. Embora em número reduzido, estas observações levantam a possibilidade de o licopeno estar envolvido não só na prevenção do cancro, mas também no tratamento da doença.

Para além do cancro da próstata, existem agora cada vez mais provas que apoiam o papel protetor do licopeno nos cancros de outras origens, incluindo os cancros da mama, do pulmão, gastrointestinal, do colo do útero, do ovário e do pâncreas. Estudos de cultura de tecidos utilizando linhas celulares de cancro humano mostraram que o seu crescimento é significativamente inibido na presença de licopeno nos meios de crescimento. Do mesmo modo, vários estudos efectuados em animais confirmaram igualmente a associação inversa entre o licopeno dietético e o crescimento dos tumores espontâneos e transplantados. Começam agora a ser realizados estudos de intervenção dietética no ser humano para estudar o papel do licopeno nos cancros da mama, do ovário e do colo do útero. De um modo geral, os estudos epidemiológicos, os estudos de cultura de tecidos in vitro, os estudos em animais e, atualmente, alguns estudos de intervenção em seres humanos estão a mostrar que o aumento da ingestão de licopeno resultará num aumento

níveis circulatórios e tecidulares de licopeno. In vivo, o licopeno pode atuar como um potente antioxidante e proteger as células contra os danos oxidativos, prevenindo ou reduzindo assim o risco de vários tipos de cancro. São necessários mais estudos para obter mais provas e compreender melhor os mecanismos envolvidos.

Doenças cardiovasculares

Pensa-se que o stress oxidativo e o ataque dos radicais livres às estruturas biológicas são factores importantes no início e na propagação do desenvolvimento de muitas doenças degenerativas. Em geral, os carotenóides comportam-se como antioxidantes eficazes *in vitro* e existem provas claras, provenientes da maioria dos estudos epidemiológicos sobre a incidência de DCV, que indicam uma relação inversa com os carotenóides da dieta e os níveis de carotenóides circulantes. Os carotenóides podem funcionar como antioxidantes de quebra de cadeia, reduzindo a peroxidação lipídica dessas membranas vulneráveis. As propriedades antioxidantes dos carotenóides estão principalmente associadas à sua capacidade de extinguir o oxigénio singlete e de eliminar os radicais livres. Nos carotenóides, o sistema conjugado de ligações duplas de carbono é considerado o fator mais importante nas reacções de transferência de energia, como as que se verificam na fotossíntese. É esta caraterística da molécula que permite também a extinção do oxigénio singlete (^{1} o_2). Estudos *in vitro mostraram* que os carotenóides são eficazes na supressão do oxigénio singlete, eliminam diretamente os radicais livres e inibem a peroxidação lipídica. Apresentam diferenças consideráveis na taxa de extinção do oxigénio singlete, tendo o licopeno a maior capacidade de extinção dos carotenóides estudados, seguido do α-caroteno, do α-caroteno, da zeaxantina, da luteína e da α-criptoxantina. O licopeno tem um potencial antioxidante significativo *in vitro* e tem sido hipotetizado como tendo um papel proeminente na prevenção de DCV. Neste sentido, a atividade antioxidante de alguns carotenóides durante a oxidação do colesterol induzida por peróxido radical foi investigada anteriormente e mostrou que os carotenóides exerciam uma atividade antioxidante significativa, pela ordem decrescente de atividade indicada: Astaxantina, cantaxantina, luteína e β-caroteno. A astaxantina e a cantaxantina são sequestradores de radicais livres, antioxidantes de rutura de cadeias e potentes supressores de espécies reactivas de oxigénio e de azoto, incluindo o oxigénio singlete e os oxidantes de um e dois electrões. A astaxantina e a cantaxantina possuem grupos carbonilo terminais que estão conjugados a uma estrutura de polieno e são antioxidantes mais potentes e eliminadores de radicais livres do que os carotenóides, como o β-caroteno.

Por estas razões, a suplementação dietética com astaxantina tem o potencial de proporcionar uma proteção antioxidante das células e das doenças cardiovasculares ateroscleróticas. Verificou-se que os efeitos diferenciais dos carotenóides na peroxidação lipídica

devido a interacções membranares devido a alterações da estrutura da membrana. Estes efeitos contrastantes dos carotenóides na peroxidação lipídica podem explicar as diferenças na sua atividade biológica. Foi afirmado que o sistema de anéis dos carotenóides desempenha um papel no que respeita aos efeitos biológicos na comunicação intracelular.

Atividade Hipocolesterolémica

Embora as provas de uma relação entre a oxidação das LDL e o risco de doença cardíaca isquémica e de DCV não estejam totalmente estabelecidas, a oxidação das LDL é agora reconhecida como representando um evento precoce importante no desenvolvimento de doenças cardiovasculares. O LDL oxidado actua como um gatilho para iniciar a inflamação endotelial que conduz à aterosclerose e à trombose vascular (ataque cardíaco e acidente vascular cerebral). Foi proposto que os carotenóides podem atuar inibindo a síntese do colesterol através da regulação da 3-hidroxi-3-metilglutaril coenzima a (HMGCoA) redutase. Os primeiros estudos *in vitro* da oxidação do LDL mostraram que o β-caroteno transportado no LDL é oxidado antes do início da oxidação dos ácidos gordos polinsaturados do LDL, sugerindo um possível papel no atraso do início da oxidação do LDL

oxidação . Na oxidação do LDL mediada pelo cobre, os carotenóides foram destruídos antes de se formarem quantidades substanciais de produtos de peroxidação lipídica, o que constitui mais uma prova de que estes pigmentos podem funcionar como antioxidantes. O β-caroteno reage com os radicais peroxilo para dar origem a um radical carotenilo centrado no carbono que, semelhante ao radical livre dos lípidos, na presença de oxigénio produz o radical peroxilo β-caroteno, pelo que pode ocorrer a propagação da cadeia. Foi demonstrado que os carotenóides inibem os processos de peroxidação lipídica *in vivo*, pelo que a presença de carotenóides nas membranas celulares é essencial para atuar como elementos estabilizadores destas estruturas. Vários autores publicaram que a suplementação diária de β-caroteno na dieta de mamíferos levou a uma diminuição dos níveis plasmáticos de lípidos totais, colesterol e triglicéridos. Num modelo de cocultura da parede arterial, verificou-se que a luteína era altamente eficaz na redução da oxidação das lipoproteínas de baixa densidade (LDL) e na inibição da resposta inflamatória dos monócitos às LDL retidas na parede da artéria. Verificaram também que a toma de um suplemento alimentar de luteína em dois modelos de ratinhos (ratinhos apoE-null e ratinhos LDL receptornull) reduzia os hidroperóxidos lipídicos plasmáticos e o tamanho das lesões aórticas. Em experiências *in vitro* com LDL humanas, foi demonstrado que a luteína e a zeaxantina actuam como eliminadores de radicais peroxinitritos, o produto da reação entre o óxido nítrico e o superóxido. Além disso, Fuhrman e a sua equipa demonstraram que a adição de licopeno a linhas celulares de macrófagos diminuía a síntese de colesterol e aumentava os receptores de LDL.

A incubação com licopeno *in vitro* resultou numa diminuição de 73% na síntese de colesterol, que foi maior do que a alcançada com β-caroteno.

Evidências epidemiológicas sugerem que uma ingestão alimentar elevada de β-caroteno diminui o risco de doença vascular aterosclerótica, levantando a possibilidade de que os antioxidantes lipossolúveis retardem a doença vascular protegendo o LDL da oxidação. Todo o trans-β-caroteno inibe a aterosclerose em coelhos hipercolesterolémicos, possivelmente através de interacções estereoespecíficas com receptores de ácido retinóico na parede da artéria.

Atividade anti-inflamatória

A via inflamatória NF-κB demonstrou ser parcialmente regulada por ROS e tem sido implicada em várias formas de DCV. É agora bem reconhecido que a aterosclerose é uma doença inflamatória, e há algumas evidências que sugerem que os efeitos benéficos do licopeno podem resultar da modulação das respostas inflamatórias. O licopeno inibiu a produção de óxido nítrico (NO) e interleucina-6 (IL-6) induzida por LPS, com diminuição dos ARNm da óxido nítrico sintase induzível e da IL-6, mas não teve qualquer efeito sobre o TNF-α. Outros estudos mostraram que o licopeno também inibiu a fosforilação de 1κB induzida por LPS, a degradação de 1κB e a translocação de NF-κB. Além disso, o licopeno bloqueou a fosforilação de ERK1/2 e p38 MAP quinase, mas não c-Jun NH2-terminal quinase. Foi relatado que as concentrações da citocina pró-inflamatória fator de necrose tumoral-α (TNF-α) no sangue de voluntários saudáveis diminuíram após a suplementação dietética com uma bebida à base de tomate. Foi demonstrado que o licopeno pode reduzir a formação de células espumosas nos macrófagos em resposta a LDL modificado, diminuindo a síntese de lípidos nas células e regulando a atividade e a expressão de SR-A. Estes efeitos potencialmente benéficos são, no entanto, acompanhados por uma diminuição acentuada da secreção da citocina anti-inflamatória IL-10, resultando num aumento do perfil pró-inflamatório da libertação de citocinas pelos macrófagos. A luteína exerce efeitos antioxidantes e anti-inflamatórios potentes no tecido aórtico que podem proteger contra o desenvolvimento de aterosclerose em cobaias. Os mediadores inflamatórios, como o TNF-α e as interleucinas IL-1β e IL-8, aumentam a ligação da lipoproteína de baixa densidade (LDL) ao endotélio e aumentam a expressão das moléculas de adesão leucocitária no endotélio durante a aterogénese. Um outro estudo examinou os efeitos de diferentes níveis de luteína e gordura na dieta sobre os níveis de ARNm de iNOS induzidos por LPS em macrófagos de galinha. O estudo concluiu que a luteína e a gordura ou EPA actuam através da via PPARγ e RXR para alterar a expressão de iNOS e que este efeito depende da dose de luteína e gordura ou EPA.

Papel na função endotelial

Um desequilíbrio entre a produção reduzida de NO e o aumento da produção de espécies reactivas de oxigénio pode estar envolvido na vasodilatação dependente do endotélio em doentes com factores de risco e doenças cardiovasculares. No endotélio vascular, o radical livre NO· é produzido a partir da arginina pela óxido nítrico sintase (NOS), convertendo o substrato L-arginina em L-citrulina:

L-Arg + 02+ NADPH NOS N□ 0· + citrulina

A reação requer calmodulina, NADPH e tetrahidrobiopterina (BH4) como cofactores. Em condições normais, o NO* é protetor contra a adesão de plaquetas e leucócitos, anti-inflamatório, anti-proliferativo e regula a expressão e a síntese de proteínas da matriz extracelular. Inibe a expressão do fator de transcrição sensível à oxidação, o NFκβ, através da sua ligação ao IKβ, ligado a um certo número de doenças que encurtam a vida. O dano oxidativo ao componente de colesterol da lipoproteína de baixa densidade (LDL) leva à LDL oxidada por uma série de eventos consecutivos. Este facto induz uma disfunção endotelial, que promove a inflamação durante a aterosclerose. Os carotenóides e as vitaminas poderiam ter uma influência moderadora, mediada por antioxidantes, na função endotelial e na inflamação, reduzindo assim o risco de aterosclerose. Verificou-se que os efeitos dos carotenóides no endotélio vascular utilizando culturas de células endoteliais da aorta humana. A pré-incubação de licopeno resultou numa diminuição de 13% da expressão da molécula de adesão celular vascular, uma molécula presente nos tecidos endoteliais activados que ajuda no recrutamento de leucócitos. O aumento da produção de fator tecidular tem sido associado ao desenvolvimento de doenças cardiovasculares devido à ativação endotelial, resultando na trombose dos vasos sanguíneos. O inibidor específico da Akt inverteu o efeito inibitório dos carotenóides na atividade do fator tecidular, indicando que os carotenóides aumentaram a fosforilação da Akt e suprimiram a atividade do fator tecidular nas células endoteliais através deste mecanismo.

Atualmente, surgiram na literatura vários relatórios que apoiam o papel do licopeno na prevenção de DCV. As provas mais sólidas de base populacional provêm de um estudo de caso-controlo multicêntrico (EURAMIC) que avaliou a relação entre o estado antioxidante do tecido adiposo e a doença aguda do miocárdio.

infração. Foram recrutados 662 casos e 717 controlos em 10 países europeus diferentes. Os resultados deste estudo mostraram uma relação dose-resposta entre o licopeno do tecido adiposo e o risco de enfarte do miocárdio. Um outro estudo, que comparou as populações lituana e sueca, mostrou que níveis mais baixos de licopeno estavam associados a um maior risco e mortalidade por doença coronária (CHD). Os níveis séricos de colesterol têm sido tradicionalmente utilizados como um biomarcador do risco de doença coronária. A oxidação da lipoproteína de baixa densidade (LDL) circulante, que transporta o colesterol para a corrente sanguínea, em LDL oxidado (LDLox) é também

Pensa-se que o licopeno desempenha um papel fundamental na patogénese da arteriosclerose, que é a doença subjacente que conduz ao ataque cardíaco e aos acidentes vasculares cerebrais isquémicos. Foi também demonstrado que o licopeno reduz significativamente os níveis de LDL oxidado (LDLox) em indivíduos que consomem molho de tomate, sumo de tomate e cápsulas de oleorresina de licopeno como fontes de licopeno. Num outro pequeno estudo, o licopeno demonstrou reduzir os níveis séricos de colesterol total, diminuindo assim o risco de DCV.

Embora os estudos epidemiológicos tenham fornecido provas convincentes em apoio do papel protetor do licopeno nas DCV. Estas observações precisam de ser validadas através da realização de estudos de intervenção humana bem controlados no futuro. Aspectos importantes de tais estudos serão a utilização de populações de sujeitos bem definidos, medidas padronizadas de resultados do stress oxidativo e da doença, e a ingestão de licopeno que seja representativa de consumos dietéticos normais e saudáveis.

Osteoporose

O stress oxidativo e os antioxidantes podem contribuir para a patogénese do sistema esquelético, incluindo a osteoporose, a doença óssea metabólica mais prevalente. O stress oxidativo controla as funções dos osteoclastos e dos osteoblastos. Os antioxidantes endógenos e sintéticos neutralizam os efeitos do stress oxidativo nestas células. Estudos recentes referem que os antioxidantes de fontes naturais, como o licopeno do tomate, podem também contrariar os efeitos nocivos do stress oxidativo. As descobertas de que o licopeno tem um efeito estimulante na proliferação celular e no marcador de diferenciação fosfatase alcalina dos osteoblastos, bem como os seus efeitos inibitórios na formação e reabsorção dos osteoclastos, são provas da

O envolvimento do licopeno na saúde óssea e justifica uma investigação mais aprofundada em estudos clínicos.

Estudos epidemiológicos demonstraram que o stress oxidativo está associado à osteoporose e que os antioxidantes podem contrariar este efeito. Certos antioxidantes, incluindo a vitamina C, E e o beta-caroteno, podem reduzir o risco de osteoporose e contrariar os efeitos adversos do stress oxidativo no osso que são produzidos durante o exercício extenuante e entre os fumadores. Foi demonstrado que as mulheres osteoporóticas têm níveis reduzidos de vitaminas e enzimas antioxidantes, o que indica uma diminuição das suas defesas antioxidantes.

Um estudo clínico recentemente publicado mostrou, pela primeira vez, uma correlação direta entre o licopeno sérico e a diminuição do risco de osteoporose em mulheres pós-menopáusicas. Foi investigada a relação entre o licopeno sérico, os parâmetros de stress oxidativo e os marcadores de renovação óssea em mulheres pós-menopáusicas. Foi pedido aos participantes no estudo que preenchessem um registo de ingestão alimentar de sete dias antes de fornecerem amostras de sangue em jejum. Os parâmetros de stress oxidativo, a capacidade antioxidante total, o licopeno sérico e os marcadores de renovação óssea, incluindo

A fosfatase alcalina óssea (formação óssea) e os N-telopeptídeos reticulados do colagénio de tipo I (NTx) (reabsorção óssea) foram medidos nas amostras de soro. Os resultados mostraram uma correlação direta entre a ingestão de licopeno e os níveis de licopeno no soro.

O aumento dos níveis séricos de licopeno resultou numa diminuição significativa da oxidação das proteínas e dos valores de *NTx*. Com base nestes resultados, sugere-se um papel importante para o licopeno, mediado pela sua propriedade antioxidante, na redução do risco de osteoporose. Estão atualmente a ser realizados estudos de intervenção dietética com níveis variáveis de licopeno com o objetivo de demonstrar os efeitos benéficos do licopeno na prevenção e tratamento da osteoporose. Desde o reconhecimento do licopeno como um potente antioxidante e do seu papel preventivo nas doenças crónicas mediadas pelo stress oxidativo, os investigadores estão a começar a investigar o seu papel noutras doenças humanas. A hipertensão é comummente referida como o "assassino silencioso", uma vez que os sintomas desta doença não são observados até se atingir uma fase mais avançada e fatal da doença. A relação causal entre o stress oxidativo e a incidência da hipertensão é agora reconhecida. A propriedade antioxidante do licopeno tem atraído a investigação científica sobre o seu papel protetor na hipertensão.

Um estudo recente demonstrou que a toma de um suplemento de licopeno na dose de 15 mg por dia durante 8 semanas reduziu significativamente a tensão arterial sistólica de 144 mmHg para 134 mmHg em indivíduos ligeiramente hipertensos. Noutro estudo

No estudo de Hauser, foi observada uma redução significativa do licopeno plasmático nos doentes hipertensos em comparação com os indivíduos normais. Quando os doentes com cirrose hepática, uma doença estreitamente associada à hipertensão e a perturbações da circulação linfática, foram comparados com controlos equivalentes, observou-se uma redução significativa do licopeno no soro, juntamente com outros antioxidantes carotenóides, retinol e vitamina E no grupo cirrótico. Reconhecendo a importância dos antioxidantes na gestão da hipertensão, recomenda-se uma dieta "abordagem dietética para controlar a hipertensão (DASH)" que contém níveis substancialmente mais elevados de licopeno, juntamente com outros carotenóides, polifenóis, flavanóis, flavanonas e flavan-3-óis.

A infertilidade masculina, um distúrbio reprodutivo comum, está atualmente a ser associada a danos oxidativos do esperma que levam à perda da sua qualidade e funcionalidade. Níveis significativos de ROS são detectáveis no sémen de até

25% dos homens inférteis, enquanto os homens férteis não produzem níveis detectáveis de ROS no seu sémen. Vários estudos relataram os efeitos benéficos das vitaminas C e E. e de outros antioxidantes, incluindo a taurina, a l-carnitina, a coenzima Q10 e o glutatião na qualidade do esperma. Os investigadores estão a começar a investigar o papel do licopeno na proteção dos espermatozóides contra os danos oxidativos que levam à infertilidade. Verificou-se que os homens com infertilidade mediada por anticorpos apresentavam níveis de licopeno no sémen inferiores aos dos controlos férteis. Num outro estudo, homens inférteis consumiram uma dose diária de 8 mg de licopeno sob a forma de cápsulas. Após o consumo de licopeno durante 12 meses, observou-se um aumento significativo da concentração sérica de licopeno e melhorias na motilidade dos espermatozóides, no índice de motilidade dos espermatozóides, na morfologia dos espermatozóides e na concentração funcional dos espermatozóides. O tratamento com licopeno resultou em 36% de gravidezes bem sucedidas. Outros estudos estão atualmente em curso e os seus resultados farão avançar o nosso conhecimento sobre o papel benéfico do licopeno na infertilidade masculina. Um artigo de revisão recente abordou o possível papel do licopeno nas doenças neurodegenerativas, incluindo a doença de Alzheimer. Devido aos elevados níveis de absorção e utilização de oxigénio, ao elevado teor de lípidos e à baixa capacidade antioxidante, o cérebro humano representa um órgão vulnerável a danos oxidativos.

Embora o papel das vitaminas antioxidantes nas doenças neurodegenerativas tenha sido referido na literatura, apenas um pequeno número de estudos foi referido em relação ao licopeno. Foi demonstrado que o licopeno atravessa a barreira hemato-encefálica e está presente no sistema nervoso central em baixas concentrações. Foi registada uma redução significativa dos níveis de licopeno em doentes com doença de Parkinson e demência vascular. No estudo austríaco de prevenção do AVC, níveis séricos mais baixos de licopeno e de α-tocoferol foram associados a um risco acrescido de microangiopatia.

Foi também sugerido que o licopeno proporciona proteção contra a esclerose lateral amiotrófica (ELA) nos seres humanos. Com base na relação entre o stress oxidativo e as doenças neurodegenerativas e nas potentes propriedades antioxidantes do licopeno, é lógico esperar que, no futuro, sejam realizados mais estudos de intervenção para abordar esta importante área da saúde humana.

A incidência de enfisema, uma doença dos pulmões, é considerada elevada em certos países do mundo. Um estudo recente mostrou o papel protetor do licopeno na prevenção do enfisema num modelo de rato. Numa conferência recente sobre o papel do tomate transformado na saúde humana, foram apresentados dados sobre o papel protetor do

papel do licopeno na prevenção do enfisema numa população japonesa. Sem dúvida, a investigação futura irá também explorar o papel do licopeno noutras doenças humanas, incluindo a diabetes, as doenças oculares e cutâneas, a artrite reumatoide, as doenças periodontais e as doenças inflamatórias. A propriedade antioxidante do licopeno está também a abrir novas aplicações em produtos farmacêuticos, nutracêuticos e cosmocêuticos.

O interesse científico em explorar estratégias inovadoras para a prevenção de doenças humanas sublinha a natureza etiológica e mecanicista comum destas doenças. A hipótese de que a oxidação dos componentes celulares é um acontecimento inicial que acaba por conduzir à incidência de várias doenças leva à utilização de antioxidantes. Exemplos desta hipótese incluem a oxidação das LDL, que leva ao aumento do risco de DCV; a oxidação do ADN, que constitui um passo inicial na progressão dos cancros; e a oxidação das proteínas, que resulta em possíveis alterações da atividade

de várias enzimas metabólicas e influenciar muitas condições de doença. Ao atuar como antioxidante, o licopeno pode prevenir a progressão de muitas doenças humanas numa fase precoce e melhorar a qualidade de vida.

Os carotenóides funcionalizados com oxigénio são mais polares do que os carotenos. Assim, o α-caroteno, o β-caroteno e o licopeno tendem a predominar nas lipoproteínas de baixa densidade (LDL) na circulação, enquanto as lipoproteínas de alta densidade (HDL) são os principais transportadores de xantofilas, como as criptoxantinas, a luteína e a zeaxantina. O transporte dos carotenóides para os tecidos extra-hepáticos é efectuado através da interação das partículas de lipoproteínas com os receptores e da degradação pela lipase lipoproteica. Embora não menos de quarenta carotenóides sejam normalmente ingeridos na dieta, apenas seis carotenóides e os seus metabolitos foram encontrados nos tecidos humanos, o que sugere uma seletividade na absorção intestinal dos carotenóides. Em contrapartida, foram detectados trinta e quatro carotenóides e oito metabolitos no leite materno e no soro de mães lactantes. Recentemente, foi relatado que a difusão facilitada, para além da difusão simples, medeia a absorção intestinal de carotenóides em mamíferos. A absorção selectiva de carotenóides pode dever-se à captação no epitélio intestinal por difusão facilitada e a um mecanismo desconhecido de excreção no lúmen intestinal. Sabe-se que o β-caroteno pode ser metabolizado em vitamina A após a absorção intestinal de carotenóides, mas pouco se sabe sobre a transformação metabólica das xantofilas não-provitamina A. A oxidação enzimática do grupo hidroxilo secundário que conduz aos ceto-carotenóides ocorreria como uma via comum do metabolismo da xantofila nos mamíferos.

α- e β-Caroteno

Os carotenóides têm sido estudados vigorosamente para verificar se estes compostos coloridos podem diminuir o risco de cancro. Em estudos ecológicos e nos primeiros estudos de caso-controlo, parecia que o β-caroteno era um agente protetor do cancro. Ensaios aleatórios controlados sobre o β-caroteno revelaram que o nutriente isolado não tinha qualquer efeito ou aumentava o risco de cancro do pulmão nos fumadores.

O β-caroteno pode ser um marcador da ingestão de frutas e legumes, mas não tem um efeito protetor poderoso em doses farmacológicas isoladas. No entanto, existe uma grande quantidade de literatura que indica que os carotenóides da dieta são preventivos do cancro. O α-caroteno foi considerado um agente protetor mais forte do que o seu conhecido isómero β-caroteno. Os estudos tendem a concordar que a ingestão global

de carotenóides é mais protetora do que uma ingestão elevada de um único carotenoide. Assim, uma variedade de frutas e legumes continua a ser uma melhor estratégia anti-cancro do que a utilização de um único legume rico num carotenoide específico. A fonte mais rica de α-caroteno é a cenoura e o sumo de cenoura, sendo a abóbora e a abóbora de inverno a segunda fonte mais densa. Há aproximadamente 1 µg de α-caroteno para cada 2 µg de β-caroteno nas cenouras. Estudos anteriores no nosso laboratório demonstraram a capacidade quimiopreventiva do β-caroteno contra a carcinogénese oral em ratos.

Vários estudos experimentais em animais mostraram que o B-caroteno possui uma atividade mais elevada do que o β-caroteno na supressão da tumorigénese na pele, pulmão, fígado e colorrecto. Numa experiência de tumorigénese cutânea realizada anteriormente, a incidência de ratinhos portadores de tumores no grupo de controlo positivo foi de 69%, enquanto que nos grupos tratados com β- e α-caroteno foi de 13% e 25%, respetivamente. A multiplicidade média (número de tumores/rato) de tumores no grupo de controlo positivo foi de 3,73/rato, enquanto o grupo tratado com α-caroteno teve 0,13/rato (p <0,01).

O tratamento com β-caroteno também diminuiu a multiplicidade de tumores (1,31/rato), mas a diferença em relação ao grupo de controlo positivo foi insignificante (p < 0,05). A maior potência do α-caroteno em relação ao β-caroteno na supressão da promoção do tumor foi confirmada nos seus estudos. Num modelo de carcinogénese pulmonar em ratos iniciado pelo óxido de 4-nitroquinolina 1 (4-NQO) e promovido pelo glicerol, a multiplicidade média de tumores pulmonares por rato no grupo de controlo positivo foi de 4,06/rato, enquanto o grupo tratado com α-caroteno teve 1,33/rato (p < 0,001). O tratamento com β-caroteno não mostrou qualquer efeito supressor na multiplicidade do tumor, que foi significativamente aumentada (4,93/rato, p < 0,02). Em seu experimento de carcinogênese hepática, camundongos C3H/He machos, que têm uma alta incidência de desenvolvimento espontâneo de tumor hepático, foram tratados com água potável contendo 0,05% de α- e β-caroteno por 40 semanas. O número médio de hepatomas (3,00/rato; p < 0,001) nos ratos que receberam a-caroteno foi significativamente reduzido em comparação com o grupo de controlo não tratado (6,31/rato). Por outro lado, o grupo tratado com β-caroteno apenas mostrou uma tendência para a diminuição dos tumores (4,71/rato), em comparação com o grupo de controlo. Foi também demonstrado o efeito protetor do α-caroteno, do licopeno e da luteína, mas não do β-caroteno, nas lesões pré-neoplásicas do adenocarcinoma colorrectal.

β-Criptoxantina

Sabe-se que certos carotenóides e flavonóides podem inibir o desenvolvimento do cancro em modelos animais de carcinogénese. A β-criptoxantina e a hesperidina são compostos deste tipo. A β-criptoxantina com ciclos de β-ionona não substituídos e propriedades de provitamina A apresenta várias actividades biológicas, incluindo a eliminação de radicais livres, o reforço das junções de hiato, a imunomodulação e a regulação da atividade enzimática envolvida na carcinogénese. As fontes mais comuns de β-criptoxantina são os citrinos e os pimentos doces vermelhos. Foi relatado que a β-criptoxantina inibe a tumorigénese da pele do rato e a carcinogénese do cólon do rato. *Também* foi relatado que ppm de β-criptoxantina administrada durante 30 semanas na dieta suprimiu significativamente a carcinogénese do cólon induzida por N-metilnitrosoureia em ratos. Isto sugere que a β-criptoxantina dietética pode afetar a carcinogénese do cólon após acumulação na mucosa do cólon, talvez devido à absorção a partir do cólon, bem como do intestino delgado. Verificou-se também que o sumo rico em β-criptoxantina (sumo de tangerina Satsuma [MJ]) inibe a carcinogénese do cólon e do pulmão.

A hesperidina, presente em vários legumes e frutos, tem propriedades antioxidantes, efeitos anti-inflamatórios e inibidores da biossíntese das prostaglandinas. Foi demonstrado que este flavonoide inibe a carcinogénese induzida quimicamente em vários órgãos, β- A criptoxantina e a hesperidina são assim consideradas como potenciais compostos quimiopreventivos do cancro. No entanto, as plantas comestíveis contêm apenas pequenas quantidades destes químicos. Por conseguinte, para obter um teor mais elevado destes compostos nos alimentos, preparámos uma polpa (CHRP) que continha quantidades elevadas de β-criptoxantina e hesperidina durante o processo de fabrico de MJ, a CHRP (100 g) continha 0,67 g de β-criptoxantina e 3,58 g de hesperidina; os teores de β-criptoxantina e hesperidina eram 583 vezes e 38 vezes superiores aos das partes comestíveis da tangerina Satsuma, respetivamente. Além disso, preparámos sumos de tangerina Satsuma, a que chamámos MJ2 (1,7 mg de β-criptoxantina e 84 mg de hesperidina/100 g) e

MJ5 (84 mg de β-criptoxantina e 100 mg de hesperidina/100 g), adicionando CHRP ao sumo padrão de tangerina Satsuma (MJ: 0,8 mg de β-criptoxantina e 79 mg de hesperidina/100 g). Demonstrámos os efeitos quimiopreventivos do CHRP e dos MJ na oncogénese induzida quimicamente no cólon e na língua de ratos e no pulmão de ratos.

Os compostos cítricos actuam em múltiplos elementos-chave nas vias de transdução de sinal relacionadas com a proliferação celular, a diferenciação, a apoptose, a inflamação e a obesidade. Descobrimos que a membrana segmentar de *Citrus unshiu* (CUSM) contendo β-criptoxantina e fibra suprime a tumorigénese do cólon relacionada com a colite e a obesidade em modelos animais. A alimentação envolvendo uma dieta com tratamento CUSM também diminuiu o nível sérico de triglicéridos.

Licopeno

Existem relativamente poucos relatórios sobre os efeitos quimiopreventivos do licopeno ou de outros carotenóides do tomate em modelos animais. A maioria, mas não todos, destes estudos indicaram um efeito protetor. Foram observados efeitos inibitórios em dois estudos que utilizaram focos de criptas aberrantes (putativos precursores do cancro do cólon) e cancro do cólon como biomarcadores, e em dois estudos de tumores mamários, um utilizando o modelo do dimetilbenz(*a*)antraceno e o outro o modelo espontâneo do rato.

Foram também comunicados efeitos inibitórios em modelos de cancro do pulmão do rato e do hepatocarcinoma e da bexiga do rato. Infelizmente, as diferenças nas vias de administração (gavagem, injeção intraperitoneal, instilação intra-rectal, água potável e suplemento alimentar), as diferenças de espécies e estirpes, a forma de licopeno (cristalino puro, grânulos e suspensão mista de carotenóides), as diferentes dietas (à base de cereais e à base de caseína) e as gamas de dose (0,5-500 ppm) não resultaram em qualquer efeito preventivo no desenvolvimento de cancro mamário induzido quimicamente. É evidente que a maior parte do licopeno ingerido é excretado nas fezes e que o licopeno é absorvido e armazenado no fígado 1.000 vezes mais do que noutros órgãos-alvo. No entanto, níveis fisiologicamente significativos (nanogramas) de licopeno são assimilados por órgãos-chave como a mama, a próstata, o pulmão e o cólon, e existe uma relação dose-resposta aproximada entre a ingestão de licopeno e os níveis sanguíneos. O licopeno puro foi absorvido de forma menos eficaz do que a oleorresina de carotenoide de tomate rica em licopeno, e os níveis sanguíneos de licopeno em ratos alimentados com uma dieta à base de cereais foram consistentemente inferiores aos dos ratos alimentados com licopeno numa dieta à base de caseína. Este último facto sugere que a matriz em que o licopeno é incorporado é um determinante importante da absorção do licopeno.

A ingestão elevada de licopeno tem sido associada a um menor risco de uma variedade de cancros, incluindo o cancro do pulmão. O licopeno pode ser convertido em apo-10'-licopenóides nos tecidos dos mamíferos e pode ser clivado pela caroteno 9', 10' -oxigenase na sua dupla ligação 9', 10' para formar apo-10'-licopenóides, incluindo apo-10'-licopenal, apo-10'-licopenol e ácido apo-10'-licopenóico. Entre os apo-10'-licopenóides, o ácido apo-10'-licopenóico demonstrou recentemente inibir a carcinogénese pulmonar tanto *in vivo* como *in vitro*. Uma vez que os metabólitos enzimáticos do licopeno induzem a expressão mediada pelo fator 2 relacionado ao NF-E2 (Nrf2) de enzimas desintoxicantes/antioxidantes de fase II, incluindo heme oxigenase-1 (HO^{-1}), NQO1, GSTs e glutamato-cisteína ligases em células epiteliais brônquicas humanas, BEAS-2B e células cancerígenas de células hepáticas humanas, HepG2, as funções anticarcinogênicas e antioxidantes do licopeno são mediadas por apo-10'-licopenóides, especialmente apo-10'-ácido licopenóico, através da ativação de Nrf2 e indução de enzimas antioxidantes desintoxicantes de fase II.

De entre os vários carotenóides, o licopeno foi considerado muito protetor, em particular no cancro da próstata. A principal fonte alimentar de licopeno é o tomate, sendo o licopeno do tomate cozinhado mais biodisponível do que o do tomate cru. Vários estudos de coorte prospectivos encontraram associações entre a ingestão elevada de licopeno e a redução da incidência de cancro da próstata, embora nem todos os estudos tenham produzido resultados consistentes. Alguns estudos sofrem de uma falta de boa correlação entre a ingestão de licopeno avaliada por questionário e os níveis séricos reais, e outros estudos mediram a ingestão numa população que consumia muito poucos produtos de tomate. No Health Professionals

Follow-up Study, verificou-se uma diminuição de 21% no risco de cancro da próstata, quando se comparou o quintil mais elevado de consumo de licopeno com o quintil mais baixo. A ingestão combinada de tomate, molho de tomate, sumo de tomate e pizza (que representou 82% da ingestão de licopeno) foi associada a um risco 35% menor de cancro da próstata. Além disso, o licopeno foi ainda mais protetor nas fases avançadas do cancro da próstata, com uma redução de 53% do risco. Um relatório de acompanhamento mais recente sobre esta mesma coorte

de homens confirmaram estas conclusões originais de que a ingestão frequente de licopeno ou tomate está associada a uma redução de cerca de 30-40% no risco de desenvolver cancro da próstata, especialmente cancro da próstata avançado. Para além dos dois relatórios acima referidos, um estudo de controlo de casos aninhados do Health Professional Follow-up Study, que envolveu 450 casos e controlos, encontrou uma relação inversa entre

licopeno plasmático e risco de cancro da próstata (OR 0,48) entre indivíduos mais velhos (>65 anos de idade) sem história familiar de cancro da próstata.

Para além destes estudos observacionais, foram realizados dois ensaios clínicos para suplementar licopeno durante um curto período de tempo antes da prostatectomia radical. Num estudo, foram administrados 30 mg/dia de licopeno a 15 homens do grupo de intervenção, enquanto 11 homens do grupo de controlo foram instruídos a seguir as recomendações do Instituto Nacional do Cancro para consumir pelo menos cinco porções de frutas e legumes diariamente. Os resultados mostraram que o licopeno abrandou o crescimento do cancro da próstata. A concentração de licopeno no tecido da próstata era 47% mais elevada no grupo de intervenção. Os indivíduos que tomaram licopeno durante 3 semanas apresentaram tumores mais pequenos, menor envolvimento das margens cirúrgicas e menor envolvimento difuso da próstata por neoplasia intra-epitelial prostática pré-cancerosa de alto grau. Num outro estudo realizado antes da cirurgia de prostatectomia radical, 32 homens receberam diariamente um prato de massa à base de molho de tomate, que fornecia 30 mg de licopeno por dia. Após 3 semanas, os níveis de licopeno no soro e na próstata tinham aumentado 2 vezes e 2,9 vezes, respetivamente. Os níveis de antigénio específico da próstata (PSA) tinham diminuído 17%. Os danos oxidativos no

ADN foram 21% inferiores nos leucócitos dos doentes e 28% inferiores no tecido da próstata, em comparação com os controlos não incluídos no estudo. O índice apoptótico foi 3 vezes superior no tecido prostático ressecado, relativamente ao tecido da biopsia.

Há ainda uma série de questões a resolver antes de se poderem tirar conclusões definitivas sobre os efeitos anticancerígenos do licopeno. Estas incluem o seguinte: a dose e a forma ideais de licopeno; interacções entre o licopeno e outros carotenóides e vitaminas lipossolúveis, como a vitamina E e D; o papel da gordura alimentar na regulação da absorção e disposição do licopeno; especificidade de órgãos e tecidos; e o problema da extrapolação de modelos de roedores para populações humanas.

Luteína e zeaxantina

Para além de desempenharem um papel fundamental na saúde ocular, a luteína e a zeaxantina são nutrientes importantes para a prevenção das doenças cardiovasculares, dos acidentes vasculares cerebrais e do cancro do pulmão. Podem também ser protectores em doenças da pele atribuídas à exposição excessiva à luz ultravioleta (UV).

O consumo de frutas e vegetais contendo carotenóides foi associado a uma diminuição do risco de cancro do pulmão. Foi também observada uma diminuição do risco de cancro do pulmão em indivíduos nos quintis mais elevados de ingestão de luteína/zeaxantina em *comparação com* os quintis mais baixos. Um estudo de base populacional de 20 populações das ilhas do Pacífico Sul examinou a associação entre o consumo de luteína e as taxas de cancro do pulmão. Os investigadores descobriram uma associação inversa entre a luteína e o cancro do pulmão e uma taxa de incidência de cancro do pulmão nitidamente mais baixa entre os fijianos, em comparação com outras populações do Pacífico Sul. Os habitantes das Fiji consomem em média 200 g de legumes verde-escuros (25 mg de luteína) por dia, ao passo que os habitantes de outros países do Pacífico Sul seguem dietas em que os frutos e legumes coloridos são menos abundantes.

Os carotenóides isolados ou combinados podem reduzir o risco de cancro devido às suas propriedades antimutagénicas e à sua capacidade de eliminar os radicais livres, de proteger contra o desenvolvimento de tumores e de melhorar a resposta imunitária. A luteína e o β-caroteno extinguem os radicais peróxidos e demonstram propriedades antioxidantes contra os danos oxidativos *in vitro*. A luteína plasmática analisada em 37 mulheres correlacionou-se inversamente com os índices oxidativos medidos. Foi demonstrado *in vitro*, utilizando lipossomas multilamelares, que os carotenóides combinados provocam uma maior defesa antioxidante do que isoladamente. O efeito sinérgico mais forte foi obtido na presença de luteína ou licopeno. A luteína pode também ser anticarcinogénica. Este facto é sugerido pela sua capacidade de interagir com os mutagénicos 1-nitropireno e aflatoxina B1 (AFB1). A luteína pode também exercer um efeito anticarcinogénico estimulando determinados genes envolvidos nas transformações das células T activadas por mitogénios, citocinas e antigénios. A investigação dos efeitos protectores da luteína em relação aos cancros específicos está a começar a evoluir em estudos epidemiológicos e em modelos animais. Não foram detectadas associações entre as concentrações plasmáticas de luteína e zeaxantina e o cancro gástrico.

A redução do risco foi significativa apenas nos doentes a quem foi diagnosticado cancro do cólon numa idade mais jovem.

Os ésteres de carotenóides encontram-se na pele humana. Uma combinação de carotenóides pode proteger contra o desenvolvimento de eritema na pele humana e está correlacionada com a presença ou ausência de cancro da pele e de lesões pré-cancerosas. Os efeitos específicos da luteína no cancro da pele ainda não foram determinados. Investigações anteriores mostraram uma relação modesta entre o consumo de nutrientes encontrados em alimentos ricos em carotenóides, como o β-caroteno e a vitamina A, e uma redução do risco de cancro da mama. O foco nos potenciais efeitos protectores da luteína em relação ao desenvolvimento do cancro da mama só recentemente evoluiu. Investigações recentes em ratos mostraram que níveis baixos de luteína na dieta a 0,002 e 0,02% da dieta inibiam a incidência, o crescimento e a latência do tumor mamário. Foi demonstrado que a luteína induz a apoptose em células mamárias humanas transformadas, mas não em células normais, e que protege as células normais da apoptose induzida em cultura celular. Foi demonstrado que a ingestão de alimentos ricos em carotenóides, especificamente vegetais, bem como de luteína e zeaxantina, está significativamente associada a um menor risco de desenvolver cancro da mama na remenopausa. Num estudo de caso-controlo, o aumento dos níveis séricos de luteína e zeaxantina foi associado a uma redução do risco de cancro da mama, mas a tendência foi apenas marginalmente significativa. Uma diminuição do risco de cancro foi associada a níveis crescentes de concentrações de luteína e zeaxantina no tecido adiposo da mama em mulheres com cancro da mama, em comparação com mulheres com biopsias benignas da mama, mas a associação não foi significativa. O Nurse's Health Study mostrou uma associação inversa fraca, mas significativa, entre a ingestão de luteína e zeaxantina e o risco de desenvolver cancro da mama em mulheres na pré-menopausa. O efeito protetor da luteína e da zeaxantina em relação ao cancro da mama foi mais forte nas mulheres com antecedentes familiares de cancro da mama. Um estudo caso-controlo aninhado do estudo prospetivo de saúde das mulheres da Universidade de Nova Iorque indicou uma associação inversa entre a luteína plasmática, mas não a zeaxantina, e o risco de cancro da mama. No entanto, os níveis plasmáticos de a- e β-caroteno também estavam significativamente relacionados com uma diminuição do risco. Outros estudos de controlo de casos não mostraram diferenças nas concentrações de luteína e zeaxantina no tecido adiposo da mama entre as mulheres com tumores benignos da mama e as mulheres com cancro da mama.

Astaxantina

Uma vez que a astaxantina não tem sido tipicamente identificada como um carotenoide importante no soro humano, faltam informações sobre a sua epidemiologia na saúde humana. O salmão, a principal fonte alimentar de astaxantina, é um componente importante das dietas tradicionais dos esquimós e de certas tribos costeiras da América do Norte; estes grupos têm mostrado uma prevalência invulgarmente baixa de cancro. Esta baixa incidência de cancro tem sido atribuída aos elevados níveis de certos ácidos gordos no salmão, nomeadamente o ácido eicosapentaenóico, mas é possível que a astaxantina também tenha desempenhado um papel na quimioprevenção do cancro entre estes povos.

Na carcinogénese da bexiga urinária, o efeito inibitório da astaxantina foi superior ao da cantaxantina através da supressão da proliferação celular. Estudos recentes demonstraram que a capacidade anti-inflamatória e os efeitos anticarcinogénicos da astaxantina no cólon inflamado se devem à modulação da expressão de várias citocinas inflamatórias que estão envolvidas na carcinogénese associada à inflamação. De facto, a astaxantina pode ajudar a diminuir a regulação da ciclo-oxigenase (COX)-2. Um estudo recente usando um modelo de carcinogênese do cólon induzido por 1,2-dimetilhidrazina (DMH) também mostrou que a administração diária de astaxantina (15 mg / kg de peso corporal) inibiu significativamente a carcinogênese do cólon modulando o fator nuclear kappaB (NF-kB), COX-2, etaloproteinases de matriz (MMP) 2 / 9, quinase regulada por sinal extracelular (ERK) -2 e proteína quinase B (Akt). Astaxantina, cantaxantina e β-caroteno, mas não licopeno, são relatados como capazes de suprimir o desenvolvimento de lesões pré-neoplásicas de células hepáticas induzidas por AFB1 em ratos através do desvio do metabolismo AFB1 para vias de desintoxicação. Além disso, foi relatado que a astaxantina difosfato tetrassódico inibe completamente a transformação neoplásica induzida por metilcolantreno de células C3H / 10T1 / 2 por meio da regulação positiva da conexina 43 e da comunicação intercelular gapjuncional (GJIC).

Cantaxantina

Faltam dados epidemiológicos sobre a canthaxantina na prevenção de doenças. No entanto, este carotenoide tem demonstrado potenciais propriedades anticancerígenas *in vitro* e em modelos animais. Em estudos anteriores, a cantaxantina exerceu actividades quimiopreventivas do cancro na tumorigénese da pele do rato induzida por UV-B e na carcinogénese gástrica e da mama induzida quimicamente. A cantaxantina pode igualmente suprimir a proliferação de células cancerosas do cólon humano e proteger os fibroblastos de embriões de ratinho da transformação e os ratinhos do desenvolvimento de tumores mamários e cutâneos. A cantaxantina revelou-se igualmente eficaz na inibição da carcinogénese oral e do cólon em ratos. Verificou-se que a cantaxantina e a astaxantina reduzem a incidência de cancros da bexiga urinária induzidos por 0H-BBN, mas os efeitos inibidores da cantaxantina são fracos quando comparados com os da astaxantina. Tal como no caso da astaxantina e do β-caroteno, a cantaxantina suprimiu as lesões hepatocelulares pré-neoplásicas induzidas pelo AFB1 em ratos. Embora seja um potente antioxidante, os efeitos quimiopreventivos da cantaxantina podem também estar relacionados com a sua capacidade de regular positivamente a expressão genética, resultando numa melhor comunicação célula-célula por junção de fendas. Os efeitos quimiopreventivos da cantaxantina podem também estar relacionados com a sua capacidade de induzir enzimas metabolizadoras de xenobióticos, como foi demonstrado no fígado, pulmão e rim de ratos. Os efeitos indutores de apoptose da cantaxantina podem também contribuir para os seus efeitos quimiopreventivos do cancro. Infelizmente, a utilização excessiva da cantaxantina como produto de bronzeamento sem sol levou ao aparecimento de depósitos cristalinos na retina humana. Embora estas inclusões na retina sejam reversíveis e não pareçam ter efeitos adversos, a sua existência levou a que se tomasse cuidado com a ingestão desta xantofila.

Fucoxantina

Existem vários estudos *in vitro* que demonstraram os efeitos inibitórios da fucoxantina em linhas celulares de cancro humano desenvolvidas no fígado (HepG2), no cólon (Caco-2, HT-29 e DLD-1) e na bexiga urinária. A indução da apoptose e a supressão dos níveis de ciclina D foram considerados os mecanismos bioquímicos pelos quais a fucoxantina exerce os seus efeitos inibitórios no crescimento das células cancerosas. Uma vez que os ratos convertem ativamente a fucoxantina em ceto-carotenóides, oxidando os grupos hidroxilo secundários e acumulando-os nos tecidos, é possível que os ceto-carotenóides sejam substâncias químicas activas responsáveis pelos efeitos da fucoxantina.

Num estudo pré-clínico, verificou-se que a fucoxantina inibia significativamente a carcinogénese do cólon em ratos induzida por DMH. Foi comprovado que a fucoxantina suprime a livertumorigénese espontânea em ratos machos C3H/He e mostrou atividade antitumoral promotora numa experiência de carcinogénese em duas fases envolvendo a pele de ratos ICR, iniciada com 7,12-dimetilbenz[*a*]antraceno e promovida com 12-O-teradecanoilforbol-13-acetato e mezereína. Além disso, foi relatado que a fucoxantina inibe a carcinogénese duodenal induzida pela *N-etil-N'-nitro-N-nitrosoguanidina* em ratos.

Embora os efeitos antitumorais da fucoxantina sejam conhecidos, o mecanismo de ação preciso ainda não foi elucidado. Foi demonstrado que a atividade anticancerígena da fucoxantina se baseia em parte no seu efeito regulador sobre as biomoléculas relacionadas com o ciclo celular e a apoptose e sobre as biomoléculas associadas à atividade antioxidante através da sua ação pró-oxidante. Além disso, verificou-se que a fucoxantina é capaz de inibir seletivamente as actividades das polimerases do ADN dos mamíferos, em especial as polimerases do ADN replicativo, possuindo assim uma atividade antineoplásica.

Mecanismos de quimioprevenção do cancro pelos carotenóides

Os mecanismos subjacentes às actividades anticancerígenas e/ou quimiopreventivas dos carotenóides podem envolver alterações nas vias que conduzem ao crescimento ou à morte celular. Estas vias incluem a modulação imunitária, a sinalização das hormonas e dos factores de crescimento, os mecanismos reguladores da progressão do ciclo celular, a diferenciação celular e a apoptose. Seguem-se exemplos de efeitos dos carotenóides em algumas destas vias, com ênfase nas alterações da expressão proteica associadas a estes efeitos. A questão principal é: por que mecanismo os carotenóides afectam tantas e tão diversas vias celulares como as descritas acima? As alterações nos níveis de muitas proteínas sugerem que o efeito inicial envolve a modulação da transcrição. Como descrito abaixo, essa modulação pode ocorrer ao nível dos receptores nucleares activados por ligandos ou outros factores de transcrição. Os carotenóides têm múltiplos alvos que contribuem para a sua eficácia como agentes de quimioprevenção.

Comunicação intercelular por junção de fenda

Uma das primeiras descobertas relacionadas com os carotenóides e a modulação do nível proteico foi feita pelo grupo de Bertram. Descobriram que os carotenóides aumentam a comunicação intercelular entre as junções (GJIC) e induzem a síntese de conexina, um componente da estrutura das junções. Este efeito foi independente da provitamina A e das propriedades antioxidantes dos carotenóides. A perda de GJIC pode ser importante para a transformação maligna, e a sua restauração pode reverter o processo maligno. **Sinalização de factores de crescimento**

Os factores de crescimento, quer no sangue quer como parte de circuitos autócrinos ou parácrinos, são importantes para o crescimento das células cancerosas. Recentemente, o fator de crescimento da insulina (IGF)-1 tem sido apontado como um importante fator de risco de cancro e um alvo potencial para estratégias de intervenção dietética para a prevenção do cancro.

Foi relatado que níveis sanguíneos elevados de IGF-1, existentes anos antes da deteção de uma doença maligna, podem prever um aumento do risco de cancro da próstata, da mama, colorrectal e do pulmão.

Um estudo recente nosso indicou que o *db/db-ApcMin/+* com expressão aumentada de IGF-1, IGF-1R e IGF-2 no intestino estava associado a um aumento da incidência de neoplasias intestinais espontâneas. Assim, podem ser utilizadas duas estratégias possíveis para reduzir o risco de cancro relacionado com o IGF, nomeadamente uma redução dos níveis sanguíneos de IGF-1 e a interferência com a atividade do IGF-1 na célula cancerígena.

Em células de cancro mamário, o tratamento com licopeno reduziu acentuadamente a estimulação do IGF-1 tanto da fosforilação da tirosina do substrato-1 do recetor de insulina como da capacidade de ligação ao ADN do fator de transcrição ativador 1 (AP-1). Estes efeitos não estavam associados a alterações no número ou na afinidade dos receptores de IGF-1, mas sim a um aumento das proteínas de ligação de IGF associadas à membrana (IGFBPs).

Este facto pode explicar a supressão da sinalização de IGF-1 pelo licopeno com base na descoberta de que a IGFBP-3 associada à membrana inibe a sinalização do recetor de IGF-1 de uma forma dependente do IGF.

Progressão do ciclo celular

Os factores de crescimento têm um efeito importante na promoção da progressão do ciclo celular, principalmente durante a fase G1. O tratamento com licopeno das células de cancro mamário MCF-7 demonstrou abrandar a progressão do ciclo celular estimulada pelo IGF-1, que não foi acompanhada por morte celular apoptótica ou necrótica. O atraso induzido pelo licopeno na progressão das fases G1 e S foi igualmente observado noutras linhas celulares de cancro humano (leucemia e cancros do endométrio, do pulmão e da próstata).

Foram registados efeitos semelhantes de outro carotenoide, o α-caroteno, em células de neuroblastoma humano (GOTO). Do mesmo modo, verificou-se que o β-caroteno induz um atraso do ciclo celular na fase G1 em fibroblastos humanos normais. A fucoxantina altera a progressão do ciclo celular. Além disso, os metabolitos do licopeno, o ácido apo-10'-licopenóico e o apo-12'-licopenal podem induzir a paragem do ciclo celular nas células cancerígenas. As células cancerígenas detidas por privação de soro na presença de licopeno são incapazes de regressar ao ciclo celular após a re-adição de soro.

CAPÍTULO 9

Licopeno, o antioxidante mágico

O licopeno é um carotenoide naturalmente presente no tomate e noutros frutos e legumes. Ao contrário do b-caroteno, não tem atividade provitamina A. É um dos mais potentes antioxidantes entre os carotenóides da dieta. É facilmente absorvido a partir de diferentes fontes alimentares, distribui-se por diferentes tecidos e mantém as suas propriedades antioxidantes no organismo. Sugere-se que tenha actividades antiproliferativas, anticarcinogénicas e antiaterogénicas. Estudos epidemiológicos e um pequeno número de estudos experimentais e em animais forneceram provas que sustentam o seu papel protetor nas doenças cardíacas e no cancro. Uma meta-análise recente da literatura epidemiológica indicou que uma maior ingestão ou níveis séricos de licopeno estão relacionados com a redução do risco de vários cancros humanos. Embora se pense que as propriedades antioxidantes do licopeno são as principais responsáveis pelos seus efeitos biológicos, estão também a ser identificados outros mecanismos. No entanto, várias questões, como a absorção e utilização do licopeno (isoladamente ou em combinação com outros antioxidantes) em doentes com doenças crónicas, a isomerização e o metabolismo do licopeno, o significado biológico dos diferentes isómeros e metabolitos do licopeno e o destino do licopeno nas células tumorais, continuam sem resposta. São necessários mais estudos mecanicistas, bem como ensaios de intervenção clínica controlados que envolvam indivíduos saudáveis. O licopeno é um pigmento natural sintetizado por plantas e microorganismos, mas não por animais. É um carotenoide, um isómero acíclico do b-caroteno, e não tem atividade de vitamina A. É um hidrocarboneto altamente insaturado, de cadeia reta, com 11 ligações duplas conjugadas e duas não conjugadas. O interesse recente pelo licopeno centrou-se nas suas propriedades antioxidantes. No entanto, começam também a ser investigados outros mecanismos, como a modulação da comunicação intercelular entre as junções de hiato, o sistema hormonal e imunitário e as vias metabólicas. Como polieno, sofre isomerização *cis-trans* induzida pela luz, energia térmica ou reacções químicas.

O licopeno de fontes vegetais naturais existe predominantemente na configuração *trans*, a forma termodinamicamente mais estável. No plasma humano, o licopeno é uma mistura isomérica que contém 50% do licopeno total como isómeros *cis*. Todas as formas *trans*, *5-cis*, *9-cis*, *13-cis* e *15-cis* são as formas isoméricas mais comummente identificadas do licopeno. O significado biológico destes isómeros de licopeno não é claro.

O licopeno, ingerido na sua forma *trans* natural encontrada no tomate, é pouco absorvido. Estudos recentes demonstraram que o processamento térmico do tomate e dos produtos à base de tomate induz a isomerização do licopeno para a forma *cis*, o que, por sua vez, aumenta a sua biodisponibilidade.

O interesse pelo licopeno e pelo seu potencial papel protetor na prevenção de doenças crónicas resulta, em grande parte, de observações epidemiológicas em populações normais e em risco. Os conhecimentos actuais baseiam-se, em grande parte, nos dados obtidos a partir de estimativas dietéticas ou de valores plasmáticos em relação a doenças crónicas.

As investigações epidemiológicas para estudar o papel do licopeno em relação às doenças crónicas têm-se centrado principalmente nos cancros. A dieta mediterrânica, que é rica em frutos e legumes, incluindo o tomate, tem sido sugerida como responsável pela menor incidência de cancro nessa região.

Em vários estudos epidemiológicos, verificou-se que o consumo de tomate e de produtos à base de tomate está associado a um menor risco de uma série de cancros. Num estudo de coorte prospetivo, foi investigada a frequência do consumo de diferentes tipos de vegetais e a mortalidade por cancro em 1271 idosos de Massachusetts, nos EUA. O consumo elevado de tomate foi associado a uma redução de 50% na mortalidade por cancros em todos os locais.

Via de síntese do licopeno

Persiste um mecanismo complexo na biossíntese do licopeno que começa quando a clorofila se degrada para produzir leucoplastos de cor branca, dando assim origem a organelos pigmentados de cor vermelha especializados, *ou seja,* cromoplastos. O licopeno é um carotenoide que é produzido como um produto intermediário da produção de xantofilas; β-criptoxantina, zeaxantina, leutina, etc.

Os carotenóides são formados basicamente por isoprenóides 40-C (unidade de isopreno 5-C), chamados tetraprenóides. A adição gradual de difosfato de isopentenilo (IPP) ao difosfato de dimetilalilo (DMAPP) dá origem ao precursor 20-C, geranilgeranil difosfato (GGPP). Aquando da dessaturação do GGPP, são produzidas ligações duplas conjugadas que existem na natureza como licopeno. A partir deste ponto, ocorre a conversão cíclica, convertendo-o em α- e β-caroteno que, por oxidação, produzem xantofilas. **Metabolismo do licopeno**

Os carotenóides são uma classe de compostos lipofílicos com uma estrutura poli-isoprenóide. A maioria dos carotenóides contém uma série de ligações duplas conjugadas, que são sensíveis à modificação oxidativa e à isomerização *cis* - *trans*. Existem seis carotenóides principais (b-caroteno, a-caroteno, licopeno, b-criptoxantina, luteína e zeaxantina) que podem ser encontrados rotineiramente no plasma e nos tecidos humanos. Entre

O b-caroteno tem sido o mais amplamente estudado. Mais recentemente, o licopeno tem atraído uma atenção considerável devido à sua associação com uma diminuição do risco de várias doenças crónicas, incluindo cancros. Foram envidados esforços consideráveis para identificar as suas propriedades biológicas e físico-químicas. Em relação ao b-caroteno, o licopeno tem a mesma massa molecular e fórmula química, mas é uma cadeia aberta de polietileno sem a estrutura do anel de b-ionona.

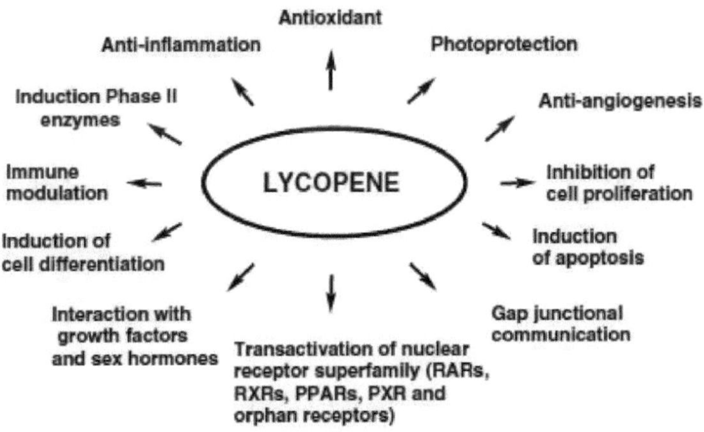

O efeito do licopeno em diferentes problemas de saúde

Embora o metabolismo do b-caroteno tenha sido estudado extensivamente, o metabolismo do licopeno continua a ser mal compreendido. Existem vários relatórios que estudam a formação de metabolitos de licopeno e produtos de oxidação *in vitro*. Muitos destes estudos utilizaram vários sistemas oxidantes e identificaram vários metabolitos únicos.

Os produtos de clivagem identificados foram a 3-cetoapo-13- licopenona e o 3,4-dehidro-5, 6-dihidro-15,15'-apolicopenal, os quatro metabolitos oxidativos identificados foram: Furanóxido de 2-apo-5, 8-licopenal, dióxido de licopeno-5, 6, 5', 6'-, furanóxido de licopeno-5, 8 e furanóxido de 3-cetolicopeno-5',8'-. Foi identificado um produto de clivagem do licopeno a partir de uma mistura de produtos de autooxidação do licopeno. O licopeno foi oxidado por exposição ao oxigénio atmosférico e perfusão de ozono. Um produto oxidativo do licopeno foi provisoriamente identificado como (E, E, E)-4-metil-8-oxo-2, 4, 6- nonatrienal.

O licopeno foi completamente oxidado utilizando uma combinação de peróxido de hidrogénio e tetróxido de ósmio. A mistura de licopeno oxidado foi separada e um novo metabolito foi provisoriamente identificado como 2, 7, 11-trimetiltetradecahexaeno- 1, 14-dial.

Bioquímica do licopeno

O licopeno (ψ, ψ-caroteno), um dos mais de 600 carotenóides sintetizados por plantas e microrganismos fotossintéticos, é um hidrocarboneto tetraterpénico com 40 átomos de carbono e 56 átomos de hidrogénio. O licopeno é um hidrocarboneto lipofílico, solúvel em clorofórmio, benzeno e éter e praticamente insolúvel em metanol, etanol e água. O licopeno é o carotenoide mais abundante no tomate (*Lycopersicon esculentum* L.), com concentrações que variam entre 0,9-4,2 mg/100 g, consoante a variedade. O molho de tomate e o ketchup são fontes concentradas de licopeno (33-68 mg/100g) em comparação com o tomate não processado. Outras fontes comestíveis de licopeno incluem a roseira brava, a melancia, a papaia, a toranja rosa e a goiaba.

O licopeno destrói rapidamente os radicais livres, como o OH- e vários radicais peroxi. Esta reatividade do licopeno é a base da sua atividade anti-oxidante em sistemas biológicos que pode contribuir para a sua eficácia como agente de quimioprevenção.

Caracteres biológicos do licopeno

Nas plantas, os carotenóides absorvem a luz, transferem energia para a clorofila no processo de fotossíntese e protegem contra os danos foto-oxidativos. Nos seres humanos, os carotenóides funcionam principalmente como fontes dietéticas de provitamina A. No entanto, o licopeno não possui a estrutura em anel da β-ionona necessária para formar a vitamina A e não tem atividade provitamina A.

Por conseguinte, o licopeno não tem qualquer função fisiológica conhecida nos seres humanos. No entanto, foram identificados alguns potenciais alvos moleculares do licopeno nas células.

Atividade antioxidante

As espécies reactivas de oxigénio incluem o superóxido (O_2-.) e os radicais hidroxilo (OH·), peroxilo (RO_2.) e alcoxilo (RO·), bem como espécies não radicais como o oxigénio singlete, o ozono (O_3) e o H_2O_2, que actuam como agentes oxidantes ou podem ser facilmente convertidos em radicais. O radical anião superóxido (O_2-.) pode ser gerado a partir do oxigénio durante a respiração mitocondrial por transferência de um único eletrão e é uma fonte importante de radicais hidroxilo. Além disso, o O_2-. é convertido espontaneamente ou pela enzima superóxido dismutase em peróxido de hidrogénio, que pode ser transportado através da membrana nuclear, onde pode reagir com iões metálicos para produzir radicais hidroxilo. Na presença de O_2 ^· os metais de transição podem ser reduzidos e depois catalisar a formação de radicais hidroxilo a partir do peróxido de hidrogénio através de uma reação do tipo Fenton. O ferro e o cobre são os promotores mais prováveis do radical hidroxilo *in vivo*.

Devido ao seu sistema alargado de ligações duplas conjugadas, o licopeno pode extinguir o oxigénio singlete e os radicais livres, tendo sido relatado como o mais eficaz inibidor do oxigénio singlete entre cerca de 600 carotenóides naturais. O stress oxidativo causado pelas espécies reactivas de oxigénio pode provocar danos em macromoléculas como os hidratos de carbono, as proteínas, os lípidos e o ADN e pode estar envolvido na carcinogénese, no envelhecimento e no desenvolvimento de doenças cardiovasculares. Como supressor do oxigénio singlete e eliminador de radicais livres, o licopeno deveria ser capaz de proteger contra o stress oxidativo. O licopeno pode funcionar como antioxidante através de vários mecanismos, sendo um dos mais bem documentados a extinção do oxigénio singlete ($^1O_2$). A extinção física do $^1O_2$ pelo licopeno pode ocorrer da seguinte forma:

O licopeno no estado excitado (3licopeno) não tem energia suficiente para provocar a excitação de outras moléculas e gerar espécies reactivas. O seu excesso de energia é dissipado através de uma série de interacções rotacionais e vibracionais com as moléculas circundantes e, em seguida, o carotenoide regenerado é capaz de extinguir moléculas adicionais de oxigénio singlete. Desta forma, milhares de moléculas de oxigénio singlete podem ser extintas por uma única molécula de licopeno antes de este se degradar. A capacidade de extinção de um carotenoide depende principalmente do número de ligações duplas conjugadas que contém, o que explica por que razão o licopeno é tão eficaz na extinção do oxigénio singlete.

Outro mecanismo para a atividade antioxidante do licopeno é a reação com radicais livres. Os radicais carotenóides centrados no carbono formados nestas reacções são estabilizados de forma ressonante pela longa cadeia de polieno. A densidade de electrões não é uniforme ao longo da cadeia, sendo maior nas extremidades, que são, portanto, os locais preferidos para a reação. Por conseguinte, mais do que um radical livre pode ser extinto por uma única molécula de licopeno.

Foi também sugerido que o licopeno pode atuar como um antioxidante *in vivo*, reparando os radicais da vitamina E e da vitamina C:

Em cultura celular, foi demonstrado que o licopeno a 0,31 a 10 μM inibe a nitração de proteínas e a quebra da cadeia de ADN causada pelo tratamento com peroxinitrito de fibroblastos de pulmão de hamster chinês. Os danos oxidativos no ADN causados pelo ciclo redox dos catecol-estrogénios no ADN plasmídico e nos fibroblastos de pulmão de hamster chinês também foram reduzidos pelo licopeno entre 0,25 e 10 µM. Em células Hep3B tratadas com H_2O_2, verificou-se que o licopeno reduziu os danos no ADN de uma forma dependente da dose, conforme indicado pelo ensaio cometa em células Hep3B tratadas com. A localização subcelular do licopeno em células de cancro da próstata tratadas com licopeno foi investigada em cultura celular e determinou que 81% estava localizado no núcleo (55% na membrana nuclear e 26% na matriz nuclear). A localização do licopeno no núcleo é consistente com os efeitos protectores do ADN exibidos pelo licopeno em vários estudos.

Para além da supressão direta dos radicais livres e das espécies reactivas de oxigénio, o licopeno pode regular positivamente o elemento de resposta antioxidante (ARE), estimulando assim a produção de enzimas celulares como a superóxido dismutase, a glutationa S- transferase e a quinona.

Biodisponibilidade do licopeno.

O licopeno está fortemente ligado a macromoléculas na matriz alimentar, pelo que a sua biodisponibilidade a partir dos alimentos é relativamente baixa. No entanto, a cozedura ou o processamento de alimentos ricos em licopeno, como o tomate, pode libertar o licopeno dos complexos proteicos e aumentar a sua biodisponibilidade oral. Uma vez que o licopeno é altamente lipofílico, o seu consumo em conjunto com lípidos pode também aumentar a sua biodisponibilidade.

No intestino delgado, o licopeno é solubilizado como micelas que são formadas a partir de sais biliares e lípidos alimentares e depois absorvido por transporte passivo. Incorporado em quilomícrons, o licopeno e outros carotenóides são transportados da mucosa intestinal para a circulação geral através do sistema linfático. No sangue, os carotenóides são transportados pelas lipoproteínas.

Em particular, o LDL é o principal transportador de licopeno e, quando administrado como isómero totalmente *trans*, o licopeno isomeriza-se rapidamente durante a absorção para uma mistura de isómeros que são >50% isómeros *cis* na corrente sanguínea e nos tecidos. Por exemplo, foi relatado que a administração de *licopeno* principalmente trans em molho de tomate a seres humanos durante 3 semanas resultou em licopeno no tecido da próstata que era apenas 22,7% trans-licopeno. O fígado, as vesículas seminais e o tecido da próstata são os principais locais de acumulação de licopeno *in vivo*. Além disso, verificou-se também que o licopeno pode ser acumulado seletivamente por células da próstata sensíveis aos androgénios e localizado na membrana nuclear e na matriz nuclear, sugerindo um possível papel para um recetor ou transportador de licopeno.

Uma vez que o licopeno é instável e facilmente oxidado, pode formar espécies oxigenadas polares múltiplas, mesmo sem transformação metabólica. Por exemplo, foi relatada a deteção de 2, 6-ciclolicopeno-1,5-dióis A e B no soro humano, leite e órgãos. Estes compostos foram também detectados em níveis baixos no tomate. Utilizando licopeno radiomarcado administrado oralmente a ratos, verificou-se que os derivados radioactivos polares apareciam nos tecidos 3 horas após a dose. Dois destes derivados foram identificados como apo-8' -lycopenal e apo-10' -lycopenal com base na comparação espectroscópica com compostos sintéticos. Outros derivados oxigenados foram detectados mas não puderam ser identificados devido à falta de padrões.

Utilizando enzimas de furão, demonstrou-se que a caroteno-9', 10' -monooxigenase (CMO2) pode converter o *5-cis-* e o *13-cis-licopeno*, mas não o all-trans-licopeno, em apo-10'-carotenal. Além disso, foi demonstrado que o apo-10'-carotenal é oxidado pela fração pós-nuclear de homogenatos hepáticos de furões para formar o ácido apo-10'-licopenóico e que o apo-10'- licopenol foi detectado no tecido pulmonar de furões após a suplementação com todo o transilicopeno.

As evidências acumuladas estabeleceram um consenso de que os frutos são uma fonte concentrada de componentes naturais, possuindo assim propriedades promotoras de saúde. A alimentação à base de plantas contém vários ingredientes bioactivos com um papel vital na realização de várias funções metabólicas, como o crescimento, o desenvolvimento e o mecanismo de proteção contra ameaças fisiológicas. Neste contexto, os fitoquímicos são de grande importância, uma vez que melhoram a saúde humana através de vias distintas. As plantas que são fontes ricas de moléculas bioactivas incluem o alho, o gengibre, o chá, o ginseng, o cominho preto, a amora, a framboesa, etc. Os investigadores estão a centrar-se na exploração de recursos naturais para regimes alimentares contra doenças que ameaçam a vida. A melancia (*Citrullus lanatus*), considerada botanicamente como um fruto, pertence à família *Cucurbitaceae*, é originária do deserto do Kalahari em África, mas atualmente também é cultivada em regiões tropicais do mundo. Nas páginas da história, a sua primeira colheita foi documentada há 5000 anos no Egipto, que mais tarde se espalhou para outras partes do mundo. Atualmente, a China é o maior produtor, seguida da Turquia, dos Estados Unidos, do Irão e da República da Coreia. A melancia é uma fonte valiosa de antioxidantes naturais, com especial destaque para o licopeno, o ácido ascórbico e a citrulina. Estes ingredientes funcionais actuam como proteção contra problemas de saúde crónicos como a insurgência do cancro e as doenças cardiovasculares.

Durante as últimas décadas, a presença de uma quantidade apreciável de licopeno na melancia motivou os agricultores a cultivar variedades de polpa vermelha elevada. No total, são produzidas mil e duzentas cultivares de melancia em todo o mundo, sendo que as quatro cultivares mais promissoras são a picnic, a icebox, a yellow flesh e a seed less.

Além disso, a melancia é uma fonte rica de β-caroteno, que actua como antioxidante e precursor da vitamina A. Para além da presença de licopeno, é uma fonte de vitaminas B, especialmente B1 e B6, bem como de minerais como o potássio e o magnésio. A melancia contém fenólicos bastante comparáveis aos de outros frutos. **Melancia: Uma fonte potencial de licopeno**

Anteriormente, apenas o tomate e os seus produtos eram considerados como fontes potenciais de licopeno, mas agora há factos comprovados de que a melancia também contém uma quantidade apreciável de licopeno *cis-configurado*. Assim, os consumidores estão a optar gradualmente pela melancia e pelos seus produtos afins para resolver os seus problemas de saúde. No entanto, a quantidade de licopeno varia consoante a variedade e as condições de cultivo. No geral, o licopeno varia de 2,30-7,20 mg/100 g de bases de peso fresco, presente na forma cristalina na célula.

Mais interessante é o facto de o teor de licopeno da melancia de polpa vermelha ser quase 40% superior ao do tomate, *ou seja,* 4,81 e 3,03 mg/100 g, respetivamente. No entanto, a polpa amarela alaranjada e a polpa amarela têm um teor de licopeno relativamente menor, *ou seja,* 3,68 e 2,51 mg/100 g, respetivamente. No tomate, o licopeno está disponível em quantidade relativamente maior após o tratamento térmico devido à quebra do complexo proteína-carotenoide. Em contraste, o licopeno da melancia está disponível diretamente para o corpo humano logo após o consumo. As condições de armazenamento também são fundamentais e afectam significativamente as concentrações de licopeno, fenólicos e vitamina C.

O rácio mais elevado de licopeno e caroteno na melancia, *ou seja,* 1:12, produz uma capacidade antioxidante notável. Devido a esta caraterística específica, os alimentos ricos em licopeno são referidos como alimentos funcionais.

Via de absorção

O licopeno é eficazmente absorvido quando suplementado com gordura devido às suas características lipofílicas. A sua assimilação depende do mecanismo mediado pelas micelas dos quilomícrons, o que facilita o seu movimento do trato gastrointestinal para os tecidos corporais. A forma isomérica do licopeno também afecta a absorção, por exemplo, a forma isomérica *trans* é menos adsorvida do que a configuração isomérica *cis*. A presença de gordura e as formas *cis-isoméricas* facilitam a absorção do licopeno, que passa a residir nos tecidos adiposos, no fígado, na próstata e nas glândulas supra-renais. Após a ingestão de alimentos à base de licopeno, os carotenóides de rutura ocorrem no ambiente de baixo pH do estômago, onde o licopeno se liga à proteína para passar através do lúmen intestinal. O complexo licopeno-proteína resultante decompõe-se e o licopeno junta-se aos quilomícrons na corrente sanguínea, de onde passa para o tecido alvo através da via hepática.

Alegação de saúde relativa ao licopeno.

O licopeno tem potencial para prevenir várias doenças crónicas como a dislipidemia, a diabetes, a oncogénese, as doenças neurodegenerativas, a osteoporose, etc. Os aspectos protectores são atribuídos à capacidade de eliminação do oxigénio singlete. Numerosas síndromes metabólicas surgem devido à elevada formação de radicais livres que reagem com as macromoléculas, oxidando assim as proteínas, os lípidos e o ADN. O licopeno protege os seres humanos de vários ataques patogénicos responsáveis por uma série de doenças. Vários autores referiram que o licopeno tem potencial nutracêutico e que, sendo antioxidante, proporciona proteção contra os radicais livres e os danos oxidativos. Os radicais livres são produzidos no organismo durante a reação de oxidação-redução, no entanto, a sua produção excessiva deteriora o mecanismo de defesa do organismo, a membrana celular e os organelos. Estes processos degenerativos resultam em doenças que ameaçam a vida.

A presença de um grande número de ligações duplas é responsável pela sua capacidade de eliminação de radicais livres ou de oxigénio singlete bastante elevada, ainda melhor do que o α- e o β-caroteno, a luteína e o α-tocoferol. O licopeno protege contra doenças degenerativas através de mecanismos como a comunicação entre as junções, a regulação da função genética, as vias de metabolização de drogas de fase II e o metabolismo carcinogénico.

Mecanismos de prevenção do cancro pelo licopeno.

O stress oxidativo é reconhecido como um dos principais factores que contribuem para o aumento do risco de cancro. Atualmente, muito trabalho tem sido feito para caraterizar a capacidade antioxidante do licopeno. O sistema de ligações duplas conjugadas permite que a molécula de licopeno apague eficazmente a energia de formas muito prejudiciais de oxigénio (oxigénio simples) e elimine um grande espetro de radicais livres. O licopeno desactivou *in vitro* uma série de radicais livres, como o peróxido de hidrogénio, o dióxido de azoto, o tilo e o sulfonilo. Há uma série de investigações que demonstram *in vitro* que o licopeno é um eliminador de ROS mais potente do que muitos outros carotenóides dietéticos e outros antioxidantes, incluindo a vitamina E, e a constante de velocidade de extinção do oxigénio singlete para o licopeno é quase o dobro da do *β-caroteno.* Foi relatado que, entre todos os carotenóides testados, o licopeno reagiu mais eficazmente com os radicais peroxilo gerados pela decomposição térmica de azocompostos. A capacidade do licopeno para atuar como antioxidante parece depender de vários factores, como a concentração de carotenóides, o tipo de oxidantes envolvidos na reação de oxidação e as interacções com outros antioxidantes. Em um estudo recente, Lowe e colegas descobriram que o dano oxidativo ao DNA causado pela xantina/xantina oxidase foi protegido por baixas concentrações de licopeno (1-3 µM), mas aumentado por concentrações mais altas (4-10 µM). Além disso, em humanos, fibroblastos de prepúcio, relataram que o licopeno inibiu significativamente a peroxidação lipídica induzida por nitrilotriacetato férrico, enquanto foi ineficaz na inibição da eroxidação lipídica induzida pelo gerador de radical solúvel em água (2,2'-azobis (2- midinopropano) dicloridrato). As misturas de carotenóides foram mais eficazes do que os compostos isolados. Este efeito sinérgico foi mais pronunciado quando o licopeno ou a luteína estavam presentes. A proteção superior das misturas pode estar relacionada com o posicionamento específico dos diferentes carotenóides nas membranas celulares. Além disso, estão a acumular-se provas que sugerem que o licopeno pode atuar como modulador das ERO intracelulares e, por conseguinte, pode controlar o crescimento celular mediado pelas ERO. Foi relatado que o carotenoide modula alvos moleculares sensíveis a redox envolvidos na sinalização do crescimento celular, tais como elementos de resposta antioxidante, proteínas quinases activadas por mitogénio (MAPK) sensíveis a redox e factores de transcrição, incluindo o fator nuclear kappaB (NF-kB) e a proteína activadora-1 (AP-1).

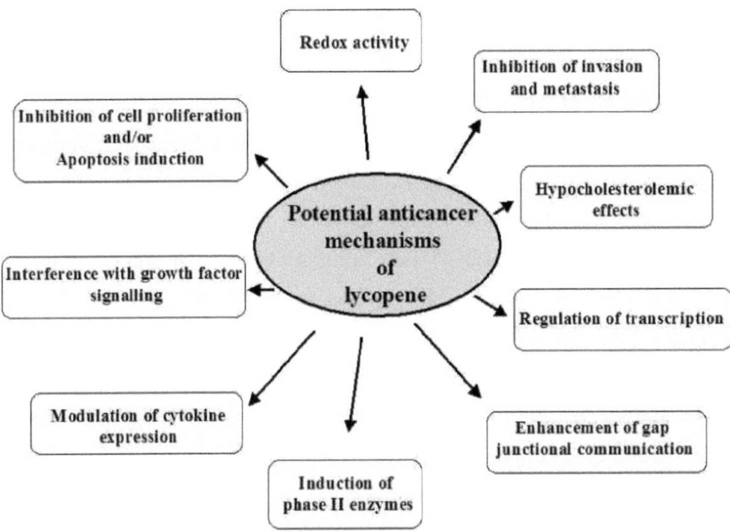

Inibição da proliferação de células cancerosas e indução de apoptose. Descobriu-se que o licopeno inibe a proliferação de vários tipos de células cancerígenas. Os efeitos inibitórios do licopeno foram acompanhados pela inibição da progressão do ciclo celular da fase G0/G1 para a fase S e por alterações nas proteínas que controlam o ciclo celular. Em particular, foi relatado que o licopeno diminui a ciclina D1 e aumenta os níveis de proteína p53, p21Waf1/Cip1 em células cancerosas. Foi relatado que o carotenoide modula a expressão e / ou fosforilação de Bcl-2, Bad, Bid e Bax em diferentes modelos experimentais. As proteínas Ku estão envolvidas em múltiplas vias celulares, incluindo a reparação do ADN, a manutenção dos telómeros e a apoptose mediada por Bax. Recentemente, foi relatado que o licopeno reduz os níveis de H_2O_2, interrompe a progressão do ciclo celular e inibe a atividade de ligação Ku-DNA e os níveis celulares e nucleares de Ku70 em células AR42J acinares pancreáticas. Estes dados sugerem que o carotenoide pode ser benéfico para o tratamento da morte celular induzida pelo stress oxidativo, prevenindo a perda da proteína de reparação do ADN Ku70.

Interferência com a estimulação da proliferação de células cancerígenas pelos factores de crescimento.

Cada vez mais provas sugerem que o licopeno pode modular a via do IGF-1, reduzindo o crescimento celular estimulado pelo IGF-1 em linhas celulares cancerosas, diminuindo o IGF-1, o IGF-1R ou aumentando o IGFBP-1 ou o IGFBP-3 em estudos com animais e em seres humanos. Foi fornecido um mecanismo potencial através do qual o licopeno interferiu com o crescimento celular estimulado por IGF-1. Mostraram que o crescimento celular estimulado por IGF-1, bem como a atividade de ligação ao ADN do fator de transcrição AP-1, eram reduzidos por concentrações fisiológicas de licopeno em linhas celulares de cancro do endométrio, da mama e do pulmão. Nesses modelos, o licopeno foi capaz de inibir a fosforilação do substrato 1 do recetor de insulina estimulada pelo IGF-1 e a expressão da ciclina D1, de bloquear a progressão do ciclo celular estimulada pelo IGF-1 e de aumentar as IGFBPs associadas à membrana. Foi também sugerido que a exposição ao fumo do cigarro pode promover a proliferação celular e a neoplasia ao afetar a sinalização normal do IGF-1. Estudos recentes parecem demonstrar interacções do licopeno com o fumo através de um mecanismo direto que envolve as vias IGF-1/AKT. No pulmão de furões, foi demonstrado que as lesões induzidas pelo fumo do cigarro (por exemplo, metaplasia escamosa, sobre-expressão de PCNA e apoptose diminuída) estavam associadas a concentrações plasmáticas reduzidas de IGFBP-3 e a rácios IGF-1/IGFBP-3 aumentados. Estas alterações afectaram significativamente o estado da proliferação celular e da apoptose no pulmão dos furões. A exposição ao fumo diminuiu significativamente a proteína caspase-3 clivada e aumentou o PCNA. Além disso, a exposição ao fumo suprimiu a apoptose mediada por Bad ao induzir a fosforilação de Bad em Ser136 e Ser112. Estas alterações induzidas pelo fumo foram evitadas pela suplementação com licopeno de uma forma dependente da dose. O carotenoide foi capaz de aumentar os níveis de IGFBP-3 e diminuir a proporção IGF-1/IGFBP-3. Além disso, diminuiu a fosforilação de Bad em Ser136 e Ser112 e aumentou a caspase-3 clivada, prevenindo a metaplasia escamosa induzida pelo fumo do cigarro e o aumento do PCNA. Um estudo recente *in vitro* também sugere que a modulação da via AKT pode ter um papel fundamental nos efeitos pró-apoptóticos do licopeno em condições de fumo. De facto, enquanto os fibroblastos RAT-1 expostos apenas ao condensado do fumo do cigarro (alcatrão) apresentavam níveis elevados de AKT fosforilado, as células expostas a uma combinação de alcatrão e licopeno diminuíam-nos fortemente. Além disso, a exposição de fibroblastos RAT-1 apenas ao alcatrão suprimiu a apoptose mediada por Bad, induzindo a fosforilação de Bad em Ser136. Por outro lado, o licopeno foi capaz de impedir completamente a fosforilação de Bad induzida pelo alcatrão, confirmando *in vitro* os resultados obtidos *in vivo.*

Prevenção do cancro através da indução de enzimas de fase II.

A indução de enzimas de fase II, que conjugam electrófilos reactivos (substâncias químicas que são atraídas por electrões ou tendem a aceitar electrões de outras substâncias químicas) e actuam como antioxidantes indirectos, parece ser um meio eficaz de obter proteção contra uma variedade de carcinogéneos em animais e humanos. O efeito quimiopreventivo (preventivo do cancro) do licopeno na incidência de tumores da bolsa bucal (bochecha, boca) de hamster induzidos por DMBA foi associado a um aumento simultâneo do nível de glutatião reduzido, das enzimas do ciclo redox do glutatião e da glutatião S-transferase (GST) na mucosa da bolsa bucal. (DMBA é um 9,10-dimetilbenz- antraceno, um potente composto iniciador de tumores). Estes resultados sugerem que o aumento induzido pelo licopeno nos níveis de GSH e da enzima de fase II GST inativa os carcinógenos formando conjugados (substâncias químicas formadas por dois ou mais compostos), produtos que são menos tóxicos e prontamente excretados. Astorg e colegas [99] propuseram que a modulação induzida pelo licopeno da enzima metabolizadora do fígado, o citocromo P4502E1, era o mecanismo subjacente de proteção contra lesões pré-neoplásicas induzidas por carcinogéneos no fígado de ratos. Além disso, foi demonstrado que a administração de licopeno a ratos induz o CYP hepático dos tipos 1A1⁄2, 2B1⁄2 e 3A de uma forma dependente da dose. Recentemente, foi demonstrado que tanto o licopeno como o a-caroteno activam o gene do citocromo P450 1A1, mas apenas o a-caroteno foi capaz de induzir o gene da retinol desidrogenase em ratos. *4.5. Regulação da transcrição* A transcrição é o processo pelo qual a informação genética é transportada da molécula de ADN através da molécula de ARN que actua como mensageiro. Esta via bioquímica conduz à formação de novas proteínas através do processo designado por tradução. Como já foi referido, o licopeno modula os mecanismos básicos da proliferação celular, a sinalização dos factores de crescimento e a comunicação intercelular por junções de hiato. Além disso, o licopeno produz alterações na expressão de muitas proteínas que participam nestes processos, por exemplo, conexinas, ciclinas e enzimas de fase II. Por conseguinte, a questão que se coloca é a de saber por que mecanismos o licopeno afecta tantas vias celulares diversas2ll As alterações na expressão de múltiplas proteínas sugerem que o efeito inicial do licopeno envolve a modulação da transcrição. Isto pode dever-se a interacções directas das moléculas de carotenóides ou dos seus derivados com factores de transcrição (por exemplo, com receptores nucleares activados por ligandos) ou a modificações indirectas da atividade transcricional (por exemplo, através de alterações no estado redox celular, que afectam os sistemas de transcrição sensíveis ao redox).

Inibição da proliferação de células cancerosas e indução de apoptose

Descobriu-se que o licopeno inibe a proliferação de vários tipos de células cancerígenas. Os efeitos inibitórios do licopeno foram acompanhados pela inibição da progressão do ciclo celular da fase G0/G1 para a fase S e por alterações nas proteínas que controlam o ciclo celular. Em particular, foi relatado que o licopeno diminui a ciclina D1 e aumenta os níveis de proteína p53, p21Waf1/Cip1 em células cancerosas. O efeito preventivo do cancro do licopeno mediado pela sua capacidade de induzir a apoptose também foi revisto. Foi relatado que o carotenoide modula a expressão e/ou fosforilação de Bcl-2, Bad, Bid e Bax em diferentes modelos experimentais. As proteínas Ku estão envolvidas em múltiplas vias celulares, incluindo a reparação do ADN, a manutenção dos telómeros e a apoptose mediada por Bax. Recentemente, foi relatado que o licopeno reduz os níveis de H_2O_2, interrompe a progressão do ciclo celular e inibe a atividade de ligação Ku-DNA, bem como os níveis celulares e nucleares de Ku70 em células AR42J acinares pancreáticas. Estes dados sugerem que o carotenoide pode ser benéfico para o tratamento da morte celular induzida pelo stress oxidativo, prevenindo a perda da proteína de reparação do ADN Ku70.

Interferência na estimulação da proliferação de células cancerígenas pelos factores de crescimento

Cada vez mais provas sugerem que o licopeno pode modular a via do IGF-1, reduzindo o crescimento celular estimulado pelo IGF-1 em linhas celulares cancerígenas, diminuindo o IGF-1, o IGF-1R ou aumentando o IGFBP-1 ou o IGFBP-3 em seres humanos, relataram que um potencial mecanismo pelo qual o licopeno interferia com o crescimento celular estimulado pelo IGF-1. Mostraram que o crescimento celular estimulado por IGF-1, bem como a atividade de ligação ao ADN do fator de transcrição AP-1, eram reduzidos por concentrações fisiológicas de licopeno em linhas celulares de cancro do endométrio, da mama e do pulmão. Nestes modelos, o licopeno foi capaz de inibir a fosforilação do substrato 1 do recetor de insulina estimulada pelo IGF-1 e a expressão da ciclina D1, de bloquear a progressão do ciclo celular estimulada pelo IGF-1 (388) e de aumentar as IGFBPs associadas à membrana. Foi também sugerido que a exposição ao fumo do cigarro pode promover a proliferação celular e a neoplasia ao afetar a sinalização normal do IGF-1. Estudos recentes parecem demonstrar interacções do licopeno com o fumo através de um mecanismo direto que envolve as vias IGF-1/AKT. No pulmão de furões, foi demonstrado que as lesões induzidas pelo fumo do cigarro (por exemplo, metaplasia escamosa, sobre-expressão de PCNA e apoptose diminuída) estavam associadas a concentrações plasmáticas reduzidas de IGFBP-3 e a rácios IGF-1/IGFBP-3 aumentados. Estas alterações afectaram significativamente o estado da proliferação celular e da apoptose no pulmão dos furões. A exposição ao fumo diminuiu significativamente a proteína caspase-3 clivada e aumentou o PCNA. Além disso, a exposição ao fumo suprimiu a apoptose mediada por Bad, induzindo a fosforilação de Bad em Ser136 e Ser112. Estas alterações induzidas pelo fumo foram evitadas pela suplementação com licopeno numa dose-

dependente. O carotenoide foi capaz de aumentar os níveis de IGFBP-3 e de diminuir o rácio IGF-1/IGFBP-3. Além disso, diminuiu a fosforilação de Bad em Ser136 e Ser112 e aumentou a caspase-3 clivada, prevenindo a metaplasia escamosa induzida pelo fumo do cigarro e o aumento do PCNA [64]. Um estudo recente *in vitro* também sugere que a modulação da via AKT pode ter um papel fundamental nos efeitos pró-apoptóticos do licopeno em condições de fumo. De facto, enquanto os fibroblastos RAT-1 expostos apenas ao condensado do fumo do cigarro (alcatrão) exibiam níveis elevados de AKT fosforilado, as células expostas a uma combinação de alcatrão e licopeno diminuíam-nos fortemente. Além disso, a exposição de fibroblastos RAT-1 apenas ao alcatrão suprimiu a apoptose mediada por Bad, induzindo a fosforilação de Bad em Ser136. Por outro lado, o licopeno foi capaz de impedir completamente a fosforilação de Bad induzida pelo alcatrão, confirmando *in vitro* os resultados obtidos *in vivo.*

Prevenção do cancro através da indução de enzimas de fase II

A indução de enzimas de fase II, que conjugam electrófilos reactivos (substâncias químicas que são atraídas por electrões ou tendem a aceitar electrões de outras substâncias químicas) e actuam como antioxidantes indirectos, parece ser um meio eficaz de obter proteção contra uma variedade de carcinogéneos em animais e humanos. O efeito quimiopreventivo (preventivo do cancro) do licopeno na incidência de tumores da bolsa bucal (bochecha, boca) de hamster induzidos por DMBA foi associado a um aumento simultâneo do nível de glutatião reduzido, das enzimas do ciclo redox do glutatião e da glutatião S-transferase (GST) na mucosa da bolsa bucal. (DMBA é um 9,10-dimetilbenz-□- antraceno, um potente composto iniciador de tumores). Esses resultados sugerem que o aumento induzido pelo licopeno nos níveis de GSH e a enzima de fase II GST inativa os carcinógenos formando conjugados (produtos químicos formados por dois ou mais compostos), produtos que são menos tóxicos e prontamente excretados. Foi proposto que a modulação induzida pelo licopeno da enzima metabolizadora do fígado, o citocromo P4502E1, era o mecanismo subjacente à proteção contra lesões pré-neoplásicas induzidas por carcinogéneos no fígado de ratos. Além disso, foi demonstrado que a administração de licopeno a ratos induz o CYP hepático dos tipos 1A1/2, 2B1/2 e 3A de uma forma dependente da dose. Recentemente, foi demonstrado que tanto o licopeno como o a-caroteno activam o gene do citocromo P450 1A1, mas apenas o a-caroteno foi capaz de induzir o gene da retinol desidrogenase em ratos.

Regulação da transcrição

A transcrição é o processo pelo qual a informação genética é transportada da molécula de ADN através da molécula de ARN que actua como mensageiro. Esta via bioquímica leva à formação de novas proteínas através do processo denominado tradução. Como já foi referido, o licopeno modula os mecanismos básicos da proliferação celular, da sinalização dos factores de crescimento e da comunicação intercelular por junções de hiato. Além disso, o licopeno produz alterações na expressão de muitas proteínas que participam nestes processos, por exemplo, conexinas, ciclinas e enzimas de fase II. Portanto, a questão que se coloca é: Por que mecanismos é que o licopeno afecta tantas vias celulares diferentes? As alterações na expressão de múltiplas proteínas sugerem que o efeito inicial do licopeno envolve a modulação da transcrição; este processo foi revisto anteriormente. Isto pode dever-se a interacções directas das moléculas de carotenóides ou dos seus derivados com factores de transcrição (por exemplo, com receptores nucleares activados por ligandos) ou a modificações indirectas da atividade transcricional (por exemplo, através de alterações no estado redox celular, que afectam os sistemas de transcrição sensíveis ao redox).

Efeitos hipocolesterolémicos

As células cancerígenas têm vias anormais de biossíntese do colesterol que são resistentes à desregulação pelo colesterol, e a farnesilação é um processo chave na ativação do oncogene. Tanto o a-caroteno como o licopeno partilham vias de síntese iniciais semelhantes às do colesterol, que é sintetizado em células animais mas não em células vegetais. Num artigo recente, foi testada a hipótese de que o licopeno pode exercer os seus efeitos antitumorais através de alterações na via do mevalonato e na ativação de Ras. Em diferentes linhas celulares tumorais, incluindo células de cancro do pulmão BEN, o tratamento com licopeno reduziu de forma dose-dependente o colesterol total intracelular através da diminuição da expressão da 3-hidroxi-3-metilglutaril-coenzima A (HMG-CoA) redutase. Este efeito foi acompanhado pela inativação de Ras, como evidenciado pela translocação da proteína das membranas celulares para o citosol e por uma paragem da progressão do ciclo celular e indução de apoptose.

Modulação da expressão de citocinas

As citocinas pró-inflamatórias, como as interleucinas (ILs) e o fator de necrose tumoral alfa (TNF-), têm sido implicadas na promoção de tumores em vários modelos experimentais de tumorigénese. A capacidade potencial do licopeno para influenciar os níveis de citocinas pode ser, pelo menos em parte, explicada pela localização de carotenóides na ou dentro da membrana celular, modulando as moléculas de superfície para a resposta imune primária, a produção de ROS, a atividade de MAPKs e factores de transcrição, como o NF-κB. A modulação dos níveis de citocinas pró-inflamatórias pelo licopeno e/ou produtos de tomate foi recentemente revista.

Melhoria da comunicação entre as junções de fendas

Tanto os carotenóides como os retinóides estimulam a comunicação entre as junções comunicantes (GJC) através da estabilização do ARNm da conexina43. Uma vez que a GJC se perde nas células cancerosas, a sua restauração é considerada uma propriedade preventiva do cancro dos carotenóides e dos retinóides. Se o licopeno for clivado por analogia com a conversão do a-caroteno em ácido retinóico, forma-se o ácido acicloretinóico. Tanto o licopeno como este produto de clivagem, que poderia resultar da oxidação, foram testados *in vitro* quanto ao seu efeito na GJC, na estabilização do ARNm da conexina43. Nos fibroblastos de pele fetal humana, a CGJ foi estimulada pelo licopeno e pelo ácido aciclo-retinóico. O licopeno foi eficaz a uma concentração de 0,1 mM, ao passo que foram necessárias quantidades mais elevadas de ácido aciclo-retinóico (1 mM) para uma estimulação comparável. Os efeitos estabilizadores do ácido aciclorretinóico no mRNA da conexina43 por meio de elementos localizados na região 3□-un-translated foram fracos. Em comparação com o ácido retinóico (0.1 mM), foram necessárias concentrações consideravelmente mais altas do análogo de acilo (50 µM) para efeitos semelhantes; o licopeno (0.1 µM) não estava ativo neste sistema. Da mesma forma, níveis não fisiologicamente altos de ácido acicloretinóico (50 µM foram necessários para transativar o promotor RAR-2. Os dados demonstram que o ácido acicloretinóico é muito menos ativo do que o ácido retinóico no que diz respeito à GJC e à sinalização relacionada com retinóides. Estes dados são consistentes com a conclusão de que o licopeno afecta a GJC independentemente da formação de ácido aciclorretinóico. De facto, não está estabelecido que o ácido acil-retinóico seja um produto de oxidação fisiologicamente ativo importante do licopeno nos seres humanos. Por conseguinte, embora ainda seja possível que o licopeno possa atuar através do mecanismo do recetor RAR, é necessária muito mais investigação sobre esta questão.

Inibição da invasão e da metástase

Uma caraterística crítica que as células cancerígenas metastáticas adquiriram é a capacidade de dissolver as membranas basais e a matriz extracelular (ECM). Este processo de degradação é mediado em grande parte pelas metaloproteinases da matriz (MMPs), que são uma grande família de, pelo menos, 20 endo-peptidases neutras dependentes do zinco que, em conjunto, podem degradar todos os componentes conhecidos da MEC. A MMP-9 é abundantemente expressa em vários tumores malignos e postula-se que desempenhe um papel crítico na invasão tumoral e na angiogénese. Em estudos da linha celular de hepatoma humano altamente invasiva SK-Hep-1, o licopeno demonstrou ter atividade anti-metastática e anti-invasão. Demonstrou-se que o licopeno a 5 e 10 μM (concentrações superiores às fisiologicamente relevantes) podia diminuir as actividades gelatinolíticas das metaloproteinases de matriz MMP-2 e MMP-9 e inibir a adesão, invasão e migração das células SK-Hep1. Com concentrações semelhantes de licopeno, confirmou-se que a expressão de MMP-9 foi suprimida nas células SK-Hep-1 e verificou-se que o gene supressor de metástases nm23-H1 foi induzido. Estes estudos indicam que o licopeno pode inibir a metástase e a invasão de células de hepatocarcinoma, embora em concentrações elevadas de carotenóides que podem não ser fisiologicamente atingíveis. O fator de crescimento derivado das plaquetas (PDGF) funciona como um mitogénio para a quimiotaxia dos fibroblastos dérmicos e pode estimular a angiogénese tumoral.

Licopeno de melancia: Estrutura e propriedades físico-químicas

O licopeno é um carotenoide tetrapénico vibrante com fórmula molecular $C_{40}H_{56}$ e contém 11 ligações duplas conjugadas e 2 não conjugadas. É um isómero acíclico e um análogo de cadeia aberta do B-caroteno que sofre isomerização *cis-trans* quando interage com a luz, a temperatura e os produtos químicos. A grande maioria dos estudos demonstrou que o soro sanguíneo humano contém formas isoméricas *cis* e *trans* de licopeno, enquanto as plantas têm apenas configuração trans, exceto a melancia Algumas formas isoméricas de licopeno. Entre as diferentes configurações, a forma *5-cis* é mais estável, com um forte potencial antioxidante, em comparação com as formas trans, *7-cis*, *9-cis*, *11-cis*, *13-cis* e *15-cis*. Algumas investigações indicaram que a quantidade de licopeno era significativamente afetada em função do tempo de armazenamento e da temperatura da melancia. Observou-se que o teor de licopeno à temperatura de armazenagem de 5° C variava de 7,8 a 8,1 mg/100 g, aumentando para 8,1 a 12,7 mg/100 g a 20° C. Dados de vários estudos mostraram uma tendência crescente do teor de licopeno e a-caroteno da melancia a temperaturas de armazenamento mais elevadas. Foi sugerido que as vias das enzimas produtoras de carotenóides são sensíveis à temperatura.

Via de absorção do licopeno da melancia.

O licopeno é eficazmente absorvido quando suplementado com gordura devido às suas características lipofílicas. A sua assimilação depende do mecanismo mediado por micelas de quilomícrons, que facilita o seu movimento do trato gastrointestinal para os tecidos corporais. A forma isomérica do licopeno também afecta a absorção, por exemplo, a forma isomérica *trans* é menos adsorvida do que a configuração isomérica *cis*. A presença de gordura e de formas cis-isoméricas facilita a absorção do licopeno, que passa a residir nos tecidos adiposos, no fígado, na próstata e nas glândulas supra-renais. Após a ingestão de alimentos à base de licopeno, os carotenóides de rutura ocorrem no ambiente de baixo pH do estômago, onde o licopeno se liga à proteína para passar através do lúmen intestinal. O complexo licopeno-proteína resultante decompõe-se e o licopeno junta-se aos quilomícrons na corrente sanguínea, de onde passa para o tecido alvo através da via hepática.

Alegação de saúde relativa ao licopeno da melancia

O licopeno tem potencial para prevenir várias doenças crónicas como a dislipidemia, a diabetes, a oncogénese, as doenças neurodegenerativas, a osteoporose, etc. Os aspectos protectores são atribuídos à capacidade de eliminação do oxigénio singlete. Numerosas síndromes metabólicas surgem devido à elevada formação de radicais livres que reagem com as macromoléculas, oxidando assim as proteínas, os lípidos e o ADN.

O licopeno protege os seres humanos de vários ataques patogénicos responsáveis por uma série de doenças. Vários autores referiram que o licopeno tem potencial nutracêutico e que, sendo antioxidante, proporciona proteção contra os radicais livres e os danos oxidativos. Os radicais livres são produzidos no organismo durante a reação de oxidação-redução, no entanto, a sua produção excessiva deteriora o mecanismo de defesa do organismo, a membrana celular e os organelos. Estes processos degenerativos resultam em doenças que ameaçam a vida. A presença de um grande número de ligações duplas é responsável pela sua capacidade bastante elevada de eliminação de radicais livres ou de extinção do oxigénio singlete, ainda melhor do que o α- e o β-caroteno, a luteína e o α-tocoferol. O licopeno protege contra doenças degenerativas através de mecanismos como a comunicação por junção de lacunas, a regulação da função genética, as vias de metabolização de drogas de fase II e o metabolismo carcinogénico. O licopeno elimina os radicais livres a nível celular devido à sua fixação na membrana celular, podendo assim prevenir a hipercolesterolemia e a hiperglicemia, bem como disfunções associadas.

a.Stress oxidativo

O stress oxidativo é um fator etiológico no aparecimento de várias disfunções metabólicas. Está provado que a oxidação descontrolada leva à produção excessiva de espécies reactivas de oxigénio (ROS), agente causador de muitas doenças que podem ser tratadas através de dietas ricas em antioxidantes/fitoquímicos. A produção excessiva de radicais livres conduz à aterosclerose através da inativação do óxido nítrico e da diminuição da vasodilatação dependente do endotélio. Os ERO são produzidos continuamente nas vias metabólicas normais. A dieta, o tabagismo, o exercício físico e as variáveis ambientais podem aumentar a produção de ROS.

Apesar disso, os antioxidantes têm a capacidade de iniciar a reparação através da interação da cadeia de cadeias com biomoléculas oxidadas. A terapia baseada na dieta indicou um papel significativo do licopeno na redução dos danos oxidativos do ADN e dos linfócitos e uma melhoria a curto prazo da oxidação do LDL. O equilíbrio oxidativo é perturbado durante a produção de espécies reactivas de oxigénio (ERO) que geram sucessivamente átomos de hidrogénio duplos alélicos e iniciam a oxidação dos lípidos. Entretanto, os neutrófilos catalisam a síntese de ácido hipocloroso que provoca lesões oxidativas em termos de danos celulares. Neste meio, o corpo produz enzimas de defesa, ou seja, superóxido dismutase (SOD) e glutatião peroxidase (GSH-Px). A superóxido dismutase actua como primeira linha de defesa, produzindo oxigénio simples em peróxido de hidrogénio. No entanto, as enzimas GSH-Px e catalase convertem o peróxido de hidrogénio em água. Geralmente, estas enzimas funcionam em harmonia, mas em caso de produção excessiva de ROS, pode ocorrer uma interrupção, resultando em necrose ou apoptose. Nestes casos, o licopeno dietético actua como um agente terapêutico para combater a produção excessiva de ROS.

O stress oxidativo desempenha um papel vital na prevalência de doenças crónicas. Os radicais livres estão ligados à patogénese de várias doenças, como a diabetes, as complicações cardiovasculares, a osteoporose, o cancro e as cataratas. O licopeno restabeleceu significativamente as enzimas antioxidantes, incluindo a glutationa peroxidase (GSH-Px), a superóxido dismutase (SOD), a glutationa reduzida (GSH), enquanto diminuiu os níveis de peróxido lipídico malondialdeído (MDA) em pacientes hipertensos. Do mesmo modo, verificou-se que o licopeno é eficaz na redução do MDA e no aumento dos níveis de GSH na doença arterial coronária. Alguns investigadores examinaram o efeito do licopeno em homens fumadores com baixa ingestão de fruta e vegetais através de um estudo duplamente cego, aleatório e controlado. Concluíram que o licopeno reduz significativamente o stress oxidativo e melhora a função endotelial. Da mesma forma, outro investigador investigou o licopeno contra a peroxidação lipídica induzida pela cisplatina e a nefrotoxicidade em ratos Wister machos. Foi observada uma diminuição significativa da proteína bax renal nos ratos que receberam licopeno, um indicador de baixo stress oxidativo.

. Por este motivo, foram administrados licopeno a seres humanos durante dois meses, após avaliação do LDL e do MDA. Os linfócitos também foram analisados para observar qualquer efeito deletério. A comparação dos indivíduos com o grupo com restrição de licopeno mostrou uma diminuição acentuada da oxidação do LDL e do valor de TBAR, ou seja, 17% e 21%, respetivamente. A literatura anterior já tinha delineado o papel protetor do licopeno. Do mesmo modo, foi observada uma redução dos produtos de peroxidação lipídica, ou seja, TBARS (21%) e marcadores de danos no ADN, nos fibroblastos de macaco. No caso dos ratos, a injeção de licopeno durante cinco dias com um nível de dose de 10 mg/kg/dia mostrou redução na peroxidação lipídica e proteção do tecido da próstata contra danos oxidativos induzidos por Fe.

Vários estudos de intervenção descreveram a interação entre a redução da dislipidemia e o consumo de licopeno.

As dietas ricas em licopeno têm potencial para reduzir a peroxidação lipídica, um dos principais factores de hipercolesterolemia. Verificou-se uma associação inversa do licopeno dietético com o stress oxidativo e um impacto positivo na integridade óssea. O efeito da dieta sem licopeno foi determinado em mulheres pós-menopáusicas de 50 a 60 anos. O soro sanguíneo foi analisado em relação aos tióis proteicos e às substâncias reactivas tiobarbitúrico-malondialdeído, bem como aos marcadores de transformação óssea: fosfatase alcalina e N-telopeptídeo reticulado. As inferências da investigação indicaram que as restrições alimentares de licopeno durante um mês resultaram num aumento tremendo dos biomarcadores de stress oxidativo com reabsorção óssea aliada. Da mesma forma, um estudo foi realizado em seres humanos para descobrir o papel do suco funcional enriquecido com licopeno e vitamina C. O objetivo principal era medir o efeito do licopeno (20,6 mg / dia) e da vitamina C (435 mg / dia) contra os biomarcadores de inflamação e estresse oxidativo. O soro sanguíneo foi examinado quanto ao estado lipídico, TBAR e capacidade antioxidante. Foi registada a diminuição do TBAR (19 a 22%) e o aumento do valor da glutationa (17 a 20%). Foi observado que o sumo funcional conduziu a uma diminuição do colesterol total. Foi realizado um estudo cruzado completamente aleatório para investigar o papel do licopeno na supressão do stress oxidativo utilizando cápsulas à base de licopeno. Propositadamente, foram administradas estas cápsulas a doze indivíduos saudáveis e observou-se uma redução da oxidação lipídica. Os biomarcadores do stress oxidativo, ou seja, TBAR e glutatião, apresentaram alterações significativas. O valor do glutatião aumentou até 23,6%, ao passo que se registou uma diminuição de 20% no valor do TBAR. O licopeno atenua os distúrbios relacionados com o estilo de vida sem ter quaisquer efeitos deletérios nos aspectos hematológicos.

b. Nutrigenómica e emergência do cancro

Atualmente, estão disponíveis várias provas que indicam ligações directas entre os componentes activos dos alimentos e a genómica celular, com especial referência ao tratamento do cancro.

Nutrigenómica é um termo mais amplo que explica a interação dos nutrientes com a expressão genética. Sendo um componente alimentar ativo, o licopeno interfere em várias fases do desenvolvimento do cancro, *ou seja, na* mutação do ADN e nas metástases tumorais, tendo assim um impacto direto no gene e inibindo a mutação. No entanto, a compreensão da interação entre o licopeno e o gene ainda não está bem estabelecida e necessita de mais investigação. É provável que o licopeno esteja associado à produção de enzimas de fase I e II que são essenciais para o metabolismo do carcinogénio no sistema fisiológico. A enzima da fase I tem potencial para ativar o carcinogéneo, enquanto a enzima da fase II é responsável pela ligação do grupo polar ao carcinogéneo ativado, o que facilita a sua eliminação.

CAPÍTULO 10

Stress oxidativo e antioxidantes

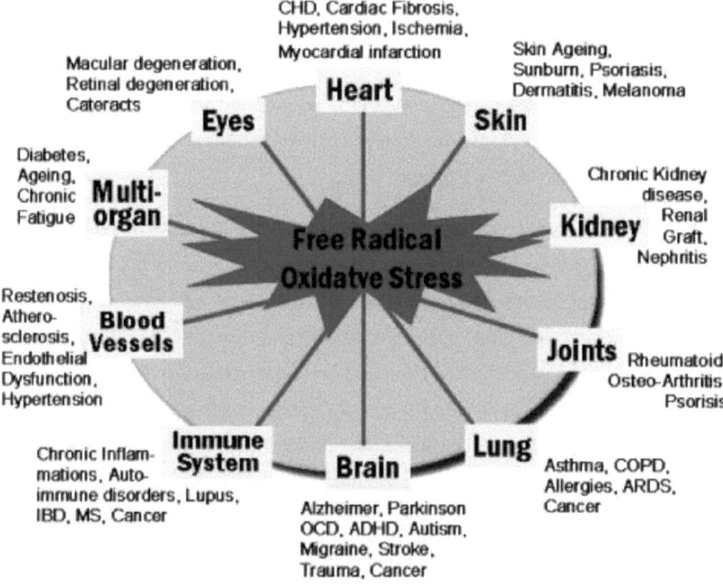

Os radicais livres, conhecidos na química desde o início do século XX, foram inicialmente utilizados para descrever compostos intermédios na química orgânica e inorgânica, tendo sido sugeridas várias definições químicas para os mesmos. Só em 1954 é que se percebeu que estes radicais sugeriam ser actores importantes em ambientes biológicos e responsáveis por processos deletérios na célula. Logo depois, em 1956, foi sugerido que essas espécies poderiam ter um papel em eventos fisiológicos e, particularmente, no processo de envelhecimento. Esta hipótese, a teoria dos radicais livres do envelhecimento, inspirou numerosos estudos e esforços de investigação e contribuiu significativamente para o nosso conhecimento dos radicais e, mais especificamente, dos radicais derivados do oxigénio e de outras espécies reactivas derivadas do oxigénio, os non-radicais. Estes metabolitos são agora considerados intervenientes importantes nas reacções bioquímicas, na resposta celular e nos resultados clínicos.

Desde a descoberta do oxigénio no início do século XVIII por Antoine Laurent Lavoisier, foi reconhecida a necessidade de controlar os níveis de oxigénio. Molécula esquiva, o oxigénio desempenha papéis contraditórios, um essencial para a vida e outro como substância tóxica. Descreveu-se a toxicidade da molécula de oxigénio para o organismo e comparou-se o seu efeito no corpo como sendo semelhante ao de queimar uma vela. Como uma vela se queima muito mais rapidamente no oxigénio do que no ar, o corpo fica rapidamente exausto neste "ar puro". A toxicidade da molécula de oxigénio atmosférico já tinha sido utilizada pelos nossos antepassados para fins terapêuticos, como o tratamento de locais infectados com a bactéria anaeróbica *Clostridium* através da exposição ao ar. A utilização benéfica do efeito tóxico do oxigénio foi utilizada na terapia hiperbárica e de irradiação. O desenvolvimento dos submarinos, o mergulho como desporto e a medicina contribuíram significativamente para o conhecimento do oxigénio, dos seus derivados e da sua toxicidade. Os casos generalizados de cegueira em bebés nascidos prematuramente na década de 1940 foram associados à elevada concentração de oxigénio nas incubadoras recentemente inventadas. Esta patologia, denominada retinopatia da prematuridade (ROP), foi facilmente controlada através da modulação da concentração de oxigénio nas incubadoras. Hoje em dia, estamos de novo perante um aumento da ROP devido à vulnerabilidade dos bebés extremamente jovens e pequenos, que pesam menos de 700 gramas, à concentração mínima de oxigénio na incubadora necessária para manter as suas vidas. Atualmente, o oxigénio é considerado tóxico para as bactérias, as plantas, as células eucarióticas e os seres humanos.

O oxigénio é necessário às células procarióticas e eucarióticas para a produção de energia, frequentemente através da cadeia de transporte de electrões nas mitocôndrias. Na maioria dos casos, o oxigénio é consumido como dioxigénio na forma de uma molécula diatómica, a configuração que existe na atmosfera. A fonte de oxigénio foi provavelmente a evolução do processo fotossintético nas algas azuis-verdes. O aumento da concentração de oxigénio na atmosfera, hoje em dia de 21%, e do seu derivado ozono (O_3) foi benéfico, pois permitiu a absorção da radiação solar ultravioleta (UVC, < 280 nm) nociva, possibilitando assim a sobrevivência dos organismos em terra firme. Por outro lado, no seu papel nocivo, o próprio oxigénio tem sido tóxico para as bactérias anaeróbias, obrigando-as a desenvolver uma variedade de mecanismos para lidar com as concentrações crescentes. Na atmosfera, a concentração de oxigénio é um parâmetro dinâmico que está em constante mudança. Foi sugerido que houve períodos em que o oxigénio atmosférico atingiu uma concentração de 35% e mais tarde estabilizou em 21%.

Atualmente, devido ao abate maciço das florestas tropicais, a sua concentração está a diminuir novamente e, provavelmente, conduzirá a alterações na resposta bioquímica da célula viva.

Biologia da toxicidade do oxigénio e dos ERO

Origens doROS

O oxigénio tem uma estrutura molecular única e é abundante nas células. Aceita facilmente os electrões livres gerados pelo metabolismo oxidativo normal no interior da célula, produzindo ROS, como o O_2 ▪- e o radical hidroxilo (HO·), bem como o oxidante H_2O_2. Os processos que causam o desacoplamento do transporte de electrões podem aumentar a produção de ERO, sendo a mitocôndria uma fonte importante. No entanto, outros componentes celulares, como as enzimas ligadas ao retículo endoplasmático, os sistemas enzimáticos citoplasmáticos e a superfície da membrana plasmática, também contribuem. A atividade de múltiplos sistemas enzimáticos, como o sistema monoxigenase do citocromo P450, a xantina oxidoredutase, as óxido nítrico sintases e vários outros envolvidos no processo inflamatório (ciclo-oxigenase e lipoxigenase), pode também aumentar a produção de ERO. A produção celular de **O2^-** e H2O2 pode facilitar a formação do HO^, mais tóxico e reativo, na presença de metais de transição reduzidos, como o ferro. É importante notar que o O2- reage rapidamente com o óxido nítrico para formar peroxinitrito (ONOO-), um forte composto nitrante e oxidante. Estas espécies altamente reactivas, como o HO^ ou o **ONOO-**, podem reagir com os lípidos das membranas para provocar radicais mais complexos, iniciando a peroxidação lipídica.

Para além dos ERO gerados como "subproduto" da respiração celular, a produção endógena de O2- também provém das NADPH oxidases (*NOX1-3*; tipicamente em níveis baixos no músculo liso e no endotélio vascular), das oxidases duplas 1 e 2, e

NOX4 (células epiteliais). As ROS são também importantes na regulação dos metais nítricos, como a biodisponibilidade do óxido, influenciando dramaticamente a reatividade das vias aéreas e vascular.

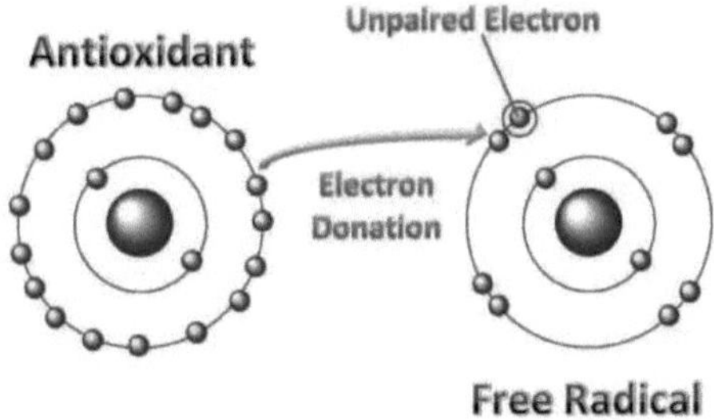

Mecanismo de ação dos antioxidantes

O peso dos ERO pode ser ainda mais amplificado pela presença de substâncias "livres"

como o ferro, o cobre e o manganês, que podem ser libertados dos complexos metaloproteicos. Embora o ferro livre (não ligado à ferritina ou ao heme, por exemplo) tenha sido documentado no plasma circulante de recém-nascidos pré-termo, os efeitos prejudiciais do ferro livre ou de outros metais não foram definitivamente estabelecidos em recém-nascidos. Em contrapartida, existem provas indirectas que associam a presença de ferro livre ao aumento da formação de carbonilo nas proteínas em doentes tratados com concentrações elevadas de oxigénio suplementar. A incapacidade de sequestrar ou armazenar adequadamente o ferro pode ser um problema de desenvolvimento em bebés prematuros com deficiências relativas de transportadores de ferro, como a transferrina.

Alvos moleculares dos ERO

Existe um equilíbrio delicado entre a produção de ERO e as defesas antioxidantes que protegem as células *in vivo*. Este equilíbrio pode ser perturbado em condições de hiperóxia, inflamação ou isquémia-reperfusão (produção excessiva de ERO) ou na presença de defesas antioxidantes limitadas ou deficientes. Foram propostas várias vias envolvidas na morte celular induzida por ROS. As ROS podem causar lesões directas nas proteínas, lípidos e ácidos nucleicos, conduzindo à morte celular.

Por exemplo, a oxidação das proteínas e a nitrosilação (formação de carbonilo, nitração e nitrotirosina) podem prejudicar uma grande variedade de processos enzimáticos e factores de crescimento que podem resultar numa disfunção celular acentuada. A peroxidação lipídica tem sido associada à morte celular através de efeitos sobre os fosfolípidos celulares (principais componentes da membrana celular) através da ativação da esfingomielinase e da libertação de ceramida, que ativa a apoptose.

A oxidação dos ácidos nucleicos tem sido associada ao envelhecimento fisiológico e prematuro, bem como a quebras de cadeias de ADN, conduzindo a necrose e/ou apoptose desadaptativa. A magnitude destas alterações e a capacidade da célula para reparar estes danos determina se os efeitos são adaptativos ou desadaptativos.

Os ERO nos locais e concentrações adequados podem também funcionar como "segundos mensageiros" e ativar várias vias de transdução de sinais na célula, facilitando as acções dos factores de crescimento, das citocinas e da sinalização de cálcio. Os ERO podem ativar a quinase N-terminal (possivelmente através da produção de intermediários de peróxido lipídico), uma proteína quinase crucial activada por mitogénio, que depois fosforila e liberta duas proteínas relacionadas com o Bcl-2 que estão normalmente sequestradas na célula. A libertação destas proteínas-chave pode ativar diretamente a Bax, causando a dissociação da sua âncora citoplasmática. A Bax fica então livre para se translocar para as mitocôndrias, onde sofre oligomerização e inicia a libertação do citocromo *c* e de outros mediadores pró-morte para o citosol. Níveis relativamente elevados de O2- são gerados pela NOX nos fagócitos, como os neutrófilos e os macrófagos (1000 vezes mais do que nas células não fagocíticas), um processo essencial para a morte bacteriana. O bloqueio do influxo de neutrófilos em ratos recém-nascidos expostos à hiperóxia atenua os danos oxidativos no ADN, a formação de HO- e a acumulação de O2-, ao mesmo tempo que melhora o desenvolvimento alveolar. O cérebro e o pulmão têm sido mais intensamente estudados como sistemas de órgãos-alvo susceptíveis de serem danificados pelas ROS.

A carga intracelular de H2O2 é desintoxicada pela catalase ligada aos peroxissomas. O epitélio alveolar e outros tecidos podem aumentar a produção de ERO nas células endoteliais *através da* NOX2, lesões do tipo sion e stress oxidativo. Por exemplo, pensa-se que a ativação microglial provoca a acumulação de marcadores de oxidação (por *exemplo,* nitrotirosina e carbonilos de proteínas) nos oligodendrócitos, levando ao desenvolvimento de leucomalácia periventricular. A ativação pode também ter efeitos secundários através da excitotoxicidade neuronal *por* efeitos no fluxo de cálcio.

A maioria dos estudos experimentais centrou-se em modelos de isquémia-reperfusão, em que o pré-tratamento com antioxidantes ou eliminadores de radicais livres reduz tipicamente a apoptose (por *exemplo,* menor fragmentação do ADN e expressão de caspases) e melhora a evidência histológica de lesão cerebral. Recentemente, estudos de hiperóxia em ratos recém-nascidos também implicaram que as ROS causam a morte de células neuronais. A exposição *in vitro* a atmosferas com elevado teor de oxigénio induz apoptose nas células oligodendrogliais num padrão dependente do desenvolvimento, que é evitado pela inibição da lipoxigenase, com diminuição da expressão da proteína básica da mielina *in vivo* em crias de ratos expostos à hiperóxia. A retina em desenvolvimento é particularmente propensa a danos mediados por ROS que contribuem para a retinopatia da prematuridade em bebés prematuros. O crescimento vascular na retina posterior em desenvolvimento é normalmente conduzido por vias sensíveis a redox que regulam o VEGF. Após o nascimento, o aumento acentuado das tensões sistémicas de oxigénio no recém-nascido pré-termo suprime a produção de VEGF. Este fenómeno ocorre em conjunto com a diminuição da autorregulação do fluxo sanguíneo da retina, bem como com uma deficiência relativa de antioxidantes na retina imatura (516). Na ausência de VEGF (e de outros factores), a proliferação angiogénica pára e ocorre apoptose dos vasos em desenvolvimento, secundária à formação de espécies reactivas de oxigénio e azoto. A geração endógena de ROS através da NOX pode ser crítica para esta via, uma vez que a sua inibição farmacológica previne a retinopatia da prematuridade num modelo de rato recém-nascido. A segunda fase da retinopatia da prematuridade ocorre após o nascimento, quando a retina avascular continua a crescer, ultrapassando o seu fornecimento de sangue. Isto resulta em hipóxia tecidular local, aumento da libertação de VEGF e uma resposta neovascular anormal. Mais uma vez, este processo envolve a formação de ROS e pode ser passível de redução da exposição ao oxigénio, bem como de tratamento com antioxidantes.

Mecanismos semelhantes podem estar em jogo nos danos induzidos pelas ROS no sistema pulmonar imaturo pós-natal em desenvolvimento, onde tanto as células epiteliais como as endoteliais podem ser danificadas.

A oxidação do ADN do epitélio pulmonar, a acumulação de **HO-**, a peroxidação lipídica e a oxidação das proteínas em todo o pulmão foram demonstradas em modelos experimentais de displasia broncopulmonar (DBP). Na DBP humana, os estudos apoiam fortemente um papel para os danos mediados por ROS.

A 3-nitrotirosina plasmática, uma pegada da formação de ONOO-, e os carbonilos proteicos, um marcador da oxidação proteica, estão elevados nos recém-nascidos prematuros com maior risco de desenvolver DBP. As ROS podem inativar as enzimas antioxidantes, com

ou proteínas nitradas críticas para a função pulmonar foram identificadas. O peso da evidência implica que as ROS estão envolvidas no desenvolvimento pulmonar deficiente na DBP. Uma vez que a exposição a concentrações de oxigénio mais moderadas está associada à DBP moderna, a perturbação da sinalização mesenquimal-epitelial-endotelial, em vez da necrose celular aguda ou da apoptose induzida pelas ROS, pode ser mais crítica. A "nova" DBP é caracterizada por uma exposição mais ligeira ao stress oxidativo e à lesão mecânica, mas numa fase mais precoce do desenvolvimento pulmonar, o que acaba por causar hipoplasia alveolar. A inativação da sinalização do NO, que é necessária para o desenvolvimento alveolar normal, é uma via provável, quer através da inativação direta (formação de ONOO), quer através de efeitos indirectos na produção endógena de NO.

Uma vez que o GMPc é um dos principais alvos da ação do NO, seria de esperar que a inibição da fosfodiesterase do tipo V também melhorasse o desenvolvimento alveolar, o que, de facto, foi demonstrado num modelo de ratos recém-nascidos com DBP. Este conceito é ainda apoiado por estratégias destinadas a interferir com a inativação do NO mediada pelo o2, utilizando CuZnSOD humana recombinante exógena (rhSOD). Em recém-nascidos com hipertensão pulmonar, o tratamento com NO inalado em conjunto com rhSOD resulta num aumento da sinalização de NO, melhorias significativas na oxigenação e reduções acentuadas da oxidação no pulmão. Estão atualmente a ser planeados ensaios clínicos de NO inalado em conjunto com a administração de rhSOD para o tratamento da hipertensão pulmonar em recém-nascidos.

Regulação da defesa antioxidante

A vulnerabilidade das moléculas alvo, dos compartimentos celulares e dos sistemas de órgãos às vias mediadas pelas ROS depende do meio redox local, que, por sua vez, depende da regulação dos antioxidantes no desenvolvimento. O controlo temporo-espacial rigoroso da expressão dos antioxidantes tem sido associado ao controlo normal da apoptose no desenvolvimento fisiológico.

As ROS danificam o ADN através de quebras de cadeia e oxidação de bases que, se não forem reparadas, induzem a apoptose ou a oncose. A oxidação e a nitração das proteínas danificam as enzimas antioxidantes, as proteínas surfactantes e as vias anti-inflamatórias que podem propagar ainda mais a inflamação desadaptativa. Os produtos da peroxidação lipídica geram prostanóides pró-inflamatórios e podem gerar mais formação de radicais através de reacções em cadeia dos lípidos, possivelmente libertando enzimas nocivas embaladas em organelos celulares. Os efeitos directos das ROS nas vias de sinalização incluem factores de transcrição sensíveis à redox - *por exemplo,* HIF, Nrf-2 e NF-B, bem como efeitos indirectos através da inativação da sinalização baseada no NO.

Mecanismo molecular e biológico da ação antioxidante.

Há cada vez mais provas de que o stress oxidativo, definido como um desequilíbrio entre oxidantes e antioxidantes a favor dos primeiros, conduz a muitas alterações bioquímicas e é um fator importante que contribui para várias doenças crónicas humanas, como a aterosclerose e as doenças cardiovasculares, a mutagénese e o cancro, várias doenças neurodegenerativas e, provavelmente, o próprio processo de envelhecimento. Por exemplo, sabemos que os produtos da peroxidação lipídica e as formas oxidadas das lipoproteínas de baixa densidade se acumulam nas lesões ateroscleróticas e que numerosas bases de ADN modificadas se formam em condições de stress oxidativo e são altamente mutagénicas, como a 8-oxo-guanina. Para muitas destas biomoléculas modificadas oxidativamente, existem enzimas de reparação, incluindo numerosas peroxidases que reduzem os hidroperóxidos lipídicos aos álcoois correspondentes e glicosilases que removem lesões específicas do ADN. Para além da reparação das biomoléculas danificadas por oxidação, outro nível de defesa contra o stress oxidativo e os danos resultantes consiste em evitar a formação de espécies reactivas de oxigénio e de azoto ou em eliminar estas espécies antes de poderem causar danos oxidativos às biomoléculas. Entre estas defesas encontram-se as enzimas antioxidantes, que são maioritariamente intracelulares e incluem várias formas de superóxido dismutase e catalase.

As enzimas antioxidantes são complementadas por antioxidantes de pequenas moléculas, alguns dos quais são derivados exclusivamente da dieta e são vitaminas. Estes antioxidantes de pequenas moléculas estão presentes extra e intracelularmente e incluem o ácido ascórbico (vitamina C), o glutatião (GSH) e os tocoferóis (principalmente o a-tocoferol; vitamina E). As concentrações intracelulares destes compostos podem ser substanciais, ou seja, na gama milimolar tanto para o ascorbato como para a GSH. O a-tocoferol é de longe o antioxidante lipossolúvel mais abundante nos seres humanos, presente nas membranas celulares e subcelulares e nas lipoproteínas. Os mecanismos pelos quais estes antioxidantes actuam a nível molecular e celular incluem papéis na expressão e regulação dos genes, na apoptose e na transdução de sinais. Assim, os antioxidantes estão envolvidos em processos metabólicos e homeostáticos fundamentais. No entanto, existem ainda muitas lacunas no nosso conhecimento dos mecanismos básicos do dano oxidativo e das defesas antioxidantes. O preenchimento destas lacunas permitir-nos-ia direcionar mais especificamente os tratamentos e obter os melhores benefícios dos antioxidantes para a promoção da saúde e a prevenção de doenças.

Reacções redox

Quimicamente, qualquer composto, incluindo o oxigénio, que possa aceitar electrões é um oxidante ou agente oxidante. Em contrapartida, uma substância que doa electrões é um redutor ou agente redutor. Em geral, uma reação química em que uma substância ganha electrões é definida como uma redução. A oxidação é um processo em que ocorre uma perda de electrões. Quando um redutor doa os seus electrões, faz com que outra substância seja reduzida e, quando um oxidante aceita electrões, faz com que outra substância seja oxidada.

Reação redox

Em biologia, um agente redutor actua através da doação de electrões, geralmente através da doação de hidrogénio ou da remoção de oxigénio. Um processo de oxidação é sempre acompanhado por um processo de redução, no qual há normalmente uma perda de oxigénio, enquanto que num processo de oxidação há um ganho de oxigénio. Estas reacções, chamadas reacções redox, são a base de numerosas vias bioquímicas e da química celular, biossíntese e regulação. São também importantes para compreender a oxidação biológica e os efeitos radicais/antioxidantes. Enquanto redutor e oxidante são termos químicos, em ambientes biológicos eles devem ser denominados antioxidante e pró-oxidante, respetivamente.

Existem muitos exemplos da importância biológica dos pró-oxidantes. Em geral, estes pró-oxidantes são referidos como espécies reactivas de oxigénio (ROS) que podem ser classificadas em 2 grupos de compostos, ***radicais*** e ***não radicais***. O grupo dos radicais, muitas vezes incorretamente designado por radicais livres (o termo não é exato, porque um radical é sempre livre), contém compostos como o radical do óxido nítrico (NO·), o radical do ião superóxido ($O^{\cdot}$ 2), o radical hidroxilo (OH·), os radicais peroxilo (ROO·) e alcoxilo (RO·) e uma forma de oxigénio singlete ($^{1}O_2$), como se mostra na Tabela 1. Estas espécies são radicais, porque contêm pelo menos 1 eletrão desemparelhado nas conchas à volta do núcleo atómico e são capazes de existência independente.

a ocorrência de um eletrão desemparelhado resulta numa elevada reatividade destas espécies devido à sua afinidade para doar ou obter outro eletrão para atingir a estabilidade. Por definição, a própria molécula de oxigénio é também um radical, porque contém 2 electrões desemparelhados em 2 órbitas diferentes e, portanto, é biradical. No entanto, o radical de oxigénio não é reativo, devido à chamada restrição de spin, que não permite a doação ou aceitação de outro eletrão antes do rearranjo das direcções de spin em torno do átomo. O grupo dos compostos não radicais contém uma grande variedade de substâncias, algumas das quais são extremamente reactivas, embora não sejam radicais por definição. Entre estes compostos, produzidos em concentrações elevadas na célula viva, contam-se o ácido hipocloroso (HClO), o peróxido de hidrogénio (H_2O_2), os peróxidos orgânicos, os aldeídos, o ozono (O_3) e o O_2. As terminologias ROS, espécies derivadas do oxigénio (ODS), oxidantes, espécies reactivas de azoto (RNS) e espécies pró-oxidantes são frequentemente utilizadas indistintamente na literatura científica. Os radicais são descritos na literatura com um ponto sobrescrito (R.), que os distingue de outros metabolitos reactivos do oxigénio. Por conseguinte, um antioxidante (redutor ou agente redutor) pode ser classificado como um composto capaz de prevenir o processo de pró-oxidação ou os danos oxidativos biológicos. Investigadores anteriores sugeriram uma definição para antioxidante, que afirma que este agente, quando presente em baixa concentração, previne ou retarda significativamente a oxidação de um substrato oxidável. No entanto, uma vez que um antioxidante pode atuar de várias formas aqui discutidas, esta definição é insuficiente e não abrange todo o espetro de antioxidantes.

O organismo tem de enfrentar e controlar continuamente a presença de pró-oxidantes e antioxidantes. Atualmente, sabemos que o equilíbrio entre estes é fortemente regulado e extremamente importante para a manutenção das funções celulares e bioquímicas vitais. Este equilíbrio, muitas vezes referido como potencial redox, é específico para cada organelo e local biológico, e qualquer interferência do equilíbrio em qualquer direção pode ser prejudicial para a célula e o organismo. A alteração do equilíbrio no sentido de um aumento do pró-oxidante em relação à capacidade do antioxidante é definida como stress oxidativo e pode conduzir a danos oxidativos. A alteração do equilíbrio no sentido de um aumento do poder redutor, ou do antioxidante, pode também causar danos e pode ser definida como stress redutor.

Propriedades químicas dos ERO

Como a maioria dos radicais são espécies de vida curta, reagem rapidamente com outras moléculas. Alguns dos radicais derivados do oxigénio são extremamente reactivos com uma semi-vida curta. Por exemplo, o OH. pode sobreviver durante 10^{1} ◦ seg em sistemas biológicos; as suas constantes de velocidade de reação (m s^{11}) para componentes biológicos são extremamente elevadas (107-109 m s^{11}) e, em muitos casos, controladas por difusão. O tempo de vida de outros radicais também é curto, mas depende do meio ambiente. Por exemplo, a meia-vida do NO. numa solução saturada de ar pode ser de alguns minutos. O RO- pode sobreviver cerca de 1,6 segundos, enquanto a meia-vida do ROO· é de cerca de 17 segundos. Os metabólitos não radicais também possuem uma meia-vida relativamente curta, variando de partes de segundos a horas, como no caso do HClO·.

É evidente que o ambiente fisiológico, constituído por factores como o pH e a presença de outras espécies, tem uma grande influência na semi-vida dos ERO. A toxicidade não está necessariamente correlacionada com a reatividade. Em muitos casos, uma semi-vida mais longa de uma espécie pode implicar uma maior toxicidade do composto, permitindo-lhe um tempo adequado

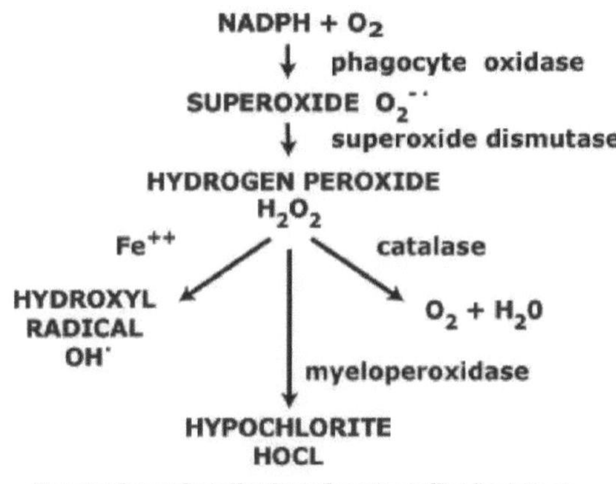

Formation of radical and non-radical groups

para se difundirem e atingirem um local sensível onde podem interagir e causar danos a uma longa distância do seu local de produção. Por exemplo, a semi-vida relativamente longa dos radicais superóxido permite-lhes deslocar-se para locais onde podem interagir com outras moléculas; estes radicais podem ser produzidos na membrana mitocondrial, difundir-se para o genoma mitocondrial e reduzir os metais de transição ligados ao genoma. Por outro lado, uma espécie altamente reactiva com um tempo de vida extremamente curto, como o OH- , é produzida em locais onde pode causar danos ao interagir com o seu ambiente imediato. Se não existir um alvo biológico essencial adjacente ao seu local de produção, os radicais não causarão danos oxidativos. A elevada reatividade dos radicais e o seu curto período de vida ilustram o potencial efeito tóxico e as dificuldades na prevenção dos danos oxidativos. Para evitar a interação entre os radicais e os alvos biológicos, o antioxidante deve estar presente no local onde os radicais estão a ser produzidos, de modo a competir com o radical pelo alvo biológico substrato. Esta informação deve ser utilizada como orientação para determinar a terapia antioxidante adequada.

Esta espécie possui propriedades diferentes consoante o ambiente e o pH. Devido ao seu pKa de 4,8, o superóxido pode existir na forma de **o·2** ou, em pH baixo, hidroperoxil (HO^{-} 2). Este último pode penetrar mais facilmente nas membranas biológicas do que a forma carregada. O hidroperoxil pode, portanto, ser considerado uma espécie importante, embora em pH fisiológico a maior parte do superóxido esteja na forma carregada. Num meio hidrofílico, tanto o O^{-} 2 como o HO^{-} 2 podem atuar como agentes redutores capazes, por exemplo, de reduzir iões férricos (Fe3) a iões ferrosos (Fe2); no entanto, a capacidade redutora do HO^{-} 2 é superior. Em solventes orgânicos, a solubilidade do O^{-} 2 é maior e a sua capacidade de atuar como agente redutor aumenta. Actua também como um nucleófilo poderoso, capaz de atacar centros carregados positivamente, e como um agente oxidante que pode reagir com compostos capazes de doar H (por exemplo, ascorbato e tocoferol). A reação mais importante dos radicais superóxido é a dismutação;

Nesta reação, que designámos por reação 1, o radical superóxido reage com outro radical superóxido. Um é oxidado a oxigénio e o outro é reduzido a peróxido de hidrogénio.

$$\mathbf{HO_{\cdot 2} /O_{\cdot 2}\ HO_{\cdot 2} /O_{\cdot 2}\ H\ H_2O_2\ O_2\ k\ 10^6\ M^1s^1} \qquad \textbf{(1)}$$

Embora a taxa constante para esta reação espontânea seja baixa, pode tornar-se muito mais elevada em pH ácido, onde se forma o radical hidroperoxilo.

Radical hidroxilo (OH.)

A reatividade dos radicais hidroxilo é extremamente elevada. Ao contrário dos radicais superóxido, que são considerados relativamente estáveis e têm taxas de reação constantes e relativamente baixas com os componentes biológicos, os radicais hidroxilo são espécies de vida curta que possuem uma elevada afinidade com outras moléculas. O OH- é um poderoso agente oxidante que pode reagir a uma taxa elevada com a maioria das moléculas orgânicas e inorgânicas da célula, incluindo ADN, proteínas, lípidos, aminoácidos, açúcares e metais. As três principais reacções químicas dos radicais hidroxilo incluem a abstração de hidrogénio, a adição e a transferência de electrões. O OH- é considerado o radical mais reativo nos sistemas biológicos; devido à sua elevada reatividade, interage no local da sua produção com as moléculas que o rodeiam.

Peróxido de hidrogénio ($H2O2$)

O resultado da dismutação dos radicais superóxido é a produção de H_2O_2. Existem algumas enzimas que podem produzir H_2O_2 direta ou indiretamente. Embora as moléculas de H_2O_2 sejam consideradas metabolitos reactivos do oxigénio, não são radicais

por definição; podem, no entanto, causar danos à célula numa concentração relativamente baixa (10 / M). Dissolvem-se livremente em solução aquosa e podem penetrar facilmente nas membranas biológicas. Os seus efeitos químicos deletérios podem ser divididos nas categorias de atividade direta, originada pelas suas propriedades oxidantes, e de atividade indireta, na qual servem de fonte para espécies mais deletérias, como o OH- ou o HClO, que é discutido mais adiante. As actividades directas do H_2O_2 incluem a degradação de proteínas hemáticas, a libertação de ferro, a inativação de enzimas e a oxidação de ADN, lípidos, grupos SH e cetoácidos.

Óxido Nítrico (NO.), Peroxinitrito (ONOO)

O radical óxido nítrico, ou monóxido de azoto (NO.), é produzido pela oxidação de um dos átomos de azoto da guanidina terminal da L-arginina. Nesta reação, catalisada pelo grupo de enzimas denominado óxido nítrico sintase (NOS), a L-arginina é convertida em óxido nítrico e L-citrulina. Existem três tipos de enzimas: NOS neuronal, NOS endotelial (eNOS) e NOS induzível (iNOS). A oxidação de um eletrão resulta na produção do catião nitrosónio (NO), enquanto a redução de um eletrão conduz ao anião nitroxilo (NO), que pode sofrer outras reacções, como a interação com o NO. para produzir N_2O e OH^-. A meia-vida dos radicais de óxido nítrico depende do quadrado da concentração do radical. O NO pode reagir com uma variedade de radicais e substâncias. Por exemplo, pode reagir com H_2O_2 e HClO para produzir uma linha de derivados como N_2O_3, NO_2 e NO_3. Uma das reacções mais importantes em condições fisiológicas é a dos radicais superóxido e óxido nítrico, resultando em peroxinitrito, aqui designado por reação 2. Esta reação ajuda a manter o equilíbrio entre os radicais superóxido e outros ROS e é também importante na regulação redox.

$$\textbf{NO. O.2 ONOO } k > 10^9\ M^1 s^1 \qquad \textbf{(2)}$$

A forma protonada do peroxinitrito (ONOOH) é um poderoso agente oxidante que pode causar a depleção de grupos sulfidrilo (SH) e a oxidação de muitas moléculas, causando danos semelhantes aos observados quando o OH está envolvido. Pode também

causam danos no ADN, tais como quebras, oxidação de proteínas e nitração de resíduos de aminoácidos aromáticos em proteínas (por exemplo, 3-nitrosotyrosine).

Em condições fisiológicas, o ONOOH pode reagir com outros componentes presentes em concentrações elevadas, como o H2O2 ou o CO_2, para formar um aduto que pode ser responsável por muitos dos efeitos deletérios observados em sítios biológicos.

O papel dos metais de transição

Em 1894, Fenton descreveu a interação entre o Fe2 e o H_2O_2. Quarenta anos mais tarde, verificou-se que esta reação de Fenton, a que chamamos reação 3 (abaixo), produzia radicais hidroxilo, o que explica o seu poder oxidante. Ainda mais tarde, esta reação foi reconhecida como uma das mais importantes na explicação dos danos oxidativos que ocorrem em ambientes biológicos. A maioria dos metais de transição - os da primeira linha do bloco D da tabela periódica - contêm electrões desemparelhados e podem, por isso, com exceção do zinco, ser considerados radicais por definição. Podem participar na química dos radicais e converter oxidantes relativamente estáveis em radicais poderosos. Entre os vários metais de transição, o cobre e especialmente o ferro são os mais abundantes, presentes em concentrações relativamente elevadas, e são os principais intervenientes na reação de Fenton e na reação de Haber-Weiss mediada por metais. Os iões metálicos que participam nesta reação são os que se encontram ligados à superfície de proteínas, ADN e outras macromoléculas ou quelatos. Estes iões em particular podem ainda sofrer o processo de redução-oxidação, interagir com derivados de oxigénio e são frequentemente designados por "metais fracamente ligados"

ou "metais amovíveis". Os metais que estão escondidos nas proteínas, como nos locais catalíticos e nos citocromos, ou nos complexos de armazenamento, que não estão expostos aos radicais de oxigénio ou que são mantidos num estado de oxidação inferior a 1 não podem participar nesta química.

$$\mathbf{Fe_2\ H_2O_2\ Fe_3\ OH.\ OH} \qquad (3)$$

A pH fisiológico, a maior parte do ferro está oxidado e ligado a um quelato biológico sob a forma de Fe_3. Para participar na reação de Fenton, o ferro deve ser convertido na sua forma reduzida, Fe_2; em alguns casos, podem participar metais com um estado de oxidação mais elevado. Os equivalentes redutores com um potencial de oxidação adequado podem facilmente ser responsáveis por esta reação. Por exemplo, o ácido ascórbico pode reduzir os iões férricos a iões ferrosos, permitindo-lhe sofrer a reação de Fenton e produzir radicais hidroxilo para a hidroxilação de compostos aromáticos. Esta transformação é a reação de Udenfriend. Radicais superóxidos semelhantes podem reduzir o Fe3 a iões Fe2, que são mais solúveis e permitem a reação de Fenton. A natureza dos quelatos, aos quais o ferro está ligado, pode afetar fortemente a ocorrência da reação de Fenton em ambientes biológicos. O ferro pode também existir num estado de hipervalência, como, por exemplo, o ião ferryl (Fe4), que é altamente reativo e pode ser responsável por muitos processos deletérios na célula. Atualmente, muitos dos efeitos deletérios dos radicais de oxigénio (Fig.) são atribuídos à produção contínua de radicais hidroxilo altamente tóxicos através da reação de Haber-Weiss mediada por metais, na qual os iões férricos são reduzidos por radicais superóxido a iões ferrosos (reação 4). Estes últimos interagem com H2O2, produzido in vivo a partir da dismutação espontânea ou enzimática de radicais superóxidos, para produzir OH. através da reação de tipo Fenton. A soma destas duas reacções (3 e 4) pode explicar a existência da reação de Haber-Weiss in vivo, a reação 5, que é termodinamicamente possível, embora extremamente lenta. Assim, a interação entre radicais superóxidos e H2O2 leva à produção de radicais hidroxilo in vivo.

$$\mathbf{Fe_2\ H_2O_2\ Fe_3\ OH.\ OH} \qquad \mathbf{(3)}$$

$$\mathbf{O._2\ Fe_3\ O_2\ Fe_2} \qquad \mathbf{(4)}$$

$$\mathbf{O._2\ H_2O_2\ O_2\ OH.\ OH} \qquad \mathbf{(5)}$$

O envolvimento de metais de transição ajuda a clarificar e a explicar os danos oxidativos em alvos biológicos. Como já foi referido, para causar danos biológicos, o radical tem de ser produzido no local do seu alvo, na proximidade imediata do ADN ou das proteínas, por exemplo. Quando os radicais hidroxilo são produzidos no citoplasma após a exposição à irradiação ionizante, por exemplo, não podem difundir-se no ambiente celular e atingir alvos vulneráveis devido à sua elevada reatividade e, por conseguinte, ao seu tempo de vida extremamente curto. Metais como o ferro ou o cobre não podem estar livres em condições fisiológicas (pH, componentes biológicos com elevada afinidade para metais de transição) e estão sempre ligados a sítios biológicos como proteínas e membranas. Os metais ligados podem sofrer uma reação do tipo Fenton ou mediar a reação de Haber-Weiss e produzir OH- no local onde estão ligados. A probabilidade de o OH- interagir com uma molécula biológica é elevada. O metal ligado pode catalisar uma produção contínua de OH- num único local, aumentando assim as possibilidades de causar danos. Este processo, denominado efeito de golpe múltiplo, provoca quebras de cadeia dupla no ADN. Os metais ligados podem, por conseguinte, dirigir radicais não reactivos para os seus locais de ligação, convertê-los em radicais altamente reactivos e, assim, aumentar as hipóteses de danos biológicos.

Nos últimos anos, tem sido dada muita atenção aos danos oxidativos induzidos pela interação entre os radicais de óxido nítrico e os radicais superóxido, que produzem peroxinitrito (reação 2). Por sua vez, o ONOO pode causar danos semelhantes aos causados pelo OH; no entanto, a relevância desta reação num ambiente biológico onde estão presentes iões carbonato é questionável. De qualquer modo, a produção de espécies reactivas OH. e de radicais carbonato a partir de ONOO. pode ser responsável por danos oxidativos concomitantemente, na transformação designada como mostra a reação 4.

Foram feitas muitas tentativas para classificar os ERO de acordo com o seu significado biológico. Foi recentemente sugerido que o $O._2$ e o NO. são os ERO mais significativos. Outras sugestões indicam que os radicais peroxilo são as espécies biológicas mais importantes. Cada uma destas espécies exerce aparentemente uma influência singular num determinado local biológico e, por conseguinte, não pode ser classificada apenas de acordo com a sua atividade, mas também com o local de atuação e os efeitos sinérgicos com outros ERO. O conhecimento atual do duplo papel destes metabolitos, com efeitos tanto deletérios como benéficos, lança uma nova luz sobre estas observações. Aparentemente, cada espécie desempenha o seu papel único e específico como mediador celular e molécula de sinalização.

Da mesma forma, cada um destes compostos reactivos pode causar danos, dependendo do local de produção, do alvo biológico e da concentração local.

Danos oxidativos

O efluxo contínuo de ROS de fontes endógenas e exógenas resulta em danos oxidativos contínuos e acumulativos nos componentes celulares e altera muitas funções celulares. Entre os alvos biológicos mais vulneráveis aos danos oxidativos encontram-se as enzimas proteicas, as membranas lipídicas e o ADN. A nossa compreensão da química dos radicais clarifica a interação destas espécies nos locais em que são produzidas. Por exemplo, os radicais hidroxilo, produzidos nos compartimentos mitocondriais, são responsáveis por danos que ocorrem na mitocôndria mas não no núcleo.

A sua elevada reatividade com as moléculas biológicas, que conduz a um tempo de vida extremamente curto, não permite a sua distribuição no meio intracelular e limita a sua capacidade de causar danos a uma grande distância do seu local de formação. Por outro lado, os metabolitos do oxigénio que não são extremamente reactivos, como o HO·

2, podem existir no ambiente intracelular durante períodos de tempo mais longos e atingir locais distantes do seu local de produção. Por exemplo, o H2O2 produzido nas mitocôndrias pode interagir noutros locais do citoplasma ou no nucléolo.

Alvos específicos dos danos oxidativos

Lípidos

Todas as membranas celulares são especialmente vulneráveis à oxidação devido às suas elevadas concentrações de ácidos gordos insaturados. Os danos nos lípidos, normalmente designados por peroxidação lipídica, ocorrem em 3 fases:

A primeira fase, a iniciação, envolve o ataque de um metabolito reativo do oxigénio capaz de retirar um átomo de hidrogénio do grupo metileno do lípido. A presença de uma ligação dupla adjacente ao grupo metileno enfraquece a ligação entre o hidrogénio e os átomos de carbono, de modo que este pode ser facilmente removido da molécula.

Na segunda fase, abstração de hidrogénio, o radical de ácido gordo remanescente retém 1 eletrão e é estabilizado por rearranjo da estrutura molecular para formar um dieno conjugado.

Na terceira fase, quando o oxigénio está em concentração suficiente no meio envolvente, o radical do ácido gordo reage com ele para formar ROO· durante a fase de propagação. Estes radicais são capazes de abstrair outro átomo de hidrogénio de uma molécula de ácido gordo vizinha, o que leva novamente à produção de radicais de ácidos gordos que sofrem as mesmas reacções - rearranjo e interação com o oxigénio. O ROO· torna-se um hidroperóxido lipídico que pode decompor-se num aldeído ou formar endoperóxido cíclico, isoprotanos e hidrocarbonetos. A fase de propagação permite a continuação da reação. Uma única iniciação pode levar a uma reação em cadeia que resulta na peroxidação de todos os lípidos insaturados da membrana. Um antioxidante capaz de parar este processo é, portanto, definido como um antioxidante de quebra de cadeia. Os ácidos gordos sem ligações duplas ou com 1 ligação dupla podem sofrer oxidação, mas não um processo de peroxidação lipídica em cadeia; por exemplo, o ácido oleico com 18 átomos de carbono e 1 ligação dupla (18:1) não pode sofrer o processo de peroxidação lipídica. A última fase, a terminação da cadeia, ocorre após a interação de um ROO· com outro radical ou com antioxidantes. As proteínas, também constituintes importantes das membranas, podem servir como possíveis alvos de ataque por ROS. Entre os vários EROs, destacam-se os OH. , RO. e os radicais reactivos ao azoto causam predominantemente danos nas proteínas. O próprio peróxido de hidrogénio e os radicais superóxidos em concentrações fisiológicas exercem efeitos fracos sobre as proteínas; as que contêm grupos SH, no entanto, podem sofrer oxidação após interação com o H_2O_2. As proteínas podem sofrer danos directos e indirectos após a interação com os ERO, incluindo peroxidação, danos em resíduos de aminoácidos específicos, alterações na sua estrutura terciária, degradação e fragmentação. As consequências dos danos nas proteínas como mecanismo de resposta ao stress são a perda de atividade enzimática, a alteração das funções celulares, como a produção de energia, a interferência na criação de potenciais de membrana e alterações no tipo e nível das proteínas celulares. Os produtos da oxidação das proteínas são geralmente aldeídos, compostos cetónicos e carbonilos. Um dos principais aductos que pode ser facilmente detectado e que serve, portanto, como marcador de danos oxidativos nas proteínas é a 3-nitrotirosina. Este aduto é produzido após a interação entre o ONOO e outros radicais reactivos de azoto com o aminoácido tirosina. Após o ataque do OH-, pode formar-se uma série de compostos, incluindo a hidroxiprolina, o glutamil semialdeído e outros. Após a oxidação das proteínas, as proteínas modificadas são susceptíveis de sofrer muitas alterações na sua função. Estas incluem a fragmentação química, a inativação e o aumento da degradação proteolítica.

ADN

Embora o ADN seja uma molécula estável e bem protegida, os ERO podem interagir com ele e causar vários tipos de danos: modificação das bases do ADN, quebras do ADN simples e duplo, perda de purinas, danos no açúcar desoxirribose, ligações cruzadas ADN-proteínas e danos no sistema de reparação do ADN. Nem todos os ERO podem causar danos; a maioria é atribuída aos radicais hidroxilo. Por exemplo, após a exposição do ADN

A guanina pode ser atacada por radicais hidroxilo, como os induzidos por irradiação ionizante, formando-se uma variedade de aductos. O OH. pode atacar a guanina na sua posição C-8 para produzir um produto de oxidação, 8-hidroxideoxiguanosina (8-OHdG). Outras posições podem ser atacadas e outros produtos possíveis podem ser formados. Os radicais hidroxilo podem também atacar outras bases, como a adenina, produzindo 8 (ou 4-, 5-) - hidroxiadenina. Outros produtos são o resultado de interacções entre pirimidinas e radicais hidroxilo que conduzem a

para a formação de peróxido de timina, glicóis de timina, 5- (hidroximetil) uracilo e outros produtos semelhantes. A interação direta do ADN com outros ERO menos reactivos, como o $O._2$ e o H_2O_2, não provoca danos nas suas concentrações fisiológicas; no entanto, estas espécies servem de fonte para outros intermediários reactivos que podem facilmente atacar e causar danos. Por exemplo, o H2O2 e o superóxido podem levar à produção do OH. através da reação de Haber-Weiss, e o NO e o $O._2$ podem levar à formação de ONOO que pode facilmente causar danos no ADN semelhantes aos obtidos quando estão envolvidos radicais hidroxilo. Os metais de transição, como o ferro, que possuem uma elevada afinidade de ligação aos sítios do ADN, podem catalisar a reação de

produção de OH- na proximidade da molécula de ADN, assegurando assim o ataque repetido ao ADN por um efluxo de radicais hidroxilo.

Mecanismos de defesa contra o stress oxidativo

A exposição contínua a vários tipos de stress oxidativo provenientes de numerosas fontes levou a célula e todo o organismo a desenvolver mecanismos de defesa contra os metabolitos reactivos.

As abordagens indirectas podem envolver o controlo da produção endógena de ROS, por exemplo, alterando a atividade de enzimas que produzem indiretamente metabolitos de oxigénio; uma dessas enzimas é a xantina oxidase. Um sistema de reparação eficiente, um dos métodos mais importantes para o organismo lidar com os danos oxidativos, consiste em enzimas e pequenas moléculas que podem reparar eficazmente um local de dano oxidativo nas macromoléculas. O sistema de reparação do ADN, por exemplo, pode identificar um aduto oxidado do ADN [por exemplo, 8-hidroxi-2-desoxiguanosina, tiamina glicol e uma purina e sítios apiridénicos (AP)], removê-lo e incorporar uma base não danificada. As moléculas que podem doar átomos de hidrogénio a moléculas danificadas são também consideradas compostos de reparação; um exemplo é a doação de um átomo de hidrogénio pelo ascorbato ou tocoferol a um radical de ácido gordo que foi previamente atacado por um radical e perdeu o seu hidrogénio. A defesa física dos locais biológicos, como as membranas, é também um mecanismo importante que permite à célula fazer face ao stress oxidativo. Compostos como os tocoferóis podem proporcionar uma maior estabilidade às membranas celulares e a interferência estérica pode impedir que os ERO se aproximem do alvo. Entre os vários mecanismos de defesa, o que envolve os antioxidantes é extremamente importante devido à sua remoção direta de pró-oxidantes e à variedade de compostos que podem atuar como antioxidantes e garantir a máxima proteção dos sítios biológicos. Aparentemente, este sistema desenvolveu-se ao longo do processo evolutivo, talvez em resposta à alteração da concentração de oxigénio na atmosfera. A singularidade deste sistema é a sua interação direta com ROS de vários tipos e a sua proteção dos alvos biológicos. O sistema contém 2 grupos principais - enzimas antioxidantes e antioxidantes de baixo peso molecular (LMWA). O grupo das enzimas é composto por proteínas de ação direta, como a SOD; as proteínas desta família diferem na sua estrutura e nos seus cofactores. A SOD Cu-Zn é uma enzima de massa molecular de aproximadamente 32 000; contém 2 subunidades, cada uma das quais possui um sítio ativo; e está amplamente distribuída em células eucarióticas localizadas no citoplasma, enquanto a Mn-SOD, uma proteína de cerca de 40 000, pode ser encontrada em células procarióticas e mitocôndrias eucarióticas. Existem outros tipos de SOD, como a SOD extracelular (EC-SOD) e a Fe-SOD nas plantas. Estas enzimas possuem diferentes estruturas, massas moleculares e constantes de velocidade de reação. A atividade enzimática em si, descoberta pela primeira vez em 1969, é capaz de aumentar a dismutação espontânea de radicais superóxido em H2O2. Existem alterações significativas entre as constantes de velocidade das várias SODs, dependendo do pH e do local de atividade.

$$O^{\cdot}_2 \; O^{\cdot}_2 \; SOD \; H_2O_2 \; O_2 \; k_{CuZn \; SOD} \; 1.6 \; 109 \; M^1 s^1 \qquad (7)$$

O produto final da reação de dismutação - H2O2 - pode ser removido pela atividade da enzima catalase e de membros da família da peroxidase, incluindo a glutationa peroxidase. A catalase é uma enzima única com um Km muito elevado para o seu substrato e pode remover H2O2 presente em concentrações elevadas. A enzima é constituída por 4 subunidades proteicas, cada uma das quais contém iões férricos do grupo heme que sofrem oxidação após interação com a primeira molécula de H2O2 para produzir Fe4 numa estrutura designada por composto 1. Uma segunda molécula de H2O2 serve como dador de electrões e resulta na destruição das duas moléculas de H2O2 envolvidas para produzir uma molécula de oxigénio (designadas aqui como reacções 8-10).

$$H_2O_2 \text{ catalase Compound 1} \quad (8)$$

$$\text{Compound 1 } H_2O_2\ O_2\ 2H_2O \quad (9)$$

$$2H_2O_2 \text{ catalase } O_2\ 2H_2O \quad (10)$$

Ao contrário da catalase, a peroxidase possui uma elevada afinidade e pode remover o H2O2 mesmo quando este está presente em baixa concentração; no entanto, os dadores de electrões nestas reacções são moléculas pequenas, como o glutatião ou o ascorbato. Assim, a remoção de H2O2 é uma reação "cara" do ponto de vista da célula, uma vez que consome moléculas valiosas no ambiente celular; são consumidas 2 moléculas de glutatião para a remoção de 1 molécula de H2O2 (reação 11).

$$2GSH\ H_2O_2 \text{ Peroxidase } GSSG\ 2H_2O \quad (11)$$

O facto de não ser produzido oxigénio nesta última reação distingue a atividade da peroxidase da da catalase. Existem outras enzimas no ambiente celular que apoiam a atividade das enzimas antioxidantes. Por exemplo, a glucose-6-fosfato desidrogenase fornece equivalentes redutores (NADPH) necessários para a função celular e importantes para a regeneração de antioxidantes oxidados; a regeneração da glutationa oxidada, GSSG, para a forma reduzida, GSH, pelo dinucleótido de nicotinamida reduzido (NADH) é apenas um exemplo. O facto de algumas das enzimas de suporte poderem fornecer sequestrantes é exemplificado pela xantina desidrogenase que produz ácido úrico, um antioxidante endógeno eficaz.

O grupo dos antioxidantes de baixo peso molecular (LMWA) contém numerosos compostos capazes de prevenir os danos oxidativos por interação direta e indireta com as ROS. O mecanismo indireto envolve a quelação de metais de transição que os impede de participar na reação de Haber-Weiss mediada por metais. As moléculas de ação direta partilham uma caraterística química semelhante que lhes permite doar electrões ao radical de oxigénio, de modo a poderem eliminar o radical e impedir que este ataque o alvo biológico. Os sequestradores possuem muitas vantagens em relação ao grupo dos antioxidantes enzimáticos. Uma vez que os sequestradores são moléculas pequenas, podem penetrar nas membranas celulares e localizar-se na proximidade do alvo biológico. A célula pode regular as suas concentrações e eles podem ser regenerados dentro da célula. Possuem um amplo espetro de actividades contra uma grande variedade de ERO. O mecanismo de eliminação só pode prosseguir se a concentração do sequestrador for suficientemente elevada para competir com o alvo biológico nas espécies deletérias. A ação dos LMWA pode ser considerada sinérgica, e as inter-relações entre os LMWA são cruciais para o desenvolvimento de directrizes para a terapia antioxidante. Os sequestradores têm origem em fontes endógenas, como os processos biossintéticos e a geração de produtos residuais pela célula, e exógenas, a partir da dieta. É surpreendente o facto de o número de LMWA sintetizados pela célula viva ou gerados como produtos residuais ser tão limitado [por exemplo, histidina, glutatião, ácido úrico, ácido lipóico e bilirrubina]; a maioria dos LMWA provém de fontes alimentares. Os sequestradores são caracterizados pelo seu mecanismo de atividade comum, reagindo diretamente com o radical e removendo-o através da doação de um ou mais electrões às espécies reactivas. Esta reação resulta na conversão do próprio sequestrador num radical, embora não reativo. O radical sequestrador pode sofrer uma nova oxidação ou ser regenerado para a sua forma reduzida, um antioxidante redutor, por outro sequestrador que possua um potencial de oxidação adequado; o radical ascorbil, por exemplo, pode ser reciclado para a sua forma reduzida, o ácido ascórbico, pelo glutatião. Este último torna-se ele próprio um radical, que também pode receber electrões de outro dador, como o NADH. O processo de regeneração pode ser puramente químico, ou uma enzima pode estar envolvida na transferência de electrões. Esta atividade cooperativa pode explicar o sinergismo obtido quando estão envolvidos vários sequestradores e a utilização benéfica de grandes combinações de LMWA na terapia antioxidante.

Embora os antioxidantes sejam cruciais para a manutenção das funções celulares, a própria célula produz, surpreendentemente, apenas um número limitado de LMWA. Nenhum dos compostos sintetizados endogenamente na célula humana pode ser considerado puramente antioxidante e concebido para atuar apenas como moléculas antioxidantes. Alguns exemplos destes compostos, que funcionam como sequestradores e em muitos outros papéis biológicos, são discutidos posteriormente.

O glutatião é um tripeptídeo de baixa massa molecular, contendo tiol, ácido glutâmico-cisteína-glicina (GSH) na sua forma reduzida e GSSG na sua forma oxidada, em que duas moléculas de GSH se unem através da oxidação dos grupos SH do resíduo de cisteína para formar uma ponte dissulfureto (363). A GSH está presente no ser humano em concentrações elevadas que atingem a gama milimolar. Actua como cofator da enzima peroxidase, servindo assim de antioxidante indireto, doando os electrões necessários para a sua decomposição em H_2O_2. Este composto é também

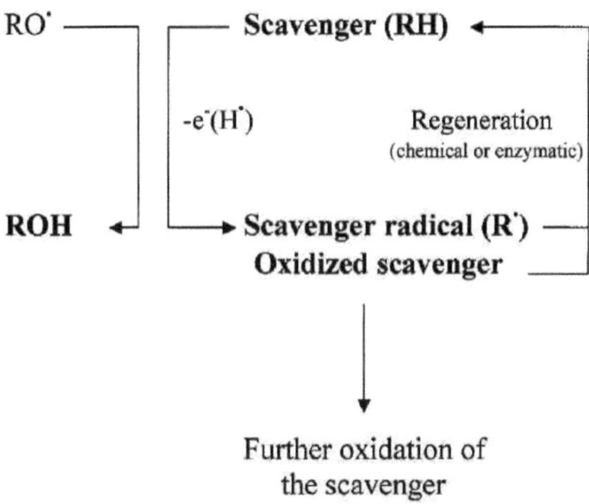

Esquema do mecanismo de ação dos sequestradores

funções, incluindo o metabolismo, como o do ácido ascórbico; manutenção da comunicação entre as células; prevenção da oxidação em grupos de proteínas SH; e transporte de cobre. O glutatião pode atuar como agente quelante de iões de cobre e impedir a sua participação na reação de Haber-Weiss; servir de cofator para várias enzimas, como a glioxilase e as envolvidas na biossíntese de leucotrienos; e desempenhar um papel na dobragem, degradação e reticulação de proteínas.

Para além das suas funções bioquímicas, pode eliminar diretamente os ERO. A GSH pode interagir com OH. , ROO. e RO. Após reação com ROS, transforma-se num radical glutatião, que pode ser regenerado para a sua forma reduzida.

A melatonina, uma hormona sintetizada pela glândula pineal, ajuda a regular os ritmos circadianos, possui uma poderosa capacidade antioxidante in vitro e pode eliminar uma variedade de ERO, provavelmente através da doação do átomo de hidrogénio pelo grupo (NH).

No entanto, in vivo, as concentrações de melatonina são relativamente baixas e é difícil explicar a sua atividade antioxidante em termos da sua capacidade de eliminação. É possível que altere indiretamente a atividade antioxidante da célula, por exemplo, através da indução da síntese de enzimas antioxidantes ou da modulação de outras respostas celulares que levam à secreção e acumulação de outros antioxidantes. As elevadas concentrações locais de melatonina no cérebro podem explicar o seu grande efeito protetor contra

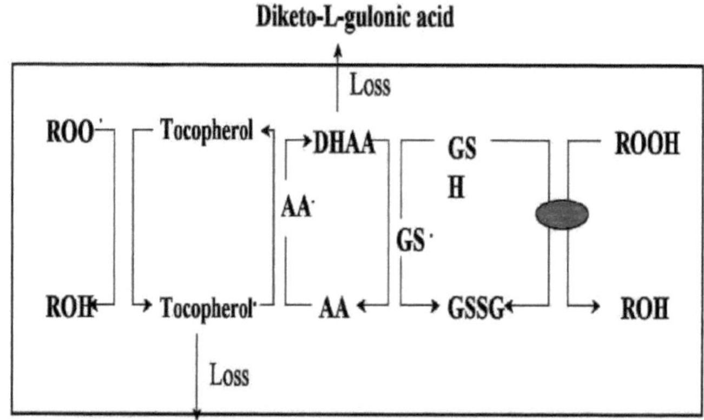

Mecanismo de antioxidação

Os dipeptídeos de histidina compreendem uma família de compostos sintetizados no cérebro e nos músculos esqueléticos, 2 tecidos extremamente susceptíveis a oxidantes em concentrações elevadas e milimolares. Estes compostos - carnosina, homocarnosina e anserina - possuem uma forte capacidade antioxidante in vitro. São considerados antioxidantes multifuncionais, pois podem atuar de várias formas para destruir e eliminar as ROS. Podem eliminar diretamente OH. e RO; ligam H_2O_2; extinguem eficazmente o O_2; ligam metais de transição e impedem-nos de participar na reação de Haber-Weiss mediada por metais. In vivo, diminuem os danos oxidativos em muitos sistemas, incluindo o processo isquémico. Estes compostos não exercem efeitos pró-oxidantes como por vezes acontece com outros antioxidantes redutores. Foi sugerido que estes compostos podem atuar como tampões endógenos e impedir a glicosilação das proteínas. O ácido úrico constitui um excelente exemplo da adaptação do organismo ao stress oxidativo. Trata-se de um produto residual celular proveniente da oxidação da hipoxantina e da xantina pela xantina oxidase e pela desidrogenase. Os seres humanos e outros primatas não possuem a enzima urato oxidase, que converte o ácido úrico em alantoína; por conseguinte, o ureato acumula-se no plasma sanguíneo humano até uma concentração de aproximadamente 300 / M. Um excesso de ureato pode levar à sua precipitação e cristalização na articulação, conduzindo à inflamação articular conhecida como gota. No entanto, níveis elevados de ácido úrico podem também proporcionar uma atividade antioxidante eficaz para o organismo. O urato, o estado fisiológico do ácido úrico, reage com os radicais hidroxilo produzindo um radical urato estável que pode ser regenerado pelo ascorbato para o seu estado anterior, o urato. Este composto pode atuar com radicais peroxilo, $1O_2$, O_3, NO. e outros radicais azotados de oxigénio. O urato também protege as proteínas da nitração; pode quelar iões metálicos, como o cobre e o ferro, e impedir a sua participação no ciclo redox. O produto de degradação do urato, a alantoína, foi encontrado in vivo, apoiando as afirmações de que o urato é de facto um antioxidante eficiente in vivo.

A maioria dos antioxidantes redutores é derivada de fontes alimentares. Embora existam muitos hábitos alimentares e as populações de todo o mundo consumam uma variedade de ingredientes alimentares que variam entre si e contêm diferentes arsenais de compostos antioxidantes, os processos que regem a atividade antioxidante celular são os mesmos e, por conseguinte, a atividade antioxidante total é semelhante entre os diferentes consumidores de alimentos, embora possam ser detectadas alterações nos níveis de antioxidantes redutores específicos. Existe um grande número de moléculas antioxidantes nos vegetais verdes e na fruta, incluindo pequenas moléculas como o ácido ascórbico, tocoferóis, polifenóis e carotenóides. Podem ser encontrados compostos lipofílicos e hidrofílicos que possuem diferentes potenciais de oxidação, o que reflecte a sua capacidade de doar electrões e atuar como antioxidantes. O ácido ascórbico (ascorbato, vitamina C) é um exemplo de um antioxidante solúvel em água que pode ser sintetizado por plantas e alguns animais. Os seres humanos, primatas, porquinhos-da-índia e morcegos frugívoros perderam a enzima necessária para a sua síntese e dependem completamente de fontes alimentares para a obter. À semelhança de outros antioxidantes, o ascorbato, que no pH fisiológico existe como um mono anião, possui muitas funções bioquímicas para além da sua atividade como eliminador. É necessário como cofator para muitas enzimas, como a prolina hidroxilase e a dopamina *b-hidroxilase*. O ascorbato é uma vitamina; a sua carência na dieta humana provoca escorbuto, embora o consumo diário de frutas e legumes ultrapasse rapidamente os sintomas associados à síndrome. Como antioxidante, o ascorbato é um eficiente "scavenger", ou antioxidante redutor, capaz de doar os seus electrões aos ERO e de os eliminar. O ascorbato pode doar 2 electrões; após a doação de 1 eletrão, produz o ascorbil

(semidehidroascorbato ou ascorbato), que pode ser posteriormente oxidado para produzir desidroascorbato. O facto de o radical ascorbilo ser relativamente estável faz do ascorbato um poderoso e importante antioxidante. Este radical pode perder o seu eletrão e ser transformado em ácido dehidroascórbico ou regenerado para a forma reduzida através da obtenção de um eletrão de outro agente redutor, como o GSH ou o NADH, através da mediação de uma enzima como a NADH-semida-hidroascorbato redutase.

O produto da oxidação, o ácido dehidroascórbico, também pode ser regenerado pela enzima dehidroascorbato redutase à custa de 2 moléculas de GSH. O composto dehidroascorbato não é estável e é decomposto em ácido di-ceto-L-gulónico e depois em ácidos oxálico e L-treónico, que podem ser decompostos em ácido oxálico. In vitro, o ascorbato pode atuar como um antioxidante eficaz e eliminar uma variedade de ERO, incluindo os radicais hidroxilo, peroxilo, thyil e oxosulfúrico. O ascorbato é também um potente eliminador de HClO e ácido peroxinitroso e pode inibir o processo de peroxidação. Pode reagir com o 1O2 e atuar em sinergia com outros antioxidantes para regenerar, por exemplo, o radical tocoferol na sua forma reduzida. Evidências indirectas mostraram que, in vivo, o ascorbato actua diretamente como um antioxidante. Têm vindo a acumular-se dados que demonstram a sua necessidade para o funcionamento celular normal, e provas indirectas indicam uma diminuição do processo de peroxidação e um envolvimento benéfico em estados de doença associados aos ERO; no entanto, ainda não existem dados directos e convincentes que indiquem que, in vivo, o ascorbato actua como um antioxidante direto. A natureza química que lhe permite atuar como agente redutor pode implicar uma consequência deletéria que pode ocorrer quando o ascorbato está presente no ambiente de metais de transição disponíveis. Como descrito anteriormente, a cooperação entre o ascorbato e os iões férricos pode levar à produção de OH. através da reação de Udenfriend. Assim, o ascorbato, em condições específicas, pode atuar como um pró-oxidante e produzir radicais que podem contribuir para danos oxidativos, especialmente em situações de sobrecarga de ferro, como a talassemia, a hemocromatose e a doença de Wilson.

Um exemplo de LMWA lipofílico derivado de fontes dietéticas é a família de antioxidantes tocoferóis, incluindo a vitamina E. Estes compostos, antioxidantes de quebra de cadeia, podem eliminar o ROO· para inibir o processo de peroxidação lipídica nas membranas biológicas (reação designada 12).

a -tocoferol ROO. a -tocoferol. ROOH (12).

Oito substâncias que ocorrem naturalmente são conhecidas como membros da família da vitamina E. Outros membros da família consistem em d-b, d-c, e *d-d* -tocoferóis e d-a -, *d-b* -, *d-c* -, e *d-d* -tocotrienóis. Embora todos possuam atividade antioxidante, o RRR- *a* -tocoferol é considerado o mais eficaz, uma vez que os outros não são retidos e absorvidos bem nos tecidos corporais. Estes compostos podem eliminar outros ERO, como o 1O2. Após a interação, o tocoferol é convertido em tocoferol quinona e, posteriormente, em tocoferilquinona. .

Tal como acontece com outros sequestradores, o radical a-tocoferilo pode ser reciclado para a sua forma ativa. O ácido ascórbico é capaz de converter o radical na sua forma reduzida sem o envolvimento de uma enzima, deixando o ácido ascórbico como um ascorbil

foi sugerido. Existem também outros papéis para o tocoferol, como o de agente estabilizador de membranas e de potencial composto pró-oxidante em alguns sistemas quando estão presentes metais de transição.

O potencial redox é definido como a razão entre oxidante e relutante, por exemplo, ROS e scavengers; uma vez que é um parâmetro termodinâmico, não pode ser determinado em ambientes biológicos, mas apenas em condições termodinâmicas apropriadas. Não pode ser simplesmente calculado de acordo com a equação de Nernst E E0 RT⁄nF. In (oxidantes)/ (redutores), em que E potencial redox em volts; E0 potencial redox padrão; R constante universal dos gases; T temperatura em Kelvin; n número de electrões envolvidos; F constante de Faraday em locais biológicos, e só pode ser determinado em condições específicas adequadas, em sistemas reversíveis, onde todos os factores que afectam o sistema são conhecidos e podem ser controlados. Por conseguinte, nos sistemas biológicos em que estas condições não podem ser satisfeitas, em que o equilíbrio não existe e em que os sistemas não são totalmente reversíveis, o potencial redox não pode ser determinado e não "t" a sua definição clássica. No entanto, pode ser sugerida uma definição relativa que descreve a aproximação do estado estacionário do redox e que deve ser designada por "estado redox" ou "estado redox", em vez de potencial redox biológico. Foi sugerido que este parâmetro é um total dos produtos do potencial de redução e da capacidade redutora de todos os pares redox encontrados em fluidos biológicos, organelos, células ou tecidos. O estado redox de um sistema biológico é mantido dentro de um intervalo estreito em condições normais, à semelhança da forma como o sistema biológico regula o seu parâmetro de pH. Em condições patológicas, o estado redox pode ser alterado para valores mais baixos (redose) ou mais altos (oxidose). Uma alteração de 30 mV no estado redox significa uma alteração de 10 vezes no rácio entre o redutor e o oxidante.

Ao relacionar o estado redox e o poder redutor, é necessário distinguir cuidadosamente entre os dois, uma vez que são diferentes. Embora o estado redox seja um parâmetro termodinâmico, o poder redutor não o é, pelo que pode ser calculado em sistemas biológicos e fornecer informações valiosas sobre a resposta celular ao stress oxidativo. Este parâmetro representa e engloba a capacidade global da célula, do fluido biológico ou do tecido para doar electrões (potencial de oxidação) e a concentração global dos equivalentes redutores responsáveis por esta capacidade. Muitos compostos contribuem para o poder redutor da célula em repouso. Os principais intervenientes, que podem ser medidos na criação do poder redutor em ambientes celulares e biológicos, são os LMWA. Outros compostos possuem propriedades redutoras, mas estão presentes em baixas concentrações e não são considerados contribuintes, embora possam desempenhar um papel nos microambientes celulares. Os mecanismos reguladores responsáveis pela manutenção do estado redox ainda não são totalmente conhecidos; no entanto, alterações neste estado podem levar a uma cascata de eventos, alguns benéficos e outros deletérios para a célula.

Embora paradoxal, o fenómeno do stress oxidativo, embora associado a processos deletérios e a acontecimentos prejudiciais, é essencial para a existência e o desenvolvimento da célula. As condições oxidativas são a força estimuladora dos processos e acontecimentos bioquímicos durante o tempo de vida da célula. Enquanto o ambiente celular em repouso é altamente reduzido, torna-se cada vez mais oxidado durante a proliferação e a ativação das vias bioquímicas celulares até ocorrer a apoptose e a necrose. Nestas últimas fases, o ambiente celular torna-se altamente oxidado. Os ERO e os RNS desempenham papéis cruciais na ativação dos genes, no crescimento celular e na modulação das reacções químicas na célula e funcionam como componentes importantes da defesa contra bactérias e vírus fornecida pelos neutrófilos (fagócitos) e como agentes responsáveis pela dilatação dos vasos sanguíneos (por exemplo, NO.).

Participam também no controlo da pressão arterial; são mediadores importantes

na biossíntese de outras moléculas, como as prostaglandinas; funcionam no desenvolvimento embrionário; e actuam como moléculas sinalizadoras no interior do indivíduo

célula e entre células durante o seu ciclo de vida.

O conhecimento do papel multifuncional benéfico dos EROs revela a razão pela qual muitas tentativas irresponsáveis de tratar doenças associadas aos EROs com suplementos de antioxidantes falharam e podem ter causado efeitos deletérios para o indivíduo. De facto, muitos ensaios clínicos com antioxidantes não conseguiram demonstrar proteção e, em muitos casos, revelaram mesmo uma aceleração da doença. O estudo CHAOS e o estudo de prevenção do cancro com betacaroteno exemplificam esses fracassos. Os radicais são, por definição, espécies de vida extremamente curta com um elevado potencial de risco; para os eliminar eficazmente, os antioxidantes devem estar presentes no local de formação do radical, de modo a competir com o alvo biológico no radical. Uma vez que os ERO são produzidos continuamente, os antioxidantes devem, por conseguinte, estar continuamente presentes nos seus locais de proteção em concentrações elevadas. Uma diminuição temporária da concentração de antioxidantes no local suscetível, enquanto a formação de radicais ocorre constante e continuamente, resultaria na acumulação de danos oxidativos, que não poderiam ser evitados ou reparados pela adição tardia de antioxidantes.

CAPÍTULO 11

Vida saudável com antioxidantes

Os antioxidantes são compostos ou sistemas que retardam a autoxidação através da inibição da formação de radicais livres ou da interrupção da propagação do radical livre por um (ou mais) de vários mecanismos:

(1)- Espécies que desencadeiam a peroxidação,

(2)- Quelação de iões metálicos de modo a que estes não possam gerar espécies reactivas ou decompor peróxidos lipídicos,

(3)- Supressão do -O2 e prevenção da formação de peróxidos,

(4)- Interrupção da reação autoxidativa em cadeia,

(5)- Redução das concentrações localizadas de O2.

Os antioxidantes de quebra de cadeia diferem na sua eficácia antioxidante dependendo das suas características químicas e localização física num alimento (proximidade dos fosfolípidos da membrana, interfaces de emulsão ou na fase aquosa). A potência química de um antioxidante e a solubilidade em óleo influenciam a sua acessibilidade aos radicais peróxidos, especialmente em sistemas de membrana, micelares e de emulsão, e o carácter anfifílico necessário para a eficácia nestes sistemas.

A eficácia do antioxidante está relacionada com a energia de ativação, as constantes de velocidade, o potencial de oxidação-redução, a facilidade com que o antioxidante se perde ou é destruído (volatilidade e suscetibilidade ao calor) e a solubilidade do antioxidante. Além disso, as reacções de inibição e de propagação em cadeia são ambas exotérmicas. À medida que as energias de dissociação das ligações A:H e R:H aumentam, a ativação aumenta e a eficiência do antioxidante diminui. Inversamente, à medida que estas energias de ligação diminuem, a eficiência do antioxidante aumenta. Os antioxidantes mais eficazes são aqueles que interrompem a dissociação das ligações livres

reação radicalar em cadeia. Geralmente contendo anéis aromáticos ou fenólicos, estes antioxidantes doam H· aos radicais livres formados durante a oxidação, tornando-se eles próprios radicais.

Estes intermediários radicais são estabilizados pela deslocalização de ressonância do eletrão no interior do anel aromático e formação de estruturas de quinona. Além disso, muitos dos fenólicos não possuem posições adequadas para o ataque do oxigénio molecular. Tanto os antioxidantes sintéticos (BHA, BHT e galato de propilo) como os vegetais naturais que contêm fenólicos (flavonóides) funcionam desta forma.

Ação bioquímica dos antioxidantes

Os extractos botânicos com atividade antioxidante também extinguem geralmente os radicais livres de oxigénio com compostos fenólicos. Uma vez que os iões bivalentes de metais de transição, em particular o Fe^{2+} , podem catalisar processos oxidativos, levando à formação de radicais hidroxilo, e podem decompor hidroperóxidos através de reacções de Fenton, a quelação destes metais pode reduzir eficazmente a oxidação. Os materiais alimentares que contêm quantidades significativas destes metais de transição (carne vermelha) podem ser particularmente susceptíveis a reacções catalisadas por metais.

Valores ORAC totais (*µm* TE/100 g) de ervas e especiarias, bagas, raízes e chás seleccionados.

Food	Total ORAC
Basil (fresh)	4805
Marjoram (fresh)	27297
Oregano (fresh)	13970
Sage (fresh)	32004
Savory (fresh)	9465
Basil (dried)	61063
Cinnamon (ground)	131420
Clove (ground)	290283
Ginger (ground)	39041
Nutmeg (ground)	69640
Oregano (dried)	175295
Pepper, black	34053
Rosemary (dried)	165280

Sage (ground)	119929
Thyme (fresh)	27426
Thyme (dried)	157380
Turmeric (ground)	127068
Grapes (red, raw)	1837
Raspberries (raw)	5065
Garlic (raw)	5708
Ginger root (raw)	14840
Onions, red (raw)	1521
Tea brewed	1128
Tea, green, brewed	1253

Os tecidos alimentares, por serem (ou terem sido) vivos, estão sujeitos a um stress oxidativo constante provocado por radicais livres, espécies reactivas de oxigénio e pró-oxidantes gerados tanto exogenamente (calor e luz) como endogenamente (H2O2 e metais de transição). Por este motivo, muitos destes tecidos desenvolveram sistemas antioxidantes para controlar os radicais livres, os catalisadores da oxidação lipídica, os intermediários da oxidação e os produtos de degradação secundários. Estes compostos antioxidantes incluem flavonóides, ácidos fenólicos, carotenóides e tocoferóis que podem inibir a oxidação induzida por $Fe3^{+}$/AA, eliminar os radicais livres e atuar como redutores.

As especiarias e as ervas aromáticas, utilizadas nos alimentos pelo seu sabor e nas misturas medicinais pelos seus efeitos fisiológicos, contêm frequentemente concentrações elevadas de compostos fenólicos com uma forte atividade de doação de H.

Muitos têm também valores ORAC elevados. Alguns compostos derivados de plantas (carnosol, rosmanol, rosmariquinona e rosmaridifenol) são melhores antioxidantes do que o BHA. Os principais fenólicos antioxidantes das plantas podem ser divididos em 4 grupos gerais: ácidos fenólicos (ácidos gálico e protocatecuico); diterpenos fenólicos (carnosol e ácido carnosico) e (quercetina e catequina).

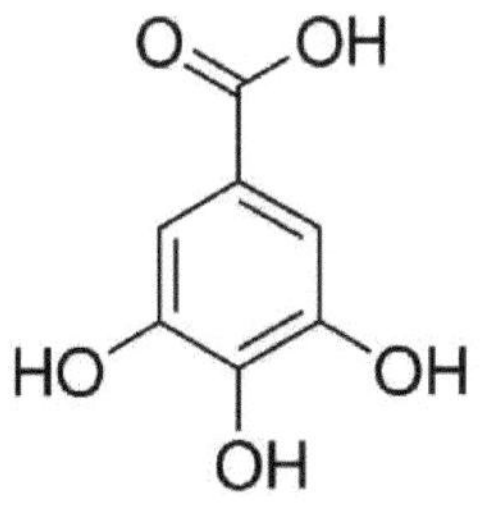

gallic acid 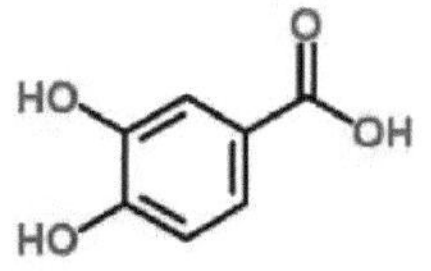 **protochatechuic**

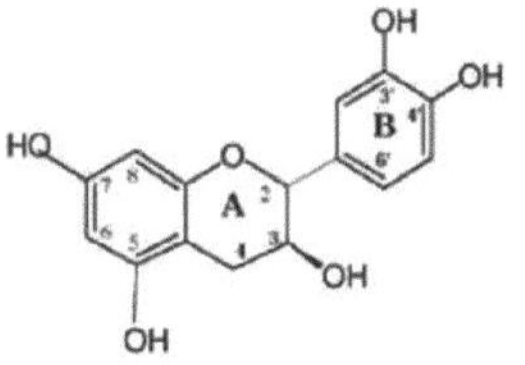

Quercetin

Os flavonóides podem eliminar os radicais livres e também quelatar metais.

A caraterística comum dos flavonóides (flavonas, flavonóis, flavanóis e flavanonas) é a estrutura básica de 15 carbonos do flavano ($C_6C_3C_6$). Estes átomos de carbono estão dispostos em 3 anéis (A, B e C). As classes de flavonóides diferem no nível de saturação do anel C. Os compostos individuais dentro de uma classe diferem no padrão de substituição dos anéis A e B que influenciam a estabilidade do radical fenoxilo e as propriedades antioxidantes das substâncias.

O potencial de eliminação de radicais livres dos compostos polifenólicos naturais parece depender do padrão (número e localização) dos grupos -OH livres no esqueleto flavonoide. O padrão de substituição do anel B é especialmente importante para a capacidade de eliminação de radicais livres dos flavonóis. Estudando a capacidade de 4 flavonóis substituídos em diferentes pontos do anel B (galangina, kaempferol, quercetina e miricetina) para extinguir a fluorescência intrínseca do soro albumina bovino, verificou-se que a miricetina > quercetina > kaempferol > galangina. Os investigadores interpretam estes resultados como indicando que a força de ligação de hidrogénio desempenha um papel importante.

Os flavonóides com vários grupos hidroxilo são antioxidantes mais eficazes do que os que têm apenas um. A presença da estrutura orto- 3, 4-di-hidroxi aumenta a atividade antioxidante. Os flavonóides podem atenuar o aumento da oxidação dos metais de transição doando-lhes um H-, tornando-os menos proxidativos. Além disso, as flavonas e algumas flavanonas (naringenina) podem ligar-se preferencialmente aos metais nos grupos 5-hidroxilo e 4-oxo. Foi avaliada a atividade antioxidante de (poli) fenóis estruturalmente relacionados, antocianinas (id) ins e ácidos fenólicos em concentrações fisiologicamente relevantes (100 a 1000 nM) utilizando um modelo de oxidação de lipoproteínas de baixa densidade mediado por Cu2+.

Os (poli)fenóis com uma disposição orto-dihidroxi substituída (cianidina-3-glucósido, cianidina e ácido protocatecuico) foram os mais eficazes, enquanto os compostos trihidroxi-substituídos (ácido gálico) tiveram apenas uma eficácia intermédia. Este facto foi explicado, em parte, pela sua capacidade de quelatar iões Cu2+. Parece provável que a relação estérica destes grupos -OH e a sua disposição no(s) anel(is) desempenhem um papel na capacidade da substância para quelar iões metálicos. No entanto, as diferenças na partição da fase lipídica/hidrofílica e nas capacidades de doação de H também foram consideradas como tendo contribuído para as relações estrutura-atividade.

Foi referido que a ordem de atividade de eliminação de radicais livres de um grupo de compostos polares era ácido ferúlico > ácido cumárico > galato de propilo > ácido gálico > AA; a atividade de eliminação de radicais livres de um grupo de compostos não polares era ácido rosmarínico > BHT, terc-butil-hidroquinona (TBHQ) > *a-tocoferol.* Apenas o galato de propilo, o TBHQ, o ácido gálico e o ácido rosmarínico inibiram a oxidação lipídica numa emulsão de óleo em água, o que pode refletir a capacidade destes compostos para se orientarem na interface da gotícula de óleo na emulsão.

Avaliando a atividade antioxidante de ácidos hidroxicinâmicos com estruturas semelhantes (ácidos cafeico, clorogénico, o-cumárico e ferúlico) num sistema de músculo de peixe, verificou-se também que a capacidade destes compostos para doar electrões (energias de dissociação da ligação) parecia desempenhar o papel mais significativo no retardamento da rancidez, enquanto a capacidade de quelar metais e a distribuição entre as fases oleosa e aquosa não estavam correlacionadas com as actividades inibitórias. Esta última constatação pode refletir o tipo de matriz, músculo de peixe, em que a atividade oxidativa foi estudada. O ácido cafeico foi o mais eficaz deste grupo de antioxidantes (semelhante ao galato de propilo). Foi referido que, de uma variedade de flavonóides (rutina, dihidroquercetina, quercetina, galato de epigalocatequina e galato de epicatequina), as catequinas foram mais eficazes na inibição da peroxidação lipídica microssomal. Todos foram capazes de quelar **Fe^{2+}**, Fe^{3+} e **Cu^{2+} e foram eficazes** $\cdot O_2^-$ scavengers em graus variados.

Muitos dos compostos flavonóides antioxidantes são pigmentos que ocorrem naturalmente. Parece que os flavonóides localizados nos cloroplastos desempenham um papel fotoprotector contra o -O2 - nas plantas. As antocianinas são glicosídeos de derivados polihidroxilados ou polimetoxilados do catião flavílio. A hidrólise da parte açucarada dá origem a uma aglicona, a antocianindina. As antocianinas e antocianindinas apresentam cor visual devido à extrema mobilidade dos electrões na estrutura molecular (ligações duplas) em resposta à luz no espetro visível

(cerca de 400 a 700 nm). Os pigmentos são bastante solúveis em água

e 4 grupos -OH estão ligados aos anéis aromáticos. O pH tem um efeito significativo nos pigmentos de antocianina. Estes grupos -OH podem ceder H+ (numa solução básica) ou H- a um lípido oxidante (ROO-).

As proantocianidinas também contêm múltiplos grupos -OH que podem doar hidrogénio, extinguir -O2 - e quelatar metais. A capacidade de eliminação de radicais livres aumenta à medida que aumenta o número de grupos fenólicos -OH. Alguns fenóis podem polimerizar-se em polifenóis que podem ligar minerais. As proantocianidinas ocorrem frequentemente como oligómeros ou polímeros de flavonóides monoméricos, polihidroxiflavan-3-óis, tais como

[+]-catequina e [-]-epicatequina. As procianidinas poliméricas são melhores antioxidantes do que os monómeros correspondentes, a catequina e a epicatequina

A catequina e a epicatequina podem combinar-se para formar ésteres, como o galato de catequina/epicatequina, ou ligar-se a açúcares e proteínas para produzir glicosídeos e polifenólicos

Proteínas. A glicosilação de flavonóides no grupo 3 -OH geralmente diminui a atividade antioxidante devido à redução do número de grupos fenólicos (quercetina/rutina). As proantocianidinas com atividade antioxidante demonstrada e potenciais efeitos biologicamente terapêuticos ocorrem em frutos (maçãs e cerejas), algumas bagas (roseira brava, framboesas, amoras e morangos), bem como nas folhas (chá), sementes (uva, sorgo, soja e cacau) e casca de muitas plantas.

a-Tocoferol

O a-tocoferol (vitamina E) é um carotenoide lipossolúvel cuja capacidade antioxidante tem sido amplamente estudada. *O a-tocoferol* é o principal composto de vitamina E nas folhas das plantas, onde se encontra no invólucro dos cloroplastos e nas membranas dos tilacóides, próximo dos fosfolípidos. Desactiva as espécies reactivas de oxigénio derivadas da fotossíntese, especialmente $fO2^{-}$), e impede a propagação da peroxidação lipídica, eliminando os radicais peroxilo lipídicos nas membranas dos tilacóides.

Trolox é um derivado solúvel em água da vitamina E. Antioxidantes lipossolúveis estruturalmente relacionados que diferem no número de grupos metil (*δ-tocoferol* em comparação com *a-tocoferol*) têm diferentes atividades de eliminação de radicais livres e diferentes atividades de superfície. Foi avaliada a capacidade do *a-tocoferol*, *δ-tocoferol*, palmitato de ascorbilo e galato de propilo (300 mg/kg) para prevenir a oxidação em óleo de girassol e óleo de girassol com alto teor de óleico, ambos ricos em ácidos gordos di-insaturados, e em óleo de palma parcialmente hidrogenado contendo ácidos gordos monoinsaturados. *δ-Tocoferol* foi o antioxidante mais eficaz no óleo de girassol, e o galato de propilo foi o mais eficaz nos óleos mais saturados. Foram relatados efeitos sinérgicos entre o AA e *o a-tocoferol* na proteção de um sistema modelo biológico *in vitro*.

É possível que o AA regenere o *a-tocoferol* depois de *o* a-tocoferol doar um H- a um lípido oxidante. *O a-tocoferol* pode também inibir a oxidação das proteínas.

Foi demonstrado que *o a-tocoferol* reduziu a formação de semialdeídos *a-aminoadípicos* e */-glutâmicos a* partir de proteínas miofibrilares oxidadas. Em geral, a vitamina E adicionada a sistemas alimentares à base de água utilizando um transportador de óleo visa a fração lipídica neutra (triacilgliceróis) em vez da fração lipídica polar (fosfolípidos) e não é um antioxidante eficaz. No entanto, o *δ-tocoferol* adicionado com um veículo polar pode ser incorporado na fração fosfolípida e é um antioxidante eficaz. A 80 °C, a atividade antioxidante do *δ-tocoferol* é cerca do dobro da do *a-tocoferol*; no entanto, diminui à medida que a temperatura aumenta. A atividade antioxidante do *a-tocoferol* diminui acima de 110 °C e ambos perdem a sua atividade acima de 150 °C.

A suplementação dietética de a-tocoferol aumenta a incorporação do antioxidante na região da membrana fosfolipídica onde se encontram os ácidos gordos polinsaturados. A inclusão de *a-tocoferol* nas dietas dos animais de criação demonstrou ter efeitos significativos nas actividades antioxidantes dos seus tecidos e na estabilidade da carne deles derivada.

Ácido ascórbico

O AA tem 4 grupos -OH que podem doar hidrogénio a um sistema oxidante. Uma vez que os grupos -OH (2 pares) se encontram em átomos de carbono adjacentes, o AA é capaz de quelatar iões metálicos (Fe^{++}). Também elimina os radicais livres, extingue o -O2 e actua como agente redutor. Em níveis elevados (>*1000* mg/kg), o AA altera o equilíbrio entre o ferro ferroso (Fe^{2+}) e o ferro férrico (Fe^{3+}), actua como eliminador de oxigénio e inibe a oxidação. No entanto, em níveis baixos (< 100 mg/kg), pode catalisar a oxidação no tecido muscular.

As condições ambientais e a presença de outros compostos no sistema podem alterar a capacidade antioxidante dos AA. Foi referido que, utilizando o período de indução para a oxidação do óleo de girassol como medida da atividade antioxidante após aquecimento (180° C), o palmitato de ascorbilo era menos estável termicamente do que os tocoferóis mistos, o galato de propilo, o BHT ou o BHA. Isto pode ser uma função da solubilidade em água do AA.

Ervas

Várias especiarias e ervas contêm compostos que podem ser removidos e adicionados aos sistemas alimentares para evitar a oxidação. Os componentes antioxidantes (e de sabor) das ervas e especiarias podem ser removidos/concentrados como extractos, óleos essenciais ou resinas. Os extractos são fracções solúveis que podem ser removidas de materiais vegetais através da solubilização do(s) componente(s) de interesse numa fase aquosa, lipídica, alcoólica, solvente ou de CO_2 supercrítico, sendo depois removidos. Os óleos essenciais são os óleos voláteis e contêm frequentemente compostos isoprenóides. Quimicamente, os óleos essenciais são misturas extremamente complexas que contêm compostos de todas as principais classes de grupos funcionais. Os óleos essenciais são isolados por destilação a vapor, extração (solvente ou CO_2) ou expressão mecânica a partir do material vegetal. As plantas também contêm resinas que são não voláteis, de elevado peso molecular, sólidos amorfos ou semi-sólidos que fluem quando sujeitos a calor ou stress. A maioria das resinas são terpenos bicíclicos (alfa e betapineno, delta-3-careno e sabineno), terpenos monocíclicos (limoneno e terpinoleno) e sesquiterpenos tricíclicos (longifoleno, cariofileno e delta-cadineno). São solúveis na maioria dos solventes orgânicos, mas não na água. As resinas podem conter pequenas quantidades de compostos fenólicos voláteis. Os extractos de muitos membros da família Labiatae (*Lamiaceae*) (orégãos, manjerona, segurelha, salva, alecrim, tomilho e manjericão), que são antioxidantes, têm um elevado teor de fenóis totais. Não têm necessariamente uma elevada capacidade de eliminação de radicais livres, mas parecem conter componentes que funcionam através de, pelo menos, 2 mecanismos antioxidantes diferentes. Observou-se que, embora estas características antioxidantes não estejam inteiramente relacionadas com os teores fenólicos totais, parecem estar fortemente dependentes do ácido rosmarínico, o principal componente fenólico presente. O ácido rosmarínico tem grupos- OH vicinais em cada um dos 2 anéis aromáticos, enquanto o ácido carnósico, o carnosol e o rosmanol têm grupos- OH vicinais em apenas 1 anel aromático (Fig.3). Várias ervas (camomila, rosa mosqueta, espinheiro-alvar e lúcia-lima) podem aumentar a atividade de enzimas antioxidativas como a superóxido dismutase e a catalase de uma forma dependente da dose e demonstraram aumentar a viabilidade celular e proporcionar efeitos protectores contra o stress oxidativo induzido pelo peróxido de hidrogénio em fibroblastos pulmonares.

Alecrim

Foi relatado que, de várias ervas (*Psidium guajava* L., *Camellia sinensis* [chá de ácido gama-amino-butírico], *T. sinensis* Roem. e *Rosemarinus officinalis* L.), o extrato aquoso de alecrim continha a maior concentração de substâncias fenólicas (185 mg/g; Folin-Ciocalteau) e flavonóides totais (141 mg/g). Este extrato aquoso inibiu a oxidação induzida por UVB (100 a 400 nm) de um sistema fantasma de eritrócitos (sistema modelo *in vivo*) a uma concentração relativamente baixa (100 *μg/mL*). A 100 mcg/mL, o extrato de alecrim foi capaz de eliminar 39% dos radicais DPPH (0,2 *μm*); a 500 mcg/mL, eliminou 55%. O extrato de alecrim (100 mcg/mL) inibiu a oxidação dos lipossomas (lecitina de ovo com Fe^{3+}/AA/H_2O_2) em 98%.

Os constituintes antioxidantes mais activos do alecrim (*R. officinalis)* são os diterpenos fenólicos (ácido carnósico, carnosol, rosmanol, rosmadial, 12-metoxicarnósico, epi- e iso-rosmanol) e os ácidos fenólicos (rosmarínico e cafeico).

O ácido carnósico tem várias vezes a atividade antioxidante do BHT e do BHA. Os antioxidantes fenólicos sintéticos, BHA e BHT, têm cada um um único anel aromático com- grupo OH capaz de doar H-. Enquanto o ácido carnósico também tem um único anel aromático, ele tem 2 grupos -OH que podem servir como doadores de H-. Além disso, os grupos -OH vicinais podem quelar metais pró-oxidativos, evitando assim a oxidação por meio de 2 mecanismos. Foi relatado que, no óleo de girassol, o extrato de alecrim exibiu uma atividade antioxidante superior ao *α-tocoferol.* O polifenol, ácido rosmarínico, tem 2 anéis aromáticos, cada um com 2 grupos -OH que são capazes de doar H- e quelar metais. A adição de *um* - tocoferol ao alecrim pode ter um efeito antagónico ou um efeito sinérgico. Isto pode indicar que existem outros componentes no alecrim, para além do ácido rosmarínico, que contribuem substancialmente para a capacidade antioxidante do extrato. Pode também ser uma função da solubilidade das fracções de alecrim utilizadas em comparação com a do *a-tocoferol* em relação ao sistema alimentar ao qual é adicionado. Em sistemas de base lipídica, o ácido carnósico e o carnosol quelam eficazmente o ferro e eliminam o radical peroxilo. No entanto, a capacidade de atividade de eliminação de radicais livres varia entre os diferentes compostos: 1,8-cineol = 62,5%, *β-pineno* = 46,2% e *a-pineno* = 42,7% encontrados no óleo essencial de alecrim (Wang e outros 2008). O extrato etanólico de alecrim tem uma atividade antioxidante mais elevada do que os compostos fenólicos individuais (ácido carnósico, carnosol, 1, 8-cineol, *a-pineno*, cânfora, canfeno e *β-pineno*) separadamente. Os solventes de polaridade média extraem concentrações mais elevadas de ácido carnósico do alecrim e da salva do que os solventes de polaridade superior ou inferior. Além disso, as diferentes variedades de alecrim, cultivadas em diferentes regiões e em diferentes condições, podem variar no teor de

teor destes compostos fenólicos.

Oregãos

Os extractos de água-etanol, diclorometano e etanol de orégãos (*Origanum vulgare* L.) também contêm concentrações elevadas de fenóis, principalmente ácido rosmarínico, bem como ácidos carboxílicos fenólicos e glicosídeos que são anti-oxidantes e eliminadores eficazes de radicais anião superóxido. Os orégãos têm uma elevada concentração de compostos fenólicos totais (15,8 mg de equivalente de ácido gálico [GAE]/g) e atividade antioxidante. Usando o ensaio de poder redutor, o ensaio de eliminação de radicais e o sistema modelo de ácido linoleico beta-caroteno, foi determinado que o orégano tinha uma atividade antioxidante de 58,3% excedida apenas pela canela (61,8%). Utilizando o hexanal como indicador, foi demonstrado que os óleos essenciais de orégãos e

o alecrim foi mais eficaz na inibição da oxidação do ácido linoleico induzida pelo Fe^{2} + num sistema modelo de óleo de girassol do que a vitamina E, o Trolox ou o BHA. Esta fração continha flavanonas não glicosiladas e glicosiladas, bem como dihidroflavonóis, todos eles com atividade antioxidante.

Manjerona

De um certo número de ervas e especiarias (louro, alecrim, salva, manjerona, orégãos, canela, salsa, manjericão doce e hortelã), a manjerona (*Origanum majorana* L.) tem a proporção mais elevada de compostos fenólicos simples (96%).

O óleo essencial de manjerona também contém uma quantidade significativa de ácido rosmarínico e carnosol. O óleo essencial pode eliminar os radicais hidroxila (OH-)· Possui atividade antirradicalar superior à do componente fenólico timol. Em um sistema modelo de ácido linoléico, a 5 mg/mL, a manjerona tem uma atividade de eliminação de radicais de 92%, inibe a formação de dieno conjugado em 50% e a formação de produtos de oxidação secundária em 80%. Alguns investigadores isolaram um componente (T3b) da manjerona, que é provavelmente uma substância fenólica que é um melhor eliminador de radicais de ânion superóxido do que *α-tocoferol*, BHA, BHT, AA, galato de epigalocatequina, quercetina ou epicatequina. O mecanismo inibitório do T3b parece depender da ação da superóxido dismutase, uma enzima endógena que destrói o anião superóxido convertendo-o em H_2O_2. Estes autores referiram que o extrato metanólico da manjerona apresentava uma forte capacidade de eliminação do radical anião superóxido (85,5%).

O óleo essencial de manjerona também é rico em terpinen-4-ol, hidrato de cis-sabineno, p-cimeno e / -terpineno. Os monoterpenos bicíclicos, o hidrato de cis-sabineno e o acetato de hidrato de cis-sabineno, parecem ser responsáveis pelo sabor da manjerona. Na medida em que estes compostos aromáticos podem ser separados da manjerona, esta erva poderia ser adicionada aos alimentos sem acrescentar sabores indesejados.

Sálvia

Os extractos polares de salva (*Salvia officinalis)* têm uma forte capacidade de eliminação de radicais e de inibição do radical anião superóxido. A atividade antioxidante dos compostos do óleo de salva, devida principalmente à presença de compostos com grupos -OH vicinais, está correlacionada com as concentrações de diterpenos e sesquiterpenos oxigenados. A salva contém alguns dos mesmos compostos diterpenos fenólicos antioxidantes encontrados no alecrim, como o carnosol, o rosmanol e o rosmadial, para além de alguns não encontrados no alecrim (carnosato de metilo, éter de 9-etilrosmanol, epirosmanol, isorosmanol e galdosol).

Em sistemas modelo, os extratos polares das espécies de *Salvia* exibem excelentes atividades antioxidantes em comparação com o BHT. No entanto, a adição de sálvia (0,05%) à carne de porco crua é um antioxidante menos eficaz do que alimentar *α-tocoferol* (1000 mg/kg de ração) aos porcos antes do abate em termos de prevenção da oxidação em rissóis de porco cozidos, o dela. Isso sugere que existe um componente do extrato polar que se localiza na membrana fosfolipídica, quelata ou reduz o ferro livre ou afeta os sistemas oxidativos endógenos.

Tomilho

Thymus vulgaris, *T mastichina*, *T caespititius* e *T camphorate* têm atividades antioxidantes comparáveis às de *α-tocoferol* e BHT. O óleo essencial de tomilho exibe uma capacidade muito forte de eliminação de radicais livres e inibe a oxidação lipídica induzida por $Fe2+$/ascorbato e $Fe2+/H_2O_2$. Em termos de atividade antioxidante, óleo de *tomilho> timol> carvacrol> y-terpineno> mirceno> linalol> pcimeno> limoneno>* 1, *8-cineol> α-pineno*. O carvacrol e o timol têm cada um 1 anel aromático e 1 grupo -OH, o 1-terpineol tem 1 grupo -OH, enquanto o p-cimeno tem 1 grupo aromático. A presença de grupos aromáticos e o número de grupos -OH parecem coincidir com o potencial antioxidante destes compostos.

Utilizando um ensaio de ácido aldeído/carboxílico. Foi demonstrado que o carvacrol e o timol (5 ppm) podem inibir a oxidação quase completamente durante 30 d. Os principais compostos aromáticos do tomilho incluem 1,8-cineol, timol, carvacrol e *α-terpineol*. Dado que o timol é o componente antioxidante mais eficaz e também um dos compostos aromáticos primários do tomilho, a utilização de extractos desta erva iria provavelmente conferir sabores indesejados aos alimentos aos quais são adicionados, a menos que outros componentes antioxidantes mas não aromáticos possam ser separados do extrato.

Manjericão

No manjericão, existe uma correlação significativa entre o conteúdo fenólico total e a atividade antioxidante. Os extractos de manjericão roxo (*Ocimum basilicum*) têm um teor mais elevado de ácidos fenólicos totais e uma maior atividade antioxidante do que os extractos de manjericão verde.

O óleo essencial contém < 18% de eugenol como percentagem dos voláteis totais; no entanto, está correlacionado com a atividade antioxidante. No entanto, a baixa contribuição do óleo essencial para a atividade antioxidante total (0,05% a 5,9%) sugere que a atividade antioxidante destas plantas não se deve à presença dos óleos essenciais enquanto tais, mas a outros compostos fenólicos no manjericão verde e às antocianinas no manjericão roxo.

O extrato aquoso de manjericão é um eliminador de radicais superóxido e hidroxilo dependente da concentração. A atividade antioxidante deste extrato tem sido atribuída aos seus compostos fenólicos polares. O conteúdo fenólico total dos extractos de água e etanol do manjericão (GAE) foi considerado equivalente.

Foi referido que os extractos hidrodestilados de manjericão e louro tinham as actividades antioxidantes mais elevadas de várias ervas (manjericão, louro, salsa, zimbro, anis, funcho, cominhos, cardamomo e gengibre), mas não a maior capacidade de quelação de ferro.

Num ensaio de peroxidação do ácido linoleico, o extrato de manjericão foi tão eficaz como o Trolox. O manjericão também apresentou uma capacidade significativa de redução do ferro. O ácido rosmarínico foi identificado como o principal composto fenólico nas folhas e caules do manjericão. O linalol, o *epi-a-cadinol* e o *a-bergamoteno* (7,4% a 9,2%) e / -cadineno foram identificados como os compostos mais comuns no óleo essencial de manjericão. O óleo essencial de manjericão inibe fortemente a peroxidação lipídica, seja induzida por ascorbato de Fe2 + ou por Fe2 + / H2O2. O ácido chicórico (ácido cafeico derivado com ácido tartárico) também foi identificado em quantidades substanciais. Compostos antioxidantes adicionais encontrados no manjericão.

Especiarias

Tal como as ervas aromáticas, as especiarias podem ter efeitos antioxidantes significativos. Foram medidas as capacidades antioxidantes equivalentes totais e os conteúdos fenólicos (Folin-Ciocalteu) de 32 especiarias. Os principais ácidos fenólicos identificados nestas especiarias foram o cafeico, o p-cumárico, o ferúlico e o neoclorogénico. Os flavonóides predominantes foram a quercetina, a luteolina, a apigenina, o kaempferol e a isorhamnetina.

As especiarias também podem ter efeitos antibacterianos. Verificou-se que, de 46 extractos de especiarias avaliados, muitos exibiram atividade antibacteriana contra agentes patogénicos de origem alimentar. As bactérias Gram-positivas foram geralmente mais sensíveis do que as bactérias Gram-negativas. *Staphylococcus aureus* foi a mais sensível, enquanto *Echerichia coli* foi a mais resistente. A atividade antibacteriana dos extractos estava intimamente associada ao seu conteúdo fenólico.

Canela

A canela (*Cinnamonum zeylanicum*) contém uma série de componentes antioxidantes, incluindo os ácidos vanílico, cafeico, gálico, protocatecuico, p-hidroxibenzóico, p-cumárico e ferúlico e o p-hidroxibenzaldeído. De uma série de ervas e especiarias (folhas de louro, alecrim, salva, manjerona, orégãos, canela, salsa, manjericão doce e hortelã) avaliadas, a canela foi relatada como tendo a maior concentração de compostos polifenólicos (13,7 mg GAE/g). De 42 óleos essenciais comumente usados, a casca de canela, orégano e tomilho foram relatados como tendo as mais fortes habilidades de eliminação de radicais livres. A 5 mg/mL, a canela tem uma atividade de eliminação de radicais de 92%. Os principais componentes responsáveis por essa atividade foram identificados como eugenol, carvacrol e timol. 27 compostos foram identificados no óleo volátil de talos de canela. O óleo volátil tinha 44,7% de hidrocarbonetos e 52,6% de compostos oxigenados. Utilizando um sistema modelo de *β-caroteno-linoleato*, o óleo volátil inibiu 55,9% e 66,9% da oxidação a 100 e 200 ppm, respetivamente, em comparação com o controlo. A capacidade antioxidante do óleo essencial de canela é mais forte do que a sua capacidade de eliminação de radicais livres. No entanto, é um melhor eliminador de radicais superóxidos do que o galato de propilo, a hortelã, o anis, o BHA, o alcaçuz, a baunilha, o gengibre, a noz-moscada ou o BHT.

A oleorresina de canela (casca e folha) pode inibir significativamente a formação de produtos de oxidação primários e secundários. Foram identificados 13 componentes, que representaram 100% da quantidade total, no óleo volátil da casca da canela. A oleorresina da casca continha 17 componentes que representavam 92,3% da quantidade total. O principal componente da oleorresina da casca de canela foi o (E)-cinamaldeído (49,9%). Foram identificadas pequenas quantidades de *β-cariofileno*, benzoato de benzilo, linalol, acetato de eugenilo e acetato de cinamilo no óleo essencial da folha de canela. O componente principal identificado no óleo de folha de canela foi o eugenol (87,2%). O óleo da folha de canela tem um efeito inibidor significativo nos radicais hidroxilo e actua como um quelante de ferro inibindo eficazmente a formação de dienos conjugados e a geração de produtos secundários da peroxidação lipídica a uma concentração equivalente à do BHT.

Cravo

Os principais componentes do óleo essencial de cravinho (*Eugenia caryophyllus)* são fenilpropanóides como o eugenol, o carvacrol, o timol e o cinamaldeído. O cravinho também contém uma variedade de compostos não voláteis (taninos, esteróis, flavonóides e triterpenos). Foram identificados 23 compostos no óleo de cravo, incluindo eugenol (76,8%), β-cariofileno (17,4%), *α-humuleno* (2,1%) e acetato de eugenilo (1,2%). O óleo essencial de cravo é inibidor dos radicais hidroxilo e pode quelar o ferro. Comparando 16 especiarias, verificou-se que o cravinho tinha a maior atividade de eliminação de radicais, seguido da pimenta da Jamaica e da canela. Foi relatado que o eugenol tem uma atividade antioxidante equivalente ao Trolox, ao carvacrol (orégãos) e ao timol. O óleo essencial elimina os radicais livres em concentrações inferiores às do eugenol, BHT e BHA isoladamente. Utilizando valores de peróxido e formação de dienos conjugados, foi estabelecido que, no óleo de girassol a 100 °C, a miricetina é um antioxidante mais eficaz e mais forte do que o *α-tocoferol*. A atividade antioxidante dos compostos voláteis ligados glicosidicamente no óleo essencial de cravinho foi relatada como sendo significativamente maior do que a das agliconas voláteis. Os glicosídeos podem sofrer hidrólise enzimática, libertando as suas agliconas, pelo que podem ser considerados como potenciais precursores antioxidantes. O aquecimento a 100 °C até 6 h aumenta a atividade de eliminação de radicais peróxidos do cravinho.

Noz-moscada

Alguns investigadores conseguiram isolar os voláteis ligados glicosidicamente da noz-moscada e identificaram agliconas livres no óleo essencial. As fracções ligadas glicosidicamente e as agliconas tinham apenas 2 compostos em comum, o eugenol e o terpinen-4-ol. A fração de aglicona tinha propriedades antioxidantes mais fortes do que os voláteis livres do óleo. A noz-moscada (*Myristica fragans e M. argentea*) contém argenteano, um flavanol diglicosídeo, que parece ser o principal composto antioxidante. O bis-eritro argenteano é um di-lignano que foi isolado da maça da noz-moscada (a membrana da semente da noz-moscada). A parte central do argenteano (3, 3 dimetoxi-1,1- bifenil-4,4-diol) parece dever a sua capacidade de eliminação de radicais livres à sua capacidade de libertar 1 ou 2 H- . A noz-moscada contém também quantidades significativas de miristicina e safrol, responsáveis pelo aroma caraterístico da noz-moscada.

A miristicina e o safrol têm estruturas semelhantes: um anel aromático de 6 membros ligado a um anel oxigenado de 5 carbonos de um lado e a uma cadeia lateral de hidrocarbonetos do outro. Após aquecimento (180 °C, 10 min), o óleo de noz-moscada tem uma atividade de eliminação de radicais livres significativamente mais elevada, em comparação com o manjericão, a canela, o cravinho, os orégãos e o tomilho.

Gengibre, curcuma e cominhos

O gengibre é derivado da raiz do *Zinger officinale*. O gengibre fresco e seco contém quantidades relativamente grandes dos óleos voláteis canfeno, p-cineol, alfa-terpineol, zingibereno e ácido pentadecanóico. O conteúdo fenólico total máximo foi extraído com metanol de gengibre fresco (95,2 mg/g de extrato seco) seguido pela extração de hexano de gengibre fresco (87,5 mg/g de extrato seco).

A hidrodestilação produziu 23 mg GAE/g. Foi demonstrado que o extrato de gengibre tem uma atividade antioxidante quase igual à dos antioxidantes sintéticos (BHA e BHT). Foi relatado que 12 dos 5 compostos relacionados ao gingerol e 8 diarilheptanóides isolados de rizomas de gengibre exibem maior atividade antioxidante do que o *α-tocoferol*. Os autores sugerem que este facto depende provavelmente das estruturas da cadeia lateral, para além dos padrões de substituição no anel de benzeno. Foi sugerido que, no caso do gengibre, pode ser aconselhável utilizar meios de extração capazes de extrair os compostos antioxidantes lipofílicos.

A curcuma é uma especiaria derivada dos rizomas da planta *Curcuma longa*, que é um membro da família do gengibre (Zingiberaceae). Os rizomas são caules subterrâneos horizontais que dão origem a rebentos e raízes. A cor amarela brilhante da curcuma deve-se principalmente aos pigmentos polifenólicos solúveis em gordura conhecidos como curcuminóides, principalmente a curcumina. A curcuma tem sido utilizada como especiaria e erva medicinal em toda a Ásia durante séculos. A curcuma moída é constituída principalmente por curcumina, dimetoxicurcumina e bis-dimetoxicurcumina, e 2, 5-xilenol. A curcumina é uma dicetona insaturada que apresenta tautomerismo ceto-enol. É um antioxidante fenólico clássico de quebra de cadeia, doando H_ dos grupos fenólicos em vez do grupo CH2. Foi referido que a atividade antioxidante dos curcuminóides é curcumina > BHT, dimetoxicurcumina > bisdemetoxicurcumina. Todas estas moléculas polifenólicas têm uma solubilidade limitada em água. A curcumina é muito eficaz na neutralização dos radicais livres. Na mesma concentração, a curcumina tem cerca do dobro da atividade antioxidante do polifenol resveratrol. O óleo de curcuma tem uma capacidade de eliminação de radicais livres comparável à da vitamina E e do BHT. Os principais componentes do óleo de curcuma responsáveis por esta atividade antioxidante são a *a-* e a *β-turmerona*, a curlona e o *α-terpineol*.

O aquecimento do gengibre e da curcuma secos e dos respectivos óleos essenciais a 120 °C resulta em diferentes graus de retenção da atividade antioxidante. A atividade antioxidante do óleo de curcuma é maior após o aquecimento, enquanto a do óleo de gengibre é menor. Isto pode dever-se à diferença no teor de monoterpenos ou à libertação de antioxidantes ligados causada pelo tratamento térmico.

O cominho é derivado do *Cuminum cyminum*. Os principais componentes do óleo volátil de cominho são o cuminal, o *γ* -terpineno e o pinocarveol. O óleo essencial de cominho é melhor na redução de iões Fe^3 + do que o gengibre seco ou fresco ou o cominho.

Pimenta preta

A pimenta preta (*Piper nigrum*) é uma especiaria muito apreciada pela sua qualidade picante distinta que ocorre a 1,35 ppm. Tem uma pungência 150 vezes superior à do pimentão, devido ao alcaloide piperina. A qualidade do sabor é medida pelo óleo volátil e pela

extrato não volátil de cloreto de metileno, piperina. A piperina estimula as enzimas digestivas do pâncreas, melhora a capacidade digestiva e reduz o tempo de trânsito gastrointestinal dos alimentos. A piperina pode também extinguir os radicais livres e as espécies reactivas de oxigénio. Pode proteger contra danos oxidativos *in vitro*. A piperina actua como um eliminador de radicais hidroxilo a baixas concentrações. Foi relatado que o óleo volátil de pimenta preta (*P. nigrum*) contém 54 componentes que representam cerca de 97% do peso total. A β-cariofilina (30%) é o componente principal juntamente com o limoneno (13%), o *β-pineno* (7,9%) e o sabineno (5,9%). Os óleos essenciais de pimenta também contêm *a-* e *β-pineno*, ciclo-hexeno, 1-metil-4-(1-

metiletilideno)-2,3-ciclo-hexen- 1-ol, limonen-6-ol, (E)-3(10)-caren-4-ol e t-cariofileno. O principal componente das oleorresinas extraídas com etanol e acetato de etilo é a piperina (63,9% e 39,0%, respetivamente). Utilizando testes de peróxido, panisidina e ácido tiobarbitúrico, o óleo e as oleorresinas demonstraram ter uma atividade antioxidante mais forte do que o BHA e o BHT, mas inferior à do galato de propilo. Foi relatado que, enquanto os extractos eram predominantemente piperina, piperoleína B, piperamida e guineensina, os compostos predominantes nos óleos essenciais eram *β-cariofileno*, limoneno, sabineno, *β-bisaboleno* e *a-coapeno*.

Dado que a piperina é um dos componentes antioxidantes mais eficazes e também um dos compostos aromáticos primários da pimenta, a utilização de extractos desta erva iria provavelmente conferir sabores indesejados aos alimentos aos quais são adicionados, a menos que outros componentes antioxidantes mas não aromáticos possam ser separados do extrato.

Alho e ervas aromáticas

O alho (*Allium sativum L.*) tem sido amplamente utilizado como alimento desde a antiguidade. Adquiriu reputação como agente terapêutico e remédio herbal em muitas culturas para prevenir e tratar doenças cardíacas e metabólicas, como a aterosclerose, a trombose, a hipertensão, a demência, o cancro e a diabetes.

O alho e a *chalota* (*Allium ascalonicum*) têm características antioxidantes e de eliminação de radicais livres e odores identificáveis a baixas concentrações. Contêm duas classes principais de compostos antioxidantes: flavonóides e compostos que contêm enxofre (alil-cisteína, sulfureto de dialilo e trissulfureto de alilo). O derivado de aminoácido que contém enxofre, a alliina (sulfóxido de S-alil-L-cisteína), pode ser convertido em alicina (sulfóxido de S-dialil-dissulfureto), o composto normalmente associado ao odor do alho, pela enzima alliinase. Os tiossulfinatos, como a alicina, conferem ao alho o seu odor caraterístico; no entanto, não são necessariamente responsáveis por todos os vários benefícios antioxidantes e para a saúde que lhe são atribuídos (590). Alguns investigadores sugeriram que é necessária uma combinação do grupo alilo (-CH2CH=CH2) e do grupo -S (0) S- para a ação antioxidante dos tiossulfinatos nos extractos de alho. A sallylcisteína, a S-alil mercaptocisteína e os compostos não sulfurados, como as saponinas, podem contribuir para os benefícios para a saúde (actividades hipolipidémicas, antiplaquetárias, procirculatórias, de reforço imunitário, anticancerígenas e quimiopreventivas) associados ao alho.

Foi referido que as concentrações de ácido trans-hidroxicinâmico (ácidos cafeico, p-cumárico, ferúlico e sinápico) no alho eram duas vezes superiores às da cebola.

Os efeitos antioxidantes da chalota estão relacionados principalmente com o seu teor de fenóis. De acordo com alguns investigadores, os extractos de metanol de cebolas têm actividades de eliminação de radicais significativamente mais elevadas do que o alho e a cebola vermelha tem uma atividade mais elevada do que a cebola amarela. O teor de quercetina é mais elevado nas cebolas vermelhas. As actividades de eliminação de radicais estão positivamente correlacionadas com os fenólicos totais nestes extractos.

Extractos de chá

Os 3 principais tipos de chá, verde, preto e oolong, são produzidos por diferentes processos de transformação. Destes tipos, os extractos de chá verde têm o teor mais elevado de fenólicos totais, 94% dos quais são flavonóides. O chá oolong contém cerca de 18% de fenólicos totais e 4,4% de flavonóides. As teaflavinas e as tearubiginas predominam no chá preto. O chá preto também contém ácidos clorogénico, cafeico, p-cumárico e quínico. Grande parte da atividade antioxidante do chá verde (*C. sinensis*) parece dever-se a flavonóides naturais, taninos e algumas vitaminas. A atividade antioxidante está linearmente relacionada com o conteúdo de fenol que foi relatado como sendo de cerca de 450 mg/g.

As catequinas do chá verde consistem principalmente em derivados do ácido gálico. Os flavanóis de catequina parecem ser responsáveis por mais de 80% da atividade antioxidante total do chá verde, mas menos de 60% da do chá preto. A capacidade de extinção de radicais do chá verde demonstrou ser mais de 20% mais eficaz do que a do chá preto, tanto em sistemas aquosos como lipofílicos.

Nos extractos de chá, a atividade antioxidante e de eliminação de H_2O_2 mais forte é devida aos fenóis, com 3 grupos -OH ligados ao anel aromático, adjacentes uns aos outros. A epigalocatequina, que tem 3 substituições -OH adjacentes no anel B, tem a maior atividade antioxidante.

Para além de um anel flavonoide, é necessário um grupo 3, 4, 5-tri-hidroxi (galloyl) para a ligação do Fe++ nas catequinas. Estes flavonóides polifenólicos são particularmente eficazes na eliminação de radicais livres.

O polifenol primário catequina [(-)-epigalocatequina-3-galato] é também o principal composto de eliminação de radicais peroxilo nos extractos de chá. Em termos de capacidade de eliminação de radicais livres, galato de epicatequina > epigalocatequina > epicatequina. Os dois primeiros compostos têm grupos 3, 4, 5-tri-hidroxi (galoil), enquanto o último não tem. As suas actividades quelantes do ferro e de eliminação de radicais livres parecem ser responsáveis pela capacidade destes compostos para proteger as membranas da oxidação lipídica iniciada por Fe^{2+}/Fe^{3+}. Numa reação mediada pelo ferro, foi demonstrado que a catequina inibia melhor a oxidação do que o AA. Concluíram que a capacidade quelante da catequina, e não apenas o seu mecanismo de eliminação de radicais, é responsável pela atividade antioxidante observada.

Em sistemas alimentares mais complexos, as catequinas do chá podem ter efeitos variados. Verificou-se que a adição de catequinas de chá à carne crua (200 ou 400 mg /kg) inibiu (P <0,05) a oxidação lipídica em maior extensão do que a vitamina C (200 ou 400 mg / kg); no entanto, eles aumentaram a descoloração na carne cozida e na carne de frango. Foi referido que o extrato de catequina do chá verde, constituído principalmente por 4 isómeros de epicatequina, era muito mais anti-oxidante do que o extrato de alecrim quando adicionado ao óleo de canola, banha de porco e gordura de frango. Nos triglicéridos de óleo de milho, verificou-se que a epigalocatequina (140 M), o galato de epigalocatequina e o galato de epicatequina eram melhores antioxidantes do que a epicatequina ou a catequina. Tanto o ácido gálico como o galato de propilo foram mais eficazes do que a epicatequina e a catequina. No entanto, numa emulsão de óleo em água de milho, todas as catequinas do chá, o ácido gálico e o galato de propilo foram pró-oxidantes (5 e 20 M), acelerando a formação de hidroperóxido e hexanal. A melhor atividade antioxidante das catequinas do chá em lipossomas, em comparação com as emulsões, pode dever-se à maior afinidade das catequinas polares em relação à superfície polar das bicamadas de lecitina, proporcionando assim uma melhor proteção. Num sistema modelo de mistura de flavanóis, nas mesmas concentrações em que se encontram nos extractos de chá, o potencial antioxidante demonstrou ser um simples somatório da atividade dos componentes individuais, sem sinergismo ou antagonismo aparente. Os compostos alquílicos com ligações duplas, como o 3,7-dimetil-1,6-octadien-3-ol nos extractos de chá verde e os compostos heterocíclicos (furfural) nos extractos de chá verde torrado, são constituintes voláteis importantes que também apresentam alguma atividade antioxidante.

Extrato de grainha de uva

Uma vez que os vinhos tintos são produzidos a partir de uvas tintas, a capacidade antioxidante e a composição química estão relacionadas com as uvas. A atividade antioxidante dos vinhos tintos está associada ao teor de polifenóis, como os flavonóides, os ácidos fenólicos, os estilbenos, as cumarinas e os lignóides. A composição fenólica varia muito devido à variedade da uva, às condições ambientais e climáticas, ao tipo de solo, ao grau de maturação e ao processo de vinificação. Foram relatadas grandes variações no conteúdo de fenóis totais (122 a 441 mg GAE/g), flavonóides (17 a 48 me epicatequina [EC]/g) e taninos (15 a 37 me EC/g) nos extractos metanólicos das sementes de 3 variedades de uvas.

Os compostos fenólicos das sementes e peles de uva incluem catequinas, epicatequinas, epicatequina-3-O-galato, ácidos fenólicos, ácido cafeico, quercetina, miricetina, proantocianidinas e resveratrol. Muitos deles têm uma forte atividade anti-radicalar. A maior parte dos compostos fenólicos presentes nos vinhos tintos provém da condensação do flavan-2-ol em oligómeros (proantocianidinas) e polímeros (taninos condensados). O resveratrol, a quercetina e a rutina encontram-se geralmente nos extractos de pele de uva, enquanto a catequina e a epicatequina se encontram nas grainhas. O conteúdo fenólico das sementes de uva desengorduradas com hexano e depois extraídas com metanol e secas sob vácuo foi relatado como sendo cerca de 5 mg/100 g, enquanto o conteúdo de antocianina está entre 0,14 e 0,68 g/100 g.A atividade antioxidante dos extratos foi avaliada e compostos puros usando 2 testes *in vitro* diferentes:

eliminação do radical DPPH estável e do peroxinitrito autêntico (ONOO-). As actividades antioxidantes do extrato de grainha de uva variaram entre 66,4% e 81,4%, em comparação com a vitamina E que varia entre 90,3% e 94,7%. Os monofenóis, a quercetina, a rutina e o resveratrol podem atuar de forma sinérgica ou antagónica, dependendo das suas concentrações e da temperatura de reação. Foi demonstrado que o extrato de grainha de uva inibe a formação de hidroperóxido lipídico e de propanal num sistema de emulsão.

As procianidinas oligoméricas podem ser melhores antioxidantes do que as suas homólogas monoméricas devido à sua capacidade de se concentrarem onde é provável que ocorra a reação oxidativa.

O resveratrol (trans-3, 4, 5-trihidroxiestilbeno), produzido principalmente na videira, está presente em várias partes da uva, incluindo a pele. Tem uma forte atividade antioxidante, superior à do galato de propilo, da vanilina, do fenol, do BHT e do *a-tocoferol.*

Isto pode dever-se ao facto de ter mais anéis fenólicos (2 em comparação com 1) do que o galato de propilo, o fenol e o BHT, e ao facto de ter mais grupos -OH do que o *a-tocoferol* (3 em comparação com 1). O resveratrol inibe a peroxidação de uma forma dependente da concentração. No entanto, não elimina os radicais hidroxilo nem reage com o H_2O_2, o que o torna um catalisador ineficaz da oxidação subsequente.

Foi demonstrado que o resveratrol, as vitaminas C e E, o BHT e o galato de propilo foram todos capazes de inibir significativamente a oxidação do *β-caroteno* por radicais livres de hidroxilo.

As fracções polifenólicas do bagaço de uva podem reparar *o a-tocoferol* reduzindo o radical a-tocoferoxil. A maioria dos compostos fenólicos do vinho fresco provém da condensação do flavan-3-ol em oligómeros (proantocianidinas) e polímeros. Foi referido que os fenólicos primários que exercem efeitos antioxidantes (ensaios DPPH e ORAC) nos vinhos tintos brasileiros são flavonóides não antociânicos. As antocianinas presentes nestes vinhos estavam presentes apenas na sua forma monomérica e variaram de cerca de 9 a 237 mg/mL. O conteúdo de flavonóides variou de 520 a 1795 mg de equivalentes de catequina [CTE]/L. No entanto, após a avaliação de 80 vinhos tintos espanhóis, verificou-se que a fração de antocianina livre é a principal fração responsável pela capacidade antioxidante e está correlacionada com os processos de transferência de electrões.

Foi avaliada a eficácia de uma fração de fenol de uva, procianidinas isoladas de uva, hidroxitirosol (do azeite) e galato de propilo na inibição da oxidação lipídica num sistema modelo de microssomas de peixe (pescada). A oxidação foi iniciada pela hemoglobina, ferro NADH enzimático e ferro ascorbato não enzimático. A eficácia antioxidante relativa foi independente do sistema prooxidante e foi isolada: procianidina de uva > galato de propilo > extrato fenólico de uva > hidroxitirosol. A eficácia antioxidante foi positivamente correlacionada com a incorporação da substância nos microssomas. Contudo, a polaridade parece desempenhar um papel menos importante na inibição da oxidação da hemoglobina pelos fenólicos, o que sublinha o facto de um antioxidante exógeno dever ser incorporado nas membranas onde se encontram os ácidos gordos insaturados e as enzimas redutoras do ferro para ser eficaz. Foi demonstrado que, durante o envelhecimento do vinho tinto, as antocianinas poliméricas aumentaram de cerca de 9% para mais de 75% após 6 meses, enquanto as antocianinas monoméricas diminuíram de mais de 75% para menos de 24%. A capacidade antioxidante total diminuiu e foi altamente correlacionada com a fração de antocianinas monoméricas ($r > 0{,}98$); no entanto, a capacidade de eliminação de radicais livres aumentou e foi altamente correlacionada com a fração de antocianinas poliméricas. Foi avaliada a atividade antioxidante e o conteúdo fenólico dos vinhos tintos e verificou-se que os valores ORAC estavam bem correlacionados com o conteúdo de flavonóides ($r = 0{,}47$; $P = 0{,}01$), fenólicos totais ($r = 0{,}44$) e DPPH ($r = 0{,}67$). Os valores de DPPH também se correlacionaram bem com o teor de flavonóides ($r = 0{,}69$), compostos fenólicos totais ($r = 0{,}60$) e compostos não flavonóides ($r = 0{,}46$).

Antioxidantes e pró-oxidantes

Os antioxidantes são definidos como "qualquer substância que, quando presente em baixas concentrações em comparação com a de um substrato oxidável, atrasa ou inibe significativamente a oxidação desse substrato", mas mais tarde foram definidos como "qualquer substância que atrasa, previne ou elimina os danos oxidativos a uma molécula alvo".

Além disso, foram definidos como "qualquer substância que elimine diretamente os ERO ou que, indiretamente, actue no sentido de aumentar as defesas antioxidantes ou inibir a produção de ERO". Outra propriedade que um composto deve ter para ser considerado um antioxidante é a capacidade de, após a eliminação do radical, formar um novo radical que seja estável através de ligações de hidrogénio intramoleculares em caso de oxidação posterior. Durante a evolução humana, as defesas endógenas melhoraram gradualmente para manter um equilíbrio entre os radicais livres e o stress oxidativo.

A atividade antioxidante pode ser eficaz de várias formas: como inibidores de reacções de oxidação por radicais livres (oxidantes preventivos), inibindo a formação de radicais lipídicos livres; interrompendo a propagação da reação de autoxidação em cadeia (antioxidantes de quebra de cadeia); como supressores de oxigénio singlete; através de sinergismo com outros antioxidantes; como agentes redutores que convertem hidroperóxidos em compostos estáveis; como quelantes de metais que convertem pró-oxidantes metálicos (derivados de ferro e cobre) em produtos estáveis; e finalmente como inibidores de enzimas pró-oxidativas (lipooxigenases).

O sistema antioxidante humano divide-se em dois grandes grupos, os antioxidantes enzimáticos e os oxidantes não enzimáticos. Relativamente aos antioxidantes enzimáticos, estes dividem-se em defesas enzimáticas primárias e secundárias. No que respeita à defesa primária, é composta por três enzimas importantes que impedem a formação ou neutralizam os radicais livres: a glutationa peroxidase, que doa dois electrões para reduzir os peróxidos através da formação de selenóis e também elimina os peróxidos como potencial substrato para a reação de Fenton; a catalase que converte o peróxido de hidrogénio em água e oxigénio molecular e tem uma das maiores taxas de renovação conhecidas pelo homem, permitindo que apenas uma molécula de catalase converta 6 mil milhões de moléculas de peróxido de hidrogénio; e, finalmente, a superóxido dismutase converte os aniões superóxidos em peróxido de hidrogénio como subtrato para a catalase. A defesa enzimática secundária inclui a glutatião redutase e a glucose-6-fosfato desidrogenase. A glutatião redutase reduz o glutatião (antioxidante) da sua forma oxidada para a sua forma reduzida, reciclando-o assim para continuar a neutralizar mais radicais livres. A glicose-6-fosfato regenera o NADPH (nicotinamida adenina dinucleótido fosfato coenzima utilizada nas reacções anabólicas) criando um ambiente redutor. Estas duas enzimas não neutralizam diretamente os radicais livres, mas desempenham um papel de apoio aos outros antioxidantes endógenos.

No que diz respeito aos antioxidantes endógenos não enzimáticos, existem vários, nomeadamente vitaminas (A), cofactores enzimáticos (Q10), compostos azotados (ácido úrico) e péptidos (glutatião).

A vitamina A ou retinol é um carotenoide produzido no fígado e resulta da decomposição do b-caroteno. Há cerca de uma dúzia de formas de vitamina A que podem ser isoladas. Sabe-se que tem um impacto benéfico na pele, nos olhos e nos órgãos internos. O que lhe confere a atividade antioxidante é a capacidade de se combinar com os radicais peroxil antes de estes propagarem a peroxidação dos lípidos.

A coenzima Q10 está presente em todas as células e membranas; desempenha um papel importante na cadeia respiratória e noutros metabolismos celulares.

A coenzima Q10 actua impedindo a formação de radicais peroxil lipídicos, embora tenha sido referido que esta coenzima pode neutralizar estes radicais mesmo após a sua formação. Outra função importante é a capacidade de regenerar a vitamina E; alguns autores descrevem este processo como sendo mais provável do que a regeneração da vitamina E através do ascorbato (vitamina C).

O ácido úrico é o produto final do metabolismo dos nucleótidos de purina nos seres humanos e, durante a evolução, as suas concentrações têm vindo a aumentar. Após a filtração renal, 90% do ácido úrico é reabsorvido pelo organismo, o que demonstra que tem funções importantes no organismo. De facto, sabe-se que o ácido úrico previne a produção excessiva de oxi-hem oxidantes que resultam da reação da hemoglobina com os peróxidos. Por outro lado, também previne a lise dos eritrócitos por peroxidação e é um potente eliminador de oxigénio singlete e de radicais hidroxilo.

O glutatião é um tripeptídeo endógeno que protege as células contra os radicais livres, doando um átomo de hidrogénio ou um eletrão. É também muito importante na regeneração de outros antioxidantes como o ascorbato. Apesar da sua notável eficiência, o sistema antioxidante endógeno não é suficiente, e os seres humanos dependem de vários tipos de antioxidantes presentes na dieta para manter as concentrações de radicais livres em níveis baixos.

As vitaminas C e E são designações genéricas do ácido ascórbico e dos tocoferóis. O ácido ascórbico inclui dois compostos com atividade antioxidante: O ácido L-ascórbico e o ácido L-desidroascórbico, que são ambos absorvidos através do trato gastrointestinal e podem ser trocados enzimaticamente in vivo. O ácido ascórbico é eficaz na eliminação do anião radical superóxido, do peróxido de hidrogénio, do radical hidroxilo, do oxigénio singlete e do óxido de azoto reativo. A vitamina E é composta por oito isoformas, com quatro tocoferóis (a-tocoferol, b-tocoferol, c-tocoferol e d-tocoferol) e quatro tocotrienóis (a-tocotrienol, b-tocotrienol, c-tocotrienol e d-tocotrienol), sendo o a-tocoferol a isoforma mais potente e abundante nos sistemas biológicos. O grupo cromano da cabeça confere a atividade antioxidante aos tocoferóis, mas a cauda fílica não tem qualquer influência. A vitamina E trava a peroxidação lipídica doando os seus hidrogénios fenólicos aos radicais peroxilo, formando radicais tocoferoxilo que, apesar de também serem radicais, não são reactivos e não podem continuar a reação oxidativa em cadeia. A vitamina E é o único grande antioxidante lipossolúvel e quebrador de cadeias presente no plasma, nos glóbulos vermelhos e nos tecidos, o que lhe permite proteger a integridade das estruturas lipídicas, principalmente das membranas. Estas duas vitaminas apresentam também um comportamento sinérgico com a regeneração da vitamina E através da vitamina C do radical tocoferoxilo para uma forma intermédia, restabelecendo assim o seu potencial antioxidante.

A vitamina K é um grupo de compostos lipossolúveis, essenciais para a conversão pós-traducional de glutamatos ligados a proteínas em carboxil glutamatos em várias proteínas-alvo. A estrutura de 1,4-naftoquinona destas vitaminas confere o efeito protetor antioxidante. As duas isoformas naturais desta vitamina são K1 e K2.

Os flavonóides são um grupo de compostos antioxidantes composto por flavonóis, flavanóis, antocianinas, isoflavonóides, flavanonas e flavonas. Todos estes subgrupos de compostos partilham o mesmo esqueleto de difenilpropano ($C_6C_3C_6$). As flavanonas e as flavonas encontram-se normalmente nos mesmos frutos e estão ligadas por enzimas específicas, enquanto as flavonas e os flavonóis não partilham este fenómeno e raramente se encontram juntos. As antocianinas também estão ausentes nas plantas ricas em flavanonas. As propriedades antioxidantes são conferidas aos flavonóides pelos grupos hidroxilo fenólicos ligados às estruturas anelares e podem atuar como agentes redutores, doadores de hidrogénio, supressores do oxigénio singlete, eliminadores do radical superóxido e até como quelantes de metais. Activam igualmente as enzimas antioxidantes, reduzem os radicais a-tocoferóis (tocoferoxilos), inibem as oxidases, atenuam o stress nitrosativo, aumentam os níveis de ácido úrico e de moléculas de baixo peso molecular. Alguns dos flavonóides mais importantes são a catequina, a catequina-galato, a quercetina e o kaempferol.

Os ácidos fenólicos são compostos por ácidos hidroxicinâmicos e hidroxibenzóicos. São omnipresentes no material vegetal e estão por vezes presentes sob a forma de ésteres e glicosídeos. Têm atividade antioxidante como quelantes e eliminadores de radicais livres, com especial impacto sobre os radicais hidroxilo e peroxilo, os aniões superóxido e os peroxinitritos. Um dos compostos mais estudados e promissores do grupo dos hidroxibenzóicos é o ácido gálico, que é também o precursor de muitos taninos, enquanto o ácido cinâmico é o precursor de todos os ácidos hidroxicinâmicos.

Os carotenóides são um grupo de pigmentos naturais que são sintetizados por plantas e microrganismos, mas não por animais. Podem ser separados em dois grandes grupos: os hidrocarbonetos carotenóides, conhecidos como carotenos, que contêm grupos terminais específicos, como o licopeno e o b-caroteno; e os carotenóides oxigenados, conhecidos como xantofilas, como a zeaxantina e a luteína. A principal propriedade antioxidante dos carotenóides deve-se à extinção do oxigénio singlete, que resulta em carotenóides excitados que dissipam a energia recentemente adquirida através de uma série de interacções rotacionais e vibracionais com o solvente, regressando assim ao estado não excitado e permitindo-lhes extinguir mais espécies radicais. Isto pode ocorrer enquanto os carotenóides tiverem ligações duplas conjugadas no seu interior. Os únicos radicais livres que destroem completamente estes pigmentos são os radicais peroxilo.

Os carotenóides são relativamente pouco reactivos, mas podem também decair e formar compostos não radicais que podem pôr termo aos ataques dos radicais livres ligando-se a esses radicais.

Os minerais só se encontram em quantidades vestigiais nos animais e constituem uma pequena proporção dos antioxidantes da dieta, mas desempenham papéis importantes no seu metabolismo. No que diz respeito à atividade antioxidante, os minerais mais importantes são o selénio e o zinco. O selénio pode ser encontrado no corpo humano nas formas orgânica (selenocisteína e selenometionina) e inorgânica (selenito e selenite). Não actua diretamente sobre os radicais livres, mas é um elemento indispensável da maioria das enzimas antioxidantes (metaloenzimas, glutatião peroxidase, tioredoxina redutase) que, sem ele, não teriam qualquer efeito. O zinco é um mineral essencial para várias vias do metabolismo. Tal como o selénio, não ataca diretamente os radicais livres, mas é muito importante na prevenção da sua formação. O zinco é também um inibidor das NADPH oxidases que catalisam a produção do radical oxigénio singlete a partir do oxigénio, utilizando o NADPH como dador de electrões. Está presente na superóxido dismutase, uma importante enzima antioxidante que converte o radical oxigénio simples em peróxido de hidrogénio. O zinco induz a produção de metalotioneína, que é um eliminador do radical hidroxilo.

Finalmente, o zinco também compete com o cobre na ligação à parede celular, diminuindo assim, mais uma vez, a produção de radicais hidroxilo.

Antioxidantes sintéticos

A fim de dispor de um sistema padrão de medição da atividade antioxidante para comparar com os antioxidantes naturais e para serem incorporados nos alimentos, foram desenvolvidos antioxidantes sintéticos. Estes compostos puros são adicionados aos alimentos para que estes possam resistir a vários tratamentos e condições, bem como para prolongar o prazo de validade. Atualmente, quase todos os alimentos processados têm incorporados antioxidantes sintéticos, que são considerados seguros, embora alguns estudos indiquem o contrário.

O BHT (hidroxitolueno butilado) e o BHA (hidroxianisol butilado) são os antioxidantes químicos mais utilizados. Entre 2011 e 2012, a Autoridade Europeia para a Segurança dos Alimentos (EFSA) reavaliou toda a informação disponível sobre estes dois antioxidantes, incluindo os dados aparentemente contraditórios que foram publicados.

A EFSA estabeleceu doses diárias aceitáveis (DDA) revistas de 0,25 mg/kg pc/dia para o BHT e 1,0 mg/kg pc/dia para o BHA e observou que era improvável que a exposição de adultos e crianças excedesse estas doses. TBHQ (terc-Butil-hidroquinona)

estabiliza e preserva a frescura, o valor nutritivo, o sabor e a cor dos produtos alimentares de origem animal. Em 2004, a AESA publicou um parecer científico em que analisava o impacto deste antioxidante na saúde humana e declarava que não existiam provas científicas

da sua carcinogenicidade, apesar dos dados contraditórios anteriores. Salientaram que os cães eram a espécie mais sensível e atribuíram uma DDA de 0-0,7 mg/kg de peso corporal/dia. O galato de octilo é considerado seguro para utilização como aditivo alimentar porque após o consumo

é hidrolisado em ácido gálico e octanol, que se encontram em muitas plantas e não representam uma ameaça para a saúde humana. O NDGA (ácido Nordihidroguaiarético), apesar de ser um antioxidante alimentar, é conhecido por causar doença cística renal em roedores

Prooxidantes

Alguns investigadores escreveram que os antioxidantes passaram de "Moléculas Milagrosas" a "Moléculas Maravilhosas" e, finalmente, a "Moléculas Fisiológicas". Não há dúvida de que estas moléculas desempenham um papel vital nas vias metabólicas e protegem as células, mas recentemente provas contraditórias obrigaram a comunidade académica a aprofundar o papel dos antioxidantes e dos pró-oxidantes. Estes últimos são definidos como substâncias químicas que induzem o stress oxidativo, geralmente através da formação de espécies reactivas ou da inibição dos sistemas antioxidantes. Os radicais livres são considerados pró-oxidantes, mas surpreendentemente, os antioxidantes também podem ter um comportamento pró-oxidante A vitamina C é considerada um potente antioxidante e intervém em muitas reacções fisiológicas, mas também pode tornar-se um pró-oxidante. Isto acontece quando se combina com o ferro e o cobre, reduzindo o Fe3+ a Fe2+ (ou o Cu3+ a Cu2+), que por sua vez reduz o peróxido de hidrogénio a radicais hidroxilo. O a-tocoferol é também conhecido por ser um antioxidante útil e potente, mas em concentrações elevadas pode tornar-se um pró-oxidante devido ao seu mecanismo antioxidante. Quando reage com um radical livre, torna-se ele próprio um radical e, se não houver ácido ascórbico suficiente para a sua regeneração, permanecerá neste estado altamente reativo e promoverá a autoxidação do ácido linoleico.

Embora não se encontrem muitas evidências, propõe-se que os carotenóides possam também apresentar efeitos pró-oxidantes, especialmente através da autoxidação na presença de elevadas concentrações de radicais hidroxilo formadores de oxigénio. Mesmo os flavonóides podem atuar como pró-oxidantes, embora cada um responda de forma diferente ao ambiente em que está inserido. Os fenólicos da dieta também podem atuar como pró-oxidantes em sistemas que contenham metais redox. A presença de o2 e de metais de transição como o ferro e o cobre catalisam o ciclo redox dos fenólicos e podem levar à formação de ROS e radicais fenoxilo que danificam o ADN, os lípidos e outras moléculas biológicas.

CAPÍTULO 12

Curcumin is a powerful antioxidant

A *curcuma* é uma especiaria proveniente dos rizomas de um componente da família do gengibre (*Zingiberaceae*) chamado *Curcuma longa*. Descritos como caules subterrâneos horizontais com rebentos e folhas, os rizomas distinguem-se pela sua cor amarela vibrante. Esta cor provém, em grande parte, de pigmentos polifenólicos lipossolúveis (os curcuminóides).

O pigmento amarelo segregado dos rizomas da *Curcuma longa* é denominado curcumina, ou curcuma, como é mais vulgarmente chamado. A cor amarela caraterística da curcuma provém do fenol natural curcuminóide. A estrutura da curcumina foi estabelecida no ano de 1910 e foi originalmente isolada há quase duzentos anos. O principal constituinte da curcuma (uma especiaria) é a curcumina, que é semelhante à aspirina (um químico de renome na prevenção da carcinogénese) na sua composição química. O consumo seguro de curcumina é facilmente confirmado pelo facto de, desde há centenas de anos, fazer frequentemente parte da dieta das pessoas em vários países. A curcumina foi relatada como tendo propriedades antitumorais, antioxidantes, antiartríticas e anti-inflamatórias.

A curcumina é um pigmento botânico derivado do rizoma moído da espécie curcuma, um membro da família Zingiberaceae (gengibre). É originária do Sudeste Asiático. A curcumina é lipofílica por natureza, apresentando baixa solubilidade e estabilidade em solução aquosa. É amplamente utilizada na Ayurveda e na medicina chinesa para o tratamento de várias doenças, como feridas, inflamações e cancro, e utilizada em caris e pratos, especialmente em pratos picantes, em diferentes países da Ásia. Tradicionalmente, a curcumina tem sido utilizada como especiaria, cosmético e medicamento. A curcumina, devido às suas propriedades especiais, como ser antiprotozoária e antioxidante, e a esta singularidade, pode ter um efeito significativo em vários tipos de doenças, especialmente em diferentes tipos de cancro. Como medicamento, a curcumina apresenta actividades antioxidantes, anti-inflamatórias, antivirais, antibacterianas, antifúngicas e anticancerígenas, pelo que tem potencial para combater várias doenças, incluindo diabetes, asma, alergias, artrite, aterosclerose, doenças neurodegenerativas e outras doenças crónicas como o cancro.

Embora a inflamação seja fundamentalmente um efeito protetor, os resíduos nocivos sublinham várias doenças crónicas. Até à data, sabe-se que a inflamação persistente contribui para a carcinogénese em várias fases. Por conseguinte, existem muitos relatórios que sugerem que a curcumina tem potencial para o tratamento de uma variedade de cancros.

Bioquímica da curcumina

A estrutura química desta molécula é constituída por um esqueleto de feruloilmetano e a fórmula molecular é $C21H20O6$. A curcumina, um produto natural hidrofóbico, é constituída por dois anéis fenólicos. Cada anel é substituído por uma funcionalidade metoxi éter na posição *orto* e ligados um ao outro por um ligante hepteno alifático insaturado na *posição para* com uma funcionalidade a e β dicetónica no carbono-3 e -5. Os grupos carbonilo electrofílicos α, β-insaturados são capazes de reagir com um nucleófilo como o glutatião. Os resultados de uma série de estudos sugerem que a funcionalidade da dicetona é capaz de sofrer tautomerização reversível entre as formas enólica e cetónica.

A curcumina [(1E, 6E)-1, 7-bis (4-hidroxi-3-metoxifenil) - 1, 6-heptadieno-3, 5-diona] é um componente ativo amarelo-alaranjado da erva *Curcuma longa* (geralmente conhecida como curcuma). É um composto polifenólico derivado da popular planta de açafrão-da-terra.

Atualmente, é evidente que existem seis curcuminóides principais, nomeadamente a curcumina I, a curcumina II (desmetoxicurcumina), a curcumina III (bis-demetoxicurcumina) e um novo derivado, a ciclocurcumina, que ocorre naturalmente (tetrahidrocurcumina, hexahidrocurcumina e octahidrocurcumina).

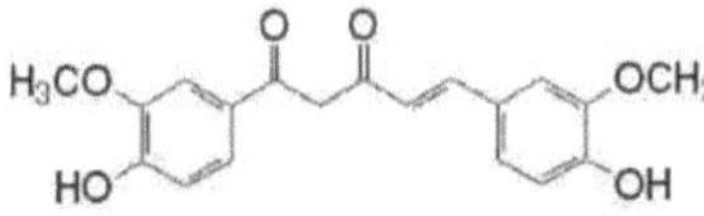

Curcumin I

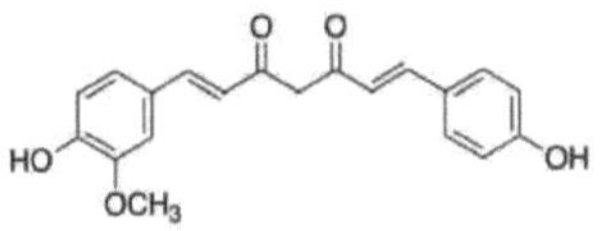

Curcumin II
"Demethoxycurcumin"

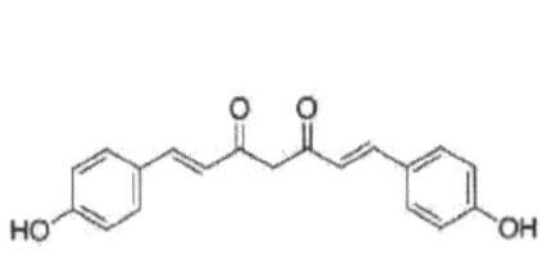

Curcumin III "Besidemethox"

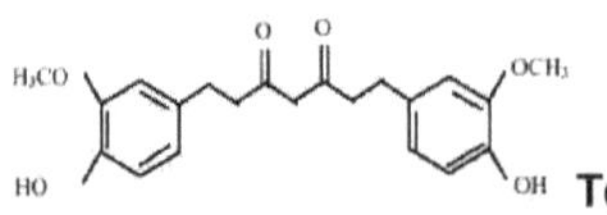

Tetrahydrocurcumin

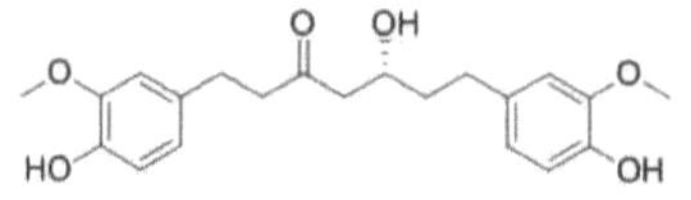

Hexahydrocurcumin

Estrutura química dos curcuminóides e derivados.

A curcumina comercial é caracterizada por três curcuminóides principais:

a)- curcumina (~77%), desmetoxi

b) - curcumina (~17%)

c) - bis-demetoxicurcumina (~3%)

(os derivados são 3%)

A comparação da curcumina com os seus análogos naturais, correspondentes aos seus derivados desmetoxi (desmetoxicurcumina, bisdemetoxicurcumina) e aos seus metabolitos hidrogenados activos (tetrahidrocurcumina, hexahidrocurcumina e octahidrocurcumina). De facto, alguns estudos revelaram que o elevado número de substituições ortometoxi e o elevado nível de hidrogenação da porção heptadieno da curcumina são responsáveis pelo elevado potencial de eliminação de radicais dos curcuminóides. Em contrapartida, o potencial anti-inflamatório e anti-tumoral mais elevado dos curcuminóides está relacionado com a hidrogenação mais baixa, com o nível mais elevado de insaturação da fração dicetona e com o estado de metoxilação mais elevado das moléculas.

Foram tidas em conta as relações estrutura-atividade a fim de conceber análogos sintéticos com bioactividades melhoradas. A modificação da estrutura básica da curcumina pode ser conseguida por acetilação, alquilação e glicosilação do grupo hidroxilo fenólico, bem como por alterações do número de carbonos na cadeia média de ligação. A glicosilação do anel aromático da curcumina proporciona um composto mais solúvel em água, com uma maior estabilidade cinética e um bom índice terapêutico.

Vários análogos da curcumina foram também concebidos e avaliados como potenciais antagonistas dos receptores de androgénios para serem utilizados contra células de cancro da próstata independentes e dependentes de androgénios. Estas experiências revelaram que a co-planaridade da porção b-diketona e a presença de um forte grupo doador de ligações de hidrogénio foram cruciais para a atividade antiandrogénica destes análogos da curcumina. Deste modo, estes análogos da curcumina parecem ser bons candidatos para controlar o crescimento do cancro da próstata mediado pelo recetor de androgénio, uma vez que podem funcionar como dihidrotestosterona 17a-substituída. Os estudos seguintes estabeleceram uma relação estrutura-atividade avançada para a conceção de novos análogos da curcumina a utilizar como potenciais agentes anti-cancro da próstata. Em primeiro lugar, os anéis aromáticos são necessários para as actividades citotóxica e antiandrogénica. As posições C-20 dos anéis fenílicos devem ser insubstituídas. As posições C-30 e C-40 devem ser substituídas por substituintes 30 e 40- dimetoxi e 30-metoxi-40-hidroxi no anel fenílico. O alongamento dos ligantes resulta na perda da citotoxicidade e da atividade antiandrogénica. Finalmente, é necessário um ligante insaturado e conjugado para as actividades citotóxica e anti-androgénica. A síntese recente levou à conceção de um análogo altamente específico, contendo uma porção de pentadienona. Foi relatado ser 50 vezes mais potente do que a curcumina para inibir o crescimento de células de cancro da próstata dependentes e independentes de androgénio com valores IC50 na gama submicromolar.

Biologia e biodisponibilidade da curcumina

A curcumina apresenta um papel vital na gestão da saúde através da modulação de várias actividades biológicas, incluindo a regulação de vias moleculares. Por conseguinte, apesar dos seus efeitos potenciais na saúde, os benefícios da curcumina são limitados devido à sua fraca solubilidade, baixa absorção a partir do intestino, metabolismo rápido e rápida eliminação sistémica. O aumento da absorção, da solubilidade e o abrandamento do metabolismo rápido da curcumina são um dos principais interesses da investigação em ciências médicas. Nesta perspetiva, vários estudos baseados em modelos animais e ensaios clínicos provaram que a nova formulação de curcumina baseada em nanopartículas, lipossomas e outras novas formulações apresenta um papel valioso na gestão da saúde devido à elevada absorção, solubilidade e abrandamento do metabolismo rápido em comparação com a curcumina normal. No entanto, a nova formulação de curcumina apresenta um melhor papel terapêutico na gestão da saúde devido a uma biodisponibilidade aumentada ou melhorada.

Foi realizado um estudo para avaliar o potencial da curcumina lipossomal contra modelos de cancro de origem mesenquimal (OS) e epitelial e observou-se que o complexo 2- Hidroxipropil-γ-ciclodextrina/curcumina-lipossoma apresenta um potencial anticancerígeno promissor tanto *in vitro* como *in vivo* contra a linha celular KHOS OS e a linha celular de cancro da mama MCF-7.

Um estudo baseado na farmacocinética *in vivo* mostrou que as nanopartículas de curcumina encapsuladas demonstram um aumento de pelo menos 9 vezes na biodisponibilidade oral em comparação com a curcumina administrada com piperina como potenciador de absorção e um estudo baseado em linhas celulares de cancro colorrectal humano, como as células LoVo e Colo205, mostrou que o tratamento in vitro com curcumina lipossómica induziu uma inibição do crescimento e apoptose dependentes da dose. Um estudo importante mostrou que o encapsulamento da curcumina nas nanopartículas de hidrogel Um estudo importante mostrou que o encapsulamento da curcumina nas nanopartículas de hidrogel produziu uma dispersão homogénea da curcumina em solução aquosa, em comparação com a forma livre da curcumina, e uma descoberta anterior observou que, após a administração oral de CUR-PLGA-NPs, a biodisponibilidade relativa foi 5,6 vezes maior e também mostrou uma semi-vida mais longa em comparação com a da curcumina nativa. O aumento da biodisponibilidade oral da curcumina pode estar associado a uma melhor solubilidade em água, a uma maior taxa de libertação no suco intestinal, a uma maior absorção devido a uma melhor permeabilidade, à inibição do efluxo mediado pela glicoproteína-P (P-gp-) e a um maior tempo de permanência na cavidade intestinal.

Muitos estudos demonstraram que a curcuma é segura mesmo em doses mais elevadas. A eficácia da curcuma também foi comprovada por muitos estudos clínicos. Esta eficácia e segurança fazem da curcuma um composto potente para o tratamento de uma vasta gama de doenças humanas. Para além de todas estas razões, a curcuma ainda não foi oficialmente declarada como agente terapêutico e a principal razão para tal é a relativa baixa biodisponibilidade da curcuma. A razão para a baixa disponibilidade de qualquer agente no organismo é a sua baixa atividade interna, a inatividade do composto metabólico ou a sua rápida remoção do organismo. Os estudos excluem a primeira opção de baixa atividade intrínseca da curcuma. A eficácia e a forte atividade da curcuma contribuíram para o seu estabelecimento como componente terapêutico no tratamento de muitas doenças. No entanto, os estudos relativos à absorção, transporte, assimilação e eliminação da curcumina revelaram uma baixa absorção e o seu rápido metabolismo, o que conduz a uma biodisponibilidade relativamente baixa da curcuma.

Efeitos anticancerígenos da curcumina

Um dos métodos pelos quais a inflamação prepara o caminho para a iniciação do tumor é a produção de espécies reactivas de oxigénio (ROS) e de espécies reactivas de azoto pelos neutrófilos e macrófagos activados, levando a mutações letais causadoras de cancro nas células epiteliais. A curcumina inibe a indução da óxido nítrico sintase nos macrófagos activados e demonstrou ser um potente eliminador de radicais livres como o óxido nítrico. Nos macrófagos RAW 264.7 activados com lipopolissacárido e com o sistema interferão-gama, o tratamento com curcumina mostrou um potencial antitumorigénico, reduzindo significativamente os níveis de óxido nítrico sintase induzível (iNOS). O NF-kappaB tem sido implicado na indução da iNOS, que provoca stress oxidativo, uma das causas do início dos tumores. A curcumina impede a fosforilação e a degradação do inibidor kappa alfa, bloqueando assim a ativação do NF-kappa 8, o que resulta numa regulação negativa da transcrição do gene iNOS. Os antigénios presentes nas lesões neoplásicas iniciais podem desencadear uma resposta imunitária adaptativa. Um equilíbrio desregulado entre a imunidade adaptativa e inata resulta em inflamação crónica, que está bem associada à tumorigénese epitelial, sendo o mecanismo proeminente a ativação do NF-kappaB Verificou-se que a curcumina inibe a proliferação celular e a produção de citocinas através da inibição dos genes-alvo do NF-kappaB envolvidos na indução mitogénica da proliferação de células T, na produção de interleucina-2 e na geração de óxido nítrico. A sobreexpressão induzida pela radiação de citocinas como a interleucina-10 (IL-10), IL-6 e IL-18 foi acompanhada pela indução de NF-kappaB, que foi controlada e inibida de forma dependente da dose pela curcumina em queratinócitos. Os carcinogéneos provenientes de fontes alimentares e ambientais são sujeitos a metabolismo. As enzimas microssomais da fase I oxidam, reduzem ou hidrolisam o substrato para um produto mais polar. O produto da reação de fase I pode ser excretado ou transformado num metabolito tóxico. O metabolito tóxico é conjugado com substratos da dieta por enzimas conjugadoras de fase II, como a sulfotransferase e a glutationa-transferase, e depois excretado. Verificou-se também que factores dietéticos como o ácido clorogénico protegem contra a carcinogénese induzida por carcinogéneos ambientais através da sua regulação positiva das enzimas de conjugação de fase II e da supressão da ativação de NF-kappaB, AP-1 e MAPK mediada por ROS. Verificou-se que a curcumina aumenta a expressão das enzimas de conjugação e demonstrou ser um dos mais potentes inibidores do NF-kappaB, exercendo assim efeitos anti-inflamatórios. 30 Quando não modificados, os carcinogéneos podem formar um aduto covalente com o ADN, resultando em danos no ADN. Os danos irreparáveis conduzem a mutações em genes críticos envolvidos no crescimento, proliferação e apoptose, resultando no início e subsequente desenvolvimento do cancro. Ao modular a função do citocromo P450, a curcumina reduz a formação do aduto aflatoxina B1-DNA, mostrando assim o seu potencial para inibir a carcinogénese química. A suplementação dietética de curcumina induziu enzimas de desintoxicação de fase II, sugerindo que a curcumina tem eficácia quimiopreventiva na inibição da carcinogénese química e de outras formas de toxicidade electrofílica. Um estudo recentemente publicado mostrou o efeito protetor da curcumina contra um conhecido carcinogéneo renal, o nitrilotriacetato férrico, que gera ROS in vivo. A curcumina contrariou as ERO aumentando a ornitina descarboxilase, a glutationa, as enzimas antioxidantes e as enzimas metabolizadoras de fase II, protegendo assim o rim dos danos oxidativos. Verificou-se que a curcumina é um agente quimiopreventivo superior nas fases de iniciação e pós-iniciação da carcinogénese oral induzida pelo óxido de 4-nitroquinolina-1, quando comparada com o betacaroteno e a hesperidina. Verificou-se que a heme oxigenase-1 (HO-1), a enzima limitadora da taxa de catabolismo do heme, contraria o stress oxidativo, modula a apoptose e inibe a proliferação em células de cancro da mama humanas e de ratos. Verificou-se que a curcumina induz a expressão de HO-1 através da sinalização do factor2 relacionado com o NF-E2 (Nrf-2) e do NF-kappaB, pelo que tem o potencial de reduzir o stress oxidativo.

O metabolito tóxico é conjugado com substratos na dieta por enzimas de conjugação de fase II, como a sulfotransferase e a glutationa s-transferase, e depois excretado. Fatores dietéticos como o ácido clorogênico também foram encontrados para proteger contra a carcinogênese induzida por carcinógenos ambientais por sua regulação positiva de enzimas conjugadoras de fase II e supressão da ativação de NF-kappaB, AP-1 e MAPK mediada por ROS. Verificou-se que a curcumina aumenta a expressão de enzimas de conjugação e demonstrou ser um dos inibidores mais potentes do NF-kappaB, exercendo assim efeitos anti-inflamatórios. Quando não modificados, os carcinogéneos podem formar um aduto covalente com o ADN, resultando em danos no ADN. Os danos irreparáveis conduzem a mutações em genes críticos envolvidos no crescimento, proliferação e apoptose, resultando no início e subsequente desenvolvimento do cancro. Ao modular a função do citocromo P450, a curcumina reduz a formação do aduto aflatoxina B1-DNA, mostrando assim o seu potencial para inibir a carcinogénese química. A suplementação dietética de curcumina induziu enzimas de desintoxicação de fase II, sugerindo que a curcumina tem eficácia quimiopreventiva na inibição da carcinogénese química e de outras formas de toxicidade electrofílica. Um estudo recentemente publicado mostrou o efeito protetor da curcumina contra um conhecido carcinogéneo renal, o nitrilotriacetato férrico, que gera ROS *in vivo*. A curcumina contrariou as ERO aumentando a ornitina descarboxilase, a glutationa, as enzimas antioxidantes e as enzimas metabolizadoras de fase II, protegendo assim o rim dos danos oxidativos. Verificou-se que a curcumina é um agente quimiopreventivo superior nas fases de iniciação e pós-iniciação da carcinogénese oral induzida pelo óxido de 4-nitroquinolina-1, quando comparada com o betacaroteno e a hesperidina. Verificou-se que a heme oxigenase-1 (HO-1), a enzima limitadora da taxa de catabolismo do heme, contraria o stress oxidativo, modula a apoptose e inibe a proliferação em células de cancro da mama humanas e de ratos. 36 Verificou-se que a curcumina induz a expressão de HO-1 através da sinalização do fator 2 relacionado com o NF-E2 (Nrf-2) e do NF-kappaB, pelo que tem potencial para reduzir o stress oxidativo (342). O Nrf2 é um fator de transcrição que regula a expressão de enzimas conjugando a estrutura química C da curcumina (diferuloilmetano) como a glutationa S-transferase (GST) através de um elemento de resposta antioxidante (ARE). A atividade do Nrf2 é regulada pelo Nrf2' s sequestration in the cytoplasm by the kelch-domain-containing protein Keap1. A Keap1 liberta o Nrf2 na presença de oxidantes e agentes quimioprotectores, levando assim à ativação do ARE e à expressão de enzimas de fase II. Nas células epiteliais renais, a curcumina tem sido

A curcumina demonstrou promover a deslocação de Nrf2 do complexo Nrf2-Keap1, levando a um aumento da ligação de Nrf2 às AREs HO-1 residentes, resultando numa regulação positiva da expressão de HO-1. A curcumina impede a iniciação de tumores, quer reduzindo as vias pró-inflamatórias, quer induzindo enzimas de fase II.

Os procedimentos de eliminação e captura da curcumina são muitos e de natureza complicada48. A capacidade dos curcuminóides para realizar estas tarefas pode ser atribuída à sua atividade antioxidante de quebra de cadeias a partir de átomos de hidrogénio, presumivelmente uma contribuição dos grupos fenol (OH). Como observado em estudos que envolvem a utilização de modelos animais, a curcumina oferece proteção contra agentes oxidantes para o cérebro, fígado, pulmões, rins e coração. Alguns exemplos são: a inibição pela curcumina da produção de ROS em macrófagos peritoneais de rato activados e da peroxidação lipídica nos homogenatos cerebrais e nos microssomas hepáticos de ratos; e a proteção conferida pela curcumina a ratos albinos Wistar machos contra a nefrotoxicidade induzida pelo acetaminofeno, reduzindo o nível de malondialdeído e aumentando os níveis de atividade da GSH, GSH peroxidase, catalase e superóxido dismutase no tecido renal.

Ao aumentar as actividades da GSH S-transferase, da superóxido dismutase e da catalase, a curcumina pode defender o fígado, os testículos, o cérebro, os rins e os pulmões de ratos machos contra lesões oxidativas induzidas por arsenito de sódio e reduzir as lesões oxidativas do ADN e das proteínas no coração de um rato afetado pela diabetes.

As propriedades defensivas da curcumina parecem ser mediadas pela sua capacidade de eliminação direta dos radicais livres ou de eliminação indireta através da regulação positiva dos dispositivos antioxidantes celulares endógenos, que incluem a iniciação de genes-alvo citoprotectores induzidos pelo Nrf2. Na verdade, o Nrf2 desempenha o papel de ativador transcricional da expressão genética mediada pelo elemento de resposta antioxidante (ARE). Isso inclui a desintoxicação da fase II e enzimas de estresse antioxidante, como hemeoxigenase-1, glutationa peroxidase, subunidade moduladora da gama-glutamil-cisteína ligase, que está envolvida na síntese de glutationa, e NAD (P) H: quinoneoxidoreductase 1. Assim, a modulação da curcumina desses resultados genéticos poderia possivelmente ser um fator que contribui para seus papéis antioxidantes e citoprotetores em células normais e isso inclui sua atividade neuroprotetora.

Referências

1- Bahorun T., Luximon-Ramma A., Crozier A., Aruoma O., 2004. Níveis totais de fenóis, flavonóides, proantocianidinas e vitamina C e actividades antioxidantes de legumes da Maurícia. J. Sci. Food Agric. 84, 1553-1561.

2-Henrotin, Yves Clutterbuck, AL Allaway D, Biological actions of curcumin on articularchondrocytes. *Osteoarthritisand Cartilage.* 2010; 18(2):141-149.

3- Shen L, Ji H-F. A farmacologia da curcumina: serão os produtos de degradação? *Trendsinmolecularmedicine.* 2012; 18(3):138-144.

4- Bagchi D, Preuss HG. *Phytopharmaceuticals in cancer chemoprevention.Chap. 23: Aggarwal BB, Kumar A, Aggarwal MS, Shishodia S. Curcumin Derived from Turmeric (Curcuma longa): a Spice for All Seasons*: CRC press Boca Raton, FL; 2005.

5-Aggarwal BB, Sundaram C, Malani N, Ichikawa H. Curcumin: the Indian solid gold. Os *alvos moleculares e as utilizações terapêuticas da curcumina na saúde e na doença*: Springer; 2007: 1-75.

6- Thun MJ, Jacobs EJ, Patrono C. O papel da aspirina na prevenção do cancro. *Nature Reviews Clinical Oncology.* 2012; 9(5):259-267.

7- Goel Ajay, Kunnumakkara AB, Aggarwal BB. Curcumin as "Curcumin": from kitchen to clinic. *Biochemical pharmacology.* 2008; 75(4):787-809.

8- Aggarwal BB, Sung B. Pharmacological basis for the role of curcumin in chronic diseases: an age-old spice with modern targets. *Trends in pharmacological sciences.* 2009; 30(2):85-94.

9- Sharma R, Gescher A, Steward W. Curcumin: the story so far. *European Journal ofCancer.*2005;41(13):1955-1968.

10- Kumaravel M, Sankar P, Latha P, Benson CS, Rukkumani R. Efeitos antiproliferativos de um análogo da curcumina em células Hep-2: um estudo comparativo com a curcumina. *Comunicações de produtos naturais.*2013;8(2):183-186.

11- Masuelli L, Benvenuto M, Fantini M, et al. A curcumina induz apoptose em linhas celulares de cancro da mama e atrasa o crescimento de tumores mamários em ratinhos transgénicos neu. *Journal ofbiological regulators and homeostatic agents.* 2012; 27(1):105-119.

12- Link A, Balaguer F, Shen Y, et al. A curcumina modula a metilação do ADN em células de cancro colorrectal. *PLoS One.* 2013; 8(2):e57709.

13- Peng F, Tao Q, Wu X, et al. Efeitos citotóxicos, citoprotectores e antioxidantes de compostos fenólicos isolados do gengibre fresco. *Fitoterapia.* 2012; 83(3):568-585.

14- Chandran B, Goel A. Um estudo piloto aleatório para avaliar a eficácia e segurança da curcumina em pacientes com artrite reumatoide ativa. *Phytotherapy Research.*2012; 26(11):1719-1725.

15- Avasarala S, Zhang F, Liu G, Wang R, London SD, London L. Curcumin Modulates the Inflammatory Response and Inhibits Subsequent Fibrosis in a Mouse Model of Viral-induced Acute Respiratory Distress Syndrome. *PLoS One.* 2013; 8(2):e57285.

16- Scapagnini G, Foresti R, Calabrese V, Stella AG, Green C, Motterlini R. Caffeic acid phenethyl ester and curcumin: a novel class of heme oxygenase-1 inducers. *Molecularpharmacology.* 2002; 61(3):554-561.

17- Payton F, Sandusky P, Alworth WL. NMR study of the solution structure of curcumin. *Journalofnaturalproducts.* 2007; 70(2):143-146.

18- Ansari M, Ahmad S, Kohli K, Ali J, Khar R. Stability-indicating HPTLC determination of curcumin in bulk drug and pharmaceutical formulations. *Journal of pharmaceuticaland biomedical analysis.* 2005; 39(1):132-138.

19- Shen L, Ji H-F. Estudo teórico das propriedades físico-químicas da curcumina. *Spectrochimica Ata Part A: Molecular and Biomolecular Spectroscopy.* 2007;67(3):619-623.

20- Priyadarsini KI. Fotofísica, fotoquímica e fotobiologia da curcumina: Estudos a partir de soluções orgânicas, biomimética e células vivas. *Journal of Photochemistry and Photobiology C: Photochemistry Reviews.* 2009; 10(2):81 - 95. 21-Nadia S. A. Int.J.PharmTech Res.2014,6(1),pp 280-289.

22- Sharma D, Sethi P, Hussain E, Singh R. Curcumin counteracts the aluminium- induced ageing-related alterations in oxidative stress, Na+, K+ ATPase and protein kinase C in adult and old rat brain regions. *Biogerontologia.* 2009;10(4):489-502.

23- Sandur SK, Pandey MK, Sung B, et al. Curcumin, demethoxycurcumin, bisdemethoxycurcumin, tetrahydrocurcumin and turmerones differentially regulate anti-inflammatory and anti-proliferative responses through a ROS-independent mechanism. *Carcinogenesis.* 2007; 28(8):1765-1773.

24- Pan M-H, Lin-Shiau S-Y, Lin J-K. Estudos comparativos sobre a supressão da óxido nítrico sintase pela curcumina e seus metabólitos hidrogenados através da regulação negativa da IκB quinase e da ativação do NFκB em macrófagos. *Biochemical pharmacology.* 2000;60(11):1665-1676.

25- Ireson C, Orr S, Jones DJ, et al. Caracterização dos metabolitos do agente quimiopreventivo curcumina em hepatócitos humanos e de rato e no rato in vivo, e avaliação da sua capacidade para inibir a produção de prostaglandina E2 induzida pelo éster de forbol. *Cancer research.* 2001; 61(3):1058-1064.

26- Hatcher H, Planalp R, Cho J, Torti F, Torti S. Curcumin: from ancient medicine to current clinical trials (Curcumina: da medicina antiga aos ensaios clínicos actuais). *Cellularand MolecularLife Sciences.* 2008; 65(11):1631-1652.

27- Kidd PM. Biodisponibilidade e atividade de complexos de fitossomas a partir de polifenóis botânicos: a silimarina, a curcumina, o chá verde e os extractos de sementes de uva. *Altern Med Rev.* 2009; 14(3):226-246.

28- Padhye S, Chavan D, Pandey S, Deshpande J, Swamy K, Sarkar F. Perspectivas sobre o potencial quimiopreventivo e terapêutico dos análogos da curcumina em química medicinal. *Minireviewsinmedicinalchemistry.* 2010; 10(5):372.

29-- Yang K-Y, Lin L-C, Tseng T-Y, Wang S-C, Tsai T-H. Biodisponibilidade oral de curcumina em ratos e a análise de ervas de< i> Curcuma longa</i> por LC-MS/MS. *Journal ofChromatography B.* 2007; 853(1):183-189.

30- Liu A, Lou H, Zhao L, Fan P. Validado LC/MS/MS ensaio para curcumina e tetrahidrocurcumina no plasma de ratos e aplicação ao estudo farmacocinético do complexo fosfolipídico de curcumina. *Jornal de análise farmacêutica e biomédica.* 2006; 40(3):720-727.

31- Pak Y, Patek R, Mayersohn M. Sensitive and rapid isocratic liquid chromatography method for the quantitation of curcumin in plasma. *Journal of Chromatography B.* 2003; 796(2):339-346.

32- Heath DD, Pruitt MA, Brenner DE, Rock CL. Curcumin in plasma and urine: quantitation by highperformance liquid chromatography. *Journal of Chromatography B.* 2003; 783(1):287-295.

33- Ireson CR, Jones DJ, Orr S,. Metabolism of the cancer chemopreventive agent curcumin in human and rat intestine. *Cancer Epidemiology Biomarkers & Prevention.* 2002; 11(1):105-111.

34- Garcea G, Berry DP, and Jones DJ, Consumption of the putative chemopreventive agent curcumin by cancer patients: assessment of curcumin levels in the colorectum and their pharmacodynamics consequences. *Cancer Epidemiology Biomarkers & Prevention.* 2005; 14(1):120-125.

35- Sharma RA, McLelland HR, Hill KA, Pharmacodynamic and pharmacokinetic study of oralCurcuma extract in patients with colorectal cancer. *Clinical cancer research.* 2001; 7(7):1894-1900.

36- Sharma RA, Euden SA, Platton SL, et al. Phase I clinical trial of oral curcumin biomarkers of systemic activity and compliance. *Clinical cancer research.* 2004; 10(20):6847-6854.

37- Dhillon N, Aggarwal BB, Newman RA, et al. Phase II trial of curcumin in patients with advanced pancreaticcancer. *Clinicalcancerresearch.* 2008; 14(14):4491-4499.

38- Cheng AL, Hsu CH, Lin JK, et al. Phase I Clinical Trial of Curcumin, a Chemopreventive Agent, in Patients with High-Risk or Pre-Malignant Lesions. 2001.

39- Perkins S, Verschoyle RD, Hill K, et al. Eficácia quimiopreventiva e farmacocinética da curcumina no rato min/+, um modelo de polipose adenomatosa familiar. *Cancer EpidemiologyBiomarkers &Prevention.* 2002; 11(6):535-540.

40- Sandur SK, Ichikawa H, Pandey MK, et al. Papel dos pró-oxidantes e antioxidantes nos efeitos anti-inflamatórios e apoptóticos da curcumina (diferuloilmetano). *Free Radical Biology and Medicine.* 2007; 43(4):568-580.

41- Sompamit K, Kukongviriyapan U, Nakmareong S, Pannangpetch P, Kukongviriyapan V. Curcuminimproves vascular function and alleviates oxidative stress in non-lethal lipopolysaccharide-induced endotoxaemia in mice. *European journalof pharmacology.* 2009; 616(1):192-199.

42- Mishra S, Kapoor N, Mubarak Ali A, et al. Differential apoptotic and redox regulatory activities of curcumin and its derivatives. *Free Radical Biology and Medicine.* 2005; 38(10):1353-1360.

43- Barzegar A. O papel da transferência de electrões e da doação de átomos de H na excelente atividade antioxidante e na reação dos radicais livres da curcumina. *Food chemistry.* 2012;135(3):1369-1376.

44- Khalil OAK, de Faria Oliveira OMM, Vellosa JCR, et al. As actividades antifúngica e antioxidante da curcumina são aumentadas na presença de ácido ascórbico. *Food chemistry.* 2012;133(3):1001-1005.

45-Srinivasan M, SudheerAR, Menon VP. Ácido ferúlico: potencial terapêutico através da sua propriedade antioxidante. *Journalofclinicalbiochemistryand nutrition.* 2007;40(2):92.

46- Makni M, Chtourou Y, Fetoui H, Garoui EM, Boudawara T, Zeghal N. Avaliação das propriedades antioxidantes, anti-inflamatórias e hepatoprotectoras da vanilina em ratos tratados com tetracloreto de carbono. *Revista Europeia de Farmacologia.* 2011;668(1):133-139.

47- Sultana R, Ravagna A, Mohmmad-Abdul H, Calabrese V, Butterfield DA. Ferulic acid ethyl ester protects neurons against amyloid β-peptide (1-42) - induced oxidative stress and neurotoxicity: relationship to antioxidant activity. *Journal of neurochemistry.* 2005;92(4):749-758.

48- Kanski J, Aksenova M, Stoyanova A, Butterfield DA. Proteção antioxidante do ácido ferúlico contra a oxidação por radicais hidroxilo e peroxilo em sistemas de cultura de células sinaptossómicas e neuronais in vitro: estudos de estrutura-atividade. *The Journal of nutritional biochemistry.* 2002;13(5):273-281.

49- Masuda T, Maekawa T, Hidaka K, Bando H, Takeda Y, Yamaguchi H. Estudos químicos sobre o mecanismo antioxidante da curcumina: análise dos produtos de acoplamento oxidativo da curcumina e do linoleato. *Jornal de química agrícola e alimentar.* 2001;49(5):2539-2547.

50- Weber WM, Hunsaker LA, Abcouwer SF, Deck LM, Vander Jagt DL. Actividades anti-oxidantes da curcumina e enonas relacionadas. *Bioorganic & medicinal chemistry.* 2005;13(11):3811-3820.

51- Barclay LRC, Vinqvist MR, Mukai K,. Sobre o mecanismo antioxidante da curcumina: são necessários métodos clássicos para determinar o mecanismo e a atividade antioxidante. *Organic letters.* 2000;2(18):2841 -2843.

52- Joe B, Lokesh B. Role of capsaicin, curcumin and dietary 3 fatty acids in lowering the generation of reactive oxygen species in rat peritoneal macrophages. *Biochimica et Biophysica Ata (BBA)-MolecularCell Research.* 1994;1224(2):255-263.

53- Rao M. Curcuminoids as potent inhibitors of lipid peroxidation (Curcuminóides como potentes inibidores da peroxidação lipídica). *Jornal de farmácia e farmacologia.* 1994;46(12):1013-1016.

54- Cekmen M, Ilbey Y, Ozbek E, Simsek A, Somay A, Ersoz C. Curcumin prevents oxidative renal damage induced by acetaminophen in rats. *Food and Chemical Toxicology.* 2009;47(7):1480-1484.

55- El-Demerdash FM, Yousef MI, Radwan FM. Efeito melhorador da curcumina nos danos oxidativos induzidos pelo arsenito de sódio e na peroxidação lipídica em diferentes órgãos de ratos. *Food and Chemical Toxicology.* 2009;47(1):249-254.

56- Farhangkhoee H, Khan ZA, Chen S, Chakrabarti S. Differential effects of curcumin on vasoactive factors in the diabetic rat heart. *Nutr Metab (Lond).* 2006;3(1):27.

57-Aggarwal BB. Targeting inflammation-induced obesity and metabolic diseases by curcumin and other nutraceuticals. *Annual review ofnutrition.* 2010;30:173.

58- Goel A, Aggarwal BB. Curcumin, a especiaria dourada do açafrão indiano, é um quimiossensibilizador e radiossensibilizador para os tumores e quimioprotector e radioprotector para os órgãos normais. *Nutrição e cancro.* 2010;62(7):919-930.

59- Stridh MH, Correa F, Nodin C, et al. Enhanced glutathione efflux from astrocytes in culture by low extracellular Ca^{2+} and curcumin. *Neurochemical research.* 2010;35(8):1231-1238.

60- Yang C, Zhang X, Fan H, Liu Y. A curcumina regula positivamente o fator de transcrição Nrf2, a expressão de HO-1 e protege o cérebro de ratos contra a isquemia focal. *Brain research.* 2009;1282:133-141.

61- Mandal MNA, Patlolla JM, Zheng L, et al. A curcumina protege as células da retina da luz e dos oxidantes

morte celular induzida por stress. *Free Radical Biologyand Medicine.* 2009;46(5):672-679.

62. Kang ES, Kim GH, Kim HJ, et al. Nrf2 regula a expressão da aldose redutase induzida pela curcumina indiretamente através do fator nuclear-κB. *Pharmacological Research.* 2008;58(1):15-21.

63-Aaby K., Skrede G., Wrolstad R.E., 2005. Composição fenólica e actividades antioxidantes em polpa e aquénios de morangos (*Fragaia ananassa*). J. Agric. Food Chem. 53, 4032-4040.

64-Alasalvar C., Gregor J.M., Hang D., Quantick P.C., Shahidi F., 2001. Comparação de voláteis, fenólicos, açúcares, vitaminas antioxidantes e qualidade sensorial de diferentes variedades de cenouras coloridas. J. Agric. Food Chem. 49, 1410-1416.

65-Amarowicz R., Troszynska A., 2005. Atividade antioxidante e poder redutor do extrato de feijão vermelho e das suas fracções. Bromat. Chem. Toksykol. 38, 2, 119-124.

66- Amin I., Marjan Z.M., Foong C.W., 2004. Atividade antioxidante total e conteúdo fenólico em vegetais seleccionados. Food Chem. 87, 4, 581-586.

67-Anttonen M.J., Karjalainen R.O., 2005. Variação ambiental e genética de compostos fenólicos em framboesa vermelha. J. Food Comp. Anal. 18, 759-769.

68-Beecher C.W.W., 1994. Propriedades preventivas do cancro de variedades de *Brassica oleracea*: uma revisão. Am. J. Clin. Nutr. 59 (suppl), 1166S-70S.

69- Beecher G.R., 2003. Overview of dietary flavonoids: nomenclature, occurrence and intake (Visão geral dos flavonóides alimentares: nomenclatura, ocorrência e ingestão). J. Nutr. 133, 3248S-3254S.

70- Benvenuti S., Paellati F., Melegari M., Bertelli D., 2004. Polifenóis, antocianinas, ácido ascórbico e atividade de eliminação de radicais de *Rubus*, *Ribes* e Aronia. J. Food Sci. 69, 164-169.

71- Boban T., 2002. The role of lutein in the prevention of atherosclerosis (O papel da luteína na prevenção da aterosclerose). J. Am. Coll. Cardiol. 40, 4, 835.

72- Boileau A., 2002. A luteína e o olho. J. Am. Diet. Assoc. 102, 8, 1055-1056.

73-Bonvehi S.J., Coll V.F., 1997. Avaliação do amargor e adstringência de compostos polifenólicos do cacau em pó. Food Chem. 60, 3, 365-370.

73- Brat P., George S., Bellamy A., Du Chaffaut L., Scalbert A., Mennen L., Arnault N., Amiot M.J., 2006. Daily polyphenol intake in France from fruit and vegetables (Ingestão diária de polifenóis em França a partir de fruta e legumes). J. Nutr. 136, 2368-2373.

75- Bravo L., 1998. Polifenóis: química, fontes alimentares, metabolismo e importância nutricional. Nutr. Rev. 11, 317-333.

76- Budryn G., Nebesny E., 2005. Struktura i wtasciwosci antyoksydacyjne polifenoli ziarna kawowego [Estrutura e propriedades antioxidantes do polifenol do grão de café]. Bromat. Chem. Toksykol. 38, 3, 203-209.

77- Bushman S.B., Phillips B., Isbell T., Ou B., Crane J.M., Knapp S.J., 2004. Composição química das sementes e óleos de Caneberry (*Rubus* spp.) e seu potencial antioxidante. J. Agric. Food Chem. 52, 7982-7987.

78- Cao G., Sofic E., Prior R.L., 1996. Antioxidant capacity of tea and common vegetables. J. Agric. Food Chem. 44, 3426-3431.

79- Chun O.K., Kim O.-D., Smith N., Schroeder D., Han J.T., Lee C.Y., 2005. Consumo diário de fenólicos e capacidade antioxidante total de frutas e vegetais na dieta americana. J. Sci. Food Agric. 85, 10, 1715-1724.

80- Cieslik E., Greda A., Adamus W., 2006. Conteúdo de polifenóis em frutas e legumes. Food Chem. 94, 135-142.

81- Clifford M.N., 2000. Antocyjanins - nature, occurrence and dietary burden. J. Sci. Food Agric. 804, 1063-1072.

82- Decker E., Faustman C., Lopez-Botr C.J., 2000. Antioxidants in muscle foods, nutritional strategies to improve quality. John Wiley.

83- Droesti I.E., 2000. Antioxidant polyphenols in tea, cocoa, and wine (Polifenóis antioxidantes no chá, cacau e vinho). Nutrition 16, 7/8, 692-694.

84- Dru ynska B., Klepacka M., 2004. As propriedades antioxidantes de preparações de polifenóis obtidas a partir de cascas de sementes de feijão preto, rosa e branco (*Phaseolus*)]. ywnosc 4(41), 69-78.

85- Ehala S., Vaher M., Kaljurand M., 2005. Caracterização dos perfis fenólicos das bagas do Norte da Europa por eletroforese capilar e determinação da sua atividade antioxidante. J. Agric. Food Chem. 53, 6484-6490.

86- Ferguson P.J., Kurowska E., Freeman D.J., Chambers A.F., Koropatnick D.J., 2004. Uma fração flavonoide do extrato de arando inibe a proliferação de linhas celulares tumorais humanas. J. Nutr. 134, 1529-1535.

87- Fik M., Zawislak A., 2004. Antioxidant activity of some selected teas - a comparison. ywnosc3(40),98-105.

88- Gajewska D., Myszkowska-Ryciak J., 2006. Doce delicado ou medicamento. Przegl. Gastron. 5, 26-27.

89-Trakhtenberg S., 2001. Comparação de algumas características bioquímicas de diferentes citrinos. Food Chem. 74, 309-315.

90-Grajek W., 2004. Role of antioxidants in reducing the occurrence risk of cancer and cardio- -vascular diseases. ywn. Nauka Techn. Jakosci 1,3-11.

91- Hakala M., Lapvetelainen A., Huopalahti R., Kallio H., Tahvone R., 2003. Effects of varietes and cultivation conditions on the composition of strawbewrries. J. Food Comp. Anal. 16, 67-80.

92- Halvorsen B.L., Holte K,. Myhrstad M.C.W., Barikmo I., Hvattum E., Remberg S.F., Wold A., Haffner K., Baugerod H., Andersen L.F., Moskaug J.,

Jacobs D.R., Blomhoff R., 2002. A systematic screening of total antooxidants in dietary plants. J. Nutr. 132, 461-471.

93- Hassimoto N.M.A., Genovese M.I., Lajolo F.M., 2005. Atividade antioxidante de frutas dietéticas, vegetais e polpas comerciais de frutas congeladas. J. Agric. Food. Chem. 53, 2928-2935.

94- Hagg M., Ylikoski S., Kumpulainen J., 1995. Teor de vitamina C nos frutos e bagas consumidos na Finlândia. J. Food Comp. Anal. 8, 12-20.

95- Heimler D., Vignolini P., Dini M.G., Vincieri F.F., Romani A., 2006. Atividade antirradicalar e composição polifenólica de variedades locais *de Brassicaceae* comestíveis. Food Chem. 99, 3, 464-469.

96- Hinneburg I., Dorman D.H.J., Hiltunen R., 2006. Actividades antioxidantes de extractos de ervas e especiarias culinárias seleccionadas. Food Chem. 97, 122-129.

97-Holasova M., Fiedlerova V., Smrcinova H., Orsak M., Lachman J., Vavreinova S., 2002. O trigo mourisco como fonte de atividade antioxidante em alimentos funcionais. Food Res. Intern. 35, 207-211.

97- Holden J.M., EldrigeA.L., Beecher G.R., Buzzard M., Selma Bhagwat, Davis C.S., Douglass L.W., Gebhardt S., Haytowitz D., Schakel S., 1999. Carotenoid content of U.S. Food: an update of the database. J. Food Comp. Anal. 12, 169-196.

99- Horbowicz M., Saniewski M., 2000. Biosynteza, wystepowanie i wtasciwosci biologiczne likopenu [Biossíntese, ocorrência e propriedades biológicas do licopeno]. Post. Nauk Roln. 1, 29--46.

100- Howard A., Chopra M., Thurnham D.I., Strain J.J., Fuhrman B., Aviram M., 2002. Consumo de vinho tinto e inibição da oxidação do LDL: quais são os componentes importantes? Med. Hypoth. 59, 1, 101-104.

101-Hozyasz K., Chetchowska M., 2005. Efeitos da introdução de espécies orientais na dieta polaca. Post. Fitoter. 16, 3-4.

102-Kaur C., Kapoor H.C., 2002. Anti-oxidant activity and total phenolic content of some Asian vegetables. Intern. J. Food Sci. Techn. 37, 153-161.

103- Alschuler L. Chá verde: Tónico curativo. *Am J Natur Med* 1998;5:28-31.

104- Graham HN. Green tea composition, consumption, and polyphenol chemistry (Composição, consumo e química dos polifenóis do chá verde). *Prev Med* 1992;21:334-350.

105- Nihal A, Hasan M. Green tea polyphenols and cancer: biological mechanisms and practical implications. *NutrRev* 1999;57:78-83.

106- Ahmad N, Feyes DK, Nieminen AL, et al. Constituinte do chá verde epigalacatequina-3-galato e indução de apoptose e paragem do ciclo celular em células de carcinoma humano. *J Natl Cancer Inst* 1997;89:1881 -1886.

107- Serafini M, Ghiselli A, Ferro-Luzzi A. In vivo antioxidant effect of green and black tea in man. *EurJ Clin Nutr* 1996;50:28-32.

108- Erba D, Riso P, Colombo A, Testolin G. Supplementation of Jurkat T cells with green tea extract decreases oxidative damage due to iron treatment. *J Nutr* 1999;129:2130-2134.

109- Katiyar SK, Matsui MS, Elmets CA, Mukhtar H. O antioxidante polifenólico (-)- epigalocatequina-3-galato do chá verde reduz as respostas inflamatórias induzidas pelos raios UVB e a infiltração de leucócitos na pele humana. *Photochem Photobiol* 1999;69:148-153.

110- Zhao JF, Zhang YJ, Jin XH, et al. O chá verde protege a pele dos danos fotoquímicos induzidos pelo psoraleno e pelos raios ultravioleta A. *J Invest Dermatol* 1999;113:1070-1075.

111- Hofbauer R, Frass M, Gmeiner B, et al. O extrato de chá verde epigalocatequina galato é capaz de reduzir a transmigração de neutrófilos através de monocamadas de células endoteliais. *Wien Klin Wochenschr* 1999; 111:276-282.

112- Asai, A. (2004) Biotransformação do fucoxantinol em amarouciaxantina A em ratinhos e células HepG2: formação e citotoxicidade dos metabolitos da fucoxantina. *Drug Metab. Dispos.,* **32**, 205-211.

113- During, A. (1996) Assay of beta-carotene 15,15'-dioxygenase activity by reversephase high-pressure liquid chromatography. *Anal. Biochem,* **241**, 199-

205.

114- Nagao, A. (1996) Conversão estequiométrica de todo o transbeta-caroteno em retina por extrato intestinal de porco. *Arch. Biochem. Biophys,* **328**, 57-63.

115-Asai, A. (2004) Um rearranjo epóxido-furanóide da neoxantina de espinafre ocorre no trato gastrointestinal de ratos e in vitro: formação e atividade citostática de neocromestereoisómeros. *J. Nutr.,* **134**, 2237-2243.

116- Berry, S.D. (2009) A mutação na beta-caroteno oxigenase 2 bovina afecta a cor do leite. *Genetics*, **182**, 923-926.

117- Nagao, A. & Olson, J.A. (1994) Enzymatic formation of 9-cis, 13-cis, and alltrans retinals from isomers of beta-carotene. *FASEB J.,* **8**, 968-973.

118- Kotake-Nara, E. & Nagao, A. (2012) Efeitos de lípidos micelares mistos na absorção de carotenóides pelas células Caco-2 do intestino humano. *Biosci. Biotechnol. Biochem.,* **76**, 875-882.

119- Nagao, A. (2013) Efeitos de gorduras e óleos na bioacessibilidade de carotenóides e vitamina E em vegetais. *Biosci. Biotechnol. Biochem.,* **77**, 1055-1060.

120- Asai, A. (2008) Low bioavailability of dietary epoxyxanthophylls in humans. *Br. J. Nutr.,* **100**, 273-277.

121-Baskaran, V. (2003) Phospholipids affect the intestinal absorption of carotenoids in mice. *Lipids*, **38**, 705-711.

122-Borel, P. (2013) CD36 e SR-BI estão envolvidos na captação celular de carotenóides provitamina A pelas células Caco-2 e HEK, e algumas das suas variantes genéticas estão associadas às concentrações plasmáticas destes micronutrientes em humanos. *J. Nutr.,* **143**, 448-456.

123-During, A. (2005) O transporte de carotenóides está diminuído e a expressão dos transportadores de lípidos SR-BI, NPC1L1 e ABCA1 está desregulada nas células Caco-2 tratadas com ezetimiba. *J. Nutr.,* **135**, 2305-2312.

124-Kiefer, C. (2001) Identificação e caraterização de uma enzima de mamífero que catalisa a clivagem oxidativa assimétrica da provitamina A. *J. Biol. Chem.,*

276, 14110-14116.

125-Lindqvist, A. (2007) Mutação de perda de função na carotenoide 15,15'-monooxigenase identificada num doente com hipercarotenemia e hipovitaminose A. *J. Nutr.*, **137**, 2346-2350.

126-Kotake-Nara, E. (2010) Efeito da classe dos glicerofosfolípidos na absorção de beta-caroteno pelas células Caco-2 do intestino humano. *Biosci. Biotechnol. Biochem.*, **74**, 209-211.

127- Leighton, F., Cuevas, A., Guasch, V., Perez, D.D., Strobel, P., San Martin,A., Urzua, U., Diez, M.S., Foncea, R., Castillo, O., Mizon, C., Espinoza,M.A., Urquiaga, I., Rozowski, J., Maiz, A., e Germain, A. 1999. Polifenóis e antioxidantes plasmáticos, danos oxidativos no ADN e endotelial

num estudo de intervenção com dieta e vinho em humanos. *Drugs Exp.Clin. Res.*, **25**:133-141.

128- Zhu, Q.Y., Huang, Y., Tsang, D., e Chen, Z.Y. 1999. Regeneração do alfatocoferol na lipoproteína humana de baixa densidade pela catequina do chá verde. *J. Agric. Food Chem.*, **47**:2020-2025.

129- Aviram, M., Dornfeld, L., Rosenblat, M., Volkova, N., Kaplan, M. Coleman, R., Hayek, T., Presser, D., e Fuhrman, B. 2000. O consumo de sumo de romã reduz o stress oxidativo, as modificações aterogénicas do LDL e a agregação plaquetária: Estudos em seres humanos e em doentes ateroscleróticos

ratinhos com deficiência de apolipoproteína E. *Am. J. Clin. Nutr.*, **71**:1062-1076.

130- Osakabe, N., Natsume, M., Adachi, T., Yamagishi, M., Hirano, R., Takizawa, T., Itakura, H., e Kondo, K. 2000. Effects of cacao liquor polyphenols on the susceptibility of low-density lipoprotein to oxidation in hypercholesterolemic rabbits. *J. Atheroscler Thromb*, **7**:164- 168.

131- Princen, H.M., van Duyvenvoorde, W., Buytenhek, R., Blonk, C., Tijburg, L.B., Langius, J.A., Meinders, A.E., e Pijl, H. 1998. No effect of consumption of green and black tea on plasma lipid and antioxidant levels and onLDLoxidation in smokers. *Arterioscler. Thromb. Vasc. Biol.*, **18**:833-841.

132-] Maeda, K., Kuzuya, M., Cheng, X.W., Asai, T., Kanda, S., Tamaya-

Mori,N., Sasaki, T., Shibata, T., e Iguchi, A. 2003. As catequinas do chá verde inibem a invasão de células musculares lisas em cultura através da barreira basal.*Atherosclerosis*, **166**:2330.

133-Scalbert, A. e Williamson, G. 2000. Dietary intake and bioavailability of polyphenols (Ingestão alimentar e biodisponibilidade de polifenóis). *J. Nutr.*, **130**:2073S-2085S.

134- Shahidi, F. e Naczk, M. 1995. *Food phenolics, sources, chemistry, effects, applications*. Lancaster, PA, Technomic Publishing Co. Inc.

135- Yang, C.S., Lee, M.J., Chen, L.S., e Yang, G.Y. 1997. Polyphenols as inhibitors of carcinogenesis. *Environmental Health Perspectives*, **105**:971-976.

136- Kehrer, J.P. e Smith, C.V. 1994. Radicais livres em biologia: Sources,reactivities, and roles in the etiology of human diseases. In: *Natural antioxidants*.25-62. Frei, B., ed. San Diego, Academic Press.

137- Rice-Evans, C. e Miller, N.J. 1994. Total antioxidant status in plasma and body fluids. *Methods Enzymol*, **234**:279-293.

138- Cao, G., Russell, R.M., Lischner, N., e Prior, R.L. 1998. A capacidade antioxidante do soro é aumentada pelo consumo de morangos, espinafres, vinho tinto ou vitamina C em mulheres idosas. *J. Nutr.*, **128**:2383-2390.

139- Ghiselli, A., Serafini, M., Maiani, G., Azzini, E., e Ferro-Luzzi, A.1995. Um método baseado em fluorescência para medir a capacidade antioxidante total do plasma. *Free Radic. Biol. Med.*, **18**:29-36.

140- Benzie, I.F. e Strain, J.J. 1996. A capacidade de redução férrica do plasma (FRAP) como medida do "poder antioxidante": O ensaio FRAP. *Anal.Biochem*, **239**:70-76.

141-Velioglu, Y.S., Mazza, G., Gao, L., e Oomah, B.D. 1998. Antioxidant activity and total phenolics in selected fruits, vegetables, and grain products. *J. Agric. Food Chem.*, **46**:4113-4117.

142- Rice-Evans, C.A., Miller, N.J., Bolwell, P.G., Bramley, P.M., e Pridham,J.B. 1995. The relative antioxidant activities of plant-derived polyphenolic flavonoids. *Free RadicalRes.*, **22**:375-383.

143- Rice-Evans, C.A., Miller, N.J., e Paganga, G. 1996. Relações estrutura-atividade antioxidante de flavonóides e ácidos fenólicos. *Free Rad. Biol. Med.*, **20**:933956.

144- Guo, C., Cao, G., Sofic, E., e Prior, R.L. 1997. Cromatografia líquida de alta eficiência acoplada à deteção por matriz coulométrica de componentes electroactivos em frutos e produtos hortícolas: Relação com a capacidade de absorção de radicais de oxigénio. *J. Agric. Food Chem.*, **45**:1787-1796.

145- Manach, C., Morand, C., Crespy, V., Demign'e, C., Texier, O., R'eg'erat, F., e R'em'esy, C. 1998. A quercetina é recuperada no plasma humano como derivados conjugados que retêm as propriedades antioxidantes. *FEBS Lett.*,**426**:331-336.

146- Cavalieri, E.L., Stack, D.E., Devanesan, P.D., Todorovic, R., Dwivedy,I., Higginbotham, S., Johansson, S.L., Patil, K.D., Gross, M.L., Gooden,J.K., Ramanathan, R., Cerny, R.L., e Rogan, E.G. 1997. Origem molecular do cancro: Catecol estrogénio-3,4-quinonas como tumor endógeno

iniciadores. *Proc. Natl. Acad. Sci. USA*, **94**:10937-10942.

147- Bachur, N.R., Gordon, S.L., e Gee, M.V. 1978. Um mecanismo geral para a ativação microssomal de agentes anticancerígenos de quinona em radicais livres. *Cancer Res.*, **38**:1745-1750.

148- Baez, S., Segura-Aguilar, J., Widersten, M., Johansson, A.S., e Mannervik, B. 1997. As glutationas transferases catalisam a desintoxicação de metabolitos oxidados (o-quinonas) de catecolaminas e podem servir como um sistema antioxidante que previne processos celulares degenerativos. *Biochem.J.*, **324**:25-28.

149- Zhu, B.T., Ezell, E.L., e Liehr, J.G. 1994. *Catecol-Omethyltransferase*-catalisada rápida *O-metilação* de flavonóides mutagénicos. Inativação metabólica como uma possível razão para a sua falta de carcinogenicidade *in vivo*. *J. Biol. Chem*, **269**:292-299.

150- Dangles, O., Dufour, C., Manach, C., Morand, C., e R'em'esy, C. 2001.Binding offlavonoids to plasma proteins. *Methods Enzymol*, **335**:319-333.

151- Laranjinha, J. 2001. Ciclos redox do ácido cafeico com alfa-tocoferol e ascorbato. *MethodsEnzymol*, **335**:282-295.

152- Haddad, J.J. 2002. Antioxidant and prooxidant mechanisms in the regulation of redox(y)-sensitive transcription factors. *Cell Signal*, **14**:879-897.

153- Whitehead, T.P., Robinson, D., Allaway, S., Syms, J., e Hale, A. 1995. Efeito da ingestão de vinho tinto sobre a capacidade antioxidante do soro. *Clin.Chem.*, **41**:32-35.

154- Miyazawa, T., Fujimoto, K., Suzuki, T., e Yasuda, K. 1994. Determinação de hidroperóxidos de fosfolípidos por cromatografia líquida de alto desempenho com quimioluminescência luminol. *MethodsEnzymol*, **233**:324-332.

155- Leenen, R., Roodenburg, A.J., Tijburg, L.B., e Wiseman, S.A. 2000. A single dose of tea with or without milk increases plasma antioxidant activity in humans. *Eur. J. Clin. Nutr.*, **54**:87-92.

156- Serafini, M., Ghiselli, A., e Ferro-Luzzi, A. 1996. Efeito antioxidante *in vivo* do chá verde e preto no homem. *Eur. J. Clin. Nutr.*, **50**:28-32.

157- Maxwell, S., e Thorpe, G. 1996. Os flavonóides do chá têm pouco impacto a curto prazo na atividade antioxidante do soro. *British MedicalJournal*, **313**:229.

158- Serafini, M., Laranjinha, J.A., Almeida, L.M., e Maiani, G. 2000. Inibição da peroxidação lipídica doLDL humano por bebidas ricas em fenóis e seu impacto na capacidade antioxidante total do plasma em humanos. *J. Nutr. Biochem.*,**11**:585-590.

159- Serafini, M., Maiani, G., e Ferro-Luzzi, A. 1998. O vinho tinto sem álcool aumenta a capacidade antioxidante do plasma em humanos. *J. Nutr.*, **128**:1003-1007.

160- Fuhrman, B., Lavy, A., e Aviram, M. 1995. O consumo de vinho tinto às refeições reduz a suscetibilidade do plasma humano e das lipoproteínas de baixa densidade à peroxidação lipídica. *American Journal of Clinical Nutrition*, **61**:549-554.

161- Maxwell, S., Cruickshank, A., e Thorpe, G. 1994. Red wine and antioxidant activity in serum (vinho tinto e atividade antioxidante no soro). *Lancet*, **344**:193-194.

162- Carbonneau, M.A., Leger, C.L., Monnier, L., Bonnet, C., Michel, F.,Fouret, G., Dedieu, F., e Descomps, B. 1997. A suplementação com compostos fenólicos do vinho aumenta a capacidade antioxidante do plasma e a vitamina E das lipoproteínas de baixa densidade sem alterar a capacidade de oxidação do Cu(2+) das lipoproteínas: Possível explicação pela localização fenólica. *Eur. J.Clin. Nutr.*, **51**:682-690.

163- Ghiselli, A., Natella, F., Guidi, A., Montanari, L., Fantozzi, P., e Scaccini, C. 2000. Beer increases plasma antioxidant capacity in humans. *J. Nutr. biochem.*, **11**:76-80.

164- Nakagawa, K., Ninomiya, M., Okubo, T., Aoi, N., Juneja, L.R., Kim, M. Yamanaka, K., e Miyazawa, T. 1999. A suplementação com catequina de chá aumenta a capacidade antioxidante e previne a hidroperoxidação de fosfolípidos no plasma de humanos. *J. Agric. Food Chem.*, **47**:3967-3973.

165- Young, J.F., Nielsen, S.E., Haraldsdottir, J., Daneshvar, B., Lauridsen, S.T., Knuthsen, P., Crozier, A., Sandstrom, B., e Dragsted, L.O. 1999.

Efeito da ingestão de sumos de fruta na excreção urinária de quercetina e nos biomarcadores do estado antioxidante. *Am. J. Clin. Nutr.*, **69**:87-94.

166- Rein, D., Lotito, S., Holt, R.R.,Keen, C.L., Schmitz, H.H., e Fraga, C.G.2000. Epicatechin in human plasma: In vivo determination and effect of chocolate consumption on plasma oxidation status. *J. Nutr.*, **130**:2109S-2114S.

167- Sharpe, P.C., McGrath, L.T., McClean, E., Young, I.S., e Archbold, G.P. 1995. Effect of red wine consumption on lipoprotein (a) and other risk factors for atherosclerosis. *Q. J. Med.*, **88**:101-108.

168- Hodgson, J.M., Puddey, I.B., Croft, K.D., Mori, T.A., Rivera, J., e Beilin, L.J. 1999. Os isoflavonóides não inibem a peroxidação lipídica in vivo em indivíduos com pressão arterial normal elevada. *Atherosclerosis*, **145**:167-172.

169- Laughton, M.J., Halliwell, B., Evans, P.J., e Hoult, J.R. 1989. Antioxidant and pro-oxidant actions of the plant phenolics quercetin, gossypol and myricetin. Efeitos na peroxidação lipídica, geração de radicais hidroxilo e danos no ADN dependentes da bleomicina. *Biochem. Pharmacol*, **38**:2859-2865.

170- Shirahata, S., Murakami, H., Nishiyama, K., Yamada, K., Nonaka, G.,

Nishioka, I., e Omura, H. 1989. Quebra de DNA por flavan-3-ols e procianidinas na presença de ião cúprico. *J. Agric. Food Chem.*, **37**:299-303.

171- Sakagami, H., Kuribayashi, N., Iida, M., Sakagami, T., Takeda, M. Fukuchi, K., Gomi, K., Ohata, H., Momose, K., Kawazoe, Y., Hatano, T., Yoshida, T., e Okuda, T. 1995. Indução da fragmentação do ADN por substâncias relacionadas com taninos e lenhina. *Anticanc. Res.*, **15**:2121-2128.

172- Vance, R.E. e Teel, R.W. 1989. Effect of tannic acid on rat liver S9 mediated mutagenesis, metabolism and DNA binding of benzo[a]pyrene. *Cancer Lett.*, **47**:3744.

173- Wood, A.W., Huang, M.T., Chang, R.L., Newmark, H.L., Lehr, R.E.,Yagi, H., Sayer, J.M., Jerina, D.M., e Conney, A.H. 1982. Inibição da mutagenicidade de epóxidos de diol de hidrocarbonetos aromáticos policíclicos da região da baía por fenóis de plantas que ocorrem naturalmente: Atividade excecional

do ácido elágico. *Proc. Natl. Acad. Sci. USA*, **79**:5513-5517.

174- Sayer, J.M., Yagi, H., Wood, A.W., Conney, A.H., e Jerina, D.M.1982. Reação extremamente fácil entre o carcinogéneo final benzo[*a*]pireno-7,8-diol 9,10-epóxido e ácido elágico. *J. Am. Chern. Soc.*, **104**:5562-5564.

175- Mukhtar, H., Das, M., Del Tito, B.J., e Bickers, D.R. 1984. Proteção contra a tumorigenicidade da pele induzida por 3-metilcolantreno em ratinhos BALB/c por ácido elágico. *Biochem. Biophys. Res. Commun.*, **119**:751-757.

176- Casalini, C., Lodovici, M., Briani, C., Paganelli, G., Remy, S., Cheynier,V., e Dolara, P. 1999. Efeito dos polifenóis e taninos complexos do vinho tinto (WCPT) nos danos oxidativos do ADN induzidos quimicamente no rato. *Eur. J. Nutr.*, **38**:190-195.

177- Takagi, A., Sai, K., Umemura, T., Hasegawa, R., e Kurokawa,Y. 1995. Inhibitory effects of vitamin E and ellagic acid on 8-hydroxydeoxyguanosine formation in the liver nuclearDNAof rats treated with 2-nitropropane. *CancerLett.*, **91**:139-144.

178- Giovannelli, L., Testa, G., De Filippo, C., Cheynier, V., Clifford, M.N., e Dolara, P. 2000. Effect of complex polyphenols and tannins from red wine on DNA oxidative damage of rat colon mucosa *in vivo. Eur. J. Nutr.*,**39**:207-212.

179- Lodovici, M., Casalini, C., De Filippo, C., Copeland, E., Xu, X., Clifford, M., e Dolara, P. 2000. Inibição dos danos oxidativos no ADN induzidos pela 1,2-dimetil-hidrazina na mucosa do cólon do rato por polifenóis complexos do chá preto.*Food Chem. Toxicol.*, **38**:1085-1088.

180- Huber, W.W., McDaniel, L.P., Kaderlik, K.R., Teitel, C.H., Lang, N.P., e Kadl ubar, F.F. 1997. Quimioprotecção contra a formação de aductos de ADN do cólon pelo carcinogénio de origem alimentar 2-amino-1-metil-6-fenilimidazo[4,5-b]piridina (PhIP) no rato. *Mutat. Res.*, **376**:115-122.

181-Boyle, S.P., Dobson,V.L., Duthie, S.J.,Kyle, J.A., e Collins, A.R. 2000. Absorção e efeitos protectores do ADN dos glicosídeos flavonóides de uma refeição de cebola. *Eur. J. Nutr.*, **39**:213-223.

182- Lean, M.E., Noroozi, M., Kelly, I., Burns, J., Talwar, D., Sattar, N., e Crozier, A. 1999. Os flavonóis da dieta protegem os linfócitos humanos diabéticos contra danos oxidativos no ADN. *Diabetes*, **48**:176-181.

183- Beatty, E.R., O'Reilly, J.D., England, T.G., McAnlis, G.T., Young, I.S.,Geissler, C.A., Sanders, T.A., e Wiseman, H. 2000. Effect of dietary quercetin on oxidative DNA damage in healthy human subjects. *Br. J. Nutr.*, **84**:919-925.

184- Young, J.F., Dragstedt, L.O., Haraldsdottir, J., Daneshvar, B., Kal, M.A., Loft, S., Nilsson, L., Nielsen, S.E., Mayer, B., Skibsted, L.H., Huynh-Ba, T., Hermetter, A., e Sandstrom, B. 2002. O extrato de chá verde só afecta os marcadores do estado oxidativo pós-prandialmente: Efeito antioxidante duradouro de

dieta sem flavonóides. *Br. J. Nutr.*, **87**:343-355.

185- Collins, A.R. 1999. Oxidative DNA damage, antioxidants, and cancer. *Bioessays*, **21**:238-246.

186- Liao, K. e Yin, M. 2000. Efeitos antioxidantes individuais e combinados de sete agentes fenólicos em fantasmas de membrana de eritrócitos humanos e sistemas de lipossomas de fosfatidilcolina: Importância do coeficiente de partição.*J. Agric. Food Chem.*, **48**:2266-2270.

187- daSilva, E.L., Piskula, M.K., Yamamoto, N., Moon, J.H., e Terao, J. 1998. Os metabolitos da quercetina inibem a peroxidação lipídica induzida por iões de cobre no plasma de ratos. *FEBS Lett.*, **430**:405-408.

188- Hayek, T., Fuhrman, B., Vaya, J., Rosenblat, M., Belinky, P., Coleman, R., Elis, A., e Aviram, M. 1997. A redução da progressão da aterosclerose em ratos deficientes em apolipoproteína E após o consumo de vinho tinto, ou dos seus polifenóis quercetina ou catequina, está associada à redução da suscetibilidade do LDL à oxidação e agregação. *Arteriosclerosis Thrombosis and Vascular Biology*, **17**:2744-2752.

189- Miura, Y., Chiba, T., Tomita, I., Koizumi, H., Miura, S., Umegaki, K., Hara, Y., Ikeda, M., e Tomita, T. 2001. As catequinas do chá previnem o desenvolvimento da aterosclerose em ratos deficientes em apoproteína E. *J. Nutr.*, **131**:27-32.

190- Kaplan, M., Hayek, T., Raz, A., Coleman, R., Dornfeld, L., Vaya, J., e Aviram, M. 2001. Pomegranate juice supplementation to atherosclerotic mice reduces macrophage lipid peroxidation, cellular cholesterol accumulation and development of atherosclerosis. *J. Nutr.*, **131**:2082-2089.

191-Yamakoshi, J., Kataoka, S., Koga, T., e Ariga, T. 1999. Proanthocyanidin-rich extract from grape seeds attenuates the development of aortic atherosclerosis in cholesterol-fed rabbits. *Atherosclerosis*, **142**:139-149.

192- Ishikawa, T., Suzukawa, M., Ito, T., Yoshida, H., Ayaori, M., Nishiwaki, M., Yonemura, A., Hara, Y., e Nakamura, H. 1997. Effect of tea flavonoid supplementation on the susceptibility of low-density lipoprotein to oxidative modification. *American Journal of Clinical Nutrition*, **66**:261-266.

193- Kondo, K., Matsumoto, A., Kurata, H., Tanahashi, H., Koda, H., Amachi, T., e Itakura, H. 1994. Inhibition of oxidation of low-density lipoprotein with red wine (Inibição da oxidação da lipoproteína de baixa densidade com vinho tinto). *Lancet*, **344**:1152.

194- Kondo, K., Hirano, R., Matsumoto, A., Igarashi, O., e Itakura, H. 1996.Inhibition of LDL oxidation by cocoa. *Lancet*, **348**:1514.

195-de Rijke, Y.B., Demacker, P.N.M., Assen, N.A., Sloots, L.M., Katan, M.B., e Stalenhoef, A.F.H. 1996. O consumo de vinho tinto não afecta a oxidabilidade das lipoproteínas de baixa densidade em voluntários. *American Journal of*

Clinical Nutrition, **63**:329-334. 196-van het Hof, K.H., deBoer, H.S.M.,Wiseman, S.A., Lien, N.,Weststrate, J.A., e Tijburg, L.B.M. 1997. O consumo de chá verde ou preto não aumenta a resistência da lipoproteína de baixa densidade à oxidação em humanos. *American Journal of Clinical Nutrition*, **66**:1125-1132.

197-van het Hof, K.H., Wiseman, S.A., Yang, C.S., e Tijburg, L.B. 1999. Plasma and lipoprotein levels of tea catechins following repeated tea consumption. *Proc. Soc. Exp. Biol. Med.*, **220**:203-209.

198- Abu-Amsha Caccetta, R.A., Croft, K.D., Beilin, L.J., e Puddey, I.B. 2000. A ingestão de vinho tinto aumenta significativamente as concentrações plasmáticas de ácido fenólico, mas não afecta de forma aguda a oxidabilidade das lipoproteínas ex vivo. *Am. J. Clin. Nutr.*, **71**:67-74. 199- Kaamanen, M., Adlercreutz, H., Jauhiainen, M., e Tikkanen, M.J. 2003.

Acumulação de genisteína e derivados lipofílicos de genisteína em lipoproteínas durante a incubação com plasma humano *in vitro*. *Biochim. Biophys.Ata*, **1631**:147-152.

200- Lu, L.H., Lee, S.S., e Huang, H.C. 1998. Supressão da epigalocatequina da proliferação de células musculares lisas vasculares: Correlação com c-jun e JNK. *Br. J. Pharmacol*, **124**:1227-1237.

201- Tebib, K., Besancon, P., e Rouanet, J.M. 1994. Os taninos de grainhas de uva da dieta afectam as lipoproteínas, as lipases lipoproteicas e os lípidos dos tecidos em ratos alimentados com dietas hipercolesterolémicas. *J. Nutr.*, **124**:2451-2457.

202- Montforte, M.T., Trovato, A., Kirjavainen, S., Forestieri, A.M., Galati, E.M., e Lo Curto, R.B. 1995. Efeitos biológicos da heperidina, um flavonoide dos citrinos. Atividade hipolipidémica na hipercolesterolemia experimental em ratos. *Il. Farmaco*, **50**:595-599.

203- Lee, S.H., Park, Y.B., Bae, K.H., Bok, S.H., Kwon, Y.K., Lee, E.S., e Choi, M.S. 1999. Atividade redutora de colesterol da naringenina através da inibição da 3-hidroxi-3-metilglutaril coenzima A redutase e da acil coenzima A: colesterol aciltransferase em ratos. *Ann. Nutr. Metab.*, **43**:173-180.

204- Bok, S.H., Lee, S.H., Park, Y.B., Bae, K.H., Son, K.H., Jeong, T.S., e Choi,

M.S. 1999. O colesterol plasmático e hepático e as actividades hepáticas da 3-hidroxi-3-metil-glutaril-CoA redutase e da acil CoA: Colesterol transferase são mais baixas em ratos alimentados com extrato de casca de citrinos ou uma mistura de bioflavonóides de citrinos. *J. Nutr.*, **129**:1182-1185.

205- Hodgson, J.M., Puddey, I.B., Burke,V., Beilin, L.J., Mori, T.A., e Chan, S.Y. 2002. Acute effects of ingestion of black tea on postprandial platelet aggregation in human subjects (Efeitos agudos da ingestão de chá preto na agregação plaquetária pós-prandial em seres humanos). *BrJ. Nutr.*, **87**:141-145.

206- Nestel, P.J., Yamashita, T., Sasahara, T., Pomeroy, S., Dart, A., Komesaroff, P., Owen, A., e Abbey, M. 1997. Soy isoflavones improve systemic arterial compliance but not plasma lipids in menopausal and perimenopausal women. *Arterioscler. Thromb. Vasc. Biol.*, **17**:3392-3398.

207- Simons, L.A., von Konigsmark, M., Simons, J., e Celermajer, D.S. 2000. Phytoestrogens do not influence lipoprotein levels or endothelial function in healthy, postmenopausalwomen. *Am. J. Cardiol*, **85**:1297-1301.

208- Hodgson, J.M., Puddey, I.B., Beilin, L.J., Mori, T.A., e Croft, K.D.1998. A suplementação com fitoestrogénios isoflavonóides não altera as concentrações de lípidos no soro: Um ensaio aleatório controlado em humanos. *J. Nutr.*, **128**:728-732.

209-Sagesaka-Mitane, Y., Miwa, M., e Okada, S. 1990. Inibidores da agregação plaquetária no extrato de água quente do chá verde. *Chem. Pharm. Bull (Tokyo)*,**38**:790-793. 210- Russo, P., Tedesco, I., Russo, M., Russo, G.L., Venezia, A., e Cicala,C. 2001. Efeitos do vinho tinto sem álcool e das suas fracções fenólicas na agregação plaquetária. *Nutr. Metab. Cardiovasc. Dis.*, **11**:25-29.

211- Ruf, J.C., Berger, J.L., e Renaud, S. 1995. Platelet rebound effect of alcohol withdrawal and wine drinking in rats-Relation to tannins and lipid peroxidation. *Arteriosc. Thromb. Vasc. Biol.*, **15**:140-144.

212- Wollny, T., Aiello, L., Di Tommaso, D., Bellavia, V., Rotilio, D., Donati, M.B., de Gaetano, G., e Iacoviello, L. 1999. Modulação da função hemostática e prevenção da trombose experimental pelo vinho tinto em ratos: Um papel para o aumento da produção de óxido nítrico. *Br. J. Pharmacol*, **127**:

747-755.

213- Demrow, H.S., Slane, P.R., e Folts, J.D. 1995. A administração de vinho e sumo de uva *inibe* a atividade plaquetária *in vivo* e a trombose em artérias coronárias caninas estenosadas. *Circulation*, **91**:1182-1188.

214- Osman, H.E., Maalej, N., Shanmuganayagam, D., e Folts, J.D. 1998. Grape juice but not orange or grapefruit juice inhibits platelet activity in dogs and monkeys. *J. Nutr.*, **128**:2307-2312.

215- Rein, D., Paglieroni, T.G., Wun, T., Pearson, D.A., Schmitz, H.H., Gosselin, R., e Keen, C.L. 2000. Cocoa inhibits platelet activation and function. *Am. J. Clin. Nutr.*, **72**:30-35.

216- Keevil, J.G., Osman, H.E., Reed, J.D., e Folts, J.D. 2000. O sumo de uva, mas não o sumo de laranja ou o sumo de toranja, inibe a agregação plaquetária humana. *J. Nutr.*, **130**:53-56.

217- Yang ZF, Bai LP, Huang WB, Li XZ, Zhao SS, Zhong NS, Jiang ZH. Comparação da atividade antiviral in vitro dos polifenóis do chá contra os vírus influenza A e B e análise da relação estrutura-atividade. Fitoterapia. 2014; 93:47-53.

Nikitina VS, Kuzmina Liu, Melentev AI, Shendel GV. Atividade antibacteriana de compostos polifenólicos isolados de plantas das famílias Geraniaceae e Rosaceae. Prikl Biokhim Mikrobiol. 2007;43(6):705-12.

218-Ruela HS, Sabino KC, Leal IC, Landeira-Fernandez AM, de Almeida MR, Rocha TS, Kuster RM Hypoglycemic effect of Bumelia sartorum polyphenolic rich extracts. Nat Prod Commun. 2013 8(2):207-10.

219-Sachin Vetal, Subhash L. Bodhankar, Vishwaraman Mohan, Prasad A. Thakurdesai Atividade anti-inflamatória e anti-artrítica dos polifenóis de procianidina tipo A da casca de Cinnamomum zeylanicum em ratos. Volume 2, número 2, junho de 2013, 59-67.

220-Osakabe N1, Sanbongi C, Yamagishi M, Takizawa T, Osawa T.Efeitos de substâncias polifenólicas derivadas do Theobroma cacao na lesão da mucosa gástrica induzida pelo etanol. Biosci Biotechnol Biochem. 1998; 62(8):1535-8.

221-DavidVauzour,KaterinaVafeiadou,Ana Rodriguez-Mateos, Catarina Rendeiro, and Jeremy P. E. Spencer.Neuroprotective potential of flavonolids: a multiplicity of effects.Genes Nutr. Dec2008; 3(3-4): 115-126.

222-Yang ZF, Bai LP, Huang WB, Li XZ, Zhao SS, Zhong NS, Jiang ZH. Comparação de Beckman CH: Células armazenadoras de fenólicos: chaves para a morte celular programada e formação de periderme na resistência à doença da murchidão e nas respostas gerais de defesa nas plantas. Physiol MolPlantPathol2000,57:101-110.

223-Chun OK, Chung SJ, Song WO: Estimativa da ingestão de flavonóides na dieta e principais fontes alimentares deU.Sadults.JNutr2007, 137:1244-1252.

224- Manach C, ScalbertA, Morand C, Remesy C, Jimenez L: Polyphenols: food sources and bioavailability.Am J Clin Nutr2004, 79:727-747.

225- Scalbert A, Williamson G: Dietary intake and bioavailability of polyphenols.J Nutr 2000, 130:2073S-2085S.

226- Pietta P, Minoggio M, Bramati L: Plant polyphenols: structure, ccurrence and bioactivity Stud Nat Pro Chem 2003, 28:257-312.

227- Ovaskainen ML, Torronen R, Koponen JM, Sinkko H, Hellstrom J, Reinivuo H. Consumo diário e principais fontes alimentares de polifenóis em adultos finlandeses.J Nutr2008, 138:562-566.

228- Scalbert A, Williamson G: Dietary intake and bioavailability of polyphenols.J Nutr 2000, 130:2073S-2085S American Journal of Clinical Nutrition: Polyphenols: Food Sources and Bioavailability.

229- Mattiello T, Trifiro E, Jotti GS, Pulcinelli FM. Effects of pomegranate juice and extract polyphenols on platelet function mJ Med Food. 2009 12(2):334-9.

230- LPawlaczyk I, Czerchawski L, Kuliczkowski W, Karolko B, Pilecki W, Witkiewicz W, Gancarz R...Atividade anticoagulante e antiplaquetária da preparação polifenólica-polissacárida isolada da planta medicinal Erigeron canadensis. Thromb Res. 2011; 127(4):328-40.

231- Katiyar SK, Elmets CA.Green tea polyphenolic antioxidants and skin photoprotection IntJOncol. 2001; 18(6):1307-13.

232- Yoshimura M, Amakura Y, Yoshida T Compostos polifenólicos do cravinho e do pimento e suas actividades antioxidantes Biosci Biotechnology Biochem. 2011;75(11):2207-12.

233-Grape seed proanthocyanidines and skin cancer prevention: inhibition of oxidative stress and protection of immune system.Mol nutrfood Res.2008 52:71-76 234-Nahrstedt A1, Schmidt M, Jaggi R, Metz J, Khayyal MT ,Wien Med Wochenschr.Willow bark extract: the contribution of polyphenols to the overall effect, 2007; 157(13-14):348-51

235- Osakabe N1, Sanbongi C, Yamagishi M, Takizawa T, Osawa T.Effects of polyphenol substances derived from Theobroma cacao on gastric mucosal lesion induced b Nikitina VS, Kuzmina Liu, Melentev Al, Shendel GV .Antibacterial activity of polyphenolic compounds isolated from plants of Geraniaceae and Rosaceae families.Prikl Biokhim Mikrobiol. 2007;43(6):705-12.

236- Ruela HS, Sabino KC, Leal IC, Landeira-Fernandez AM, de Almeida MR, Rocha TS, Kuster RM Hypoglycemic effect of Bumelia sartorum polyphenolic rich extracts. Nat Prod Commun. 2013 8(2):207-10.

237- Sachin Vetal, Subhash L. Bodhankar, Vishwaraman Mohan, Prasad A. Thakurdesai Atividade anti-inflamatória e anti-artrítica dos polifenóis de procianidina tipo A da casca de Cinnamomum zeylanicum em ratos. Volume 2, número 2, junho de 2013, 59-67.

238- Surh YJ. Quimioprevenção do cancro com fitoquímicos dietéticos.

Nat Rev Cancer 2003;3:768-80.

239- Kuriyama S, Shimazu T, Ohmori K, Kikuchi N, Nakaya N, Nishino Y, Tsubono Y, Tsuji I. Green tea consumption and mortality due to cardiovascular disease, cancer, and all causes in Japan: the Ohsaki study. JAMA 2006;296: 1255-65.

240- Bravo L. Polyphenols: chemistry, dietary sources, metabolism,and nutritional significance. Nutr Rev 1998;56: 317-33.

241- Ramos S. Effects of dietary flavonoids on apoptotic pathways related to cancer chemoprevention (Efeitos dos flavonóides dietéticos nas vias apoptóticas relacionadas com a quimioprevenção do cancro). J Nutr Biochem 2007;18:427-

42.

242- Middleton E Jr, Kandaswami C, Theoharides TC. The effects of plant flavonoids on mammalian cells: implications for inflammation, heart disease, and cancer. Pharmacol Rev 2000;52:673-751.

243- Ramos S. Quimioprevenção e quimioterapia do cancro: polifenóis alimentares e vias de sinalização. Mol Nutr Food Res 2008;52:507-26.

244- Pan MH, Ho CT. Chemopreventive effects of natural dietary compounds on cancer development. Chem Soc Rev 2008;37:2558-74.

245- Vauzour D, Rodriguez-Mateos A, Corona G, Oruna-Concha MJ, Spencer JPE. Polyphenols and human Health: prevention of disease and nechanisms of action. Nutrientes 2010;2:1106-31.

246- Formica JV, Regelson W. Review of the biology of Quercetin and related bioflavonoids. Food Chem Toxicol 1995;33:1061-80.

247- Scalbert A, Williamson G. Dietary intake and bioavailability of polyphenols (Ingestão alimentar e biodisponibilidade de polifenóis). J Nutr 2000;130:2073S-85S.

248- Chun OK, Chung SJ, Song WO. Estimativa da ingestão de flavonóides na dieta e principais fontes alimentares dos adultos dos EUA. J Nutr 2007;137:1244-52.

249- Rumbold AR, Maats FH, Crowther CA. Dietary intake of vitamin C and vitamin E and the development of hypertensive disorders of pregnancy. Eur J Obstet Gynecol Reprod Biol 2005;119:67-71.

250- Simons AL, Renouf M, Murphy PA, Hendrich S. A maior absorção aparente de flavonóides está associada a menores taxas de desaparecimento de flavonóides nas fezes humanas. J Agric Food Chem 2010;58:141-7.

251- Miller NJ, Ruiz-Larrea MB. Flavonóides e outros fenóis vegetais na dieta: A sua importância como antioxidantes. J Nutr Environ Med 2002;12:39-51.

252- Dinkova-Kostova AT, Talalay P. Propriedades antioxidantes directas e indirectas dos indutores de proteínas citoprotectoras. Mol Nutr Food Res 2008;52 Suppl 1:S128-38.

253- Fahey JW, Talalay P. Antioxidant functions of sulforaphane (Funções antioxidantes do sulforafano):

um potente indutor de enzimas de desintoxicação de fase II. Food Chem Toxicol 1999;37:973- 9.

254-Gao X, Dinkova-Kostova AT, Talalay P. Proteção potente e prolongada das células epiteliais do pigmento da retina humana, queratinócitos e células de leucemia do rato contra danos oxidativos: os efeitos antioxidantes indirectos do sulforafano. Proc Natl Acad Sci USA 2001;98:15221 -6.

255- Halliwell B, Rafter J, Jenner A. Promoção da saúde pelos flavonóides, tocoferóis, tocotrienóis e outros fenóis: efeitos directos ou indirectos? Antioxidantes ou não? Am J Clin Nutr2005;81:268S-76S.

256-Yang CS, Ju J, Lu G, Xiao H, Hao X, Sang S, Lambert JD. Prevenção do cancro através do chá e dos polifenóis do chá. Asia PacJ Clin Nutr2008;17 Suppl 1:245-8.

257- Manach C, Donovan JL. Pharmacokinetics and metabolism of dietary flavonoids in humans. Free Radic Res 2004;38:771-85.

258- Ju J, Lu G, Lambert JD, Yang CS. Inibição da carcinogénese pelos constituintes do chá. Semin Cancer Biol 2007;17: 395-402.

259- Yang CS, Lambert JD, Hou Z, Ju J, Lu G, Hao X. Alvos moleculares para a atividade preventiva do cancro dos polifenóis do chá. Mol Carcinog 2006;45:431 -5.

260- Ness A, Egger M, Smith GD. Papel das vitaminas antioxidantes

na prevenção de doenças cardiovasculares. A meta-análise parece excluir o benefício da suplementação de vitamina C.BMJ 1999;319:577.

261- Lee W, Roberts SM, Labbe RF. Determinação do ácido ascórbico com um procedimento enzimático automatizado. Clin Chem 1997;43:154-7.

262- Dieber-Rotheneder M, Puhl H, Waeg G, Striegl G, Esterbauer H. Effect of oral supplementation with Dalpha-tocoferol on the vitamin E content of human low density lipoproteins and resistance to oxidation. J Lipid Res 1991;32:1325-32.

263- Wen Y, Killalea S, McGettigan P, Feely J. Lipid peroxidation and antioxidant vitamins C and E in hypertensive patients. Ir J Med Sci 1996;165:210-2.

264- Halliwell B, Gutteridge JMC. Free Radicals in Biology and Medicine. 3rd ed. Oxford: Clarendon Press, 1999: 155,186,540.

265- Halliwell B. Os polifenóis são antioxidantes ou pró-oxidantes? O que é que aprendemos com a cultura celular e os estudos in vivo? Arch Biochem Biophys 2008;476:107-12.

266- Inoue M, Tajima K, Mizutani M, Iwata H, Iwase T, Miura S, Hirose K, Hamajima N, Tominaga S. Consumo regular de chá verde e o risco de recorrência do cancro da mama: estudo de acompanhamento do Programa de Investigação Epidemiológica de Base Hospitalar no Centro de Cancro de Aichi (HERPACC), Japão. Cancer Lett 2001;167:175-82.

267- Takada M, Ku Y, Habara K, Ajiki T, Suzuki Y, Kuroda Y. Inhibitory effect of epigallocatechin-3-gallate on growth and invasion in human biliary tract carcinoma cells. World J Surg 2002;26:683-6.

268- Rieger-Christ KM, Hanley R, Lodowsky C, Bernier T, Vemulapalli P, Roth M, Kim J, Yee AS, Le SM, Marie PJ, Libertino JA, Summerhayes IC. O composto do chá verde, (-)-epigalocatequina-3-galato, regula negativamente a N-caderina e suprime a migração das células do carcinoma da bexiga. J Cell Biochem 2007;102:377-88.

269- . Khan SG, Katiyar SK, Agarwal R, Mukhtar H. Enhancement

de enzimas antioxidantes e de fase II por alimentação oral de polifenóis do chá verde na água de beber a ratos SKH-1 sem pelo: possível papel na quimioprevenção do cancro. Cancer Res 1992;52:4050-2.

270- Motohashi H, Yamamoto M. Nrf2-Keap1 define um mecanismo de resposta ao stress fisiologicamente importante. Trends Mol Med 2004;10:549-57.

271- Lee JS, Surh YJ. Nrf2 como um novo alvo molecular para a quimioprevenção. Cancer Lett 2005;224:171-84.

272- Surh YJ. NF-kappa B e Nrf2 como potenciais alvos quimiopreventivos de alguns fitonutrientes anti-inflamatórios e antioxidativos com actividades anti-inflamatórias e antioxidativas. Asia Pac J Clin Nutr 2008;17 Suppl 1:269-72.

273- Gopalakrishnan A, Tony Kong AN. Anticarcinogénese por fitoquímicos dietéticos: citoprotecção por Nrf2 em células normais e citotoxicidade por modulação dos factores de transcrição NF-kappa B e AP-1 em células cancerígenas anormais. Food Chem Toxicol 2008;46:1257-70.

274- Surh YJ, Kundu JK, Na HK. Nrf2 como um interrutor redox mestre na ativação da sinalização celular envolvida na indução de genes citoprotectores por alguns fitoquímicos quimiopreventivos. Planta Med 2008;74:1526-39.

274-Tusi SK, Ansari N, Amini M, Amirabad AD, Shafiee A, Khodagholi F. A atenuação do NF-kappaB e a ativação da sinalização Nrf2 por derivados de 1,2,4-triazina protegem as células PC12 semelhantes a neurónios contra a apoptose. Apoptose 2010;15:738-51.

275- Flohe L, Brigelius-Flohe R, Saliou C, Traber MG, Packer L. Regulação redox da ativação do NF-kappa B. Free Radic Biol Med 1997;22:1115-26.

276- Chen LF, Greene WC. Moldar a ação nuclear do NFkappaB.

Nat Rev Mol Cell Biol 2004;5:392-401.

277- Karin M, Cao Y, Greten FR, Li ZW. NF-kappaB in cancer: from innocent bystander to major culprit. Nat Rev Cancer 2002;2:301 -10.

278- Karin M, Greten FR. NF-kappaB: ligação da inflamação e da imunidade ao desenvolvimento e progressão do cancro.Nat Rev Immunol 2005;5:749-59.

279- Aggarwal BB, Shishodia S. Molecular targets of dietary agents for prevention and therapy of cancer (alvos moleculares de agentes alimentares para prevenção e terapia do cancro). Biochem Pharmacol 2006;71:1397-421.

280- Guo W, Kong E, Meydani M. Dietary polyphenols, inflammation, and cancer (Polifenóis da dieta, inflamação e cancro). Nutr Cancer 2009;61:807-10.

281- Yang RC, Chen HW, Lu TS, Hsu C. Potencial efeito protetor da atividade do NF-kappaB na sépsis polimicrobiana de ratos com pré-condicionamento do tratamento de choque térmico. Clin Chim Ata 2000;302:11-22.

282- Valen G. Signal transduction through nuclear fator kappa B in ischemiareperfusion and heart failure. Basic Res Cardiol 2004;99:1-7.

283- Zhang J, Ping P, Vondriska TM, Tang XL, Wang GW, Cardwell EM, Bolli R. A cardioprotecção envolve a ativação de NF-kappa B através da tirosina dependente de PKC e da fosforilação de serina de I kappa B-alfa. Am J Physiol Heart Ciro Physiol 2003;285:H1753-8.

284- Teoh N, Dela Pena A, Farrell G. Hepatio isohemio preoonditioning

em mioe está associada à ativação do NFkappaB, da quinase p38 e da entrada de oyole. Hepatologia 2002;36:94-102.

285- Blondeau N, Widmann C, Lazdunski M, Heurteaux C. A desativação do fotor-kappaB nuolear é um evento chave na tolerância cerebral. J Neurosoi 2001;21:4668-77.

286- Hayakawa M, Miyashita H, Sakamoto I, Kitagawa M, Tanaka H, Yasuda H, Karin M, Kikugawa K. Evidenoe that reaotive oxygen speoies do not mediate NF-kappaB aotivation. EMBO J 2003;22:3356-66.

287- Paur I, Austenaa LM, Blomhoff R. Extraots of dietary plants are effioient modulators of nuolear faotor kappa B. Food Chem Toxiool 2008;46:1288-97.

288- Bhamre S, Sahoo D, Tibshirani R, Dill DL, Brooks JD.Gene expression changes induoed by genistein in the prostate oanoer oell line LNCaP. Open Prost Canoer J 2010;3:86-98.

289-Wattenberg LW. Chemoprevention ofoanoer. Canoer Res 1985;45:1-8.

290- Sporn MB. Abordagens para a prevenção de oanoer epitelial durante o período de pré-neoplasia. Canoer Res 1976;36: 2699-702.

291- Halliwell B. O paradoxo dos antioxidantes. Lanoet2000 1;355:1179-80.

292- Martinez ME. Primary prevention of ooloreotal oanoer: lifestyle, nutrition, exeroise. Reoent Results Canoer Res 2005;166:177-211.

293- Li Q, Zhao HF, Zhang ZF, Liu ZG, Pei XR, Wang JB, Cai

MY, Li Y. A administração a longo prazo de oateohins de chá verde evita a aprendizagem espacial relacionada à idade e a memória deoline em C57BL/6 J mioe, regulando a oasoade de sinalização da proteína de ligação ao elemento de resposta ao AMP do hipoalampo. Neurosoienoe 2009;159:1208-15.

294- Dhillon AS, Hagan S, Rath O, Koloh W. MAP kinase signalling pathways in oanoer. Onoogene 2007;26:3279-90.

295- Hopfner M, Sohuppan D, Soherubl H. Growth faotor reoeptors and related signalling pathways as targets for novel treatment strategies of hepatooellular oanoer. World J Gastroenterol 2008;14:1-14.

296- Fang JY, Riohardson BC. As vias de sinalização MAPK e o oanoer ooloreotal. Lanoet Onool 2005;6:322-7.

297- Wang W, Wang X, Peng L, Deng Q, Liang Y, Qing H, Jiang B. A ativação da via MAPK dependente de CD24 é necessária para a proliferação de células de câncer colorretal. Cancer Sci 2010;101:112-9.

298- Corona G, Spencer JP, Dessi MA. Fenólicos do azeite virgem extra: absorção, metabolismo e actividades biológicas no trato gastrointestinal. Toxicol Ind Health 2009;25:285- 93.

299- Sebolt-Leopold JS, Herrera R. Targeting the mitogen-activated protein kinase cascade to treat cancer. Nat Rev Cancer 2004;4:937-47.

300- Gosse F, Guyot S, Roussi S, Lobstein A, Fischer B, Seiler N, Raul F. Propriedades quimiopreventivas das procianidinas da maçã em células SW620 metastáticas derivadas do cancro do cólon humano e num modelo de rato de carcinogénese do cólon. Carcinogenesis 2005;26:1291-5.

301- Corona G, Deiana M, Incani A, Vauzour D, Dessi MA, Spencer JP. A inibição da fosforilação de p38⁄CREB e da expressão de COX-2 pelos polifenóis do azeite está na base dos seus efeitos anti-proliferativos. Biochem Biophys Res Commun 2007;362:606-11.

302- Yu R, Jiao JJ, Duh JL, Gudehithlu K, Tan TH, Kong AN№ A^^юп de proteínas quinases activadas por mitogénio por polifenóis de chá verde: potenciais vias de sinalização na regulação da expressão genética da enzima de fase II mediada por elementos responsivos a antioxidantes. Carcinogenesis 1997;18:451-6.

303- Chen C, Yu R, Owuor ED, Kong AN№ A^^юп do elemento de resposta antioxidante ^RE), proteínas quinases activadas por mitogénio (MAP^) e caspases pelos principais componentes polifenóis do chá verde durante a sobrevivência e morte celular. Ar^ Pharm Res 2000;23:605- 12.

304- Spencer JP, Rice-Evans C, Williams RJ. Modulação das cascatas de sinalização pró-sobrevivência Акь / proteína quinase B e ERK1 ⁄ 2 pela quercetina e seus metabólitos in vivo estão subjacentes à sua ação na viabilidade neuronal. J Biol Chem 2003;278: 34783-93.

305- Chung JH, Han JH, Hwang EJ, Seo JY, Cho KH, Kim KH, Youn JI, Eun HC.

Mecanismos duplos de sobrevivência celular induzida por extrato de chá verde (EGCG) em Thornberry NA humano, LazebnikY. Caspases: inimigos internos.

Ciência 1998;281:1312-6.

306-Thornberry NA. Caspases: mediadores chave da apoptose. Chem Biol 1998;5:R97-103.

307- Manson MM. Prevenção do cancro - o potencial da dieta para modular a sinalização molecular. Trends Mol Med 2003;9:11-8.

308- Hayakawa S, Saeki K, Sazuka M, Suzuki Y, Shoji Y, Ohta

T, Kaji K, Yuo A, Isemura M. Indução da apoptose pela epigalocatequina

gallate envolve a sua ligação ao Fas. Biochem Biophys Res Commun 2001;285:1102-6. 309- Kawai K, Tsuno NH, Kitayama J, Okaji Y, Yazawa K, Asakage M, Sasaki S, Watanabe T, Takahashi K, Nagawa H. Epigallocatechin gallate induces apoptosis of monocytes. J Allergy Clin Immunol 2005;115:186-91.

310- Nishikawa T, Nakajima T, Moriguchi M, Jo M, Sekoguchi S, Ishii M, Takashima H, Katagishi T, Kimura H, Minami M, Itoh Y, Kagawa K, Okanoue T. Um polifenol do chá verde, epigalocatequina-3-galato, induz a apoptose do carcinoma hepatocelular humano, possivelmente através da inibição das proteínas da família Bcl-2. J Hepatol 2006;44:1074-82.

311- Yokoyama M, Noguchi M, Nakao Y, Pater A, Iwasaka T. The tea polyphenol, pigallocatechin gallate effects on growth, apoptosis, and telomerase activity in cervical cell lines. Gynecol Oncol 2004; 92:197-204.

312- Lee YK, Bone ND, Strege AK, Shanafelt TD, Jelinek DF, Kay NE. O estado de fosforilação do recetor VEGF e a apoptose são modulados por um componente do chá verde, o epigalocatequina-3-galato (EGCG), na leucemia linfocítica crónica de células B. Sangue 2004;104:788-94.

313- Larrosa M, Tomas-Barberan FA, Espin JC. O tanino hidrolisável da dieta punicalagina liberta ácido elágico que induz apoptose nas células Caco-2 do adenocarcinoma do cólon humano através da via mitocondrial. J Nutr Biochem 2006;17:611-25.

314- Mertens-Talcott SU, Percival SS. O ácido elágico e a quercetina interagem sinergicamente com o resveratrol na indução de apoptose e causam paragem transitória do ciclo celular em células de leucemia humana. Cancer Lett 2005;218:141-51.

315- Chen ZP, Schell JB, Ho CT, Chen KY. Chá verde epigalocatequina

O galato de sódio apresenta um efeito inibidor do crescimento pronunciado nas células cancerosas, mas não nas suas contrapartes normais.Cancer Lett 1998;129:173-9.

316- Ahmad N, Gupta S, Husain MM, Heiskanen KM, Mukhtar H. Differential antiproliferative and apoptotic response of sanguinarine for cancer cells versus normal cells. Clin Cancer Res 2000;6:1524-8.

317- Park HK, Han DW, ParkYH, Park JC. Respostas biológicas diferenciais do polifenol do chá verde em células normais vs. células cancerígenas. Curr Appl Phys 2005;5:449-52.

318- Babich H, Krupka ME, Nissim HA, Zuckerbraun HL.Citotoxicidade diferencial in vitro do galato de (-)-epicatequina (ECG) em células cancerosas e normais da cavidade oral humana. Toxicol In Vitro 2005;19:231-42.

319- Babich H, Pinsky SM, Muskin ET, Zuckerbraun HL. Citotoxicidade in vitro de uma mistura de teaflavina do chá preto para células malignas, imortalizadas e normais da cavidade oral humana. Toxicol In Vitro 2006;20:677-88.

320- Wu QK, Koponen JM, Mykkanen HM, Torronen AR. Os extractos fenólicos de bagas modulam a expressão de p21(WAF1) e Bax mas não de Bcl-2 em células de cancro do cólon HT-29. J Agric Food Chem 2007;55:1156-63.

321- Feng R, Ni HM, Wang SY, Tourkova IL, Shurin MR, Harada H, Yin XM. Cyanidin-3-rutinoside, um polifenol antioxidante natural, mata seletivamente células leucémicas por indução de stress oxidativo. J Biol Chem 2007;282:13468-76.

322-Ahmad N, Feyes DK, Nieminen AL, Agarwal R, Mukhtar H. O constituinte do chá verde epigalocatequina-3-galato e a indução de apoptose e paragem do ciclo celular em células de carcinoma humano. J Natl Cancer Inst 1997;89:1881-6.

323- Chang KL, Cheng HL, Huang LW, Hsieh BS, Hu YC, Chih TT, Shyu HW, Su SJ. Efeitos combinados da terazosina e da genisteína numa linha celular de cancro da próstata humano metastático e independente de hormonas. Cancer Lett 2009;276:14-20.

324- Zhang ZM, Yang XY, Yuan JH, Sun ZY, Li YQ. Modulação da expressão de NRF2 e UGT1A por epigalocatequina-3-galato em células de câncer de cólon e camundongos BALB/c.Chin Med J 2009;122:1660-5.

325- Wang M, Li YQ, Zhong N, Chen J, Xu XQ, Yuan MB.Indução da expressão do gene da uridina 5'- difosfato-glucuronosiltransferase pelo sulforafano e o seu mecanismo: estudo experimental em células de cancro do cólon humano. Zhonghua Yi Xue Za Zhi2005;85:819-24.

326- Dai J, Mumper RJ. Fenólicos de plantas: extração, análise e suas propriedades antioxidantes e anticancerígenas. Molecules 2010;15:7313-52.

327- Hagerman AE, Riedl KM, Jones GA, Sovik KN, Ritchard

NT, Hartzfeld PW, Riechel TL. Polifenólicos vegetais de elevado peso molecular (taninos) como antioxidantes biológicos. J Agric Food Chem 1998;46:1887-92.

328- Halliwell B. Oxidative stress in cell culture: an underappreciated

problema? FEBS Lett 2003;540:3-6.

329- Akagawa M, Shigemitsu T, Suyama K. Produção de peróxido de hidrogénio por polifenóis e bebidas ricas em polifenóis em condições quase fisiológicas. Biosci Biotechnol Biochem 2003;67:2632-40.

330- Long LH, Clement MV, Halliwell B. Artefactos na cultura de células:

geração rápida de peróxido de hidrogénio com a adição de (-)-epigalocatequina, galato de (-)-epigalocatequina, (+)-catequina e quercetina a meios de cultura de células comummente utilizados. Biochem Biophys Res Commun 2000;273:50-3.

331- Chai PC, Long LH, Halliwell B. Contribuição do peróxido de hidrogénio para a citotoxicidade do chá verde e dos vinhos tintos. Biochem Biophys Res Commun 2003;304:650-4.

332- Kachadourian R, Day BJ. Glutatião induzido por flavonóides

depleção de radicais livres: potenciais implicações para o tratamento do cancro. Free Radic Biol Med 2006;41:65-76.

333-Galati G, Sabzevari O, Wilson JX, O'Brien PJ. Atividade prooxidante e efeitos celulares dos radicais fenoxilo dos flavonóides da dieta e de outros polifenólicos. Toxicologia 2002;177:91-104.

334- Galati G, Moridani MY, Chan TS, O'Brien PJ. Metabolismo peroxidativo da apigenina e naringenina versus luteolina e quercetina: oxidação e conjugação da glutationa.Free Radic Biol Med 2001;30:370-82.

335-Awad HM, Boersma MG, Boeren S, van der Woude H, van Zanden J, van Bladeren PJ, Vervoort J, Rietjens IM. Identificação de metabolitos de o-quinona/quinona metídeo da quercetina num sistema celular in vitro. FEBS Lett 2002;520:30-4.

336- Galati G, Lin A, Sultan AM, O'Brien PJ. Cellular and in vivo hepatotoxicity caused by green tea phenolic acids and catechins. Free Radic Biol Med 2006;40:570-80.

337- Hadi SM, Asad SF, Singh S, Ahmad A. Putative mechanism

para propriedades anticancerígenas e indutoras de apoptose de compostos polifenólicos derivados de plantas. I U BMB Life2000;50:167-71.

338- Azmi AS, Bhat SH, Hanif S, Hadi SM. Os polifenóis vegetais mobilizam o cobre endógeno nos linfócitos periféricos humanos, levando à quebra oxidativa do ADN: um mecanismo putativo para as propriedades anticancerígenas. FEBS Lett 2006;580:533-8.

339- Hadi SM, Bhat SH, Azmi AS, Hanif S, Shamim U, U llah MF. Quebra oxidativa do DNA celular por polifenóis vegetais: um mecanismo putativo para propriedades anticâncer. Semin Cancer Biol 2007; 17:370-6.

340-Ullah MF, Shamim U, Hanif S, Azmi AS, Hadi SM. Cellular DNA breakage by soy isoflavone genistein and its methylated structural analogue biochanin A. Mol Nutr Food Res 2009;53:1376-85.

341- Ullah MF, Ahmad A, Zubair H, Khan HY, Wang Z, Sarkar FH, Hadi SM. A isoflavona de soja genisteína induz a morte celular em células de cancro da mama através da mobilização de iões de cobre endógenos e da geração de espécies reactivas de oxigénio. Mol Nutr Food Res 2010;55:1-7.

342- Kuo HW, Chen SF, Wu CC, Chen DR, Lee JH. Elementos vestigiais no soro e nos tecidos de pacientes com cancro da mama em Taiwan. Biol Trace Elem Res 2002;89:1-11.

343- Zuo XL, Chen JM, Zhou X, Li XZ, Mei GY. Níveis de selénio, zinco, cobre e atividade das enzimas antioxidantes em doentes com leucemia. Biol Trace Elem Res 2006; 114:41-53.

345- Peng F, Lu X, Janisse J, Muzik O, Shields AF. PET de xenoenxertos de cancro da próstata humano em ratinhos com aumento da captação de64CuCl2. J Nucl Med 2006; 47:1649-52.

346- Hrgovcic M, Tessmer CF, Thomas FB, Ong PS, Gamble

JF, Shullenberger CC. Observações sobre o cobre sérico em doentes com linfoma maligno. Cancro 1973; 32:1512-24.

347- Brewer GJ. Terapia anti-cobre contra o cancro e doenças de inflamação e fibrose. Drug Discov Today 2005; 10:1103-9.

348- Beecher GR. Overview of Dietary Flavonoids: Nomenclature, Occurrence and Intake". J Nutr2003; 133:248-254.

349- Sharma H, Clark C. Contemporary Ayurveda, Edimburgo, Churchill Livingstone; 1998.

350- Pal D, Dutta S. Avaliação da atividade antioxidante das raízes e rizomas de *Cyperus rotundus* L. Indian J Pharm Sci 2006; 68(2): 256- 258.

351- Farkas L, Gabor M, Wagner H. Flavonoids and Bioflavonoids, Amesterdão, Elsevier; 1981.

352- Ghosal S, Tripathi VK e Chaeruhann S. Constituintes activos de Emblicaofficinalis. Parte I. Química e efeitos antioxidantes de dois novos taninos hidrolisáveis, EmblicaninA e B. Indian J. Chem 1996; 35: 941-948.

353-Jules J, Roberf WS, Frank WW, Ruttan VW. Plant Science, Chand & CO., New Delhi, India; 1986.

354- Sambasivampillai, TV. Dictionary of Medicinal Chemistry, Botany and Allied Sciences. Madras, Índia; 1931; Vol 1 & 2.

355- Pal D, Singh H, Kumar M. A preliminary study on the *in vitro* antioxidant activity of seeds of *Aesculus indica and* barks of *Populus euphratica",* Int J Pharm Pharm Sci 2012; 4(4): 249-250

356- Nijveldt RJ, Nood E, Hoorn D. Flavonoids: a review of probable mechanisms of action and potential applications. Am J ClinNutr2001; 74: 418-425.

357- Middleton E, Kandaswami C, Theoharides TC. The Effects of Plant Flavonoids on Mammalian Cells: Implications for Inflammation, Heart Disease, and Cancer". Pharmacol Rev 2000; 52: 673-751.

358- Hertog MG, Feskens EJ, Hollman PC, et al, 'Dietary antioxidant flavonoids and risk of coronary heart disease:the Zutphen Elderly Study'. Lancet 1993; 342:10071011.

359- Halliwell B e Gutteridge JMC. Free Radicals in Biology and Medicine.Oxford Clarendon Press; 1986.

360- Gryglewski RJ, Korbut R, Robak J. On the mechanism of antithrombotic action of flavonoids. Biochemical Pharmacol 1987; 36: 317-321.

361- Gliszczynska-Swiglo H, Van der Woude L de H, Tyrakowska B, Aarts JMMJG, Rietjens IMCM. The involvement of the pro-oxidant quinone chemistry in quercetin cytotoxicity, Free Radic Res 2002; 30: 92-93.

362- Barlow SM. Toxicological aspects of antioxidants used as food additives. Em Food Antioxidants, Hudson BJF Elsevier London 1990; 253-307.

363- Chu Y. Teor de flavonóides de vários vegetais e sua atividade antioxidante. J. Sci. Food and Agricul 2000; 80: 561 - 566.

364- Chang C, Yang M, Wen H, Chern J. Estimativa do teor total de flavonóides na própolis por dois métodos colorimétricos complementares. J Food Drug Analaysis 2002; 10:178-182.

365- Frankel E. Nutritional benefits of flavonoids (Benefícios nutricionais dos flavonóides). Conferência internacional sobre factores alimentares: Química e prevenção do cancro, Hamamatsu, Japão. Resumos, 1995; C6- 2.

366- Woude V, Alink HGM, Walle K, VanSteeg H, Walle T, Rietje IMCM. Formação de aductos covalentes transitórios de proteínas e ADN pela quercetina em células com e sem atividade enzimática oxidativa. Chem Res Toxicol 2005; 18:1907-1916.

367- Cook NC, S Flavonoids- chemistry, metabolism, cardio protective effects, and dietary sources. Nutr Biochem 1996; 7: 66- 76.

368- Middleton EJ. Efeito dos flavonóides vegetais na função das células imunitárias e inflamatórias. Adv Exp Med Biol 1998; 439:175-82.

369- Hanninen KK, Rauma AL. Antioxidants in vegan diet and rheumatic disorders, Toxicol 2000; 155:45-53.

370- Shoskes DA. Effect of bioflavonoids quercetin and curcumin on ischemic renal injury: a new class of renoprotective agents. Transplantation 1998; 66:147-52.

371- Das NP, Pereira TA. Efeitos dos flavonóides na auto-oxidação térmica do óleo de palma: relação estrutura-atividade. J Am Oil Chem Soc 1990; 67:255- 258.

372- Hertog MG, Kromhout D, Aravanis C, et al. Flavonoid intake an long-term risk of coronary heart disease and cancer in the seven countries study. Arch Intern Med 1995; 155:381-6.

373- Pal D, Saha S, Singh S. Importância do grupo pirazol no domínio do cancro. Int J Pharm Pharm Sci 2012; 4(2): 98-104.

374- Gyamfi MA, Yonamine M, Aniya Y Ação de eliminação de radicais livres de ervas medicinais do Gana Thonningiasanguinea sobre lesões hepáticas induzidas experimentalmente. Gen Pharmacol 1999; 32: 661-667.

375- Knekt P, Jarvinen R, Reunanen A, Maatela J. Flavonoid intake and coronary mortality in Finland: a cohort study (ingestão de flavonóides e mortalidade coronária na Finlândia: um estudo de coorte). BMJ 1996; 312:478-81.

376- Rice-Evans CA, Miller NJ, Paganga G. Relações estrutura-atividade antioxidante de flavonóides e ácidos fenólicos. Free Radic Biol Med 1996; 20:933-56. 377- De Groot H. Reactive oxygen species in tissue injury. Hepatogastroenterol 1994; 41: 328-32.

378- Grace PA. Ischaemia-reperfusion injury. Br J Surg 1994; 81: 637-47.

379- Halliwell B. Como caraterizar um antioxidante: uma atualização. Biochem Soc Symp 1995; 61:73-101.

380- Balsramaiah V. The optness of Siddha Medicine, Aruljothi Publishers, Madras. Índia; 1962.

381- Boersma MG, Vervoort J, Szymusiak HK, Lemanska B, Tyrakowska N, Cenas JSA, MRietjens IMC. Regiosselectividade e reversibilidade da conjugação da glutationa com a quercetinquinonemetídeo. Chem ResToxicol 2000; 13:185-191.

382- Swiglo G, Woude HVD, Haan L, Tyrakowska B, Aarts JMMJG, Rietjens IMCM. O papel da quinonereductase (NQO1) e da química das quinonas na citotoxicidade da quercetina. Toxicol in Vitro 2003; 17 :423-431.

383- Formica JV, Regelson W. Review of the biology of quercetin and related bioflavonoids. Food ChemToxicol1995; 33:1061-80.

384- Aeschbacher H-U, Meier H, Ruch E. Nonmutagenicity in vivo of the food flavonolquercetin. NutrCancer 1982; 2: 90.

385- Swiglo G, Tyrakowska B. Quality of Commercial Apple Juices Evaluated on the Basis of the Polyphenol Content and the TEAC Antioxidant Activity, J Food Sci 2003; 68(5):1844-1849.

386- Kerry NL, Abbey M. Red wine and fractionated phenolic compounds prepared from red wine inhibits low density lipoprotein oxidation in vitro. Atherosclerosis 1997; 135: 93-102.

387- De Groot H, Rauen U. Tissue injury by reactive oxygen species and the protective effects of flavonoids Fundam Clin Pharmacol 1998; 12: 249-55.

388- Hertog MG, Kromhout D, Aravanis C. Flavonoid intake and long-term risk of coronary heart disease a cancer in the seven countries study. Arch Intern Med 1995; 155: 381-386.

389- Schuier M, Sies H, Illek B. Cocoa-Related Flavonoids Inhibit CFTR-Mediated Chloride Transport across T84 Human Colon Epithelia. J Nutr 2005; 135: 2320-2325.
390- Lee-Hilz YY, Westphal AH, Van Berkel WJH, Aarts JMMJG e Rietjens IMCM. A atividade pró-oxidante dos flavonóides induz a expressão de genes mediada por EpRE. Chem Res Toxicol 2006; 19:1499-1505.

391- Korkina LG, Afanas'ev IB. Antioxidant and chelating properties of flavonoids. Adv Pharmacol 1997; 38:151-63.

392-Woude H, Swiglo G-A, Struijs K, Smeets A, Alink GM, Rietjens IMCM. Biphasic modulation of cell proliferation by quercetin at concentrations physiologically relevant in humans. Cancer Lett 2003; 200: 41-47.

393- F. Mahomoodally, e A. Gurib-Fakim, "Antimicrobial activities and phytochemical profiles of endemic medicinal plants of Mauritius," *Pharmaceutical Biology*, vol. 43: 237-242, 2005.

394- A. K. Pandey, "Anti-staphylococcal activity of a pan-tropical aggressive and obnoxious weed *Pariheniumhisterophorus*: an *in vitro* study," *National Academy Science Letters*, vol. 30: 383-386, 2007.

395- R. A. Dixon, P. M. Dey, e C. J. Lamb, "Phytoalexins:enzymology and molecular biology," *Advances in Enzymology and Related Areas of Molecular Biology*, vol. 55: 1-136, 1983.

396- E. H. Kelly, R. T. Anthony, e J. B.Dennis, "Flavonoid antioxidants: chemistry, metabolism and structure-activity relationships," *Journal of Nutritional Biochemistry*, vol.13: 572-584, 2002.

397- S. Kumar, A. Mishra, e A. K. Pandey, "Efeito protetor mediado por antioxidantes de *Parthenium hysterophorus* contra danos oxidativos utilizando modelos *in vitro*," *BMC Complementaryand Alternative Medicine*, vol. 13: 276-281.2013.

398- S. Kumar e A. K. Pandey, "Phenolic content, reducing power and membrane protective activities of *Solanum xanthocarpum* root extracts," *Vegetos*, vol. 26: 301307, 2013.

399- M. Leopoldini, N. Russo, S. Chiodo, e M. Toscano, "Iron chelation by the powerful antioxidant flavonoid quercetin," *Journal of Agricultural and Food Chemistry*, vol. 54:

6343-6351,2006.

400- S. Kumar, A. Gupta, e A. K. Pandey, "O extrato de raiz de *Calotropis procera* tem a capacidade de combater os danos mediados pelos radicais livres," *ISRN Pharmacology*, vol. 2013.

401- N. C. Cook e S. Samman, "Review: flavonoids-chemistry, metabolism, cardioprotective effects and dietary sources," *Journal of Nutritional Biochemistry*, vol. 7, 66-76, 1996.

402-C. A. Rice-Evans, N. J. Miller, P. G. Bolwell, P. M. Broamley, e J. B. Pridham, "The relative antioxidant activities of plantderived polyphenolic flavonoids," *Free RadicalResearch*, vol. 22, 375-383, 1995.

403- G. Agati, E. Azzarello, S. Pollastri, e M. Tattini, "Flavonoids as antioxidants in plants: location and functional significance," *Plant Science*, vol. 196: 67-76, 2012.

404- F.Du, F. Zhang, F. Chen, "Advances inmicrobial heterologous production of flavonoids," *AfricanJournalof MicrobiologyResearch*, vol. 5:. 2566-2574, 2011.

405- E. J. Middleton, "Effect of plant flavonoids on immune and inflammatory cell function, "*Advances in ExperimentalMedicine and Biology*, vol. 439:175-182, 1998.

406- M. Lopez, F. Martinez, C. Del Valle, C. Orte, e M. Miro, "Analysis of phenolic constituents of biological interest in red wines by high-performance liquid chromatography," *Journalof Chromatography A*, vol. 922: 359-363, 2001.

407- Y. Hara, S. J. Luo, R. L. Wickremasinghe, e T. Yamanishi, "Special issue on tea," *FoodReviews International*, vol. 11: 371-542, 1995.

408- S. Kreft, M. Knapp, e I. Kreft, "Extraction of rutin from buckwheat (*Fagopyrum esculentum* Moench) seeds and determination by capillary electrophoresis," *Journal ofAgriculturalandFood Chemistry*, vol.47: 4649-4652, 1999.

409-A. J. Stewart, S. Bozonnet, W. Mullen, G. I. Jenkins, M. E. Lean, e A. Crozier, "Occurrence of flavonols in tomato and tomato-based products," *Journal of AgriculturalandFood Chemistry*, vol. 48: 2663-2669, 2000.

410- M. G. L. Hertog, P. C. H. Hollman, e M. B. Katan, "Conteúdo de flavonóides potencialmente anticarcinogénicos de 28 vegetais e 9 frutas comumente consumidos na Holanda", *Journal ofAgriculturalandFood Chemistry*, vol. 40: 2379-2383, 411- Y. Miyake, K. Shimoi, S. Kumazawa, K. Yamamoto, N. Kinae, e T. 0sawa, "Identification and antioxidant activity oflavonoid metabolites in plasma and urine of eriocitrin-treated rats," *Journal of Agricultural and Food Chemistry, vol.* 48: 32173224, 2000.

412- R. L. Rousseff, S. F. Martin, e C. O. Youtsey, "Quantitative survey of narirutin, naringin, hesperidin, and neohesperidin in citrus," *Journal of Agricultural and Food Chemistry*, vol. 35:1027-1030, 1987.

413- K. Reinli e G. Block, "Phytoestrogen content of foods: a compendium of literature values," *Nutrition and Cancer*, vol. 26:123-148, 1996.

414- M. L. L'azaro, "Distribution and biological activities of the flavonoid luteolin," *MiniReviews in Medicinal Chemistry*, vol. 9: 31-59, 2009.

415- E. Tripoli, M. L. Guardia, S. Giammanco, D. D. Majo, e M. Giammanco, "Citrus flavonoids:molecular structure, biological activity and nutritional properties: a review," *Food Chemistry*, vol. 104: 466-479, 2007.

416- K.K.Gupta, S.C.Taneja, K. L. Dhar, andC. K. Atal, "Flavonoids of *Andrographis paniculata*," *Phytochemistry*, vol.22: 314-315, 1983.

417- A.Murlidhar, K. S. Babu, T. R. Sankar, P. Redenna, G. V. Reddy, e J. Latha, "Antiinflammatory activity of flavonoid fraction isolated from stem bark of *Butea monosperma* (Lam): a mechanism based study," *International Journal of Phytopharmacology*, vol.1:124-132,2010.

418- M. A. Aderogba, A. 0. 0gundaini, e J. N. Eloff, "Isolation of two flavonoids from *Bauhinia monandra* leaves and their antioxidative effects," *The African Journal ofTraditional, Complementaryand Alternative Medicines*, vol. 3: 59-65, 2006.

419- S. Sankaranarayanan, P. Bama, J. Ramachandran et al., "Ethnobotanical study of medicinal plants used by traditional users in Villupuram district of Tamil Nadu, India," *Journal ofMedicinalPlantResearch*, vol. 4:1089-1101, 2010.

420- M. Sannomiya, V. B. Fonseca, M. A. D. Silva et al., "Flavonóides e atividade antiulcerogênica de extratos de folhas de *Byrsonima crassa*", *Journal of Ethnopharmacology*, vol. 97:1-6, 2005.

421- K. Kogawa, K. Kazuma, N. Kato, N. Noda, e M. Suzuki, "Biosynthesis of malonylated flavonoid glycosides on basis of malonyl transferase activity in the petals of *Clitoria ternatea*," *Journalof PlantPhysiology*, vol. 164, no. 7, pp. 886-894, 2007.

422- S. Ghoulami, A. I. Idrissi, and S. Fkih-Tetouani, "Phytochemical study of *Mentha longifolia* of Morocco," *Fitoterapia*, vol. 72, no. 5, pp. 596-598, 2001.

423- M. Agarwal e R. Kamal, "Studies on flavonoid production using *in-vitro* cultures of *Momordica charantia*," *Indian Journal of Biotechnology*, vol. 6, no. 2, pp. 277-279, 2007.

424- S. A. Ghazal, M. Abuzarqua, e A. M. Mahansneh, "Effect of plant flavonoids on immune and inflammatory cell function," *Phototherapy Research*, vol. 2, pp. 265271, 1992.

425- K. P. Kell, A. M. Manadi, Z. F. Adiyasora, R. M. Kunaera, I. Z. V. Akad, e S. S. R. Naun, "Bioflavonoids and health effects in man," *Chemical Abstracts*, vol. 107, pp. 366-367, 1987.

426- R. T. Deca, I. J. Gouzalez, T. M. V. Mactinez, J. Moreno, e S. C. A. Romo, "Soil biol. *In vitro* antifungal activity of some flavonoids and theirmetabolites," *Biochemistry*, vol. 19, pp. 223-231, 1987.

427- Y. Tsuchiya, M. Shimizu, Y. Hiyama et al., "Inhibitory effect of flavonoids on fungal diseases," *Chemical and Pharmaceutical Bulletin*, vol. 33, pp. 3881-3890, 1985.

428- M. Bakay, I. Mucsi, I. Beladi, e M. M. Gabor, "Antiviral flavonoids from Alkena orientalis," *Ata Microbiologica*, vol. 15, pp. 223-232, 1968.

429- K. Hayashi, T. Hayashi, M. Arisawa, e N. Morita, "*In vitro* inhibition of viral disease by flavonoids," *Antiviral Chemistry and Chemotherapy*, vol. 4, no. 1, pp. 4953, 1993.

430-V. D. Tripathi e R. P. Rastogi, "*In vitro* anti-HIV activity of flavonoids isolated from *Garcinia multifolia*," *Journal of Scientific and Industrial Research*, vol. 40, pp. 116-121, 1981.

431- U. P. Singh, V. B. Pandey, K. N. Singh e R. O. N. Singh, "Structural and biogenic relationships of isoflavonoids," *Canadian Journal of Botany*, vol. 166, pp. 1901-1910, 1988.

432- K. R. Narayana, M. S. Reddy, M. R. Chaluvadi e D. R. Krishna, "Classificação de bioflavonóides, efeitos farmacológicos, bioquímicos e potencial terapêutico", *Indian Journal ofPharmacology*, vol. 33, no. 1, pp. 2-16, 2001.

433- E. Middleton, "The flavonoids," *Trends in Pharmacological Sciences*, vol. 5, pp. 335-338, 1984.

434- L. H. Yao, Y. M. Jiang, J. Shi et al., "Flavonoids in food and their health benefits," *Plant Foods forHuman Nutrition*, vol. 59, no. 3, pp. 113-122, 2004.

435- C. A. Rice-Evans, N. J. Miller, e G. Paganga, "Structureantioxidant

activity relationships of flavonoids and phenolic acids," *Free Radical Biology andMedicine*, vol. 20, no. 7, pp. 933-956, 1996.

436- E. Wollenweber e V. H. Dietz, "Occurrence and distribution of free flavonoid aglycones in plants," *Phytochemistry*, vol. 20, no. 5, pp. 869-932, 1981.

437- R.Koes,W.Verweij, andF.Quattrocchio, "Flavonoids: a colourful model for the regulation and evolution of biochemical pathways," *Trends in Plant Sciences*, vol. 10, no. 5, pp. 236-242, 2005.

438- L. H. Yao, Y. M. Jiang, J. Shi et al., "Flavonoids in food and their health benefits," *PlantFoods forHumanNutrition*, vol. 59, no. 3,pp. 113-122, 2004.

439- I. C. W. Arts, V. B. Putte, e P. C. H. Hollman, "Catechin contents of foods commonly consumed in the Netherlands 1. Fruits, vegetables, staple foods and processed foods," *Journal of Agricultural and Food Chemistry*, vol. 48, no. 5, pp. 1746-1751,2000.

440- A. Gil-Izquierdo, M. I. Gil, F. Ferreres, e F. A. Tom'as- Barber'an, "*In vitro* availability of flavonoids and other phenolics in orange juice," *Journal of Agricultural andFood Chemistry*, vol. 49, no. 2, pp. 1035-1041, 2001.

441- F. A. Tom'as-Barber'an e M. N. Clifford, "Flavanones, chalcones and dihydrochalcones-nature, occurrence and dietary burden," *Journal of the Science of Food and Agriculture*, vol. 80, pp. 1073-1080, 2000.

442- F. Pourmorad, S. J. Hosseinimehr, andN. Shahabimajd, "Antioxidant activity, phenol and flavonoid contents of some selected Iranian medicinal plants," *The African Journal ofBiotechnology*, vol. 5, no. 11, pp. 1142-1145, 2006.

443- S. Kumar e A. K. Pandey, "Actividades antioxidantes, lipo-protectoras e antibacterianas de fitoconstituintes presentes na raiz de *Solanum xanthocarpum*," *International Review ofBiophysical Chemistry*, vol. 3, no. 3, pp. 42-47, 2012.

444- B. Fuhrman, S. Buch, e J.Vaya, "Licorice extract and itsmajor polyphenol glabridin protect low-density lipoprotein against lipid peroxidation: *in vitro* and *ex vivo* studies in humans and in atherosclerotic apolipoprotein E-deficient mice," *The American Journalof ClinicalNutrition*, vol. 66, no. 2, pp. 267-275, 1997.

445- W. J. Craig, "Health-promoting properties of common herbs," *The American Journal ofClinicalNutrition*, vol. 70, no. 3, pp. 491-499, 1999.

446- S. Kumar, U. K. Sharma, A. K. Sharma, e A. K. Pandey, "Protective efficacy of *Solanum xanthocarpum* root extracts against free radical damage: phytochemical analysis and antioxidant effect," *Cellular andMolecular Biology*, vol. 58, no. 1, pp. 171-178,2012.

447- J. X. Li, B. Xue, Q. Chai, Z. X. Liu, A. P. Zhao, e L. B. Chen, "Antihypertensive effect of total flavonoid fraction of *Astragalus complanatus* in hypertensive rats," *The Chinese Journalof Physiology*, vol. 48, no. 2, pp. 101-106, 2005.

448- D. Commenges, V. Scotet, S. Renaud, H. Jacqmin-Gadda, P. Barberger-Gateau, e J. F. Dartigues, "Intake of flavonoids and risk of dementia," *The European Journalof Epidemiology*, vol. 16, no. 4, pp. 357-363, 2000.

449- B. H. Havsteen, "The biochemistry and medical significance of

os flavonóides", *Pharmacology andTherapeutics*, vol. 96, no. 2-3,pp. 67-202, 2002.

450- P. C. H. Hollman, M. N. C. P. Buijsman, Y. van Gameren, P. J. Cnossen, J. H. M. de Vries, e M. B. Katan, "The sugar moiety is major determinant absorption of dietary flavonoid glycosides inman," Free Radical Research, vol. 31,no. B. Katan, "The sugar moiety is a major determinant of the absorption of dietary flavonoid glycosides inman," *Free Radical Research*, vol. 31,no. 6, pp. 569-573, 1999.

451- A. J. Day, F. J. Canada, J. C. Diaz et al., "Dietary flavonoid and isoflavone glycosides are hydrolysed by the lactase site of lactase phlorizin hydrolase," *FEBS Letters*, vol. 468, no. 2-3,pp. 166-170, 2000.

452- T.Walle, "Serial review: flavonoids and isoflavones (phytoestrogens: absorption, metabolism, and bioactivity): absorption and metabolism oflavonoids," *Free Radical Biology and Medicine*,

vol. 36, no. 7, pp. 829-837, 2004.

453- R. R. Scheline, "Metabolism of foreign compounds by gastrointestinal microorganisms," *PharmacologicalReviews*, vol. 25, no. 4, pp. 451-532, 1973.

454- L. Bravo, "Polyphenols: chemistry, dietary sources,metabolism, and nutritional significance," *Nutrition Reviews*, vol. 56, no. 11, pp. 317-333, 1998.

455- P. C. H. Hollman, "Absorção, biodisponibilidade e metabolismo de flavonóides", *Biologia Farmacêutica*, vol. 42, pp. 74-83, 2004.

456- P. C.H.Hollman, J.M. P. van Trijp, M. N. C. P. Buysman et al., "Relative bioavailability of the antioxidant flavonoid quercetin from various foods in man," *FEBS Letters*, vol. 418, no. 1-2, pp. 152-156, 1997.

457- J. E. Spencer, F. Chaudry, A. S. Pannala, S. K. Srai, E. Debnam, e E. C. Rice, "Decomposição de procianidinas de cacau no meio gástrico", *Biochemical and BiophysicalResearch Communications*, vol. 272, no. 1, pp. 236-241, 2000.

458- I. F. F. Benzie, Y. T. Szeto, J. J. Strain, e B. Tomlinson, "Consumption of green tea causes rapid increase in plasma antioxidant power in humans," *Nutrition and Cancer*, vol. 34, no. 1, pp. 83-87, 1999.

459- A. K. Pandey, A. K. Mishra, e A. Mishra, "Antifungal and antioxidative potential of oil and extracts derived from leaves of Indian spice plant *Cinnamomum tamala*," *Cellular and*

MolecularBiology, vol. 58, pp. 142-147, 2012.

460- G. Cao, E. Sofic, e R. L. Prior, "Antioxidant and prooxidant behavior of flavonoids: structure-activity relationships," *Free Radical Biology and Medicine*, vol. 22, no. 5, pp. 749-760, 1997.

461- B.Halliwell e J. M. C.Gutteridge, *Free Radicals in Biology and Medicine*, Oxford University Press, Oxford, UK, 1998.

462- A. Mishra, S. Kumar, e A. K. Pandey, "Validação científica da eficácia medicinal da Tinospora cordifolia," *The Scientific World Journal*, vol. 2013,Article ID 292934, 2013.

463- J. E. Brown, H. Khodr, R. C. Hider, e C. Rice-Evans, "Structural dependence of flavonoid interactions with Cu2+ ions: implications for their antioxidant properties," *Biochemical*

Journal, vol. 330, no. 3, pp. 1173-1178, 1998.

464- A. Mishra, A. K. Sharma, S. Kumar, A. K. Saxena, e A. K. Pandey, "*Bauhinia variegata* leaf extracts exhibit considerable antibacterial, antioxidant and anticancer activities," *BioMed*

Research International, vol. 2013, Artigo ID 915436, 10 páginas, 2013.

465- A. Van, S. A. B. E. van den Berg, D. J. M. N. J. L. Tromp et al., "Aspectos estruturais da atividade antioxidante dos flavonóides", *Free Radical Biology and Medicine*, vol. 20, no. 3, pp. 331-342, 1996.

466- N. L. Kerry e M. Abbey, "Red wine and fractionated phenolic compounds prepared from redwine inhibit low density lipoprotein oxidation *in vitro*," *Atherosclerosis*, vol. 135, no. 1,pp. 93-102, 1997.

467- A. Sekher Pannala, T. S. Chan, P. J. O Brien e C. A. Rice-Evans, "Flavonoid B-ring chemistry and antioxidant activity: fast reaction kinetics", *Biochemical and Biophysical Research Communications*, vol. 282, no. 5, pp. 1161-1168, 2001.

468- C. A. Rice-Evans, N. J. Miller, e G. Paganga, "Structureantioxidant activity relationships of flavonoids and phenolic acids," *Free Radical Biology andMedicine*, vol. 20, no. 7, pp. 933956, 1996.

469- W. Bors, W. Heller, C. Michel, e M. Saran, "Flavonoids as antioxidants: determination of radical-scavenging efficiencies," *Methods in Enzymology*, vol. 186, pp. 343-355, 1990.

470- A. K. Ratty e N. P. Das, "Effects of flavonoids on nonenzymatic lipid peroxidation: structure-activity relationship," *Biochemical Medicine and Metabolic Biology*, vol. 39, no. 1, pp. 6979, 1988.

471- P. C. Hollman, M. N. Bijsman, Y. van Gameren, E. P. Cnossen, J. H. deVries, e M. B. Katan, "The sugar moiety is a major determinant of the absorption of dietary flavonoid glycosides

in man", *Free Radical Research*, vol. 31, n.º 6, pp. 569-573, 1999.

472- B. Vennat, M. A. Bos, A. Pourrat, e P. Bastide, "Procyanidins from tormentil: fractionation and study of the anti-radical activity towards superoxide anion," *Biological and Pharmaceutical*

Boletim, vol. 17, n.º 12, pp. 1613-1615, 1994.

473- A. R. Tapas, D. M. Sakarkar, e R. B. Kakde, "Flavonoids as nutraceuticals: a review," *TropicalJournalofPharmaceuticalResearch*, vol. 7, pp. 1089-1099, 2008.

474- W.Zhu,Q. Jia,Y.Wang, Y. Zhang, andM.Xia, "A antocianina cianidina-3-O-β-glicosídeo, um flavonoide, aumenta a síntese de glutationa hepática e protege os hepatócitos contra a reatividade

oxygen species during hyperglycemia: involvement of a cAMPPKA-dependent signaling pathway," *Free Radical Biology and Medicine*, vol. 52, no. 2, pp. 314-327, 2012.

475- J. Sonnenbichler e I. Zetl, "Biochemical effects of the flavonolignan silibinin on RNA, protein and DNA synthesis in rat livers," in *Progress in Clinical and Biological Research*, V. Cody,E.

Middleton, e J. B. Karborne, Eds., vol. 213, pp. 319-331.

476- Q. He, J. Kim e R. P. Sharma, "A silimarina protege contra danos no fígado em camundongos balb/c expostos à fumonisina b1, apesar do aumento do acúmulo de bases esfingoides livres", *Toxicológico*

Sciences, vol. 80, no. 2, pp. 335-342, 2004.

477- R. Saller, R. Meier, e R. Brignoli, "The use of silymarin in the treatment of liver diseases," *Drugs*, vol. 61,no. 14,pp. 2035-2063, 2001.

478- Y.Wu, F.Wang,Q.Zheng et al., "Hepatoprotective effect of total flavonoids from *Laggera alata* against carbon tetrachlorideinduced injury in primary culture neonatal rat hepatocytes

e em ratos com danos hepáticos", *Journal of Biomedical Science*, vol. 13, no. 4, pp. 569-578, 2006.

479- J. P. E. Spencer, D. Vauzour, e C. Rendeiro, "Flavonoids and cognition: the molecular mechanisms underlying their behavioural effects," *Archives of Biochemistry and Biophysics*,

vol. 492, n.º 1-2, pp. 1-9, 2009.

480- S. M. Kim, K. Kang, E. H. Jho et al., "Hepatoprotective effect of flavonoid glycosides from *Lespedeza cuneata* against oxidative stress induced by tert-butyl hyperoxide," *PhytotherapyResearch*, vol. 25, no. 7, pp. 1011-1017, 2011.

481- A.Mishra, S. Kumar, A. Bhargava,B. Sharma, e A.K.Pandey, "Estudos sobre as actividades antioxidantes e antiestafilocócicas *in vitro* de algumas plantas medicinais importantes", *Cellular and Molecular*

Biology, vol. 57, no. 1, pp. 16-25, 2011.

482- A. K. Pandey, A. K. Mishra, A. Mishra, S. Kumar e A. Chandra, "Potencial terapêutico dos extratos de *C. zeylanicum*: uma perspetiva antifúngica e antioxidante", *International Journal of*

Biological and Medical Research, vol. 1, pp. 228-233, 2010.

483- T. P. T. Cushnie e A. J. Lamb, "Antimicrobial activity of flavonoids," *InternationalJournalof AntimicrobialAgents*, vol. 26, no. 5, pp. 343-356, 2005.

484- M. M. Cowan, "Plant products as antimicrobial agents," *Clinical Microbiology Reviews*, vol. 12, no. 4, pp. 564-582, 1999.

485- A. K. Mishra, A. Mishra, H. K. Kehri, B. Sharma, e A. K. Pandey, "Inhibitory activity of Indian spice plant *Cinnamomum zeylanicum* extracts against *Alternaria solani* and *Curvularia*

lunata, the pathogenic dematiaceousmoulds," *Annals of Clinical Microbiology and Antimicrobials*, vol. 8, artigo 9, 2009.

486- R. P. Borris, "Natural products research: perspectives from a major pharmaceutical company," *Journal of Ethnopharmacology*, vol. 51, no. 1-3, pp. 2938, 1996.

487- D. E.Moerman, "An analysis of the food plants and drug plants of native North America," *Journalof Ethnopharmacology*, vol. 52, no. 1, pp. 1-22, 1996.

488- K. Nakahara, S. Kawabata, H. Ono et al., "Inhibitory effect of oolong tea polyphenols on glucosyltransferases of mutans streptococci," *Applied and Environmental Microbiology*, vol.59, no. 4, pp. 968-973, 1993.

489- A. Mori, C. Nishino, N. Enoki, e S. Tawata, "Antibacterial activity and mode of action of plant flavonoids against *Proteus vulgaris* and *Staphylococcus aureus*," *Phytochemistry*, vol.26,no.

8, pp. 2231-2234, 1987.

490- K. A. Ohemeng, C. F. Schwender, K. P. Fu, e J. F. Barrett, "DNA gyrase inhibitory and antibacterial activity of some flavones(1)," *Bioorganic and Medicinal Chemistry Letters*, vol. 3, no. 2, pp. 225-230, 1993.

491- H. Tsuchiya e M. Iinuma, "Reduction of membrane fluidity by antibacterial sophoraflavanone G isolated from *Sophora exigua*," *Phytomedicine*, vol. 7, no. 2, pp. 161-165, 2000.

492- H. Haraguchi, K. Tanimoto, Y. Tamura, K. Mizutani e T. Kinoshita, "Modo de ação antibacteriana de retrochalcones de *Glycyrrhiza inflata*", *Phytochemistry*, vol. 48, no. 1, pp. 125-129, 1998.

493- L. E. Alcaraz, S. E. Blanco, 0. N. Puig, F. Tomas, e F. H. Ferretti, "Antibacterial activity of flavonoids against methicillin resistant *Staphylococcus aureus* strains," *Journal of Theoretical*

Biology, vol. 205, no. 2, pp. 231-240, 2000.

494- K. 0sawa, H. Yasuda, T.Maruyama, H. Morita, K. Takeya e H. Itokawa, "Isoflavanonas do cerne de *Swartzia polyphylla* e sua atividade antibacteriana contra bactérias cariogênicas", *Boletim Químico e Farmacêutico*, vol. 40, no. 11, pp. 2970-2974, 1992.

495- A. Maurya, P. Chauhan, A. Mishra, e A. K. Pandey, "Funcionalização da superfície de Ti02 com extractos de plantas e suas actividades antimicrobianas combinadas contra *E. faecalis* e *E. Coli*,"

Journal ofResearch Updates in PolymerScience, vol. 1, pp. 43- 51,2012.

496- A. K. Mishra, B. K. Singh, e A. K. Pandey, "*In vitro* antibacterial activity and phytochemical profiles of *Cinnamomum tamala* (Tejpat) leaf extracts and oil," *Reviews in Infection*, vol. 1, pp. 134-139, 2010.

497- A. K. Mishra, A. Mishra, A. Bhargava, e A. K. Pandey, "Antimicrobial activity of essential oils from the leaves of *Cinnamomum* spp.," *National Academy Science Letters*, vol. 31, no. 11-12, pp. 341-345, 2008.

498- M. H. Pan, C. S. Lai, e C. T. Ho, "Anti-inflammatory activity of natural dietary flavonoids," *Food and Function*, vol. 1, no. 1, pp. 15-31,2010.

499- E. Middleton e C. Kandaswami, "Effects of flavonoids on immune and inflammatory cell functions," *Biochemical Pharmacology*, vol. 43, no. 6, pp. 11671179, 1992.

500- Y. Nishizuka, "The molecular heterogeneity of protein kinase C and its implications forcellularregulation," *Nature*, vol. 334, no. 6184, pp. 661-665, 1988.

501-T. Hunter, "Protein kinases and phosphatases: the yin and yang of protein phosphorylation and signaling," *Cell*, vol. 80, no. 2, pp. 225-236, 1995.

502- M. J. Tunon, M. V. Garcia-Mediavilla, S. Sanchez-Campos, e J. Gonzalez-Gallego, "Potencial de flavonóides como agentes anti-inflamatórios: modulação da expressão de genes pró-inflamatórios e vias de transdução de sinal", *Current Drug Metabolism*, vol. 10, no. 3, pp. 256-271,2009.

503- J. A.Manthey, "Biological properties of flavonoids pertainingto

inflamação, "*Microcirculation*, vol. 7, no. 1, pp. S29-S34, 2000.

504-J. C. Cumella, H. Faden, e F. Middleton, "Selective activity of plant flavonoids on neutrophil chemiluminescence (CL)," *Journal of Allergy and Clinical Immunology*, vol. 77, artigo 131,1987.

505- A. Beretz e J. P. Cazenave, "The effect of flavonoids on blood vessel wall interactions," in *Plant Flavonoids in Biology and Medicine II: Biochemical, Cellular and Medicinal Properties*, V.

Cody, E.Middleton, J.B.Harborne, andA.Beretz, Eds.,pp. 187-200, Alan R. Liss, Nova Iorque, NY, EUA, 1988.

Printed by Books on Demand GmbH, Norderstedt / Germany